普通高等教育电气类特色专业系列教材

数字电子技术基础

（第二版）

唐治德　主编

科学出版社

北　京

内 容 简 介

本书是重庆大学国家电工电子基础课程教学基地建设的成果之一，具有教材体系科学、教学内容先进和教学适应性强的特点。本书系统地介绍了数字电路的基本理论、设计方法和典型应用。全书内容包括：数字电路绪论、逻辑代数，逻辑门电路，组合逻辑电路的分析方法和设计方法，典型组合逻辑电路，触发器和定时器，时序逻辑电路的分析方法和设计方法，典型时序逻辑电路，半导体存储器，可编程逻辑器件和硬件描述语言，数模与模数转换器。

本书内容充实，论述透彻，便于自学。可作为高等学校电气信息类（含电气类、电子类）等专业的数字电子技术基础课程的教材，也可供从事电子技术工作的工程技术人员参考。

图书在版编目(CIP)数据

数字电子技术基础/ 唐治德主编. —2 版. —北京：科学出版社，2017. 3
普通高等教育电气类特色专业系列教材
ISBN 978-7-03-052078-4

Ⅰ. ①数… Ⅱ. ①唐… Ⅲ. ①数字电路-电子技术-高等学校-教材
Ⅳ. ①TN79

中国版本图书馆 CIP 数据核字(2017)第 050099 号

责任编辑：余 江 于海云 / 责任校对：郭瑞芝
责任印制：赵 博 / 封面设计：迷底书装

科学出版社出版
北京东黄城根北街 16 号
邮政编码：100717
http://www.sciencep.com
三河市春园印刷有限公司印刷
科学出版社发行 各地新华书店经销
*
2009 年 1 月第 一 版 开本：787×1092 1/16
2017 年 3 月第 二 版 印张：17
2025 年 1 月第十七次印刷 字数：430 000

定价：59. 80 元

（如有印装质量问题，我社负责调换）

第二版前言

自 2009 年出版以来,《数字电子技术基础》教材历经七载,受到学生和教师的关注,提出了许多宝贵的意见,在此表示感谢。

根据教育部高等学校电子电气基础课程教学指导分委员会撰写的"数字电子技术基础"课程教学基本要求,并参考了学生的宝贵意见和教师的教学经验,对教材进行了改编。

本书系统地介绍数字电子技术的基本知识、基本理论、常用数字器件及其应用。全书内容包括:数字电路绪论,逻辑代数,逻辑门电路,组合逻辑电路的分析方法和设计方法,典型组合逻辑电路,触发器和定时器,时序逻辑电路的分析方法和设计方法,典型时序逻辑电路,半导体存储器,可编逻辑器件和硬件描述语言,数模与模数转换器。

本书的修订工作主要由唐治德完成,重庆大学电气工程学院电子技术课程组教师申利平、熊兰、吕宗伟、王明昌和徐盛友提出了许多宝贵的意见,感谢他们为本书所做的贡献。

编者从事电子技术教学数十载,深感电子技术飞速发展,敬畏科学技术的巨大变化。虽然禅精竭虑,但百密一疏,本书中仍可能存在不足之处,恳请同行专家和广大读者批评指正。

唐治德

2016 年 12 月于重庆嘉陵江畔

第一版前言

电子技术发展迅速，日新月异，它是与信息社会密切相关的、最重要的工程领域之一。从移动电话到计算机，从汽车到核电站，从工业、农业到航天，电子技术的运用无所不在。因此，各行各业的专家都应该对电子系统有一个基本的了解。

作者根据教育部组织编写的《电子技术基础(A)课程基本要求》，结合多年的教学和科研工作经验，编写了《数字电子技术基础》教材。本书根据电子技术知识的逻辑关系构建了科学的教材体系，由浅入深，循序渐进，符合认知规律。在选材方面注重基础性和先进性相结合、理论知识与工程应用相结合，适应21世纪对电气信息类专业人才的要求。运用类比和归纳的思维方法，科学地处理好教学内容的深度与广度的关系、教学内容的特殊性与工程问题的一般性关系。在教学方面，强调教学内容的适应性，特别适合于48～56学时的理论教学和16学时的实验教学。在学习方面，注重目的性、趣味性和实用性，概念清楚，论述严密，易学易用。

本书系统地介绍了数字电子技术的基本知识、基本理论、常用数字器件及其应用。全书内容包括：数字电路基础、逻辑门电路、逻辑代数、组合逻辑电路的分析方法和设计方法、组合逻辑电路应用、触发器和定时器、时序逻辑电路的分析方法和设计方法、典型时序逻辑电路、半导体存储器、可编程逻辑器件和硬件描述语言、数模与模数转换器。根据教学安排，本书中加有"*"的章节可作选讲内容。

本书具有教材体系科学、教学内容先进和教学适应性强的特点，是重庆大学国家电工电子基础课程教学基地建设的成果之一，汇集了重庆大学电子技术课程组全体同仁的智慧。唐治德执笔编写了本书的第1～8、11章，并负责全书的统稿工作。申利平执笔编写了第9、10章、全部习题和附录。

虽然在教学工作中辛勤耕耘了数十年，但由于编者的专业知识和水平所限，本书中仍可能存在不足之处，恳请同行专家和广大读者批评指正。

最后，衷心感谢为本书付出辛勤劳动的同仁和支持本书出版的编辑！

唐治德

2008年9月

目　　录

第 1 章　数字电路绪论

学习本章后,读者将了解:

- 模拟信号、数字信号、模拟电路和数字电路的概念;
- 逻辑电平、串行数字信号、并行数字信号的概念;
- 二进制数、十进制数、十六进制数和八进制数,以及它们之间的相互转换;
- 二进制算数运算和二进制代码;
- 基本逻辑运算、复合逻辑运算和逻辑函数。

1.1　数字电路的特点

1.1.1　模拟信号和数字信号

信号是随时间变化的某种物理量,是信息的表现形式与传送载体。当物理量是时间的连续函数时,称为模拟信号。例如,图 1.1.1(a)是某城市夏季一天内的气温曲线。在 22～38℃,气温连续、平滑地随时间变化,可以取无限个数值,属于模拟信号。当物理量是时间的不连续函数且数值是单位量的倍数时,称为数字信号。例如,图 1.1.1(b)是一天内每两小时测量一次的温度点图,测量值是单位量的倍数,它不是时间的连续函数,属于数字信号。通过无限精度连续测量某物理量得到模拟信号,通过有限精度间断测量某物理量得到数字信号。在满足采样定理时,通过插值方法可以从数字信号不失真地恢复为原始模拟信号,所以,在满足采样定理的条件下数字信号包含原始模拟信号的全部信息。

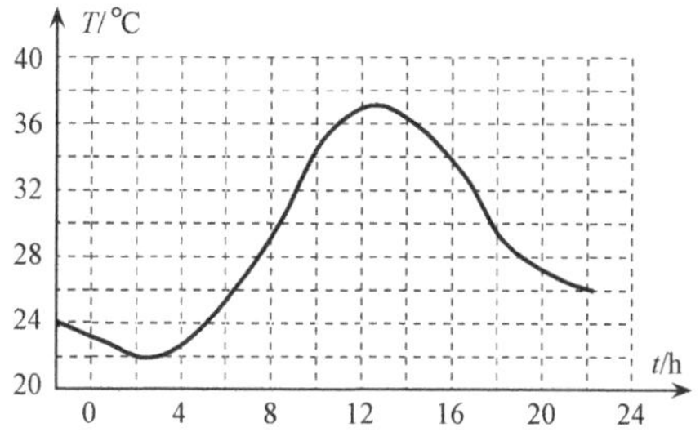

(a) 模拟信号

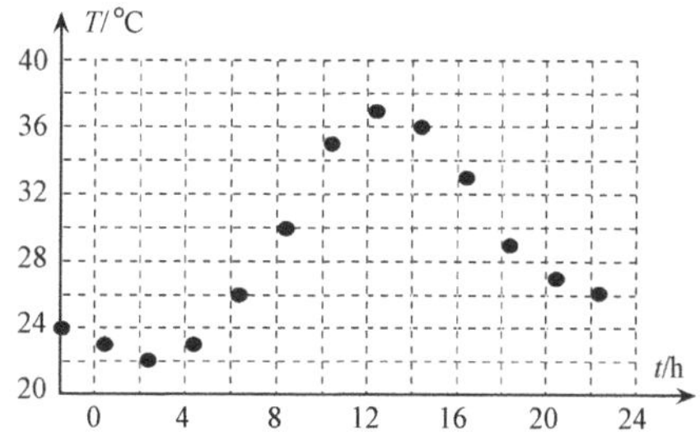

(b) 数字信号

图 1.1.1　模拟信号与数字信号

在电子系统中,电信号通常是随时间变化的电压或电流。当电压或电流是时间的连续函数时,称为模拟电信号,简称模拟信号,如正弦波电压、正弦波电流、三角波电压等。当电压或电流不是时间的连续函数时,称为数字电信号,简称数字信号。狭义的数字信号通常是指二进制数字信号,如图 1.1.2(a)所示,电压仅有两种数值,分别称为高电平(V_H)和低电平(V_L)。电平是在某一值域内取值的电位或电压,如图 1.1.2(b)所示,高电平的值域为[V_{Hmin},V_{Hmax}],低电平的值域为[V_{Lmin},V_{Lmax}],高、低电平的差值通常达伏级。例如,TTL(Transistor Transistor Logic)门电路的输出高电平值域为[2.4V,3.6V],输出低电平的值域为[0.0V,0.4V]。

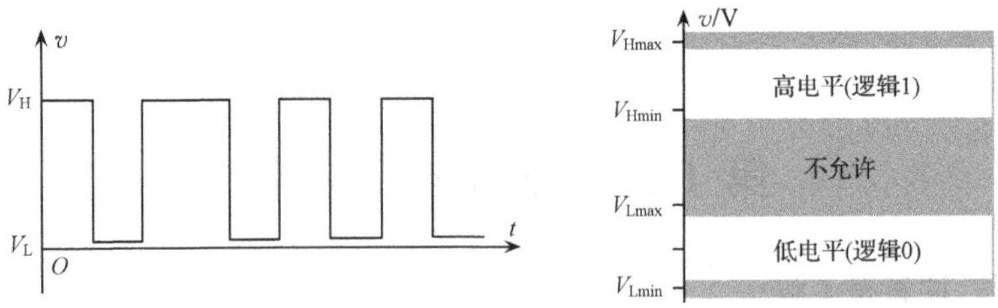

(a) 二进制数字信号　　(b) 高、低电平的值域

图 1.1.2　二进制数字信号

实际电路中总是存在噪声和干扰，它们常以叠加方式影响模拟信号或数字信号，如图 1.1.3 所示。对于数字信号，只要噪声和干扰不使信号超出高、低电平的值域，则信号的高电平(V_H)、低电平(V_L)不变，仍为数字信号，即可不失真地恢复原始数字信号；模拟信号则不然，混入模拟信号的噪声和干扰很难消除。所以，数字信号抗噪声和抗干扰能力强。

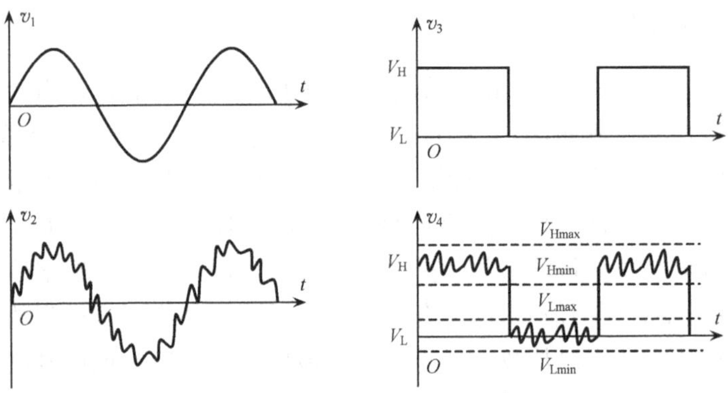

(a) 模拟信号　　(b) 数字信号

图 1.1.3　混入噪声和干扰的模拟信号和数字信号

自然界的信息可抽象为数值信息、符号信息和逻辑信息，各种信息均可用二进制数字信号表示。例如，图 1.1.4 是一个 7 位二进制数 1011011 的串行二进制信号和字符 A 的串行二进制信号，字符 A 采用美国标准信息交换码(ASCII 码)1000001 表示(ASCII 码见附录 A)。串行信号是一条信号线分时表示不同的二进制位，图 1.1.4 中周期时钟信号 clk 确定时间顺序(数字系统的时间轴)，其周期 T 为一个单位时间。二进制信号在单位时间内的高电平表示 1，低电平表示 0，二进制数的高位在前、低位在后(也可以低位在前、高位在后)。

通常每个数字系统都有一个统一的周期时钟信号，它确定数字系统的时间顺序(时间轴)，其他的二进制信号均以周期时钟信号作为参考，确定它们的取值。在熟悉了这种约定后，时钟信号和坐标轴常常省略。

图 1.1.5 是用 3 个并行二进制信号表示二进制数 101，即 1 个二进制位用 1 个二进制信号表示，它们的组合形成二进制信息。比较串行和并行二进制信号可知：串行信号简单(1 个二进制信号)，并行信号复杂(多个二进制信号的组合)；串行信号时间长，并行信号时间短。

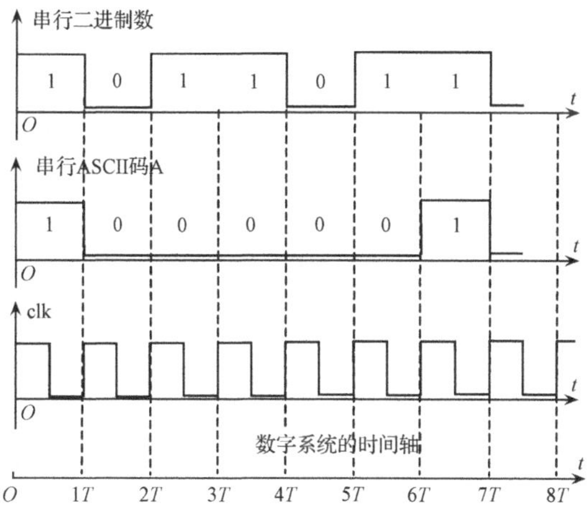

图 1.1.4 信息的串行二进制信号

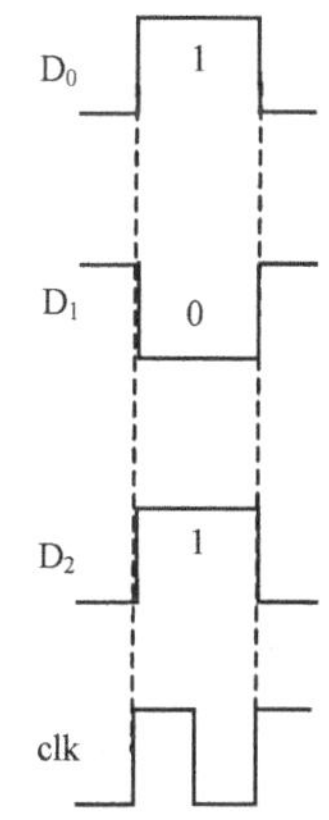

图 1.1.5 并行二进制信号

由于二进制数字信号仅有两种状态:高电平和低电平,与二值逻辑运算的逻辑值 1、逻辑值 0 相似,二进制数字信号还可以表示逻辑信息(见 1.5 节)。

1.1.2 数字电路的特点

信号的产生、存储、运算和传输等操作称为信号处理。处理模拟信号的电路(系统),称为模拟电路(系统);处理二进制数字信号的电路(系统),称为数字电路(系统)。

二进制信号仅有两种状态:高电平和低电平,它们的差值通常达伏级。因此,数字电路中的电子器件(双极型二极管、晶体管和场效应管等)通常处于导通或截止两种状态之一。并且二进制信号的运算(算术运算和逻辑运算)比模拟信号的运算(积分、微分或函数运算)简单,导致数字信号处理电路比模拟信号处理电路简单可靠。数字系统能够进行逻辑判断,从而具备灵活的可编程性,即通过不同的指令序列实现不同的功能。

虽然数字电路只能处理二进制信号,但由于各种自然信息均可以表示为二进制信号,对二进制信号进行算术运算、逻辑运算等操作的数字系统(如数字电子计算机)可以实现复杂的信息处理功能。通常,信息处理系统包括硬件(即数字电路)和软件两个子系统,硬件是基础,软件是灵魂。

与模拟电路比较,数字电路具有如下优点:

(1) 信息处理能力强,处理精度高,即容易实现信息的存储、运算、逻辑判断和传输等操作。因此,数字电路亦称为智能电路。

(2) 稳定可靠,抗噪声和抗干扰能力强。

(3) 数字系统具备灵活的可编程性。

(4) 信息处理的单元电路简单且通用性强。

综上所述,自然界的信息可抽象为数值信息、符号信息和逻辑信息,各种信息均可用二进制数字信号表示。本章余下部分介绍数值信息和符号信息的表示方法(1.2 节和 1.4 节)及信息处理的基本运算——算术运算(1.3 节)和逻辑运算(1.5 节)。后续章节论述信息处理的电路——数字电路的原理、分析和设计方法。

1.2 数制及其相互转换

表达和计算数量大小的方法称为数制。数是人类文明的重要成果，是各门学科的基本要素。人类为了使自己从烦琐的数值计算中解放出来，发明了各种计算工具，计算机则是最有效的计算工具。在日常生活中人们习惯于使用十进制数，而在计算机科学中常采用二进制数、八进制数和十六进制数。

1.2.1 数制

1. 十进制

十进制有十个数码：0、1、2、3、4、5、6、7、8、9。数码按一定规律排列，低位到相邻高位的进位规则是“逢 10 进 1”。数值表达式为

$$N_D = \sum_{i=-\infty}^{\infty} K_i \times 10^i, \quad K_i = 0,1,\cdots,9 \tag{1.2.1}$$

式中，N_D 表示十进制数（decimal number），K_i 是第 i 位的十进制数码，基数（数制的数码个数）是 10，10^i 是第 i 位十进制数码的权。

例 1.1 将十进制数 86.69 展开为数码与权之积的和式。

解 $86.69 = 8\times10^1 + 6\times10^0 + 6\times10^{-1} + 9\times10^{-2}$

2. 二进制

二进制有两个数码：0、1。数码按一定规律排列，低位到相邻高位的进位规则是“逢 2 进 1”。数值表达式为

$$N_B = \sum_{i=-\infty}^{\infty} K_i \times 2^i, \quad K_i = 0,1 \tag{1.2.2}$$

式中，N_B 表示二进制数（binary number），K_i 是第 i 位二进制数码（通常用 b_i 表示），基数是 2，2^i 是第 i 位二进制数码的权。

例 1.2 将二进制数 101.01 展开为数码与权之积的和式。

解 $101.01 = 1\times2^2 + 0\times2^1 + 1\times2^0 + 0\times2^{-1} + 1\times2^{-2}$

3. 十六进制

十六进制有十六个数码：0、1、2、3、4、5、6、7、8、9、A、B、C、D、E、F，其中 A、B、C、D、E、F 分别对应十进制的 10、11、12、13、14、15。数码按一定规律排列，低位到相邻高位的进位规则是“逢 16 进 1”。数值表达式为

$$N_H = \sum_{i=-\infty}^{\infty} K_i \times 16^i, \quad K_i = 0,1,\cdots,F \tag{1.2.3}$$

式中，N_H 表示十六进制数（hexadecimal number），K_i 是第 i 位十六进制数码，基数是 16，16^i 是第 i 位十六进制数码的权。

例 1.3 将十六进制数 $(E9.A)_H$ 展开为数码与权之积的和式。

解 $(E9.A)_H = E\times16^1 + 9\times16^0 + A\times16^{-1}$

4. 八进制

八进制有八个数码：0、1、2、3、4、5、6、7。数码按一定规律排列，低位到相邻高位的进位规

则是“逢 8 进 1”。数值表达式为

$$N_O = \sum_{i=-\infty}^{\infty} K_i \times 8^i, \quad K_i = 0,1,\cdots,7 \tag{1.2.4}$$

式中，N_O 表示八进制数(octal number)，K_i是第 i 位八进制数码，基数是 8，8^i是第 i 位八进制数码的权。

例 1.4 将八进制数$(527.4)_O$展开为数码与权之积的和式。

解 $(527.4)_O=5\times8^2+2\times8^1+7\times8^0+4\times8^{-1}$

综上所述，二进制数仅有两个数码 0 和 1，很方便用二进制信号表示；而其他数制的数则很难直接用二进制信号表示。所以，数字电路或计算机硬件电路处理的数都是二进制数(在计算机中称为机器数)。在计算机科学中，为了简化二进制数的表达形式，才引入了十六进制数和八进制数。

1.2.2 数制间的转换

1. 二/八/十六进制数转换为十进制数

转换方法：将二/八/十六进制数分别按数值表达式展开，然后按十进制运算求值。

例 1.5 将二进制数 101.01 转换为十进制数。

解 $101.01=1\times2^2+0\times2^1+1\times2^0+0\times2^{-1}+1\times2^{-2}=5.25$

例 1.6 将八进制数$(527.4)_O$转换为十进制数。

解 $(527.4)_O=5\times8^2+2\times8^1+7\times8^0+4\times8^{-1}=343.5$

例 1.7 将十六进制数$(E9.A)_H$转换为十进制数。

解 $(E9.A)_H=E\times16^1+9\times16^0+A\times16^{-1}=233.625$

2. 十进制数转换为二/八/十六进制数

1）整数转换方法

十进制整数反复除二/八/十六进制数的基数(分别是 2、8、16)，求余数；余数组合成二/八/十六进制数：先求得的余数排列在低位，后求得的余数排列在高位。

例 1.8 十进制整数 13 转换为二进制整数。

解

十进制整数	除数	商	余数	二进制数码
13	÷ 2	= 6	1	= b_0
6	÷ 2	= 3	0	= b_1
3	÷ 2	= 1	1	= b_2
1	÷ 2	= 0	1	= b_3
转换结果：13 = $b_3b_2b_1b_0$=1101				

2）小数转换方法

十进制小数反复乘二/八/十六进制数的基数(分别是 2、8、16)，取整数；整数组合成二/八/十六进制数：先求得的整数排列在高位，后求得的整数排列在低位。

例 1.9 十进制小数 0.6875 转换为二进制小数。

解

十进制小数	乘数	积	取整	二进制数码
0.6875	× 2	= 1.375	1	= b_{-1}
0.375	× 2	= 0.75	0	= b_{-2}
0.75	× 2	= 1.5	1	= b_{-3}
0.5	× 2	= 1.0	1	= b_{-4}
转换结果：0.6875 = 0.$b_{-1}b_{-2}b_{-3}b_{-4}$ = 0.1011				

3) 任意十进制数转换方法

整数、小数分别转换，然后求和。

例 1.10 十进制数 13.6875 转换为二进制数。

解 13.6875＝13＋0.6875＝1101＋0.1011＝1101.1011

3. 二进制与八/十六进制数间的转换

1) 十六/八进制数转换为二进制数

转换方法：将每个十六进制数码转换为 4 位二进制数；将每个八进制数码转换为 3 位二进制数。

例 1.11 十六进制数 7E.5C 转换为二进制数。

解 $(7E.5C)_H = \underline{0111}\ \underline{1110}.\ \underline{0101}\ \underline{1100}$

例 1.12 八进制数 74.53 转换为二进制数。

解 $(74.53)_O = \underline{111}\ \underline{100}.\ \underline{101}\ \underline{011}$

2) 二进制数转换为十六/八进制数

转换方法：先分组，后转换。步骤如下：

(1) 十六进制(八进制)整数部分由低位向高位按 4 位(3 位)分组，最后分组不够 4 位(3 位)时高位添 0；十六进制(八进制)小数部分由高位向低位按 4 位(3 位)分组，最后分组不够 4 位(3 位)时低位添 0。

(2) 将每个分组的 4 位(3 位)二进制数转换为十六进制(八进制)数码。

(3) 按分组顺序排列十六进制(八进制)数码。

例 1.13 将二进制 1101101.01 数转换为十六进制数。

解 $\underline{0110}\ \underline{1101}.\ \underline{0100} = (6D.4)_H$

例 1.14 将二进制 1101101.01 数转换为八进制数。

解 $\underline{001}\ \underline{101}\ \underline{101}.\ \underline{010} = (155.4)_O$

1.3 二进制算术运算

当两个二进制数码表示两个数量大小时，它们之间可进行数值运算，即加、减、乘、除四则算术运算。二进制的算术运算和十进制的算术运算基本相同，区别是低位到相邻高位的进位关系为“逢二进一”。

1) 二进制加法

一位加法： 0+0=0　　1+0=1　　0+1=1　　1+1=10

多位加法： 1010＋0010＝1100

小数点对齐；按位相加，每位和等于被加数、加数和相邻低位的进位相加；逢二进一产生向相邻高位的进位。

2）二进制减法

一位减法： 0－0＝0　　1－0＝1　　0－1＝－1　　1－1＝0

多位减法： 1110－0101＝1001

小数点对齐；按位相减，每位差等于被减数减去减数和相邻低位的借位；不够减产生向相邻高位的借位。

3）二进制乘法

一位乘法： 0×0＝0　　1×0＝0　　0×1＝0　　1×1＝1

多位乘法： $0011\times0101=0011\times(0\times2^3+1\times2^2+0\times2^1+1\times2^0)$

$=1100+0011=1111$

多位乘法归纳为移位相加：根据乘数中每个 1 的位置 i，将被乘数移动 i 位，然后相加。

4）二进制除法

一位除法： 0÷0－禁止　　1÷0－禁止　　0÷1＝0　　1÷1＝1

多位乘法： 1111÷0101＝0011

$$\begin{array}{r} 11 \\ 101\,\overline{)1111} \\ \underline{101} \\ 101 \\ \underline{101} \\ 0 \end{array}$$

多位除法归纳为移位相减：

(1) 除数的小数点移至最低有效位，被除数的小数点移动相同次数。

(2) 从最高有效位开始，被除数减除数，够减商 1，不够减商 0。

(3) 右移除数，重复(2)，直到适当运算精度。

1.4　码　　制

数不仅可用来表示数量的大小，还可用来表示集合的元素。表示一个集合元素的数称为代码，如某校学生的集合，用一个学号(代码)表示一个学生。建立集合元素与代码一一对应的关系称为编码或码制。

数字系统中常使用的代码是二进制代码，即表示集合元素的二进制数。建立二进制代码与集合元素一一对应的关系称为二进制编码。设某集合有 N 个元素，为建立二进制代码与集合元素一一对应的关系，二进制代码的位数 n 必须满足下式：

$$2^n \geqslant N \tag{1.4.1}$$

由于数字电路只能处理二进制信号，表示集合元素的符号必须通过编码转换为二进制代码。例如，表示十进制数码(0、1、2、3、4、5、6、7、8、9)的二进制代码，称为二-十进制代码(binary coded decimal，BCD)。用 4 位二进制代码表示 10 个十进制数码至少有 C_{16}^{10} 种编码。表 1.4.1 列出了几种常用的 BCD 码。BCD 码分为有权码和无权码。对于有权码，每一个码位表示一个十进制数值，称为权；二进制数码(0、1)与相应的位权的积之和即为代码表示的十进制数码，如 8421 码和 2421 码。余 3 码是一种无权码，它是 8421 码加 3 (0011)形成的。

表 1.4.1　常用的 BCD 码

编码 / 十进制数码	8421 码	余 3 码	2421 码	5211 码
0	0000	0011	0000	0000
1	0001	0100	0001	0001
2	0010	0101	0010	0100
3	0011	0110	0011	0101
4	0100	0111	0100	0111
5	0101	1000	1011	1000
6	0110	1001	1100	1001
7	0111	1010	1101	1100
8	1000	1011	1110	1101
9	1001	1100	1111	1111
权	8421		2421	5211

表 1.4.2 是二进制数的循环码，特点是十进制数值变化一个单位的两个循环码之间只有 1 个二进制数码不同，即相邻两个循环码之间只有 1 个位码不同。

表 1.4.2　二进制数的循环码

二进制循环码	对应的十进制数值	二进制循环码	对应的十进制数值
0000	0	1100	8
0001	1	1101	9
0011	2	1111	10
0010	3	1110	11
0110	4	1010	12
0111	5	1011	13
0101	6	1001	14
0100	7	1000	15

一位循环码:

0
1

二位循环码:

0 0　像元
0 1
———　镜面
1 1
1 0　镜像

三位循环码:

0 00
0 01
0 11　像元
0 10
———　镜面
1 10
1 11　镜像
1 01
1 00

图 1.4.1　循环码镜面反射生成

循环码可通过镜面反射方法形成，如图 1.4.1 所示。n 位循环码通过镜面反射生成镜像，设置镜像部分高位为 1 和像元部分高位为 0，即形成$(n+1)$位循环码。

附录 A 列出了美国标准信息交换码(ASCII)。它是用 7 位二进制码表示的英文字母、阿拉伯数字、图形符号和控制符的集合。除图形以外，各种英文信息均可由 ASCII 码的组合表示。

中文字库是用 16 位二进制码表示的常用汉字的集合。

1.5 二值逻辑运算

本节介绍实现基于逻辑信息进行推理的基本逻辑运算和复合逻辑运算。

1.5.1 三种基本逻辑运算

数字电路通过逻辑运算实现逻辑推理，即确定条件与结果的关系。基本的逻辑运算有三种：逻辑与、逻辑或和逻辑非。

1）逻辑与

在电路图 1.5.1(a)中，以开关闭合为条件，发光二极管(LED——Light Emitting Diode)亮作为结果。如果开关 A、B 同时闭合，则 LED Y 流过电流被点亮；否则 Y 熄灭。这种全部条件都满足时结果才发生的因果关系称为逻辑与，简称与。逻辑与的运算符记为"·"，通常省略。两变量逻辑与的表达式为

$$Y = A \cdot B = AB \tag{1.5.1}$$

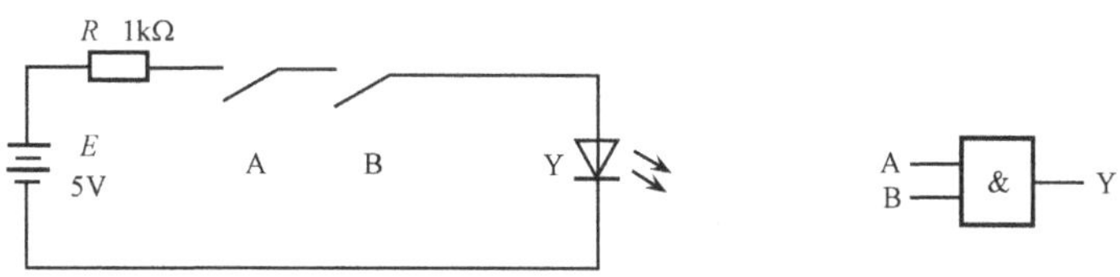

(a) 电路　(b) 逻辑符号

图 1.5.1　逻辑与

开关 A、B 只有两种状态：断开和闭合，用 0 和 1 分别表示；LED Y 也只有两种状态：熄灭和亮，同样用 0 和 1 分别表示。推广到一般情况，只有两种状态的任意变量称为逻辑变量，常用 0 和 1 表示两个不同的状态，分别称为逻辑 0(假)和逻辑 1(真)。

用逻辑值表示逻辑变量间关系的表格称为真值表。前述开关逻辑变量 A、B 和 LED 逻辑变量 Y 间的状态表和真值表见表 1.5.1。由真值表可知：当条件全部为真时，结果为真；否则为假。注意到逻辑与运算和一位二进制数的算术乘法相似，因此，逻辑与又称为逻辑乘。

表示进行某种逻辑运算的图形符号称为逻辑符号。逻辑符号是数字电路的基本图素，它代表实现某种逻辑运算的单元电路，称为门电路(见第 3 章)。图 1.5.1(b)是逻辑与的逻辑符号。

表 1.5.1

(a) 图 1.5.1 的开关和 LED 状态表

A	B	Y
断开	断开	熄灭
断开	闭合	熄灭
闭合	断开	熄灭
闭合	闭合	亮

⇒

(b) 逻辑与的真值表

A	B	Y
0	0	0
0	1	0
1	0	0
1	1	1

2）逻辑或

在电路图 1.5.2(a)中，同样以开关闭合为条件，发光二极管(LED)亮作为结果。如果开关 A、B 任何一个闭合，则 LED Y 流过正向电流，Y 亮；否则，Y 熄灭。这种任何一个条件满足时结果就发生的因果关系称为逻辑或，简称或。图 1.5.2(b)是逻辑或的逻辑符号。逻辑或的运算符记为“＋”，两变量逻辑或的表达式为

$$Y = A + B \tag{1.5.2}$$

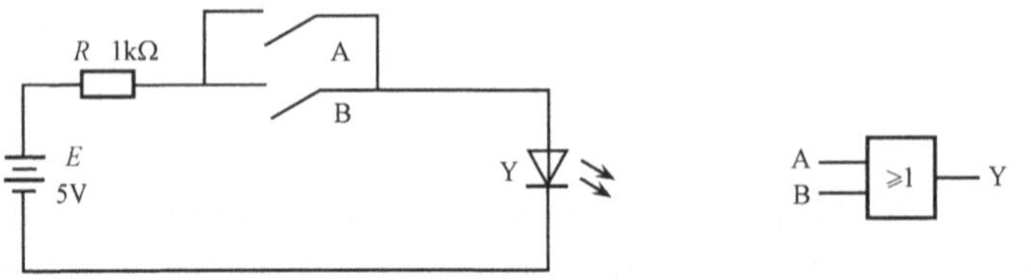

(a) 电路　　(b) 逻辑符号

图 1.5.2　逻辑或

开关的断开和闭合分别用 0 和 1 表示，发光二极管的熄灭和亮分别用 0 和 1 分别表示。图 1.5.2 电路中的开关逻辑变量 A、B 和发光二极管逻辑变量 Y 之间的状态表和真值表如表 1.5.2 所示。由真值表可知：当任何一个条件为真时，结果为真；否则为假。并且逻辑或和算术加法相似，因此，逻辑或又称为逻辑加。但逻辑或运算中 1＋1＝1，不是 1＋1＝10。因为逻辑 1 表示逻辑状态，不是数值。

表 1.5.2

(a) 图 1.5.2 的开关和 LED 状态表

A	B	Y
断开	断开	熄灭
断开	闭合	亮
闭合	断开	亮
闭合	闭合	亮

(b) 逻辑或的真值表

A	B	Y
0	0	0
0	1	1
1	0	1
1	1	1

3）逻辑非

在电路图 1.5.3(a)中，同样以开关闭合为条件，发光二极管(LED)亮作为结果。如果开关 A 闭合，则 LED Y 被短路，Y 不亮；当开关 A 断开时，LED Y 流过正向电流，Y 才亮。这种条件不满足时结果才发生的因果关系称为逻辑非，简称非。图 1.5.3(b)是逻辑非的逻辑符号，图中小圆圈表示非运算。逻辑非的运算符记为“－”，单变量逻辑非的表达式为

$$Y = \overline{A} \tag{1.5.3}$$

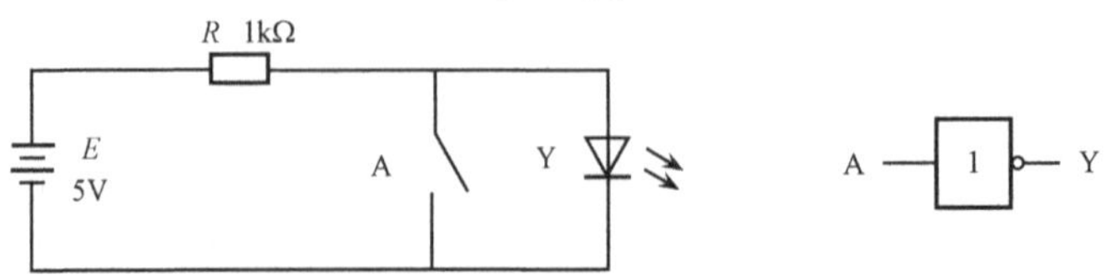

(a) 电路　　(b) 逻辑符号

图 1.5.3　逻辑非

表 1.5.3 是逻辑非运算的真值表。由真值表可知:当条件为假时,结果为真;当条件为真时,结果为假。

表 1.5.3

(a) 图 1.5.3 的开关和 LED 状态表

A	Y
断开	亮
闭合	熄灭

(b) 逻辑非的真值表

A	Y
0	1
1	0

1.5.2 复合逻辑运算

实际的逻辑问题往往比“与、或、非”三种最基本逻辑关系复杂得多,但复杂的逻辑问题都可以用“与、或、非”的复合逻辑运算表示。常用的复合逻辑运算有与非、或非、与或非、异或、同或等运算,它们都是由三种基本逻辑运算组合而成的。

1) 与非运算

两变量与非运算定义为

$$Y=\overline{AB} \tag{1.5.4}$$

变量 A、B 先进行与运算,再进行非运算,表 1.5.4 是与非运算的真值表。与非运算的逻辑符号如图 1.5.4(a)所示,图中小圆圈表示非运算。

2) 或非运算

两变量或非运算定义为

$$Y=\overline{A+B} \tag{1.5.5}$$

变量 A、B 先进行或运算,再进行非运算。或非运算的逻辑符号如图 1.5.4(b)所示,图中小圆圈表示非运算。表 1.5.5 是或非运算的真值表。

表 1.5.4 与非运算的真值表

A	B	Y
0	0	1
0	1	1
1	0	1
1	1	0

表 1.5.5 或非运算的真值表

A	B	Y
0	0	1
0	1	0
1	0	0
1	1	0

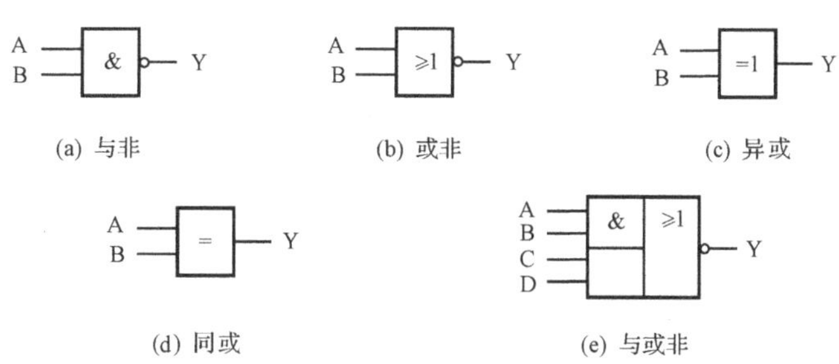

图 1.5.4 复合逻辑运算的逻辑符号

3）异或运算

异或运算定义为

$$Y = A\overline{B} + \overline{A}B = A \oplus B \tag{1.5.6}$$

表 1.5.6 是异或运算的真值表。由表 1.5.6 可知：两变量相异时，结果为 1；否则为 0。异或运算的逻辑符号如图 1.5.4(c)所示。

4）同或运算

同或运算定义为

$$Y = \overline{A\overline{B} + \overline{A}B} = A \odot B \tag{1.5.7}$$

表 1.5.7 是同或运算的真值表。由表 1.5.7 可知：两变量相同时，结果为 1；否则为 0。比较表 1.5.6 和表 1.5.7 可知，同或运算是异或运算结果的非。同或运算的逻辑符号如图 1.5.4(d) 所示。

表 1.5.6　异或运算的真值表

A	B	Y
0	0	0
0	1	1
1	0	1
1	1	0

表 1.5.7　同或运算的真值表

A	B	Y
0	0	1
0	1	0
1	0	0
1	1	1

5）与或非运算

与或非运算的表达式

$$Y = \overline{AB + CD} \tag{1.5.8}$$

先分别进行与运算(AB、CD)，其次进行或运算，最后进行非运算。与或非运算的逻辑符号如图 1.5.4(e)所示。

在复杂的逻辑运算表达式中，逻辑运算符的优先顺序如下：

(1) 单个逻辑变量的非运算“—”，如$\overline{A}$、$\overline{B}$。

(2) 逻辑与“·”。

(3) 异或“⊕”、同或“⊙”。

(4) 逻辑或“+”。

(5) 表达式的非运算“—”，如与或非 $\overline{AB+CD}$中的“—”。

不使用括号时，一律按上述优先顺序进行逻辑运算。当有括号时，先进行括号内的运算，再进行括号外的运算。

1.5.3　逻辑函数和逻辑图

在实际逻辑问题中，往往存在多个逻辑变量，某些逻辑变量的值共同确定另一些逻辑变量的值，这种逻辑变量间的对应关系称为逻辑函数。例如，一位二进制加法运算，被加数 A 和加数 B 仅取 0 或 1 两种状态，可以当作逻辑变量；加法结果有本位和 S 及进位 C，也只有 0 或 1 两种状态，同样可以当作逻辑变量。按二进制加法规则，列出反映 A、B、S、C 之间的对应关系的真值表，见表 1.5.8。

S 和 C 分别是 A 和 B 的逻辑函数，逻辑表达式分别为

$$S = f_1(A, B) = A \oplus B$$

$$C = f_2(A,B) = AB$$

根据上述逻辑函数表达式，图 1.5.5 是实现一位二进制加法的逻辑图。

表 1.5.8　半加器的真值表

A	B	S	C
0	0	0	0
0	1	1	0
1	0	1	0
1	1	0	1

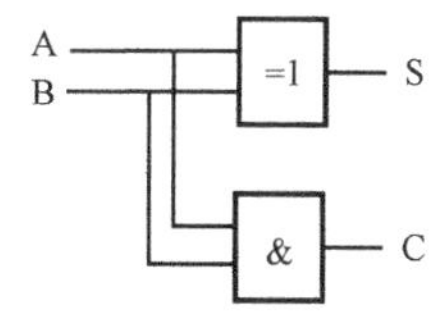

图 1.5.5　半加器的逻辑图

逻辑图是逻辑符号及其相互连接的图形，它表示逻辑变量间的逻辑关系。在逻辑图中，逻辑符号表示实现某种基本逻辑运算或复合逻辑运算的单元电路，称为门电路，通常是集成电路(见第 3 章)，所以，逻辑图又称为数字电路图，简称数字电路。在数字电路中，逻辑函数中的自变量作为输入(输入逻辑变量)，因变量作为输出(输出逻辑变量)，因此，数字电路的输入输出关系是某种逻辑函数。

习　题

1.1　将下列不同进制的数转换为十进制数：

$(67)_O$　$(67)_H$　$(52)_O$　$(5D)_O$　$(A9)_H$

$(1110101.011)_B$　$(237.06)_O$　$(C6A.F7)_H$

1.2　将下列不同进制的数转换为二进制数：(要求精确到小数点后第 5 位)

$(67)_H$　$(13.15)_O$　$(50)_D$　$(D3.1A)_H$　$(23.25)_H$

1.3　指出下列 8421BCD 码所代表的十进制数值：

0011　1001　10000001　01000010

1.4　电路如题图 1.4(a)、(b)所示，设开关闭合为 1、断开为 0；指示灯亮为 1、指示灯熄灭为 0。试列出指示灯 F_1、F_2 对开关 A、B、C 的逻辑关系真值表。

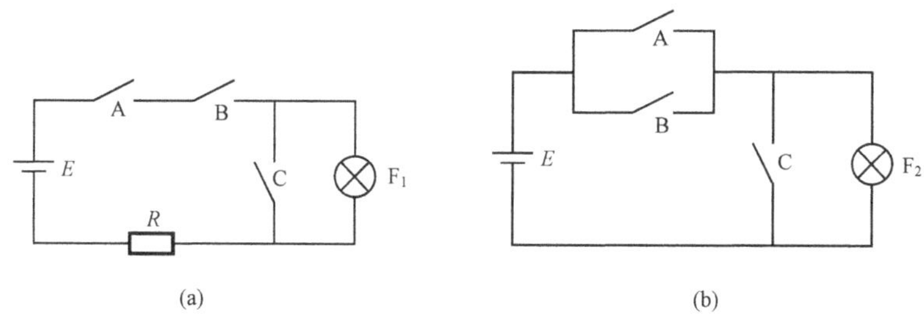

题图 1.4

1.5　判断下列逻辑运算是否正确？并说明。

(1) 若 A+B=A，则 B=0；

(2) 若 A·B=A·C，则 B=C；

(3) 若 1+B=A·B，则 A=B=1；

(4) 若 0·A=1·B，则 A+AB=A+B；

(5) 若 A+B=A+C，则 B=C；

(6) 若 A+B=AB，则 A=B；

(7) 若 A+B=A+C，AB=AC，则 B=C。

1.6　在函数 $F=AB+\overline{A}C$ 的真值表中，$F=1$ 的状态有多少个？

1.7　画出逻辑函数 $F=\overline{A}B+\overline{B}(A\oplus C)$ 的逻辑图。

1.8　写出题图 P1.8 中变量的逻辑关系。

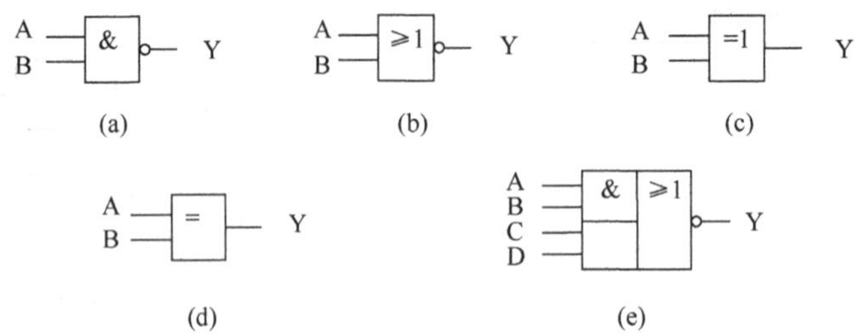

题图 P1.8

1.9　计算下列逻辑函数的真值表：

1) $F_1=\overline{A}B+\overline{B}(A\odot C)$；

2) $F_1=\overline{\overline{A}B+C}$。

1.10　什么是串行数字信号？什么是并行数字信号？

1.11　什么是电平？为什么数字信号抗干扰能力强？

1.12　自然界的信息可抽象为哪三类信息？如何用数字信号表示这三类信息？

第2章　逻辑代数

学习本章后,读者将了解:

- 逻辑代数的逻辑运算、基本定律、常用公式;
- 逻辑代数的基本规则:代入规则、反演规则和对偶规则;
- 逻辑函数的一般表达式和最简标准;
- 逻辑函数的代数法化简;
- 逻辑函数的标准表达式、最小项及其性质、最大项及其性质;
- 实际逻辑问题的逻辑表达式求取方法;
- 逻辑函数的化简:卡诺图、卡诺图化简依据、正确卡诺圈的绘制;
- 逻辑无关项的概念和具有无关项的逻辑函数化简。

数字电路是由逻辑门等单元电路构成的逻辑系统,实现输入逻辑变量与输出逻辑变量之间的某种逻辑关系。分析和设计这种电路的数学工具是逻辑代数,它是描述客观事物逻辑关系的一种数学方法(由英国数学家乔治・布尔率先提出,故亦称为布尔代数)。

本章学习逻辑运算的规律和逻辑函数的简化方法。

2.1　逻辑代数的基本定律

在1.5节介绍了逻辑常量(逻辑1、逻辑0)和逻辑变量之间的逻辑运算、运算顺序和逻辑函数,归纳如表2.1.1所示。

表2.1.1　基本逻辑运算、复合逻辑运算和逻辑运算顺序

基本逻辑运算	常用复合逻辑运算	运算顺序
1. 与:$Y=AB$ 2. 或:$Y=A+B$ 3. 非:$Y=\overline{A}$	1. 与非:$Y=\overline{AB}$ 2. 或非:$Y=\overline{A+B}$ 3. 异或:$Y=A\oplus B$ 4. 同或:$Y=A\odot B$ 5. 与或非:$Y=\overline{AB+CD}$	1. 单个逻辑变量的非运算"－",如$\overline{A}$,$\overline{B}$ 2. 逻辑与"・" 3. 异或"⊕"、同或"⊙" 4. 逻辑或"＋" 5. 表达式的非运算"－",如与或非表达式 $\overline{AB+CD}$中的"—" 6. 使用括号"( )"可改变运算顺序

2.1.1　逻辑代数定理

逻辑常量(逻辑1、逻辑0)及逻辑变量之间的逻辑运算式称为逻辑表达式。如果两个逻辑表达式恒等,则构成逻辑恒等式。逻辑代数的基本定理常用恒等式表达,表2.1.2列出了逻辑代数的基本定理。

用枚举法可证明逻辑代数的基本定理。即按基本逻辑运算(与、或、非)的定义进行逻辑运算,并列出真值表,可证明表2.1.1列出的全部定理。

例 2.1 证明反演律(亦称为摩根定理)$\overline{AB}=\overline{A}+\overline{B}$。

解 将变量的各种取值组合分别代入等式的左边和右边进行计算,列出真值表(表 2.1.3)。由表可知:$\overline{AB}=\overline{A}+\overline{B}$。

表 2.1.2 逻辑代数基本定理

序号	名称	恒等式	
0		$\overline{0}=1$	$\overline{1}=0$
1	自等律	$A+0=A$	$A\cdot 1=A$
2	0-1 律	$A+1=1$	$A\cdot 0=0$
3	重叠律	$A+A=A$	$A\cdot A=A$
4	互补律	$A+\overline{A}=1$	$A\cdot\overline{A}=0$
5	吸收律	$A+AB=A$	$A(A+B)=A$
6	交换律	$A+B=B+A$	$AB=BA$
7	结合律	$(A+B)+C=A+(B+C)$	$(AB)C=A(BC)$
8	分配律	$A(B+C)=AB+AC$	$A+BC=(A+B)(A+C)$
9	反演律	$\overline{AB}=\overline{A}+\overline{B}$	$\overline{A+B}=\overline{A}\cdot\overline{B}$
10	非非律	$\overline{\overline{A}}=A$	

表 2.1.3 证明$\overline{AB}=\overline{A}+\overline{B}$

A	B	$\overline{AB}$	$\overline{A}+\overline{B}$
0	0	1	1
0	1	1	1
1	0	1	1
1	1	0	0

2.1.2 常用恒等式

表 2.1.4 是常用恒等式,它们可用基本定理导出,也可用枚举法证明。直接应用这些等式可极大地方便逻辑函数的化简。

表 2.1.4 逻辑代数常用恒等式

序号	名称	恒等式	
1	吸收式 1	$A+AB=A$	$A(A+B)=A$
2	吸收式 2	$A+\overline{A}B=A+B$	$A(\overline{A}+B)=AB$
3	合并式	$AB+A\,\overline{B}=A$	$(A+B)(A+\overline{B})=A$
4	配项式 1	$AB+\overline{A}C+BC=AB+\overline{A}C$	$(A+B)(\overline{A}+C)(B+C)=(A+B)(\overline{A}+C)$
5	配项式 2	$AB+\overline{A}C+BCD=AB+\overline{A}C$	$(A+B)(\overline{A}+C)(B+C+D)=(A+B)(\overline{A}+C)$
6		$A\,\overline{AB}=A\overline{B}$	$A+\overline{A+B}=A+\overline{B}$
7		$\overline{A}\cdot\overline{AB}=\overline{A}$	$\overline{A}+\overline{A+B}=\overline{A}$

例 2.2 证明合并式:$AB+A\overline{B}=A$。

证明 $AB+A\overline{B}=A(B+\overline{B})=A\cdot 1=A$

例 2.3 证明配项式：$AB+\overline{A}C+BC=AB+\overline{A}C$。

证明

$$
\begin{aligned}
AB+\overline{A}C+BC &= AB+\overline{A}C+(A+\overline{A})BC \\
&= AB+\overline{A}C+ABC+\overline{A}BC \\
&= AB(1+C)+\overline{A}C(1+B) \\
&= AB+\overline{A}C
\end{aligned}
$$

值得指出的是，由于逻辑代数中没有逻辑减法及逻辑除法，初等代数中的移项规则（移加作减，移乘作除）这里不适用。

2.2 逻辑运算的基本规则

2.2.1 代入规则

在任何一个逻辑等式中，用一个逻辑函数代替等式两边的某一逻辑变量后，新的等式仍然成立，这个规则称为代入规则。例如，在等式 $A+AB=A$ 中，用函数 $Y=f(A,B,C)$ 替换 A，新等式为 $Y+YB=Y$。因为逻辑函数 Y 与逻辑变量 A 一样仅有 1、0 两种值，也是一种逻辑变量。如果对逻辑变量 A 成立的等式，则用逻辑变量 Y 代替逻辑变量 A 后的新等式仍然成立。

例 2.4 在 $\overline{AB}=\overline{A}+\overline{B}$ 中，用 BC 代替等式两边的 B，求新等式。

解 左边 $=\overline{ABC}$，　右边 $=\overline{A}+\overline{BC}=\overline{A}+\overline{B}+\overline{C}$

由代入规则，得

$$\overline{ABC}=\overline{A}+\overline{B}+\overline{C}$$

由代入规则，可将逻辑代数的基本定理（表 2.1.2）和常用恒等式（表 2.1.4）推广到多变量的情况。

2.2.2 反演规则

单个变量的反（如 $\overline{A}$）称为反变量，而变量本身（A）称为原变量。

在任何一个逻辑函数 Y 中，同时进行下述 3 种变换（称为反演变换）后产生的新函数就是原函数 Y 的反函数 $\overline{Y}$。

(1) 运算符变换：原函数中的“·”换成“+”，原函数中的“+”换成“·”；

(2) 常量变换：原函数中的“0”换成“1”，原函数中的“1”换成“0”；

(3) 原反变换：原函数中的原变量换成反变量，原函数中的反变量换成原变量。

运用反演规则时须注意：不属于单个变量上的反号应该保留，并保持原表达式中变量间的运算顺序。

例 2.5 已知 $Y=AB+B(C+\overline{D})$，求 $\overline{Y}$。

解 $\overline{Y}=(\overline{A}+\overline{B})(\overline{B}+\overline{C}D)$

例 2.6 已知 $Y=A+0\cdot 1$，求 $\overline{Y}$。

解 $\overline{Y}=\overline{A}(1+0)=\overline{A}$

2.2.3 对偶规则

在一个逻辑表达式 Y 中，同时进行下述变换后产生的新表达式称为原式 Y 的对偶式 Y'。

(1) 运算符变换：原式中的“·”换成“+”，原式中的“+”换成“·”；

(2) 常量变换:原式中的“0”换成“1”,原式中的“1”换成“0”。

上述两种变换称为对偶变换,进行对偶变换时必须保持原表达式中变量间的运算顺序。

例如,$L=A+\bar{A}B+0$,$L'=A(\bar{A}+B)\cdot 1$。

对偶规则:任意一个恒等式两边同时作对偶变换导出仍然成立的对偶恒等式。

例如,表 2.1.2 中的吸收律 $A+AB=A$,左边的对偶式为 $A(A+B)$,右边的对偶式为 A,由对偶规则,$A(A+B)=A$,正是表 2.1.2 中吸收律的另一等式。

对照表 2.1.2 和表 2.1.4 同一行的等式,不难发现,它们互为对偶恒等式。有了对偶规则就使要证明、要记忆的公式减少了一半。

2.3 逻辑函数的代数法化简

2.3.1 最简的标准

逻辑函数可以有不同的逻辑表达式,它们是:与或、或与、与非与非、或非或非、与或非式。任意的逻辑函数均可用其中之一表示。借助于摩根定理和分配律,五种通用表达式之间可以相互转换。例如,

$$
\begin{aligned}
Y &= A\bar{B}+BC & &\text{与或式:乘积项之和}\\
&= (A+B)(\bar{B}+C) & &\text{或与式:和项之积}\\
&= \overline{\overline{A\bar{B}}\cdot\overline{BC}} & &\text{与非与非式}\\
&= \overline{\overline{A+B}+\overline{\bar{B}+C}} & &\text{或非或非式}\\
&= \overline{\bar{A}\bar{B}+B\bar{C}} & &\text{与或非式}
\end{aligned}
$$

其次,在同一种类型的表达式中,形式亦不相同,但对确定的逻辑函数,最简单的形式是唯一的。例如,在与或表达式中

$$
\begin{aligned}
Y(A,B,C) &= A+BC & &\text{最简与或式}\\
&= AB+A\bar{B}+BC & &\text{非最简与或式 1}\\
&= A+\bar{A}BC & &\text{非最简与或式 2}\\
&= \cdots
\end{aligned}
$$

综上所述,对不同类型的逻辑表达式,总存在最简式,但最简的标准却是不一样的。由于与或表达式容易从具体的逻辑问题导出,并可以转化为其他形式,下面给出最简与或表达式的标准:

(1) 乘积项的个数最少;

(2) 在满足(1)的条件下,每个乘积项中变量的个数也最少。

2.3.2 代数法化简

代数法化简亦称为公式法化简,是用逻辑代数的定理和恒等式,对逻辑函数进行化简,求最简与或表达式。由于表达式各种各样,要做到快速化简,就要求熟练地掌握并灵活地运用 2.1 节中的逻辑代数定理和恒等式,下面介绍几种常用的方法。

1. *并项法*

利用 $A+\bar{A}=1$,将两项合并为一项,并消去一个变量。例如,

$$Y=A\bar{B}+ACD+\bar{A}\bar{B}+\bar{A}CD$$

$$= (A+\overline{A})\overline{B} + (A+\overline{A})CD$$
$$= \overline{B} + CD$$

2. 吸收法

利用 $A+AB=A$,消去 AB 项。例如,

$$Y=A\overline{B}+A\overline{B}(C+D)=A\overline{B}$$

3. 消项法

利用 $AB+\overline{A}C+BC=AB+\overline{A}C$,消去 BC 项。例如,

$$Y=AC+A\overline{B}+\overline{B+C}=AC+A\overline{B}+\overline{B}\overline{C}=AC+\overline{B}\overline{C}$$

4. 消因法

利用 $A+\overline{A}B=A+B$,消去因子 $\overline{A}$。例如,

$$Y=\overline{ABC}+ABCDE=\overline{ABC}+DE$$

5. 配项法

利用 $A+\overline{A}=1$,$A+A=A$ 等公式,在原表达式中增加项,然后再化简。例如,利用 $A+\overline{A}=1$,配项化简

$$\begin{aligned}Y&= A\overline{B}+\overline{A}B+B\overline{C}+\overline{B}C\\&= A\overline{B}+\overline{A}B(C+\overline{C})+B\overline{C}+(A+\overline{A})\overline{B}C\\&= A\overline{B}+\overline{A}BC+\overline{A}B\overline{C}+B\overline{C}+A\overline{B}C+\overline{A}\overline{B}C\\&= (A\overline{B}+A\overline{B}C)+(\overline{A}B\overline{C}+B\overline{C})+(\overline{A}BC+\overline{A}\overline{B}C)\\&= A\overline{B}+B\overline{C}+\overline{A}C\end{aligned}$$

利用 $A+A=A$,配项化简

$$\begin{aligned}Y&= \overline{A}B\overline{C}+\overline{A}BC+ABC\\&= (\overline{A}B\overline{C}+\overline{A}BC)+(\overline{A}BC+ABC)\\&= \overline{A}B+BC\end{aligned}$$

代数法化简逻辑函数时,必须综合使用上述技巧、逻辑代数定理和恒等式,才能有效地化简逻辑函数。

2.4 逻辑函数的卡诺图化简

如前所述,代数法可以化简任意的逻辑函数,但逻辑表达式是否达到最简却较难判断。本节介绍的卡诺图法可以直观、简便地得到最简逻辑表达式。卡诺图化简逻辑函数的理论基础是逻辑函数的标准表达式、最小项和最大项。

2.4.1 逻辑函数标准表达式

标准式有标准与或式和标准或与式。

1. 标准与或式

每个乘积项都包含函数的全部变量的与或式称为标准与或表达式,任何逻辑函数均可转化为标准与或式。例如:

$$\begin{aligned}Y(A,B,C)&= A+BC &&\text{一般与或式}\\&= A(B+\overline{B})(C+\overline{C})+(A+\overline{A})BC &&(2.4.1)\\&= ABC+AB\overline{C}+A\overline{B}C+A\overline{B}\overline{C}+\overline{A}BC &&\text{标准与或式}\end{aligned}$$

标准与或式中每一个乘积项都包含函数 Y 的全部变量，每个变量以原变量因子或反变量因子仅出现一次，这种包含函数全部变量的乘积项叫做最小项，常用 m_i 或 $m(i)$ 表示，i 是最小项的编号。n 个变量的逻辑函数有 2^n 个最小项。例如，三个变量的逻辑函数有 2^3 个最小项，它们是

$$\bar{A}\bar{B}\bar{C},\bar{A}\bar{B}C,\bar{A}B\bar{C},\bar{A}BC,A\bar{B}\bar{C},A\bar{B}C,AB\bar{C},ABC$$

最小项的编号方法是：最小项的原变量用 1 替代，反变量用 0 替代，按一定的变量排列顺序构成的二进制数就是最小项的编号，通常转换为十进制数。例如，$A\bar{B}C\rightarrow(101)_2=(5)_{10}$，记作 m_5 或 $m(5)$。

为了研究最小项的性质及最小项与逻辑函数的关系，列出三变量最小项和示例函数 $Y(A,B,C)=A+BC$ 的真值表，如表 2.4.1 所示。

表 2.4.1　三变量全部最小项的真值表

A B C	$m_0=\bar{A}\bar{B}\bar{C}$	$m_1=\bar{A}\bar{B}C$	$m_2=\bar{A}B\bar{C}$	$m_3=\bar{A}BC$	$m_4=A\bar{B}\bar{C}$	$m_5=A\bar{B}C$	$m_6=AB\bar{C}$	$m_7=ABC$	$Y=A+BC$
0 0 0	1	0	0	0	0	0	0	0	0
0 0 1	0	1	0	0	0	0	0	0	0
0 1 0	0	0	1	0	0	0	0	0	0
0 1 1	0	0	0	1	0	0	0	0	1
1 0 0	0	0	0	0	1	0	0	0	1
1 0 1	0	0	0	0	0	1	0	0	1
1 1 0	0	0	0	0	0	0	1	0	1
1 1 1	0	0	0	0	0	0	0	1	1

由真值表可知，最小项的性质是：

(1) 对于任意一个最小项，只有一组变量取值使其为 1，其他组取值使其为 0。使最小项为 1 的取值组合的二进制数值正好是最小项的编号。

(2) 不同的两个最小项之积恒为 0，即

$$m_i\cdot m_j=0,\quad i\neq j;i,j=0,1,2,\cdots,2^n-1$$

(3) 全部最小项之和恒为 1，即

$$\sum_{i=0}^{2^n-1}m_i=1$$

(4) n 个变量的最小项有 n 个相邻项，且两相邻最小项之和等于它们的相同变量之积。

仅有一个变量不同的两个最小项称为逻辑相邻最小项，简称相邻项。例如，三变量最小项 ABC 的相邻项是 $\bar{A}BC$、$A\bar{B}C$ 和 $AB\bar{C}$。并且，两相邻最小项之和等于它们的相同变量之积

$$ABC+AB\bar{C}=AB$$

$$ABC+A\bar{B}C=AC$$

$$ABC+\bar{A}BC=BC$$

由式(2.4.1)和表 2.4.1 的最后一列，得函数 Y 的标准与或式为

$$\begin{aligned}Y(A,B,C)&=A+BC\\&=0\cdot m_0+0\cdot m_1+0\cdot m_2+1\cdot m_3\\&\quad+1\cdot m_4+1\cdot m_5+1\cdot m_6+1\cdot m_7\end{aligned}$$

$$= \sum_{i=0}^{2^3-1} Y(m_i)m_i$$

式中，$Y(m_i)$是使 $m_i=1$ 的变量取值组合对应的函数值。

根据最小项的性质，可以证明任何确定的逻辑函数都可表示为唯一的标准与或式，即

$$Y(A,B,C,\cdots) = \sum_{i=0}^{2^n-1} Y(m_i) \cdot m_i \tag{2.4.2}$$

式中，$Y(A,B,C,\cdots)$是具有 n 个变量的任意逻辑函数，m_i 是函数的最小项，$Y(m_i)$是使 $m_i=1$ 的变量取值组合对应的函数值。由于 $Y(m_i)$ 只能是 0 或 1，所以任意逻辑函数的标准与或式是函数值为 1 所对应的最小项之和，故标准与或式亦称为最小项表达式。

同样，任意函数的反函数为

$$\overline{Y}(A,B,C,\cdots) = \sum_{i=0}^{2^n-1} \overline{Y}(m_i) \cdot m_i \tag{2.4.3}$$

即任意反函数的标准与或式是函数值为 0 所对应的最小项之和。

2. 标准或与式

每个和项都包含函数的全部变量的特殊或与式称为标准或与表达式。利用互补律和分配律，任何与或逻辑函数都可表示成标准或与式。例如，

$$\begin{aligned} Y(A,B,C) &= A+BC && \text{与或式} \\ &= (A+B)(A+C) && \text{或与式 1} \\ &= (A+B+C\overline{C})(A+B\overline{B}+C) && \text{或与式 2} \\ Y(A,B,C) &= (A+B+C)(A+B+\overline{C})(A+\overline{B}+C) && \text{标准或与式} \end{aligned} \tag{2.4.4}$$

标准或与式中每一个和项都包含函数 Y 的全部变量，每个变量可以是原变量或反变量，这种包含函数的全部变量的和项叫做最大项，常用 M_i 或 $M(i)$表示，i 是最大项的编号。

一般地，n 个变量的逻辑函数有 2^n 个最大项。例如，三个变量的逻辑函数有 2^3 个最大项，它们是

$$(\overline{A}+\overline{B}+\overline{C}),(\overline{A}+\overline{B}+C),(\overline{A}+B+\overline{C}),(\overline{A}+B+C)$$
$$(A+\overline{B}+\overline{C}),(A+\overline{B}+C),(A+B+\overline{C}),(A+B+C)$$

最大项的编号方法是：最大项的原变量用 0 替换，反变量用 1 替换，按一定变量排列顺序构成的二进制数就是最大项的编号，通常转换为十进制数。例如，$(\overline{A}+B+\overline{C})\rightarrow(101)_2=(5)_{10}$，记作 M_5 或 $M(5)$。

按最大项和最小项的编号方法，最大项与最小项的关系是相同编号的最大项和最小项互补，即

$$M_i = \overline{m_i}, \quad i=0,1,2,\cdots,2^n-1$$

例如，$M_5=\overline{A}+B+\overline{C}$，$m_5=A\overline{B}C$，即 $M_5=\overline{m_5}$。

根据最小项的性质和最大项与最小项的关系，导出最大项的性质是：

(1) 对于任意一个最大项，只有变量的一组取值使其为 0，其他组取值使其为 1。使最大项为 0 的取值组合的二进制数值正好是最大项的编号。

(2) 不同的两个最大项之和为 1，即

$$m_im_j=0 \Rightarrow \overline{m_im_j}=\overline{0} \Rightarrow M_i+M_j=1, \quad i,j=0,1,2,\cdots,2^n-1$$

(3) 全部最大项之积恒为 0，即

$$\sum_{i=0}^{2^n-1} m_i = 1 \Rightarrow \overline{\sum_{i=0}^{2^n-1} m_i} = \overline{1} \Rightarrow \prod_{i=0}^{2^n-1} M_i = 0$$

(4) n 个变量的最大项有 n 个相邻项，且两相邻最大项之积等于它们的相同变量之和。仅有一个变量不同的两个最大项称为逻辑相邻最大项，简称相邻项。例如，三变量最大项 A+B+C 的相邻项是 $\overline{A}$+B+C、A+$\overline{B}$+C 和 A+B+$\overline{C}$。并且，两相邻最大项之积等于它们的相同变量之和。例如，$(A+B+C)(A+B+\overline{C})=A+B$。

由式(2.4.3)得

$$Y(A,B,C,\cdots)=\overline{\overline{Y}}(A,B,C,\cdots)=\overline{\sum_{i=0}^{2^n-1}\overline{Y}(m_i)\cdot m_i}=\prod_{i=0}^{2^n-1}(Y(m_i)+\overline{m_i})$$

$$Y(A,B,C,\cdots)=\prod_{i=0}^{2^n-1}(Y(m_i)+M_i) \tag{2.4.5}$$

由于 $Y(m_i)$ 只能是 0 或 1，所以，任意逻辑函数的标准或与式是函数值为 0 所对应的最大项之积，故标准或与式亦称为最大项表达式。

例如，在表 2.4.1 中的最后一列，

$$\begin{aligned}Y(A,B,C)&=A+BC\\&=M_0M_1M_2\\&=(A+B+C)(A+B+\overline{C})(A+\overline{B}+C)\end{aligned}$$

与式(2.4.4)相同。

3. 实际问题的逻辑函数

例 2.7 一个楼梯间照明电路，如图 2.4.1 所示。Y 为灯泡，位于楼梯过道的顶上，单刀双掷开关 A 和 B 一个装在楼上，一个装在楼下。楼下开灯，上楼后则可关灯，反之亦然。

解 设 Y=1 表示灯亮，Y=0 表示灯灭；A 或 B=1 表示开关拨向 1 位；A 或 B=0 表示开关拨向 2 位。当开关 A 和 B 同时拨向 1 位或拨向 2 位时灯亮；否则，灯不亮。由此列出真值表如表 2.4.2 所示。

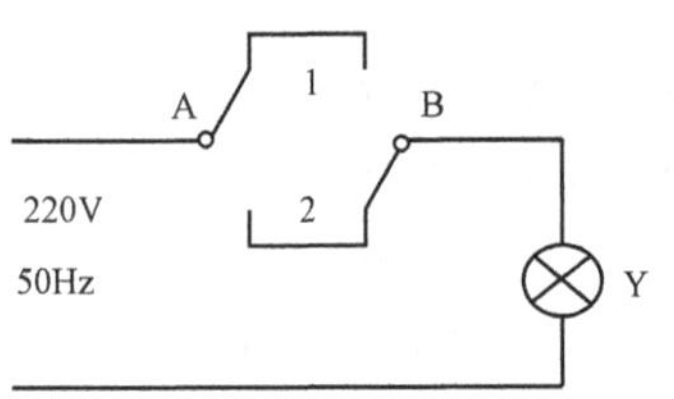

图 2.4.1 楼梯间照明电路

表 2.4.2 楼梯间照明电路真值表

A	B	Y
0	0	1
0	1	0
1	0	0
1	1	1

由真值表可知，函数 Y=1 对应的最小项是 $\overline{A}\overline{B}$ 和 AB；函数 Y=0 对应的最小项是 $\overline{A}$B 和 A$\overline{B}$。所以

$$\begin{aligned}Y(A,B)&=\sum_{i=0}^{2^2-1}Y(m_i)\cdot m_i\\&=1\cdot\overline{A}\overline{B}+0\cdot\overline{A}B+0\cdot A\overline{B}+1\cdot AB\\&=\overline{A}\overline{B}+AB\\&=\sum m(0,3)\end{aligned}$$

由于全部最小项之和恒为 1，有

$$Y(A,B)=\sum m(0,3)=\overline{\sum m(1,2)}=\prod\overline{m}(1,2)$$

$$= \prod M(1,2) = (A+\overline{B})(\overline{A}+B)$$

综上所述，由实际逻辑问题导出逻辑函数的方法是：根据逻辑问题导出真值表，由真值表导出标准表达式，最后进行逻辑函数化简。由真值表导出标准表达式的方法是：

(1) 标准与或式(最小项表达式)是函数值为 1 所对应的最小项之和。

(2) 标准或与式(最大项表达式)是函数值为 0 所对应的最大项之积。

2.4.2 逻辑函数的卡诺图

卡诺图是逻辑函数的一种图形表示。任何确定的逻辑函数都可以表示为唯一的标准与或式，如果能用图形表示函数的每一个最小项，则可用图形表示逻辑函数。卡诺图就是用平面上相邻的方格表示函数的每一个最小项，几何上相邻的方格所代表的最小项在逻辑上也相邻。

1. 卡诺图的形成

与 n 个逻辑变量的函数有 2^n 个最小项对应，n 个逻辑变量的卡诺图应有 2^n 个方格。按照逻辑上相邻的最小项在几何上也应相邻的要求确定表示每个最小项的方格。所谓两个最小项的几何相邻是指代表最小项的两个方格满足下述条件之一：①边相邻(具有公共边)；②对称相邻。

图 2.4.2 所示为 3 变量的卡诺图。将变量分成两组(A，BC)，它们的取值按循环码排列，形成卡诺图的纵向和横向坐标；每个方格所表示一个最小项，方格的纵坐标(高位)、横坐标(低位)组合形成该最小项的编码。可以验证：几何相邻的方格所表示的最小项是逻辑相邻的。例如，$m_2(=\overline{A}B\overline{C})$的相邻项是 $m_0(=\overline{A}\overline{B}\overline{C})$，$m_3(=\overline{A}BC)$，$m_6(=AB\overline{C})$。

同样方法可构成 4 变量、5 变量的卡诺图，如图 2.4.3、图 2.4.4 所示。

小于等于 4 变量的卡诺图可以从几何相邻直观地反映最小项的逻辑相邻关系，但是 5 变量及以上的卡诺图却没有这个优点。由于卡诺图主要利用直观的相邻关系进行逻辑函数的化简，小于等于 4 变量的卡诺图得到广泛的应用。

A \ BC	00	01	11	10
0	m_0	m_1	m_3	m_2
1	m_4	m_5	m_7	m_6

图 2.4.2 3 变量卡诺图

AB \ CD	00	01	11	10
00	m_0	m_1	m_3	m_2
01	m_4	m_5	m_7	m_6
11	m_{12}	m_{13}	m_{15}	m_{14}
10	m_8	m_9	m_{11}	m_{10}

图 2.4.3 4 变量卡诺图

AB \ CDE	000	001	011	010	110	111	101	100
00	m_0	m_1	m_3	m_2	m_6	m_7	m_5	m_4
01	m_8	m_9	m_{11}	m_{10}	m_{14}	m_{15}	m_{13}	m_{12}
11	m_{24}	m_{25}	m_{27}	m_{26}	m_{30}	m_{31}	m_{29}	m_{28}
10	m_{16}	m_{17}	m_{19}	m_{18}	m_{22}	m_{23}	m_{21}	m_{20}

图 2.4.4 5 变量卡诺图

2. 逻辑函数的卡诺图

如前所述，卡诺图表示最小项及其逻辑相邻关系。而任意的逻辑函数均可转换为最小项之和，所以，逻辑函数可用卡诺图表示。

1）由逻辑表达式画卡诺图

首先将逻辑函数转换为最小项表达式，然后在卡诺图上函数所包含的最小项对应的小方格内填入 1，在其他小方格内填入 0。为了直观和简洁，通常 0 不填写。

例 2.8 用卡诺图表示逻辑函数

$$\mathrm{Y(A,B,C,D)}=\mathrm{\bar{B}CD+AB\bar{C}}$$

解
$$\begin{aligned}\mathrm{Y(A,B,C,D)}&=\mathrm{\bar{B}CD+AB\bar{C}}\\&=\mathrm{\bar{A}\bar{B}CD+A\bar{B}CD+AB\bar{C}\bar{D}+AB\bar{C}D}\\&=m_3+m_{11}+m_{12}+m_{13}\end{aligned}$$

由上式画出函数 Y 的卡诺图，如图 2.4.5 所示。因此，逻辑函数等于卡诺图中为 1 的最小项之和。

例 2.9 用卡诺图表示逻辑函数

$$Y(A,B,C)=A+\bar{B}C$$

解 一个乘积项对应多个最小项，例如，上式中 $\bar{B}C$ 对应 2 个 3 变量最小项（$\bar{A}\bar{B}C$，$A\bar{B}C$），A 对应 4 个 3 变量最小项（$A\bar{B}\bar{C}$，$A\bar{B}C$，$AB\bar{C}$，ABC）。将他们填入卡诺图中，如图 2.4.6 所示。

AB＼CD	00	01	11	10
00			1	
01				
11	1	1		
10			1	

图 2.4.5 例 2.8 的卡诺图

A＼BC	00	01	11	10
0		1		
1	1	1	1	1

图 2.4.6 例 2.9 的卡诺图

因此，首先将任意逻辑函数的表达式变换为与或式，然后将每一个乘积项填入卡诺图中，即可获得该逻辑函数的卡诺图。

2）由真值表画卡诺图

根据逻辑函数的真值表，逻辑函数值为 1 的最小项在卡诺图中填入 1，逻辑函数值为 0 的最小项在卡诺图中填入 0，获得逻辑函数的卡诺图。为了直观和简洁，通常 0 不填写。

例 2.10 已知逻辑函数 Y 的真值表如表 2.4.3，试画出 Y 的卡诺图。

解 根据逻辑函数的真值表表 2.4.3，逻辑函数值为 1 的最小项在卡诺图中填入 1，获得逻辑函数的卡诺图如图 2.4.7 所示。

由真值表，得

$$\begin{aligned}\mathrm{Y(A,B,C)}&=\mathrm{\bar{A}BC+A\bar{B}C+AB\bar{C}+ABC}\\&=m_3+m_5+m_6+m_7\end{aligned}$$

由上式画出函数 Y 的卡诺图与图 2.4.7 相同。

比较图 2.4.7 和表 2.4.3 可知，卡诺图实际上是一种二维真值表。可直接从真值表画出卡诺图；反之，亦可从卡诺图直接得到真值表。

表 2.4.3　例 2.10 的真值表

A	B	C	Y
0	0	0	0
0	0	1	0
0	1	0	0
0	1	1	1
1	0	0	0
1	0	1	1
1	1	0	1
1	1	1	1

A \ BC	00	01	11	10
0			1	
1		1	1	1

图 2.4.7　例 2.10 的卡诺图

2.4.3　逻辑函数的卡诺图化简

1. 化简的依据

在卡诺图上，每个方格对应一个最小项。凡几何相邻的方格，对应的最小项逻辑上也相邻。而逻辑相邻的最小项求和时，可反复应用 $A+\overline{A}=1$ 的关系进行最小项合并，消去最小项中不同的变量($A,\overline{A}$)，保留公共变量(公因子)。公因子是卡诺图上最小项具有相同行列编码的变量之积。例如，在 4 变量的卡诺图(图 2.4.8)中

$$
\begin{aligned}
& m_4+m_5 \\
&=\overline{A}B\overline{C}\overline{D}+\overline{A}B\overline{C}D \\
&=\overline{A}B\overline{C}(\overline{D}+D) \\
&=\overline{A}B\overline{C}\cdot 1 \\
&=\overline{A}B\overline{C}
\end{aligned}
$$

$$
\begin{aligned}
& m_4+m_5+m_{12}+m_{13} \\
&=\overline{A}B\overline{C}\overline{D}+\overline{A}B\overline{C}D+AB\overline{C}\overline{D}+AB\overline{C}D \\
&=B\overline{C}(\overline{A}\overline{D}+\overline{A}D+A\overline{D}+AD) \\
&=B\overline{C}\cdot 1 \\
&=B\overline{C}
\end{aligned}
$$

$$
\begin{aligned}
& m_4+m_5+m_6+m_7+m_{12}+m_{13}+m_{14}+m_{15} \\
&=\overline{A}B\overline{C}\overline{D}+\overline{A}B\overline{C}D+\overline{A}BC\overline{D}+\overline{A}BCD+AB\overline{C}\overline{D}+AB\overline{C}D+ABC\overline{D}+ABCD \\
&=B(\overline{A}\overline{C}\overline{D}+\overline{A}\overline{C}D+\overline{A}C\overline{D}+\overline{A}CD+A\overline{C}\overline{D}+A\overline{C}D+AC\overline{D}+ACD) \\
&=B\cdot 1 \\
&=B
\end{aligned}
$$

AB \ CD	00	01	11	10
00	m_0	m_1	m_3	m_2
01	m_4	m_5	m_7	m_6
11	m_{12}	m_{13}	m_{15}	m_{14}
10	m_8	m_9	m_{11}	m_{10}

图 2.4.8　4 变量卡诺图

所以，相邻的两个方格合并，消去不同的一个变量；两-两相邻的四个方格合并，消去不同的两个变量；两-两相邻的八个方格合并，消去不同的三个变量。

推广到一般情况，两-两相邻的 2^n 个方格合并，消去不同的 n 个变量，保留公共变量。因为 2^n 个方格合并时，提出公共变量(公因子)后，恰是余下的 n 个变量的全部最小项之和，其值恒为 1。公共变量是卡诺图上 2^n 个最小项具有相同行列编码的变量之积。

2. 化简的步骤

(1) 画出逻辑函数的卡诺图。

(2) 画卡诺圈。

按照化简依据，可直观地安排函数相邻的最小项求和，从而简化逻辑函数。因此，在函数的卡诺图中，把 2^n 个值为 1 的两-两相邻的方格画成一个圈，称为卡诺圈，意为在卡诺圈内的最小项求逻辑和并化简。多个卡诺圈可以交叠，但每个卡诺圈必须独有与其他卡诺圈不同的、值为 1 的方格。

按与或表达式最简的含义，卡诺圈越少越好(一个卡诺圈表示与或表达式的一个与项)；卡诺圈内值为 1 的方格越多越好(消去的变量越多，与项包含的变量越少)。因此，卡诺圈越少越好，卡诺圈的 2^n 值越大越好。若逻辑函数的变量数为 N，则 n 的值应由 N 递减至 0。

(3) 求每个卡诺圈的公共变量之积(与项)并相加，得到最简单的与或表达式。

例 2.11 化简函数 $Y(A,B,C,D)=\sum m(0,1,2,5,6,7,14,15)$。

解 图 2.4.8(a)是函数 Y 的卡诺图。

在画卡诺圈时，注意到最小项的逻辑相邻：①边相邻(具有公共边)，②对称相邻。可以想象将左右两边粘连或上下两边粘连，判断对称相邻。所以，图 2.4.9(b)中，m_0 和 m_2 组成一个卡诺圈。图 2.4.9(b)共有 3 个卡诺圈，函数 Y 的最简与或式为

$$Y=BC+\overline{A}\overline{C}D+\overline{A}\overline{B}\overline{D}$$

图 2.4.9(c)比图 2.4.9(b)多一个卡诺圈，其表达式为

$$Y=BC+\overline{A}C\overline{D}+\overline{A}BD+\overline{A}\overline{B}\overline{C}$$

它不是函数的最简表达式，因此，图 2.4.9(c)不是一组正确的卡诺圈。

为了画出一组正确的卡诺圈，须按下述方法画卡诺圈：

① 若逻辑函数的变量数为 N，则 n 的值应由 N 递减至 0，使每个卡诺圈包含 2^n 个两-两相邻的 1；

② 多个卡诺圈可以交叠，但每个卡诺圈必须独有与其他卡诺圈不同的、值为 1 的方格；

③ 一组正确的卡诺圈涵盖函数卡诺图的全部 1，圈总数最少，每个圈尽可能最大。

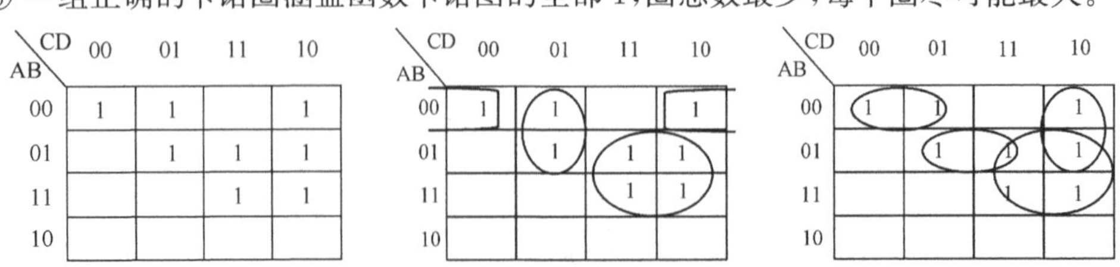

(a) 函数的卡诺图　(b) 正确的卡诺圈　(c) 不正确的卡诺圈

图 2.4.9　例 2.11 的卡诺图

例 2.12 已知逻辑函数 $Y(A,B,C,D)=\sum m(0,1,2,8,9,10,11,13,15)$，求：(1)函数

Y 的最简与或式；(2)反函数 $\overline{Y}$ 的最简与或式；(3)函数 Y 的最简或与式。

解 图 2.4.10(a)所示为函数 Y 的卡诺图和卡诺圈，函数 Y 的最简与或式为

$$Y=AD+\overline{B}\overline{C}+\overline{B}\overline{D}$$

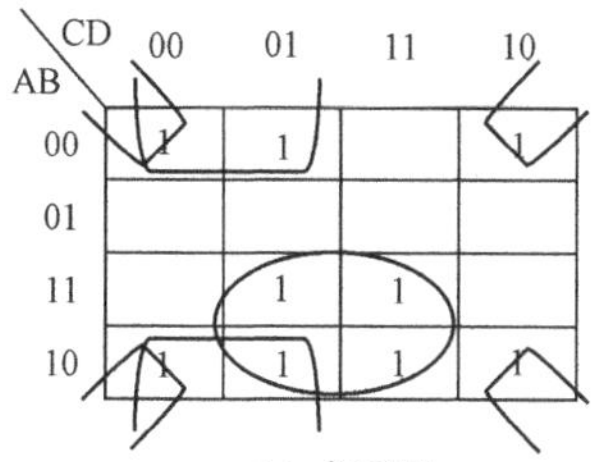

(a) 求Y:圈1

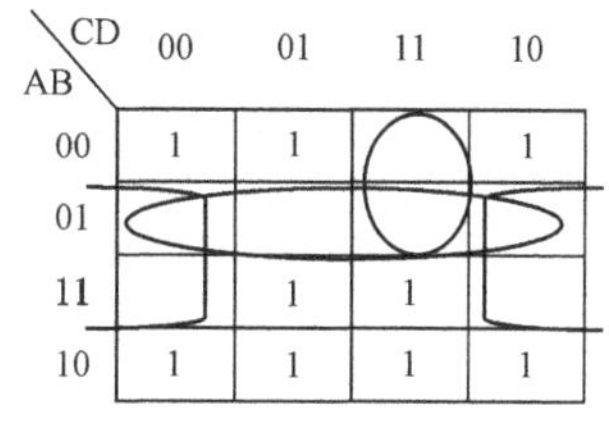

(b) 求$\overline{Y}$:圈0

图 2.4.10 例 2.12 的卡诺图

在函数 Y 的卡诺图中，分别将 0 换为 1、1 换为 0，就是反函数 $\overline{Y}$ 的卡诺图。所以，可在 Y 的卡诺图中圈 0，见图 2.4.10(b)，求解 $\overline{Y}$ 的最简与或式

$$\overline{Y}=\overline{A}B+B\overline{D}+\overline{A}CD$$

对反函数 $\overline{Y}$ 求反，可获得函数 Y 的最简或与式

$$Y=\overline{\overline{Y}}=\overline{\overline{A}B+B\overline{D}+\overline{A}CD}=(A+\overline{B})(\overline{B}+D)(A+\overline{C}+\overline{D})$$

从本例可知，在函数的卡诺图中，圈 1 可求函数的最简与或式，圈 0 可求反函数的最简与或式，反函数的最简与或式再取反可求函数 Y 的最简或与式。

2.5 具有无关项的逻辑函数化简

2.5.1 无关项概念

在 n 个变量的逻辑函数中，如果对变量的每个取值组合(共有 2^n 个取值组合)，函数均有确定的值(0 或 1)与之对应，则称这样的函数为确定的逻辑函数，否则，称为不完全确定的逻辑函数或具有无关项的逻辑函数。

不完全确定的逻辑函数有两层含义，其一，对某些逻辑问题，自变量的一些特定取值组合是不允许出现的，函数的取值无定义，它可能是 0，也可能是 1，在真值表中用“d”或“×”表示。对应于这些特定的取值组合，值为 1 的最小项称为约束项。例如，用二变量 A、B 控制一台电梯，A 为 1 时电梯上行，B 为 1 时电梯下行。所以，A、B 允许的取值组合为：AB=00 电梯停；AB=01 电梯下行；AB=10 电梯上行；而 AB=11 是不允许的取值组合，因为任何时刻一台电梯不能同时上行和下行。这个逻辑问题的约束方程为 AB=0，即允许的取值组合满足约束方程，而不允许的取值组合则不满足约束方程。最小项 m_3(=AB)就是约束项。

不完全确定的逻辑函数的第二层含义是，对某些逻辑问题，对应于自变量的一些特定取值组合，函数的取值无关紧要(0 或 1 都可以，在真值表中也用“d”或“×”表示)，对逻辑功能没有任何影响。对应这些特定取值组合，值为 1 的最小项称为任意项。例如，将 8421BCD 码转换为余 3 码，其真值表为表 2.5.1。当变量 ABCD 取值为 0000，…，1001 时，有确定的余 3 码 0011，…，1100 与之对应。当非 8421BCD 1010，…，1111 出现时，并不影响 8421BCD 码转换为余 3 码的功能，所以，WXYZ 的取值无关紧要。

约束项和任意项统称为无关项，因此，不完全确定的逻辑函数也称为具有无关项的逻辑函

数。全部无关项之和等于 0 的方程称为约束方程。例如，表 2.5.1 的约束方程为

$$\sum m(10,11,12,13,14,15)=0 \quad 或 \quad \sum d(10,11,12,13,14,15)=0$$

约束方程的含义是：允许的取值组合满足约束方程，而不允许的取值组合则不满足约束方程。此外，约束方程可分解为多个方程，例如，每个无关项等于 0。

表 2.5.1 8421BCD 码转换为余 3 码的真值表

十进制数	8421BCD 码				余 3 码			
	A	B	C	D	W	X	Y	Z
0	0	0	0	0	0	0	1	1
1	0	0	0	1	0	1	0	0
2	0	0	1	0	0	1	0	1
3	0	0	1	1	0	1	1	0
4	0	1	0	0	0	1	1	1
5	0	1	0	1	1	0	0	0
6	0	1	1	0	1	0	0	1
7	0	1	1	1	1	0	1	0
8	1	0	0	0	1	0	1	1
9	1	0	0	1	1	1	0	0
无定义	1	0	1	0	*d*	*d*	*d*	*d*
	1	0	1	1	*d*	*d*	*d*	*d*
	1	1	0	0	*d*	*d*	*d*	*d*
	1	1	0	1	*d*	*d*	*d*	*d*
	1	1	1	0	*d*	*d*	*d*	*d*
	1	1	1	1	*d*	*d*	*d*	*d*

2.5.2 应用无关项化简逻辑函数

对于无关项，函数为任意值 d(0 或 1)，意味着在函数表达式中可以包含或者去掉无关项；在卡诺图中，无关项对应的方格可为 0 也可为 1。因此，不完全确定的逻辑函数化简时，可根据需要加上或去掉部分无关项，使不完全确定的逻辑函数最简。

例 2.13 用代数法化简逻辑函数

$$\begin{cases} Y=\bar{A}B\bar{C}+\bar{B}\bar{C} \\ AB=0 \end{cases} \qquad \text{约束方程}$$

解

$$\begin{aligned} Y &= \bar{A}B\bar{C}+\bar{B}\bar{C}+AB && \text{加无关项} \\ &= (\bar{A}\bar{C}+A)B+\bar{B}\bar{C} \\ &= AB+B\bar{C}+\bar{B}\bar{C} \\ &= AB+\bar{C} && \text{去掉无关项} \\ &= \bar{C} \end{aligned}$$

$$\begin{cases} Y=\bar{C} \\ AB=0 \end{cases}$$

例 2.14 用卡诺图化简逻辑函数

$$Y(A,B,C,D)=\sum m(1,2,5,6,9)+\sum d(10,11,12,13,14,15)$$

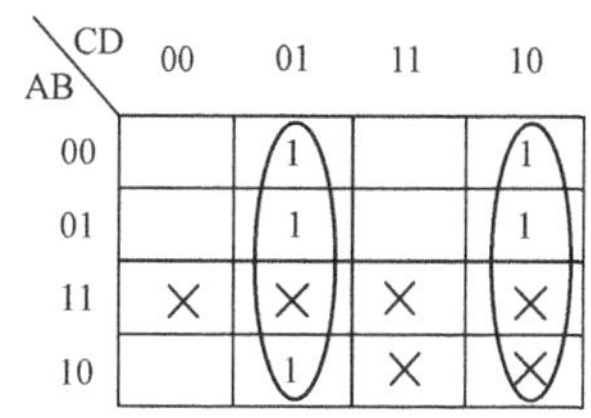

图 2.5.1 例 2.14 的卡诺图

解 函数 Y 的卡诺图如图 2.5.1 所示，图中无关项用“×”表示。考虑卡诺圈中的无关项为 1，卡诺圈外的无关项为 0。则最简单的与或式为

$$\begin{cases}Y(A,B,C,D)=\bar{C}D+C\bar{D}\\ \sum d(10,11,12,13,14,15)=0\end{cases}$$

习 题

2.1 求下列函数的反函数：

(1) $F=A\bar{B}+C(\bar{A}+D)$；

(2) $Y=A(\bar{B}+C\bar{D}+\bar{C}D)$。

2.2 求下列函数的对偶式：

(1) $Y=\overline{A\bar{B}\cdot\overline{C\bar{D}}\cdot\overline{D\overline{AB}}}$；

(2) $Y=\overline{\overline{A+\bar{C}+\overline{B+C}+\bar{A}+B+\overline{B+C}}}$。

2.3 用基本定理和公式证明下列等式：

(1) $ABC+A\bar{B}C+AB\bar{C}=AB+AC$；

(2) $AB+\bar{A}C+\bar{B}C=AB+C$；

(3) $A\bar{B}+BD+\bar{A}D+DC=A\bar{B}+D$；

(4) $BC+D+\bar{D}(\bar{B}+\bar{C})(DA+B)=B+D$；

(5) $AB+A\bar{B}+\bar{A}B+\bar{A}\bar{B}=1$；

(6) $(A+B)(A+\bar{B})(\bar{A}+B)(\bar{A}+\bar{B})=0$；

(7) $A\bar{B}+B\bar{C}+C\bar{A}=\bar{A}B+\bar{B}C+\bar{C}A$；

(8) $(A+B+C)\cdot\overline{AB+BC+CA}+ABC=\overline{(\bar{A}+\bar{B}+\bar{C})\cdot(AB+BC+CA)+\bar{A}\bar{B}\bar{C}}$；

(9) $A\oplus B\oplus C=A\odot B\odot C$；

(10) $A\oplus\bar{B}=A\odot B$；

(11) 若 $A\oplus B=C$，则 $B\oplus C=A$，$A\oplus C=B$。

2.4 设 $Y_1=\sum m(0,4,8,12)$，$Y_2=\sum m(1,4,7,9,10)$，试求下列逻辑函数：

(1) $L_1=Y_1+Y_2$；

(2) $L_2=Y_1\cdot Y_2$；

(3) $L_3=Y_1\cdot\overline{Y_2}$。

2.5 已知 $Y_1=\prod M(0,2,4,6)$，$Y_2=\prod M(1,3,5,7)$，试求下列逻辑函数：

(1) $L_1=Y_1+Y_2$；

(2) $L_2=Y_1\cdot Y_2$；

(3) $L_3=\overline{Y_1}\cdot Y_2$；

(4) $L_4=\overline{Y_1}\cdot\overline{Y_2}$。

2.6 试写出题图 2.6 所示电路的逻辑函数表达式。

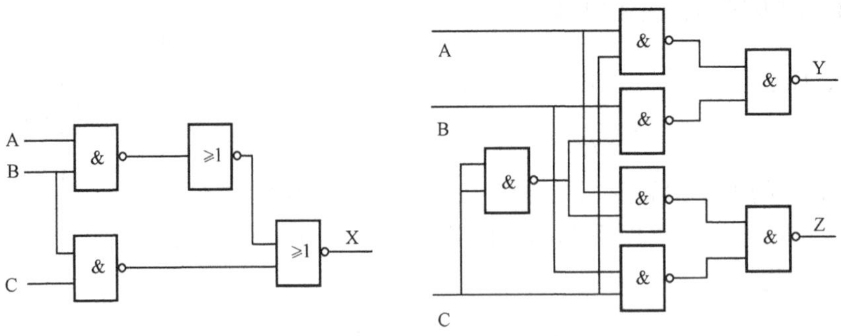

(a) (b)

题图 2.6

2.7 画出下列函数的逻辑图：

(1) $Y=\overline{\overline{A\,\overline{AB}}+\overline{B\,\overline{AB}}}$；

(2) $Y=\overline{\overline{A+B}+\overline{A+C}}$；

(3) $Y=(AB+\overline{C})(CD+\overline{E})$。

2.8 根据题表 2.8(a)、(b)写出逻辑函数的两种标准表达式，画出函数的卡诺图，并化简。

题表 2.8(a)

A	B	C	Y
0	0	0	0
0	0	1	1
0	1	0	1
0	1	1	0
1	0	0	1
1	0	1	0
1	1	0	0
1	1	1	1

题表 2.8(b)

A	B	C	D	Y
0	0	0	0	0
0	0	0	1	0
0	0	1	0	0
0	0	1	1	0
0	1	0	0	0
0	1	0	1	0
0	1	1	0	0
0	1	1	1	1
1	0	0	0	0
1	0	0	1	0
1	0	1	0	1
1	0	1	1	1
1	1	0	0	0
1	1	0	1	1
1	1	1	0	1
1	1	1	1	1

2.9 写出下列函数的最小项表达式：

(1) $Y=AB+\overline{A}\,\overline{B}+C\overline{D}$；

(2) $Y=A(\overline{B}+CD)+\overline{A}BCD$；

(3) $Y=\overline{\overline{A}(B+\overline{C})}$；

(4) $Y=\overline{\overline{A}\,\overline{B}+ABD}\cdot(B+CD)$。

2.10 写出下列函数的最大项表达式：

(1) $Y(A+B)(\overline{A}+\overline{B}+\overline{C})$；

(2) $Y=A\overline{B}+C$；

(3) $Y=\overline{A}B\overline{C}+\overline{B}C+A\overline{B}C$；

(4) $Y=BC\overline{D}+C+\overline{A}D$；

(5) $Y(A,B,C)=\sum(m_1,m_2,m_4,m_6,m_7)$。

2.11 用公式法将下列函数化简为最简与或表达式：

(1) $Y=A\overline{B}+B+\overline{A}B$；

(2) $Y=\overline{A}B\overline{C}+A+\overline{B}+C$；

(3) $Y=\overline{A+B+C}+A\overline{B}\,\overline{C}$；

(4) $Y=A\overline{B}CD+ABD+A\overline{C}D$；

(5) $Y=A\overline{C}+ABC+AC\overline{D}+CD$；

(6) $Y=\overline{A}\,\overline{B}\,\overline{C}+A+B+C$；

(7) $Y=AD+A\overline{D}+\overline{A}B+\overline{A}C+BFE+CEFG$；

(8) $Y(A,B,C)=\sum m(0,1,2,3,4,5,6,7)$；

(9) $Y(A,B,C)=\sum m(0,1,2,3,4,6,7)$；

(10) $Y(A,B,C)=\sum m(0,2,3,4,6)\cdot\sum m(4,5,6,7)$。

2.12 画出下列函数的卡诺图：

(1) $Y_1=ABC+\overline{\overline{AC}(B+D)}\cdot CD$；

(2) $Y_2=\overline{AB+BC+\overline{A}\,\overline{B}}\cdot(\overline{A}B+A\overline{B}+\overline{B}C)$。

2.13 试画出用与非门和反相器实现下列函数的逻辑图：

(1) $Y=AB+BC+AC$；

(2) $Y=(\overline{A}+B)(A+\overline{B})C+\overline{BC}$；

(3) $Y=\overline{AB\overline{C}+A\overline{B}C+\overline{A}BC}$；

(4) $Y=ABC+\overline{(\overline{A\overline{B}}+\overline{A}\,\overline{B}+BC)}$。

2.14 用卡诺图将下列函数化为最简与或式：

(1) $Y=ABC+ABD+\overline{C}\,\overline{D}+A\overline{B}C+\overline{A}C\overline{D}+A\overline{C}D$；

(2) $Y=A\overline{B}+\overline{A}C+BC+\overline{C}D$；

(3) $Y=\overline{AB}+B\overline{C}+\overline{A}+\overline{B}+ABC$；

(4) $Y=A\overline{B}\,\overline{C}+\overline{A}\,\overline{B}+\overline{A}D+C+BD$；

(5) $Y=A\overline{B}+\overline{A}C+\overline{C}\,\overline{D}+D$；

(6) $Y=\overline{A\overline{B}\,\overline{C}D+A\overline{C}DE+\overline{B}D\overline{E}+A\overline{C}\,\overline{D}E}$；

(7) $Y=\overline{A}\,\overline{B}+AC+\overline{B}C$。

2.15 用卡诺图将下列函数化简为最简的与或表达式：

(1) $Y(A,B,C,D)=\sum m(0,1,2,4,5)$；

(2) $Y(A,B,C,D)=\sum m(4,8,9,10)$；

(3) $Y(A,B,C,D)=\sum m(0,2,8,12)$；

(4) $Y(A,B,C,D)=\sum m(1,3,5,7,9,11,13,15)$；

(5) $Y(A,B,C,D)=\sum m(0,1,2,3,8,9,10,11)$；

(6) $Y(A,B,C,D)=\sum m(3,11,19,27,6,17,22,31)$。

2.16 用卡诺图求题 2.15 所列函数的最简或与表达式。

2.17 用卡诺图将下列函数化简为最简与或表达式：

(1) $Y(A,B,C,D)=\sum m(2,3,7,10,11,14)+\sum d(5,15)$；

(2) $Y(A,B,C,D)=\sum m(0,1,4,7,13)+\sum d(3,12)$；

(3) $Y(A,B,C,D)=\sum m(0,2,8,10,12,13)+\sum d(2,5,6,15)$；

(4) $Y(A,B,C,D)=\sum m(1,5,8,12)+\sum d(3,7,10,11,14,15)$。

2.18　用卡诺图求题图 2.17 所示函数的最简或与表达式及反函数。

2.19　化简下列带有约束条件的逻辑函数：

(1) $\begin{cases} F(A,B,C)=\sum m(0,2,3) \\ AB=0 \end{cases}$；

(2) $\begin{cases} F(A,B,C)=\sum m(0,2,3) \\ AB+AC=0 \end{cases}$；

(3) $\begin{cases} F=\overline{A}\cdot\overline{B}\cdot C+A\overline{B}\cdot\overline{C} \\ AB+AC+BC=0 \end{cases}$；

(4) $\begin{cases} Y=\overline{A+C+\overline{D}}+\overline{A}\,\overline{B}C\overline{D}+A\overline{B}\,\overline{C}D \\ A\overline{B}C\overline{D}+A\overline{B}CD+AB\overline{C}\,\overline{D}+AB\overline{C}D+ABC\overline{D}+ABCD=0 \end{cases}$；

(5) $\begin{cases} Y=C\overline{D}(A\oplus B)+\overline{A}B\overline{C}+\overline{A}\,\overline{C}D \\ AB+CD=0 \end{cases}$；

(6) $\begin{cases} Y=(AB+B)C\overline{D}+\overline{(A+B)(B+C)} \\ ABC+ABD+ACD+BCD=0 \end{cases}$。

第 3 章　逻辑门电路

学习本章后，读者将了解：

- 二极管、双极型晶体管和场效应晶体管的开关特性；
- TTL 门电路的工作原理和特性；
- CMOS 门电路的工作原理和特性；
- BiCMOS 门电路的工作原理。

在数字电路中，实现输入逻辑变量与输出逻辑变量之间某种基本逻辑运算或复合逻辑运算的电路称为逻辑门电路，简称门电路，它们是构成复杂数字系统的基本单元电路。常用的逻辑门电路有：与门、或门、非门、与非门、或非门、与或非门、异或门和同或门等。

逻辑门电路通常是集成电路，分为双极型和 MOS(metal oxide semiconductor)型集成电路。双极型门电路包括集成 TTL(transistor transistor logic)门、DTL(diode transistor logic)门、ECL(emitter coupled logic)门和 IIL(integrated injection logic)门。MOS 型门电路包括 NMOS(N channel MOS)门、PMOS(P channel MOS)门和 CMOS(complementary MOS)门。TTL 门和 CMOS 门特性优良，是集成电路的主流产品。

本章介绍二极管、双极型晶体管和场效应管的开关特性，以及 TTL 门和 CMOS 门的工作原理、逻辑功能和电气特性。

3.1　二极管和晶体管的开关特性

逻辑输入信号(高电平或低电平)通常使门电路中的二极管、双极型晶体管和场效应管工作在开关状态(导通或截止状态)，导致输出亦为逻辑信号(高电平或低电平)，从而电路实现一定的输入输出逻辑关系。因此，电子元件的开关特性是实现逻辑门电路的基础。

3.1.1　二极管的开关特性

1. 二极管的开关作用

二极管具有单向导电性，伏安特性曲线如图 3.1.1(a)所示，图中 V_{BR}是反向击穿电压，V_{th}是门槛电压。硅管的门槛电压值是 0.5V，锗管的门槛电压值是 0.1V。

当$-V_{BR}<v<V_{th}$时，$i\approx0$，二极管截止，阳极与阴极间等效为开关的断开(截止电阻为数十兆欧)，等效电路如图 3.1.1(b)所示；当$v>V_{th}$时，$i\neq0$，二极管导通，等效电路如图 3.1.1(c)所示，由于导通电压 V_{on}很小(硅管是 0.7V，锗管是 0.2V)，阳极和阴极间等效为开关的闭合(导通电阻为数百欧姆)。因此，二极管等效为端电压控制的电子开关，通断的分界线是门槛电压 V_{th}。

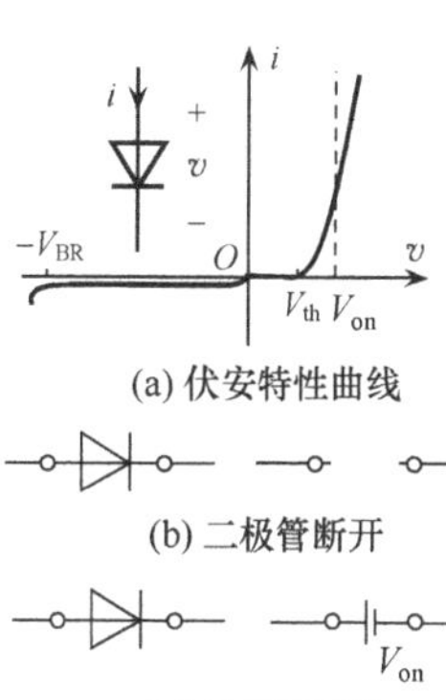

图 3.1.1　二极管的特性和开关等效电路

2. 二极管的开关时间

由于二极管的 PN 结具有等效电容，二极管的通断伴随着电容的充放电，二极管的通断转换需要一定时间。二极管通断转换的时间即是二极管的开关时间。

图 3.1.2(a)是一个简单的二极管开关电路，图 3.1.2(b)是输入电压和二极管电流的波形，其中输入正向电压 V_F 远大于二极管的门槛电压 V_{th} 或开通电压 V_{on}。电流的波形反映二极管的通断状态，它们之间的相互转换，均存在暂态过程。

为了进行定量描述，引入以下时间参数：

(1) 开通时间 t_{on}：二极管从截止转为导通所需的时间。

(2) 反向恢复时间 t_{re}：二极管从导通转为截止所需的时间，它由两段时间组成，即存储时间 t_s 和渡越时间 t_t，反向恢复时间 $t_{re}=t_s+t_t$。

3. PN 结的存储电荷

二极管的开关时间是由穿越 PN 结的电荷移动引起的，即 PN 结的等效电容效应。图 3.1.3 是 PN 结通过正向电流时分别在 P 区和 N 区建立的电荷分布图。形成正向电流的过程是：正向电压削弱 PN 结的势垒电场，N 区的电子向 P 区扩散并建立电子浓度分布 n_N，P 区的空穴向 N 区扩散并建立空穴浓度分布 n_P。由于浓度不同，穿越 PN 结后的电荷继续扩散，一部分与外电场送来的相反电荷复合，距 PN 结越远，电荷浓度越低；正向电流越大，电荷的浓度梯度越大，存储电荷越多。达到动态平衡时形成稳定的电荷分布和稳定的正向电流 $I_F=(V_F-V_{on})/R_L$，V_{on} 是二极管的导通压降。二极管从截止到形成稳定的正向电流所需的时间就是二极管的开通时间(t_{on})。

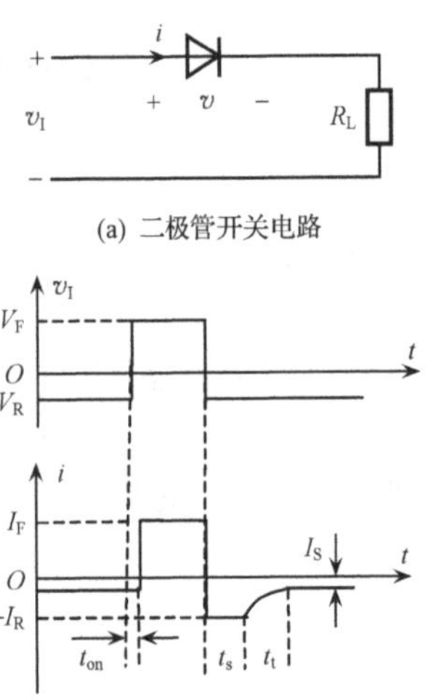

(a) 二极管开关电路

(b) 二极管电流的波形

图 3.1.2 二极管的开关时间

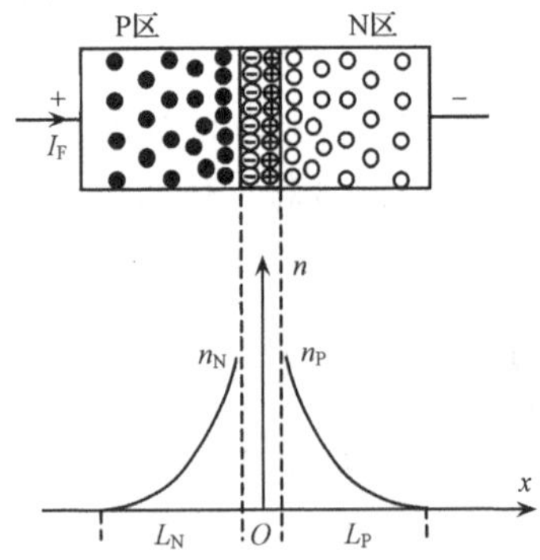

图 3.1.3 PN 结的存储电荷

n_N-电子浓度；n-存储电荷浓度；n_P-空穴浓度；x-距离

图 3.1.4 是存储电荷形成反向电流的示意图。在反向电压的作用下，N 区的空穴存储电荷被电场赶回 P 区，P 区的电子存储电荷被电场赶回 N 区，形成反向电流。在完成这一事件之前，PN 结的内电场强度几乎不变，等效为 PN 结承受正向压降，反向电流 $I_R=(V_R+V_{on})/R_L$。反向电流驱散存储电荷的时间就是存储时间 t_s。在存储电荷驱散后，PN 结的空间电荷区变宽，反向电流逐渐减小到反向饱和电流 I_S，这段时间就是渡越时间 t_t。

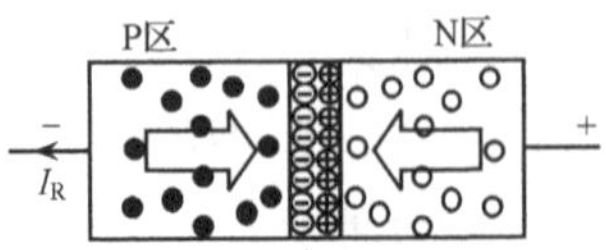

图 3.1.4 PN 存储电荷的驱散

通常，开通时间 t_{on} 和反向恢复时间 t_{re} 为纳秒级，$t_{re}=t_s+t_t \gg t_{on}$，$t_s>t_t$。所以，二极管的开关时间主要取决于 PN 存储电荷的驱散时间 t_s。当二极管的通断频率达到每秒数百万次以上时，必须考虑二极管的开关时间；反之，可以忽略，即低频时二极管的通断转换可视为瞬间完成。

3.1.2 晶体管的开关特性

1. 晶体管的开关作用

在数字电路中，逻辑输入信号使晶体管工作在开关状态，即截止或饱和状态。一个晶体管开关电路如图 3.1.5 (a) 所示，图 3.1.5(b)和图 3.1.5(c)分别是晶体管的输入特性和输出特性，在输出特性中还画出了晶体管的直流负载线。在输入特性中，V_{th} 表示门槛电压(或死区电压)，硅管为 0.5V，锗管为 0.1V。

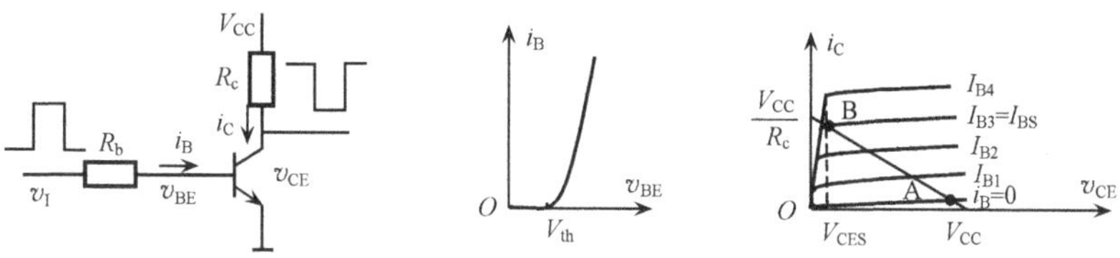

(a) 电路　　(b) 输入特性　　(c) 输出特性

图 3.1.5　晶体管的伏安特性曲线

当输入电压 v_I 为低电平，使 $v_{BE}<V_{th}$ 时，由输入特性和输出特性知：$i_B \approx 0$，$i_C \approx 0$，晶体管工作在输出特性的 A 点，处于截止状态，截止电阻为数百千欧，所以集电极与发射极之间等效为开关的断开，等效电路如图 3.1.6(a)所示。

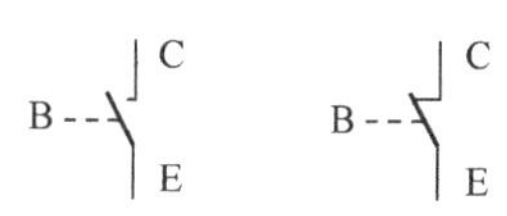

(a) 截止断开　　(b) 饱和导通

图 3.1.6　三极管开关等效电路

当输入电压 v_I 为高电平，使 $i_B=I_{BS}$ 时，晶体管工作在输出特性的 B 点，处于临界饱和状态。B 点的基极电流称为基极临界饱和电流(I_{BS})，B 点的集电极电流称为集电极临界饱和电流(I_{CS})，B 点的集电极与发射极之间的电压称为临界饱和电压(V_{CES})。通常，硅管的临界饱和电压在 0.2～0.3V。由于饱和电压远小于电源电压，饱和时集电极与发射极之间等效为开关的闭合，等效电路如图 3.1.6(b)所示。

在数字电路中，逻辑输入信号通常使晶体管工作在截止或饱和状态，称为开关状态。截止、饱和条件分别如下：

截止条件

$$i_B \leqslant 0 \tag{3.1.1a}$$

饱和条件

$$i_B \geqslant I_{BS}=\frac{I_{CS}}{\beta} \tag{3.1.1b}$$

对于图 3.1.5 (a) 的电路，集电极临界饱和电流为

$$I_{CS}=\frac{V_{CC}-V_{CES}}{R_c} \approx \frac{V_{CC}}{R_c} \tag{3.1.2}$$

综上所述，晶体管集电极与发射极之间可等效为一个受基极电流控制的电子开关。通常，输入电压通过控制基极电流而转换为电压控制开关。

NPN 晶体管的工作状态及特点见表 3.1.1。读者可自己做出 PNP 晶体管相似的表格。

表 3.1.1　NPN 晶体管的工作状态及特点

工作状态		截　止	放　大	饱　和
条　件		$i_B \leqslant 0$	$0 < i_B < I_{BS} = \dfrac{I_{CS}}{\beta}$	$i_B \geqslant I_{BS} = \dfrac{I_{CS}}{\beta}$
特点	PN 结偏置	发射结反偏 集电结反偏	发射结正偏 集电结反偏	发射结正偏 集电结正偏
	集电极电流	$i_C \approx 0$	$i_C \approx \beta i_B$	$i_B \geqslant I_{BS} = \dfrac{I_{CS}}{\beta}$
	集射电压 (图 2.1.5(a))	$v_{CE} \approx V_{CC}$	$v_{CE} = V_{CC} - i_C R_c$	$v_{CE} = V_{CES} = 0.2 \sim 0.3\text{V}$
	集射等效电阻	为数百千欧 等效为开关断开	可变	为数百欧姆 等效为开关闭合

2. 晶体管的开关时间

晶体管的开关过程与二极管相似，也要经历一个电荷的建立与驱散过程，表现为晶体管的饱和与截止两种状态相互转换需要一定的时间。晶体管饱和与截止两种状态互相转换的时间即是晶体管的开关时间。

在输入逻辑信号的作用下，图 3.1.5(a)所示电路的输入电压和集电极电流波形如图 3.1.7 所示。设输入电压 v_I 的高电平 V_{IH}和低电平 V_{IL}满足下述条件：

$$\begin{cases} V_{IH} \geqslant I_{BS}R_b + V_{BE} = \dfrac{\beta R_b}{R_c}V_{CC} + V_{BE}, & \text{满足饱和条件} \\ V_{IL} \leqslant V_{th}, & \text{满足截止条件} \end{cases} \tag{3.1.3}$$

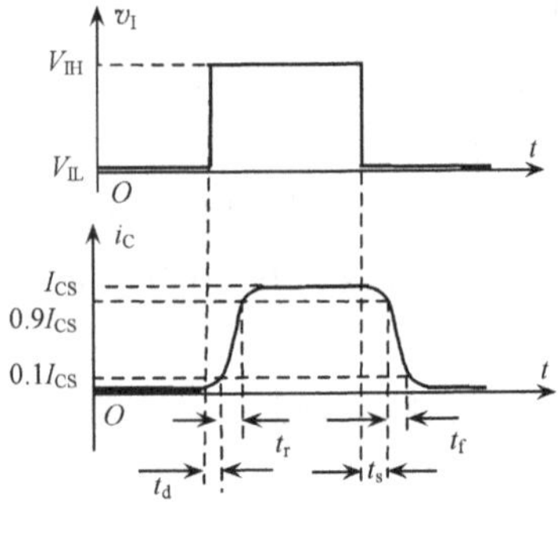

图 3.1.7　晶体管的开关时间

根据集电极电流波形，晶体管的开关时间用下述参数描述：

(1) 延迟时间 t_d：从 v_I 正跳变开始到 i_C 从 0 上升至 $0.1I_{CS}$所需的时间。

(2) 上升时间 t_r：i_C 从 $0.1I_{CS}$上升至 $0.9I_{CS}$所需的时间。

(3) 存储时间 t_s：从 v_I 负跳变开始到 i_C 从 I_{CS}下降至 $0.9I_{CS}$所需的时间。

(4) 下降时间 t_f：i_C 从 $0.9I_{CS}$下降至 $0.1I_{CS}$所需的时间。

(5) 开通时间 t_{on}：晶体管从截止转换到饱和导通所需的时间，$t_{on} = t_d + t_r$。

(6) 关闭时间 t_{off}：晶体管从饱和导通转换为截止所需的时间，$t_{off} = t_s + t_f$。

当 $v_I = V_{IL}$时，使 $i_B \leqslant 0$，晶体管截止，$i_C \approx 0$。此时，发射结阻挡层较宽。当输入电压 v_I 正跳变到 V_{IH}时，外电场削弱内电场，发射结由宽变窄，发射区的电子逐渐注入基区，并扩散到集电结而被集电极收集，形成集电极电流 i_C。延迟时间 t_d 近似等于发射结由宽变窄的时间。正向基极电流越大，t_d 就越短。

此后，发射区不断地向基区注入电子，电子浓度逐渐增加，i_C 亦逐渐增加；对应于 $i_C = 0.9I_{CS}$，基区内建立起一定的电子浓度梯度，即存储一定的电子电荷；这个过程所需的时间近似等于上升时间 t_r。

当集电极电流增加到 I_{CS}，晶体管进入饱和，集电结转入正偏，收集电子能力减弱，形成"发射有余，而收集不足"的状况，使基区积累大量的电荷，称为超量存储电荷。超量存储电荷 ΔQ 表示比 $i_C=0.9I_{CS}$ 时基区内多余的存储电荷。晶体管饱和越深，ΔQ 越大。

当输入电压 v_I 负跳变到 V_{IL} 时，超量存储电荷 ΔQ 开始消散，与二极管的存储电荷消散相似，不再赘述。ΔQ 消散所需的时间近似等于存储时间 t_s。下降时间 t_f 则是除去 ΔQ 以后基区电子消散所需的时间。

晶体管的开关时间一般为纳秒级，并且 $t_{off}>t_{on}$，$t_s>t_f$。基区存储电荷是影响晶体管开关速度的主要因素。提高开关速度的方法是：开通时加大基极驱动电流，关断时快速泄放存储电荷。

3.2 TTL 门电路

TTL 门电路带负载能力强、工作速度快，可靠性高、功耗低，是目前广泛使用的集成逻辑门。TTL 有与、或、非、与非、或非、异或、同或、与或非等逻辑门，它们的工作原理相似。本节首先以 TTL 非门为典型电路介绍 TTL 电路的工作原理和特性，然后简述其他门电路的原理。

3.2.1 TTL 非门的工作原理

1. 电路组成

TTL 逻辑电路一般由三级组成，即输入级、中间级和输出级。图 3.2.1 是 TTL 非门的电路原理图。

输入级由 T_1 和 R_1 组成，对输入信号进行缓冲，从而避免信号电平对电路的不良影响。

中间级由 T_2、R_2 和 R_3 组成，它的主要作用是从 T_2 的集电极和发射极同时输出两个相位相反的信号，分别作为 T_3 和 T_5 的驱动信号，以保证在输入逻辑信号作用下 T_4 和 T_5 一个导通，另一个就截止，所以，中间级又称为倒相级。

输出级由 T_3、T_4、T_5、R_4 和 R_5 组成。其中 T_4 和 T_5 构成推拉式输出电路，无论输出高电平或低电平，输出级的输出电阻都很低，带负载能力强。

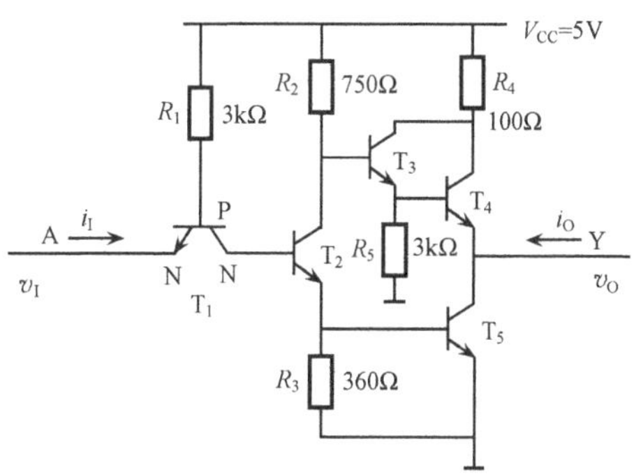

图 3.2.1　TTL 非门

输入逻辑信号和输出逻辑信号都与晶体管相连，TTL 门因此而得名。

2. 工作原理

(1) 当输入为低电平（$v_I=V_{IL}=0.3V$）时，T_1 的发射结导通，基极电位和基极电流分别为

$$V_{B1}=V_{IL}+V_{BE1}\approx 0.3+0.7=1(V)$$

$$I_{B1}=\frac{V_{CC}-V_{B1}}{R_1}=\frac{5-1}{3}\approx 1.3(mA)$$

基极电流 I_{B1} 驱动 T_1 深度饱和，其饱和电压 $V_{CES1}=0.1V$，所以 $V_{C1}=V_{IL}+V_{CES1}=0.3+0.1=0.4(V)$。

该电位使 T_2、T_5 截止。T_1 的集电极电流等于 T_2 的反向基极电流，其值很小，故 T_1 处于深饱和状态，其集射电压近似等于 0.1V。同时，由于 T_2 截止，其集电极电流近似为零，T_3 的基极电位为

$$V_{B3}\approx V_{CC}=5(V)$$

该电位使 T_3 临界饱和、T_4 处于放大状态，形成射极输出器，输出电阻小，带负载能力强。并且输出电位为

$$v_O = V_{B3} - V_{BE3} - V_{BE4} \approx 5 - 0.7 - 0.7 = 3.6(\text{V}) = V_{OH}$$

即输入为低电平时，输出为高电平。

(2) 当输入为高电平($v_I = V_{IH} = 3.6\text{V}$)时，电源 V_{CC} 通过 R_1 使 T_1 的集电结、T_2 和 T_5 的发射结导通，T_1 管的基极电位和集电极电位分别为

$$V_{B1} = V_{BC1} + V_{BE2} + V_{BE5} \approx 0.7 \times 3 = 2.1(\text{V})$$

$$V_{C1} = V_{BE2} + V_{BE5} \approx 0.7 \times 2 = 1.4(\text{V})$$

故 T_1 的发射结反偏、集电结正偏，晶体管的这种状态称为倒置状态。即晶体管的原集电极当作发射极、原发射极当作集电极，导致电流增益 β_R 很小，大约 1%～5%。此时，T_1 的基极电流为

$$I_1 = \frac{V_{CC} - V_{B1}}{R_1} = \frac{5 - 2.1}{3} \approx 1(\text{mA})$$

因此，输入电流近似等于 $\beta_R I_{B1}$，大约 40μA。电流 I_{B1} 驱动 T_2、T_5 饱和导通，输出电位为 T_5 的饱和压降

$$v_O = V_{CES5} \approx 0.3\text{V} = V_{OL}$$

即输入为高电平时，输出为低电平。低电平输出电阻近似等于 T_5 管的饱和导通电阻，其值很小，故带负载能力强。

同时，T_3 管的基极电位为

$$V_{B3} = V_{C2} = V_{CES2} + V_{BE5} \approx 0.3 + 0.7 = 1(\text{V})$$

故 T_3 管的发射结导通(放大状态)。于是，T_4 管的基极电位为

$$V_{B4} = V_{C2} - V_{BE3} \approx 1 - 0.7 = 0.3(\text{V})$$

所以，T_4 必然截止。

TTL 门电路中的晶体管电流增益大约在 25～50 内，读者可以根据晶体管的状态和前述计算的电位值计算出图 3.2.1 非门电路的各支路电流。

综上所述，图 3.2.1 电路输入为低电平时，输出为高电平；输入为高电平时，输出为低电平，实现了逻辑非，即

$$\text{Y} = \overline{\text{A}}$$

并且，无论输出为低电平还是高电平，TTL 非门的推拉输出级输出电阻均很小，故带负载能力强。而且 T_4 和 T_5 总是一个导通，另一个就截止。

3. 工作速度的提高

如前所述，在输入为高电平(3.6V)时，T_1 的发射结反偏，T_2、T_5 饱和导通。T_2、T_5 的基区均有超量存储电荷。当输入跳变为低电平(0.3V)时，T_1 的发射结导通，其基极电位变为 1V，且基极电流大(1.3mA)。在 T_2、T_5 退出饱和前，它们的发射结保持导通，即 T_1 的集电极电位近似等于 1.4V。因此，输入的负跳变使 T_1 处于放大状态，并且基极电流大，导致其集电极电流很大，它正好是 T_2 管的基极反向电流，吸取 T_2 管饱和时的超量存储电荷，使 T_2 管快速脱离饱和，转换到截止状态。所以，输入级可以提高门电路的工作速度。

通常，门电路的输出端与其他器件连接。除了器件本身的输入电容外，导线还引入一定的分布电容。如果门电路的输出电阻大，则时间常数大，导致输出状态转换变慢。由于 TTL 门具有推拉输出级，其输出电阻很小，与分布电容形成的时间常数小，故输出状态转换快。因此，TTL 门的推拉输出级同样可以提高门电路的工作速度。

3.2.2 TTL非门的特性

1. 电压传输特性

TTL非门输出电压 v_O 随输入电压 v_I 变化而变化的曲线，叫做电压传输特性曲线，如图3.2.2所示。特性曲线可分成 ab、bc、cd、de 四段。

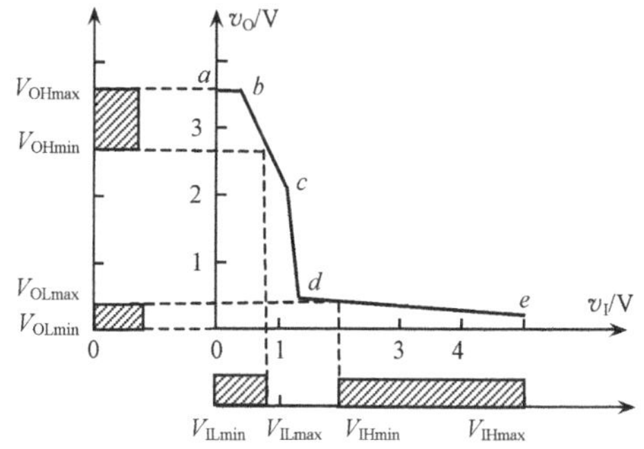

图3.2.2 TTL非门的电压传输特性曲线

截止区 ab 段：$v_I<0.5V$。T_1 饱和，$V_{C1}=v_I+V_{CES1}<0.6V$，T_2、T_5 截止，T_3 和 T_4 组成复合管射极输出器，$v_O=3.6V$。

线性区 bc 段：$0.5V<v_I<1.1V$。T_1 饱和，$0.6V<V_{C1}=v_I+V_{CES1}<1.2V$，$T_2$ 处于放大状态，T_5 仍然截止，T_3 和 T_4 仍然是射极输出器，v_O 随 v_I 线性减少，斜率为 T_2 级的放大倍数，近似等于

$$\frac{dv_O}{dv_I}=-\frac{R_2}{R_3}=-2.1$$

转折区 cd 段：$1.2V<v_I<1.3V$。T_1 饱和，$1.3V<V_{C1}=v_I+V_{CES1}<1.4V$，$T_2$、$T_3$ 和 T_4 的状态同前，T_5 由截止进入放大状态（等效为共射极放大器）。V_I 的增加使 v_O 急剧减少。转折区中点输入电压定义为门槛电压 V_{th}，约为1.3V。

饱和区 de 段：$v_I>1.4V$。T_1 处于倒置状态，T_2、T_5 饱和，T_3 放大状态，T_4 截止。$v_O=0.3V$。

由于晶体管的非线性，前述仅是一种近似分析，仅说明输入输出间的相互关系。

2. 输入噪声容限

对于TTL反相器，在保证输出高电平在其值域内的条件下，输入低电平允许的干扰脉冲最大幅度称为低电平噪声容限，记为 V_{NL}。同样，在保证输出低电平在其值域内的条件下，输入高电平允许的干扰脉冲最大幅度称为高电平噪声容限，记为 V_{NH}。根据传输特性可以确定噪声容限。

由传输特性可知，在 ab 段和 bc 段，T_5 截止，输出电平近似在[2V, 3.6V]；在 de 段内，T_5 饱和，输出电平近似在[0.1V, 0.5V]。为了得到最佳的高、低电平噪声容限，先规定输出高、低电平的值域分别为

$$[V_{OHmin},3.6V],\quad V_{OHmin}>2V$$
$$[0.1V,V_{OLmax}],\quad V_{OLmax}<0.5V$$

式中，V_{OHmin} 是规定的输出高电平最小值，称为标准输出高电平；V_{OLmax} 是规定的输出低电平最大值，称为标准输出低电平。通常，输出高电平 V_{OH} 泛指输出电压在高电平值域内的任意值，输出低电平 V_{OL} 泛指输出电压在低电平值域内的任意值。在TTL电路中，出现概率最大的输出高电平是3.6V，输出低电平是0.3V。在分析TTL工作原理时，采用了这些典型值。

再由传输特性确定输入高、低电平的值域

$$[0.0V,V_{ILmax}]$$
$$[V_{IHmin},5.0V]$$

式中，V_{ILmax} 是对应于输出电平为 V_{OHmin} 的输入电平，亦称为关门电平（T_5 截止）；V_{IHmin} 是对应于输出电平为 V_{OLmax} 的输入电平，亦称为开门电平（T_5 饱和）。通常，输入高电平 V_{IH} 泛指输入

电压在高电平值域内的任意值,输入低电平 V_{IL} 泛指输入电压在低电平值域内的任意值。在 TTL 电路中,出现概率最大的输入高电平是 3.6V,输入低电平是 0.3V。

一个门的输出常常是另一个门的输入,如图 3.2.3 所示。图 3.2.3 中 G_1 门的输出作为 G_2 门的输入。为了保证 G_2 门的输出在高电平的值域内,G_2 门的输入低电平允许的干扰脉冲幅度为

$$V_{NL} = V_{ILmax} - V_{OLmax} \tag{3.2.1}$$

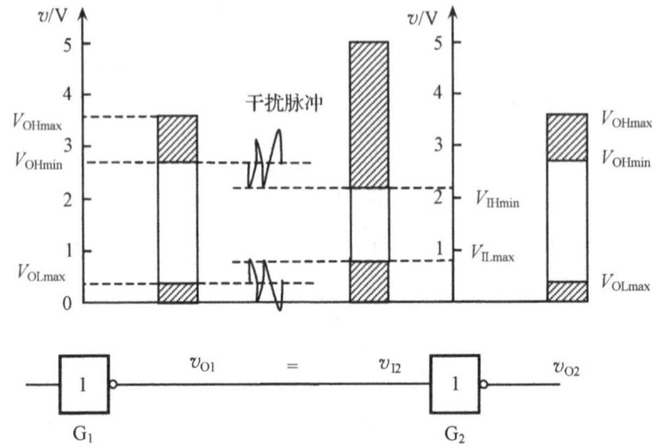

图 3.2.3　TTL 门的输入噪声容限

同样,为了保证 G_2 门的输出在低电平的值域内,G_2 门的输入高电平允许的干扰脉冲幅度为

$$V_{NH} = V_{OHmin} - V_{IHmin} \tag{3.2.2}$$

根据传输特性曲线,适当选择 V_{OLmax}、V_{ILmax}、V_{IHmin} 和 V_{OHmin},以获得最佳的噪声容限。

以 74H 系列的 TTL 门为例,标准参数为:$V_{OLmax}=0.4V$,$V_{ILmax}=0.8V$,$V_{IHmin}=2.0V$,$V_{OHmin}=2.4V$,则

$$V_{NL}=V_{ILmax}-V_{OLmax}=0.8-0.4=0.4(V)$$
$$V_{NH}=V_{OHmin}-V_{IHmin}=2.4-2.0=0.4(V)$$

上面噪声容限以非门为例进行了说明,相同系列的 TTL 门的噪声容限是一致的。

3. 输入特性

为了正确地处理 TTL 门之间的连接问题,需要了解 TTL 门的输入及输出特性。输入特性有输入伏安特性和输入负载特性。

1) 输入伏安特性

TTL 门输入电流与输入电压之间的关系曲线叫做输入伏安特性曲线。图 3.2.1非门电路的输入伏安特性曲线如图 3.2.4 所示。

当 $0<v_I<V_{ILmax}$(即 $v_I=V_{IL}$)时,图 3.2.1 中的 T_1 发射结导通,T_2、T_5 截止,输入电流为

$$i_I=-\frac{V_{CC}-V_{IL}}{R_1}\approx-\frac{5-0}{3}=-1.6(mA)=-I_{IS}$$

式中,I_{IS}为输入短路电流。

当 $V_{IHmin}<v_I<5V$(即 $v_I=V_{IH}$)时,图 3.2.1 中的 T_1 发射结截止,T_2、T_5 饱和,其反向电流即为高电平输入电流 I_{IH},约为 40μA。

当 $V_{ILmax}<v_I<V_{IHmin}$时,i_I 随 v_I 增加,即从−1.6mA 增加至 40μA。

2) 输入负载特性

TTL 门的输入端与参考电位之间接电阻 R,输入电压与电阻之间的关系曲线称为输入负

载特性曲线。图 3.2.1 非门电路的输入负载特性曲线如图 3.2.5 所示。

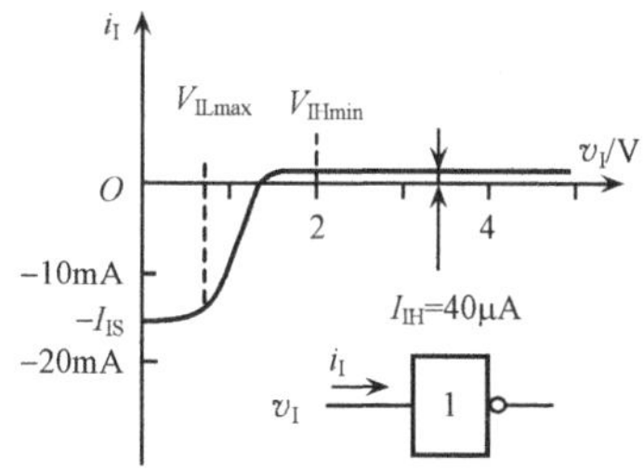

图 3.2.4　非门的输入伏安特性曲线

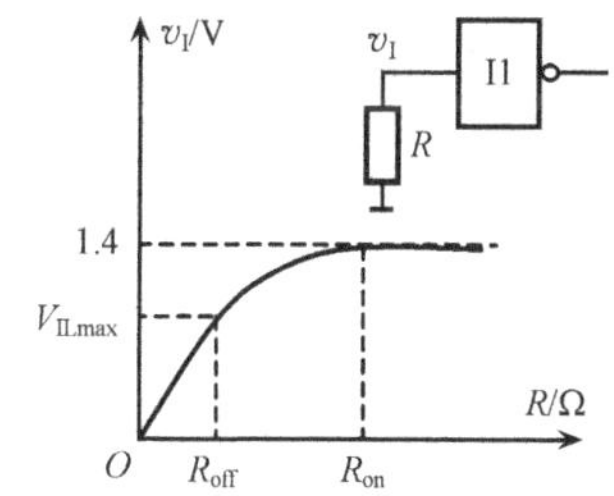

图 3.2.5　非门的输入负载特性曲线

当电阻 R 很小，使 $v_I < V_{ILmax}$ 时，图 3.2.1 中的 T_1 发射结导通，T_2、T_5 截止。输入电压为

$$v_I = \frac{(V_{CC} - V_{BE1})R}{R + R_1} = \frac{4.3R}{R + 3000} \tag{3.2.3}$$

对应于 $v_I = V_{ILmax} = 0.8\text{V}$ 的电阻，称为关门（T_5 截止）电阻，即

$$R_{off} = \frac{V_{ILmax}/(V_{CC} - V_{BE1})}{1 - V_{ILmax}/(V_{CC} - V_{BE1})} R_1 = \frac{0.8/(5-0.7)}{1-0.8/(5-0.7)} \times 3 = 0.68(\text{k}\Omega)$$

当 $v_I < V_{ILmax}$ 时，$R \ll R_1$。由式(3.2.3)知，v_I 随 R 线性增加。

当 $R > R_{on} = 2.0\text{k}\Omega$ 时，由式(3.2.3)知，$v_I > 1.7\text{V}$。故图 3.2.1 中的 T_1 集电结导通，T_2、T_5 饱和导通，它们形成与 R 并联的导通支路，限制了 v_I 的增长，使 $v_I < 1.4\text{V}$。并且，由于并联导通支路中 PN 结的非线性，使 v_I 随 R 非线性增加。由于 $R > R_{on} = 2.0\text{k}\Omega$ 时 T_5 饱和导通，称 R_{on} 为开门电阻。

综上所述，当 $R < R_{off}$ 时，非门输出高电平，即等效输入为低电平（逻辑 0）；当 $R > R_{on}$ 时（包括 $R \to \infty$，即输入端悬空），非门输出低电平，即等效输入为高电平（逻辑 1）。

4. 输出特性

TTL 门总会和其他电路相连，即要带负载，并且要求带负载后仍能正常工作。带上负载后，负载电流与输出电压的关系叫做输出特性。输出特性通常与输出级有关，正常情况下，TTL 门输出只能是低电平或高电平，所以，有低电平输出特性和高电平输出特性。

1) 低电平输出特性

当非门（图 3.2.1）输入高电平（即 $v_I = V_{IH}$）时，输出低电平。此时，T_4 截止，T_2、T_5 饱和导通，简化电路如图 3.2.6 所示。T_5 可以吸入负载电流，称为灌电流，驱动浮地负载。由于 T_5 饱和，其集射极之间的等效电阻小（大约 20Ω），且基本不变，输出电压随负载电流线性增加，低电平输出特性曲线如图 3.2.7 所示。

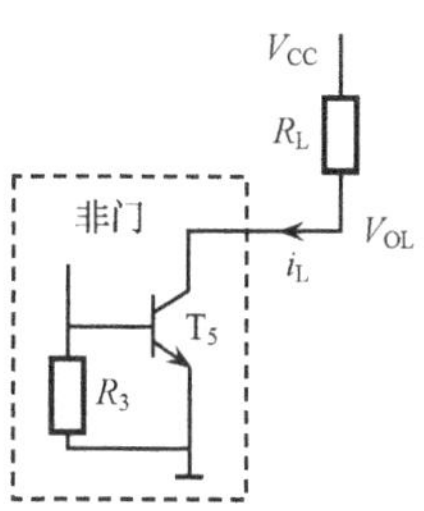

图 3.2.6　TTL 门低电平输出等效电路

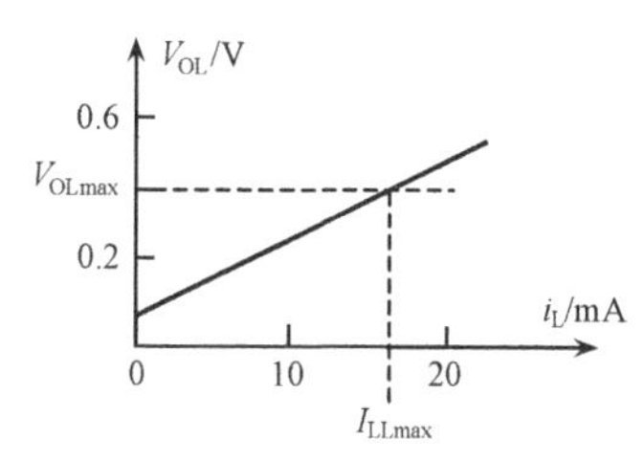

图 3.2.7　TTL 门低电平输出特性曲线

2) 高电平输出特性

当非门(图 3.2.1)输入低电平(即 $v_I=V_{IL}$)时,输出高电平。此时,T_2、T_5 截止,T_3、T_4 组成射极输出器,简化电路如图 3.2.8 所示。高电平输出特性曲线如图 3.2.9 所示。T_4 向负载输出电流,称为拉电流,驱动接地负载。

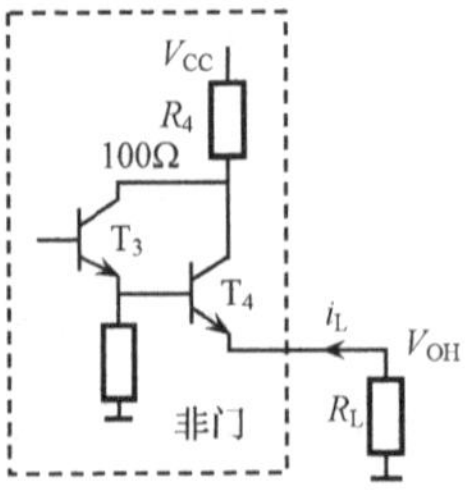

图 3.2.8　TTL 门高电平输出等效电路

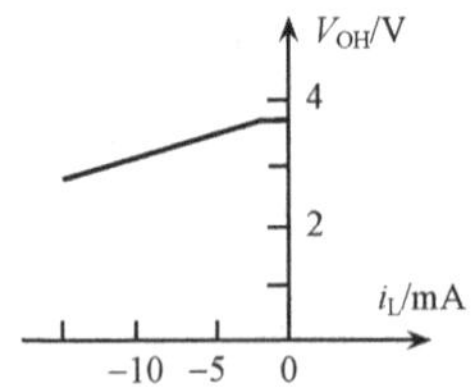

图 3.2.9　TTL 门高电平输出特性曲线

当负载电流较小(负载电阻大)时,由于射极输出器输出电阻小,输出电压基本不变。

当负载电流较大(负载电阻小)时,R_4 上的电压较大,使 T_3、T_4 饱和,故输出电压基本上随负载电流线性下降。所以,R_4 的作用是限制输出电流。

由于 T_4 的允许功耗小,其最大允许电流约为 0.4mA,即 $I_{LHmax}=0.4\text{mA}$。

5. 扇出系数

除了直接驱动负载外,TTL 门常常驱动相同系列的 TTL 门,如图 3.2.10 所示。驱动相同系列的 TTL 门的个数称为扇出系数,记为 N。

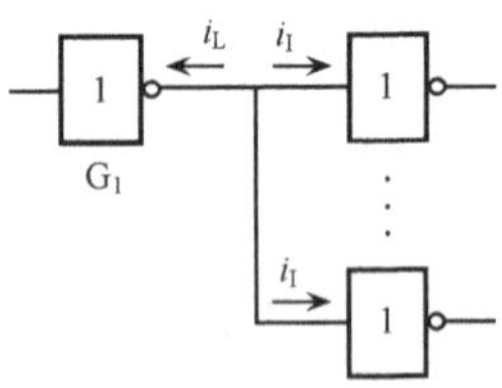

图 3.2.10　非门的扇出系数

当驱动门 G_1 输出低电平时,负载门的输入电流近似等于输入短路电流 I_{IS}(见输入伏安特性曲线图 3.2.4)。如果 G_1 吸入的最大低电平电流为 I_{LLmax}(见低电平输出特性曲线图 3.2.7),则驱动负载门的最大个数为

$$N_L=\frac{I_{LLmax}}{I_{IS}} \tag{3.2.4}$$

当驱动门 G_1 输出高电平时,负载门的输入电流近似等于高电平输入电流 I_{IH}(见输入伏安特性曲线图 3.2.4)。如果 G_1 输出的最大高电平电流为 I_{LHmax},则驱动负载门的最大个数为

$$N_H=\frac{I_{LHmax}}{I_{IH}} \tag{3.2.5}$$

在输入信号的作用下,驱动门可随机输出高电平或低电平,式(3.2.4)和式(3.2.5)必须同时满足。所以,扇出系数为

$$N=\min\{N_H,N_L\}=\min\left\{\frac{I_{LHmax}}{I_{IH}},\frac{I_{LLmax}}{I_{IS}}\right\} \tag{3.2.6}$$

由 TTL 门的输入特性、输出特性和功耗限制,可求出扇出系数。例如,74H 系列门电路的参数:$I_{IS}=1.6\text{mA}$, $I_{IH}=0.04\text{mA}$, $I_{LLmax}=16\text{mA}$, $I_{LHmax}=0.4\text{mA}$,则

$$N=\min\left\{\frac{I_{LHmax}}{I_{IH}},\frac{I_{LLmax}}{I_{IS}}\right\}=\min\left\{\frac{0.4}{0.04},\frac{16}{1.6}\right\}=10$$

由式(3.2.6)知,因 TTL 门的高电平输入电流小,故高电平输出电流也较小;因 TTL 门

的低电平输入电流大，故低电平输出电流也很大。

6. 传输延迟时间

如3.1节所述，由于PN结的电荷存储效应，二极管和晶体管的开关状态转换不是立刻完成的，输入信号引起门电路的输出信号状态转换亦需要时间。表征状态转换快慢的参数就是传输延迟时间。图3.2.11形象地表示了非门的传输延迟时间。

(1) 输出高电平转换为低电平的传输延迟时间 t_{PHL}：定义为从输入上升沿幅值的50%对应的时刻起，到输出下降沿幅值的50%对应的时刻止所需的时间。在 t_{PHL} 期间，T_5 管由截止转换到饱和，主要对应于 T_5 管的开通时间。

(2) 输出低电平转换为高电平的传输延迟时间 t_{PLH}：定义为从输入下降沿幅值的50%对应的时刻起，到输出上升沿幅值的50%对应的时刻止所需的时间。在 t_{PLH} 期间，T_5 管由饱和转换到截止，主要对应于 T_5 管的关断时间，所以，t_{PLH} 大于 t_{PHL}。

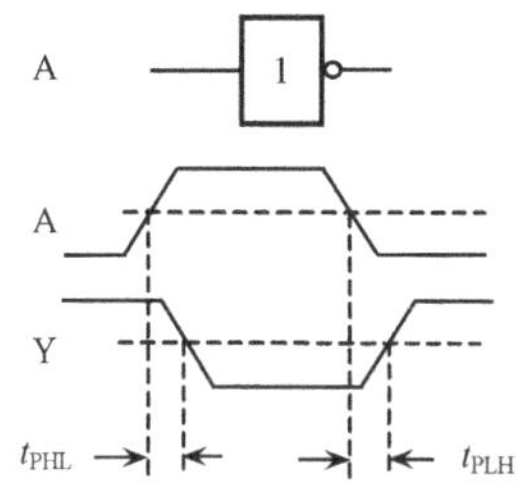

图3.2.11　非门的传输延迟时间

(3) 平均传输延迟时间 t_{pd}：定义为

$$t_{pd}=\frac{t_{PHL}+t_{PLH}}{2} \tag{3.2.7}$$

例如，74系列TTL门的传输延迟时间参数是 $t_{PHL}=15ns$，$t_{PLH}=22ns$，$t_{pd}=18.5ns$。通常，TTL门的传输延迟时间为纳秒级。

7. 动态尖峰电流

输出正常逻辑电平时(稳态)，TTL门输出级的 T_4 和 T_5 总是一个导通，另一个就截止，电源与地之间呈现较大的等效电阻，电源输出电流小。例如，74系列TTL门的电源电流约为5mA。

在输出状态转换过程中(动态)，T_4 和 T_5 会同时导通。例如，当输出由低电平向高电平转换时，由于 T_5 的关断时间大于 T_4 的导通时间，在 T_5 的关断时间的后期，T_4 和 T_5 会同时导通。电源与地之间的等效电阻比稳态低很多，电源电流大，该电流称为动态尖峰电流。例如，74系列TTL门的动态尖峰电流约为40mA。

动态尖峰电流是数字电路内部的脉冲干扰源之一，抑制方法是在电源与地间并联一个微法级或皮法级的电容。电容放电提供门电路所需的动态尖峰电流。

8. 功耗

电源电压乘以电源平均电流，就是TTL门的平均功耗，简称功耗。74系列TTL门的每门平均功耗约为10mW。

9. 延时功耗积

性能好的门电路应该是工作速度既快，功耗又小。但是，门电路的传输延迟时间和功耗是相互矛盾的。因此，常用功耗和传输延迟时间的乘积来全面评价门电路性能的优劣。延迟功耗积越小，电路的综合性能越好。74系列TTL门的延迟功耗积为100ns·mW。

3.2.3 TTL与非门/或非门/与或非门

TTL逻辑可以实现各种逻辑功能的门(与门、或门、与非门、或非门、与或非门、异或门、同或门等)。本节仅介绍与非门、或非门和与或非门。

1. TTL 与非门

图 3.2.12 是 TTL 与非门的电路原理图。同非门电路(图 3.2.1)比较可知,仅 T_1 改为多发射极晶体管。它等效为两个晶体管,如图 3.2.12(b)所示,它们的基极、集电极分别连在一起,每个发射极作输入端。输入级(T_1 和 R_1)等效为二极管与门,如图 3.2.12(c)所示,即 X=AB。

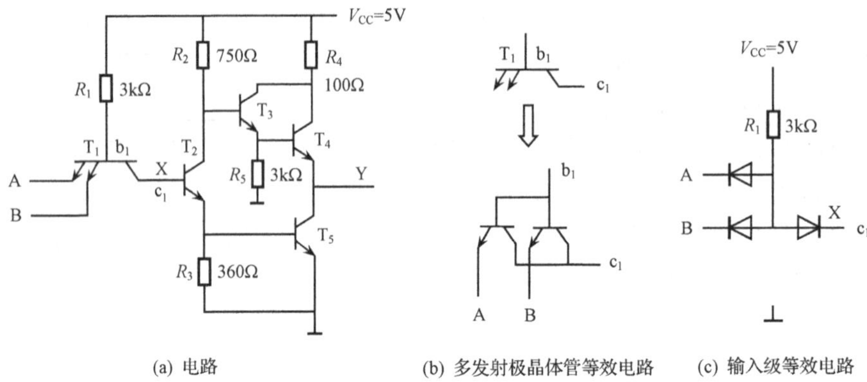

图 3.2.12 TTL 与非门

表 3.2.1

A	B	X	Y
0	0	0	1
0	1	0	1
1	0	0	1
1	1	1	0

当 A、B 都是高电平时,T_1 的两个发射结都截止,X 为高电平(1.4V),T_2、T_5 饱和,输出低电平;当 A、B 中任何一个为低电平时,T_1 中与低电平相连的发射结导通,X 为低电平(0.4V),T_2、T_5 截止,输出高电平。真值表见表 3.2.1,因此,电路实现与非逻辑,即 $Y=\overline{AB}$,X=AB。

增减多发射极晶体管 T_1 的发射极数可增减与非门的输入信号数。例如,如果仅有一个发射极,则电路变化为 TTL 非门,即 $Y=\overline{A}$;如果 T_1 有三个发射极,则电路变化为三输入 TTL 与非门,即 $Y=\overline{ABC}$。

2. TTL 或非门

图 3.2.13 是 TTL 或非门的电路原理图。和非门电路(图 3.2.1)比较可知,增加了 R'_1、T'_1 和 T'_2,它们的作用与 R_1、T_1 和 T_2 相同。

当 A、B 都是低电平时,T_1 和 T'_1 的发射结都导通,X 和 Z 为低电平(0.4V),T_2、T'_2 和 T_5 都截止,输出高电平;当 B 为高电平时,T'_1 的发射结截止,Z 为高电平(1.4V),T'_2、T_5 饱和,输出低电平;当 A 为高电平时,T_1 的发射结截止,X 为高电平(1.4V),T_2、T_5 饱和,输出低电平;当 A 和 B 都为高电平时,T_1 和 T'_1 的发射结都截止,X 和 Z 为高电平(1.4V),T_2、T'_2、T_5 饱和,输出低电平。其值表见表 3.2.2,因此,电路实现或非逻辑,即 X=A,Z=B,$Y=\overline{A+B}$。

表 3.2.2

A	B	X	Z	Y
0	0	0	0	1
0	1	0	1	0
1	0	1	0	0
1	1	1	1	0

3. TTL 与或非门

图 3.2.14 是 TTL 与或非门的电路原理图。同或非门电

路比较可知，T_1' 和 T_1 改为多发射极晶体管，分别实现 $X=AB$，$Z=CD$。所以，$Y=\overline{X+Z}=\overline{AB+CD}$。

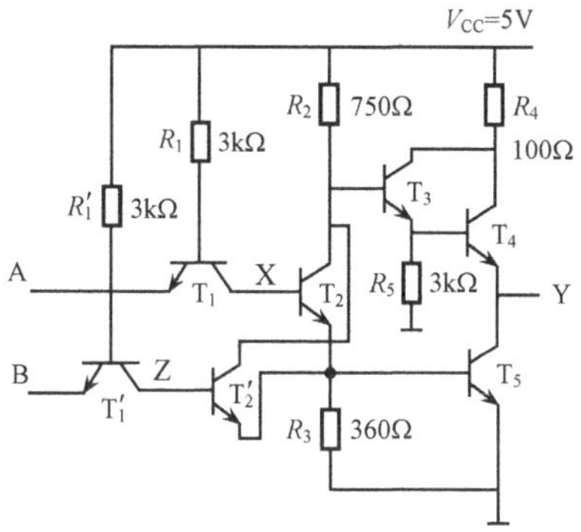

图 3.2.13　TTL 或非门

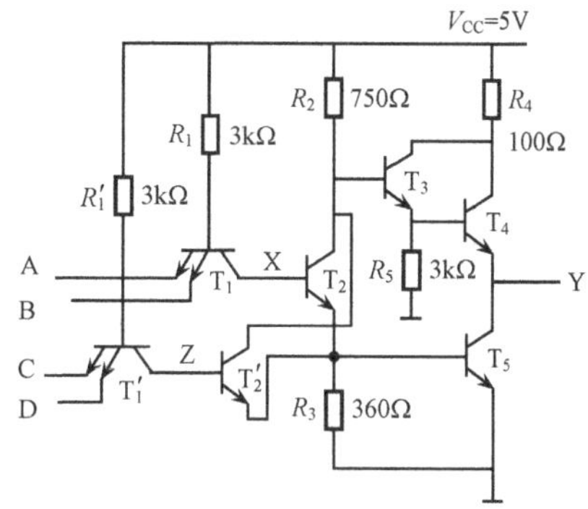

图 3.2.14　TTL 与或非门

综上所述，TTL 门电路由输入级、中间级和输出级组成。输入级通常是多发射极晶体管，输出级则是推拉式输出电路。而门电路的特性通常与输入级和输出级有关，故 TTL 门电路的特性与反相器的特性类似，不再赘述。

3.2.4　TTL 集电极开路门和三态门

1. 集电极开路门

在实际应用中，有时要求门电路的输出端并联使用，以扩展功能。为此，产生了集电极开路门(open collector gate，OC)。

若将两个普通 TTL 门的输出端并联起来，将导致门电路烧坏。以 TTL 与非门为例，两个与非门输出端并联的电路如图 3.2.15 所示。

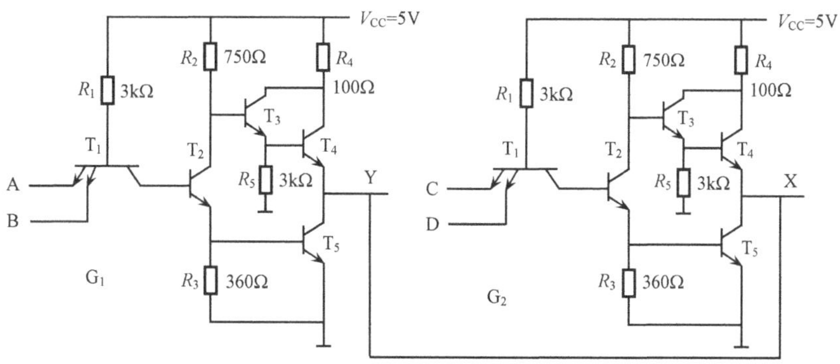

图 3.2.15　TTL 与非门并联导致电路烧坏

当 AB=0，CD=1 时，左边 G_1 门的 T_4 导通、T_5 截止；右边 G_2 门的 T_4 截止、T_5 导通。输出并联线使电源到地形成低阻通路，即 G_1 门的 T_4、输出并联线、G_2 门的 T_5 构成低阻通路，电源输出远大于正常使用的电流，烧坏 G_1 门的 T_4 管，导致 G_1 门不能正常工作。

TTL OC 与非门如图 3.2.16 所示，门的输出级去掉了元件 R_4、R_5、T_3 和 T_4。OC 门正常使用时，必须外接电阻 R，与 T_5 形成反相器。整个电路实现与非逻辑功能，即 $Y=\overline{AB}$。

OC 与非门的逻辑符号示于图 3.2.17(a)中，符号“$\underline{\Diamond}$”表示集电极开路。OC 与非门输出端可以并联，如图 3.2.17(b)所示。只有 Y_1 和 Y_2 同时为高电平时，Y 才为高电平，即 $Y=Y_1Y_2$，OC 门的并联线实现逻辑与，简称为“线与”。又由于 $Y_1=\overline{AB}$，$Y_2=\overline{CD}$，有

$$Y=Y_1Y_2=\overline{AB}\cdot\overline{CD}=\overline{AB+CD}$$

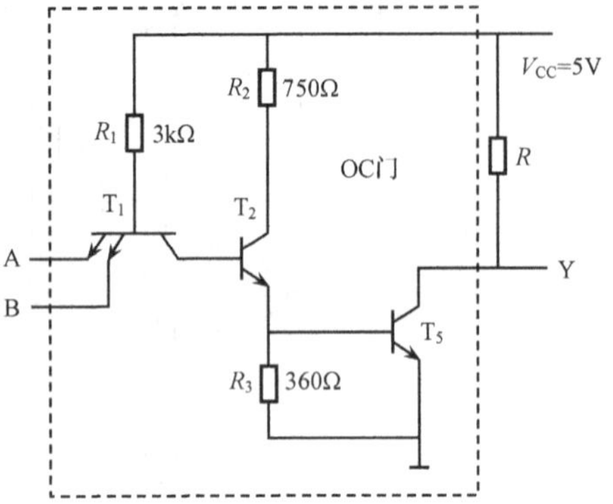

图 3.2.16　TTL OC 与非门

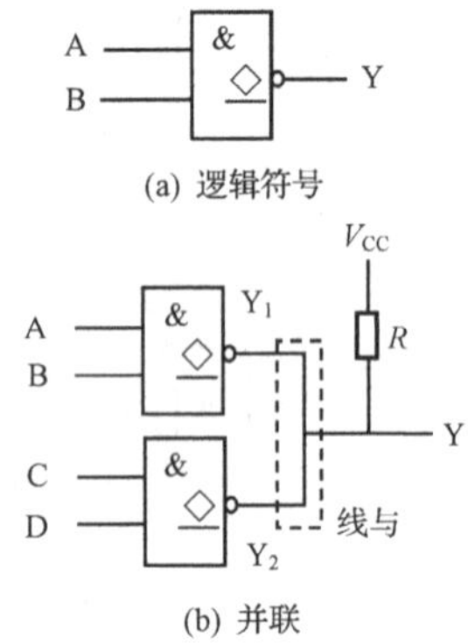

图 3.2.17　OC 与非门

电路实现了与或非逻辑运算，扩展了电路的功能。此外，如果 R 是某种负载，则 OC 门可用于驱动上拉负载。

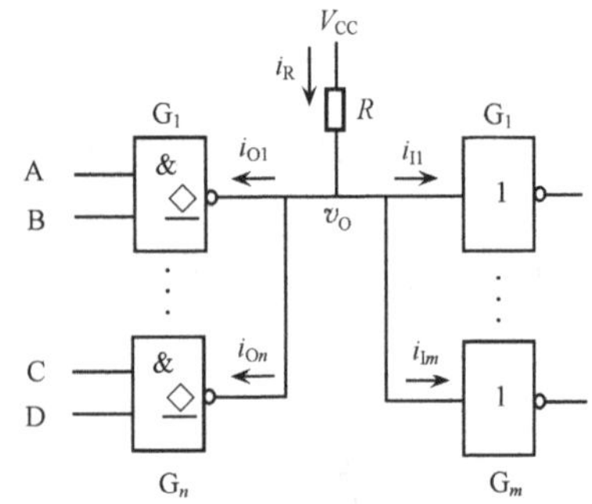

图 3.2.18　OC 与非门外接电阻的计算

外接电阻 R 是 OC 门正确使用的关键。必须考虑 OC 门本身吸入的电流和驱动的负载门数。示例电路如图 3.2.18 所示，设 n 个 OC 门输出并联，驱动 m 个反相器。外接电阻 R 必须保证 OC 门输出正常的高电平和低电平。为简化分析，设 OC 门的输出电流相等，负载门的输入电流相等。

由电路得

$$v_O=V_{CC}-Ri_R=V_{CC}-R(ni_O+mi_I)$$

当 OC 门输出高电平时，必须保证其大于 V_{OHmin}。此时 OC 门的输出电流为 I_{OH}（等于 T_5 管的穿透电流），负载门输入电流为 I_{IH}，所以

$$v_O=V_{CC}-R(ni_O+mi_I)=V_{CC}-R(nI_{OH}+mI_{IH})>V_{OHmin}$$

$$R<\frac{V_{CC}-V_{OHmin}}{nI_{OH}+mI_{IH}}=R_{max} \tag{3.2.8}$$

当 OC 门输出低电平时，必须保证其小于 V_{OLmax}，以及灌入一个 OC 门的电流不超过其最大允许值 I_{OLmax}。此时负载门的输入电流近似为输入短路电流 $-I_{IS}$，所以

$$v_O=V_{CC}-R(ni_O+mi_I)=V_{CC}-R(I_{OLmax}-mI_{IS})<V_{OLmax}$$

$$R>\frac{V_{CC}-V_{OLmax}}{I_{OLmax}-mI_{IS}}=R_{min} \tag{3.2.9}$$

由于 OC 门输出高、低电平是随输入变化的，所以电阻 R 必须同时满足式(3.2.8)和式(3.2.9)。若不满足，可通过调整 n 和 m 实现。

除 OC 与非门外，其他逻辑功能的门电路同样有 OC 门，其输出级和 OC 与非门相同，故上述分析同样适合于所有 OC 门，不再赘述。

2. 三态 TTL 门

显然，OC 门带负载能力比常规门差，这就限制了 OC 门的开关速度。为了保持 TTL 门推拉式输出电路的优点，兼顾输出端并联，设计了三态门(tristate logic，TSL)。它的输出除了常规的高电平、低电平外，还有高阻抗状态。TSL 门的高阻态允许其输出端并联。

TSL 与非门如图 3.2.19(a)所示，在常规与非门的基础上，增加了 TSL 钳位电路。

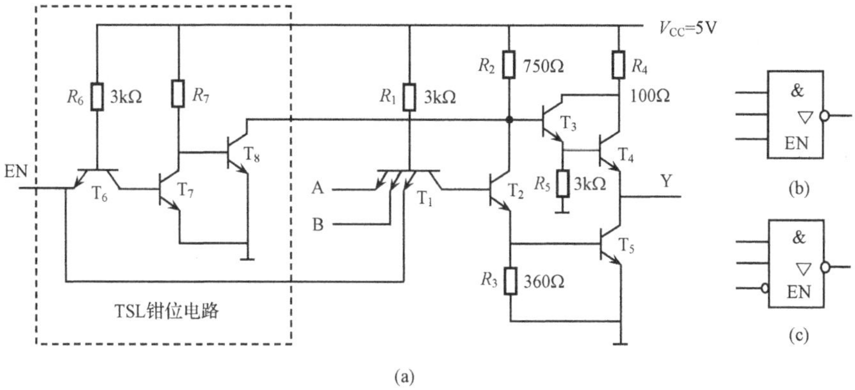

图 3.2.19 TTL TSL 与非门

当 EN=1(高电平)时，TSL 钳位电路的 T_7 饱和，T_8 截止，与非门输出为

$$Y=\overline{AB\cdot EN}=\overline{AB\cdot 1}=\overline{AB}$$

称电路处于工作态，输出可以是高电平或低电平，输入端 EN 叫做使能输入端。

当 EN=0(低电平)时，与非门的 T_2 和 T_5 截止；同时，EN=0 使 TSL 钳位电路的 T_7 截止，T_8 饱和，导致与非门的 T_3 和 T_4 截止；因此，输出端的 2 个晶体管 T_4 和 T_5 都截止，输出电阻很大，即电路处于高阻态。在高阻态输出端的电平不确定，通常用“X”表示。

TSL 与非门的逻辑符号如图 3.2.19(b)、(c)所示，符号“▽”表示三态输出端，使能端 EN 的“○”表示 EN=0(低电平) 使 TSL 门处于工作态。除 TSL 与非门外，其他逻辑功能的门电路同样可以为 TSL 门，不再赘述。

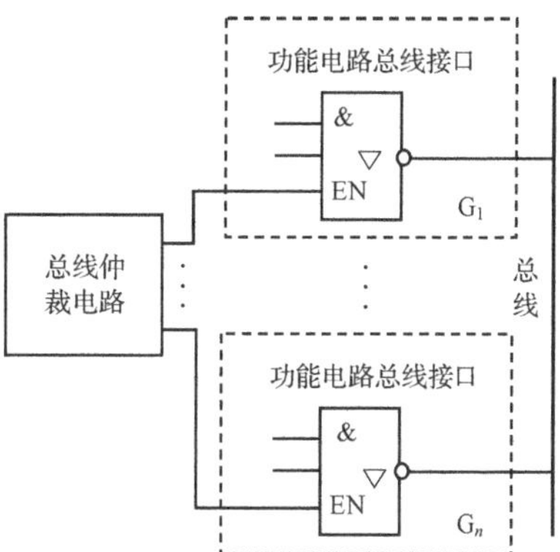

图 3.2.20 TSL 与非门驱动总线

在复杂数字系统(如数字计算机)中，为了减少功能电路间的互连信号线数目，常在同一组信号线上分时传输信号，这样的信号线称为总线。功能电路驱动总线可采用 TSL 门，如图 3.2.20所示。为了避免总线冲突，总线仲裁电路保证任何时刻只能有一个使能信号有效(高电平)，使能信号有效的功能电路向总线传输信息。

某些总线是双向的(如数字计算机的数据总线)，即总线可以接收功能电路的信息，也可以向功能电路输入信息。采用 TSL 门可以实现双向总线的功能，如图 3.2.21 所示。当 EN=1 时，总线接收功能电路的信息；当 EN=0 时，总线向功能电路输入信息。

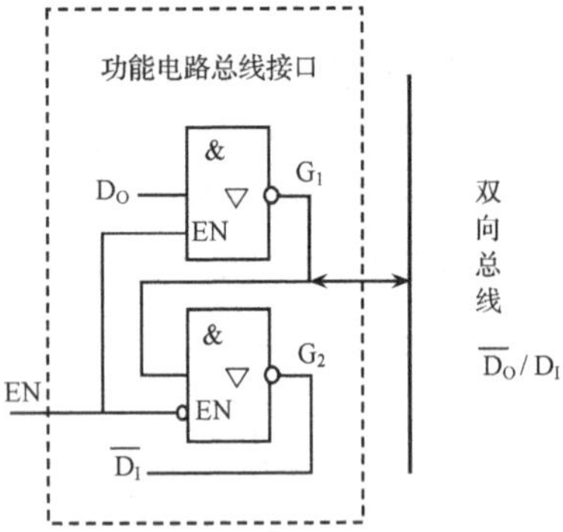

图 3.2.21 TSL 非门驱动双向总线

* 3.2.5 TTL 门电路的产品系列

随着集成电路技术的发展，开发了不同系列的 TTL 门电路产品。TTL 门的产品系列号为：74/54、74H/54H、74S/54S、74LS/54LS、74AS/54AS 和 74ALS/54ALS。在系列号后的数字则是品种代号，品种代号相同的品种其功能是相同的。例如，7400 和 74H00 都是 2 输入与非门，仅是系列不同。而 74 和 54 系列的区别仅是工作温度和电源电压的变化范围不同，其他相同。74 系列的工作环境温度规定为 0～70℃，电源电压的工作范围是 5(1±10%)V。54 系列的工作环境温度规定为－55～＋125℃，电源电压的工作范围是 5(1±10%)V。说明 54 系列比 74 系列适应性更强。

在不同的阶段，由于开发人员的知识水平以及集成电路工艺技术不同，不同系列的产品之间特性参数略有不同，见表 3.2.3。电路形式也略有不同，下面以 TTL 与非门为例加以说明，前述图 3.2.12 是与非门 74H00 的电路原理图。

表 3.2.3 不同系列 TTL 门的特性比较

	74/54	74H/54H	74S/54S	74LS/54LS	74AS/54AS	74ALS/54ALS
平均传输时间 t_{pd}/ns	10	6	4	10	1.5	4
每门功耗 P_D/mW	10	22.5	20	2	20	1
延时功耗积/(ns·mW)	100	135	80	20	30	4

1. *74 系列*

74 系列是标准系列，早于 74H 高速系列产品。图 3.2.22 是与非门 7400 的电路原理图。与 74H00(图 3.2.12)比较：①电阻值较大，导致电源电流小，功耗小。电阻值大，还导致晶体管基极驱动电流小，开关速度慢。②输出级不同，但仍然是推拉式输出电路。74 系列的输出电阻较大，带负载能力较差，工作速度较慢。

图 3.2.22 中 D_1 和 D_2 是输入保护电路，当输入电压低于保护二极管的导通压降时，二极管导通，避免晶体管 T_1 通过大电流而损坏。74H00 也有类似的输入保护电路。

2. *74S 系列*

74S 系列又称为肖特基系列。在 74H 系列的基础上，采用抗饱和晶体管和有源泄放电路进一步提高了门电路的工作速度并改善了传输特性。

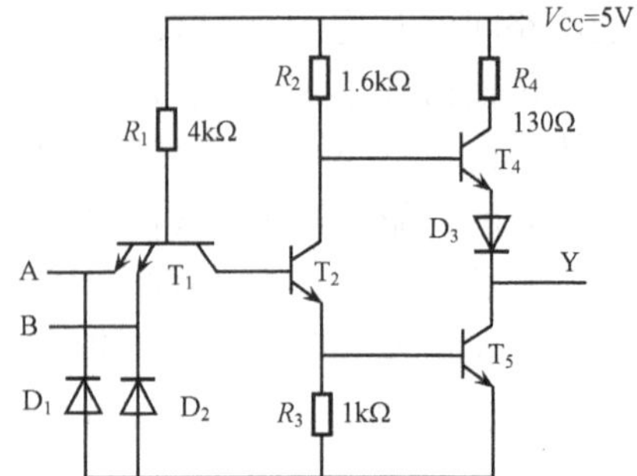

图 3.2.22 与非门 7400

图 3.2.23 是 74S00 与非门的电路原理图。图中的抗饱和晶体管是由普通晶体管和肖特基二极管组合而成的，如图 3.2.24 所示。肖特基二极管是金属铝-N 型半导体接触形成单向导电的二极管。它的正向导通压降小(0.3～0.4V)，由多数载流子导电，电荷存储效应很小，开关速度快。抗饱和晶体管提高工作速度的原理是：①采用较强的基极驱动电流以减少抗饱和晶体管的导通延迟时间；②在晶体管转入饱和的过程中，集电极

电位低于基极电位，肖特基二极管正向导通。过量的驱动电流经肖特基二极管分流，使抗饱和晶体管工作于浅饱和状态，基区存储电荷少，可减小关断时间。

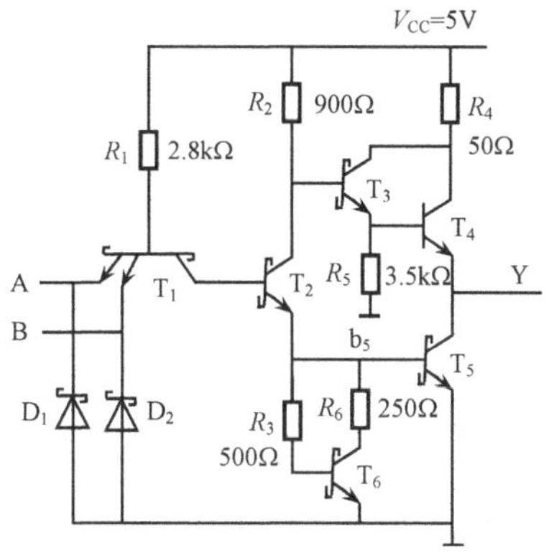

图 3.2.23　74S00 与非门

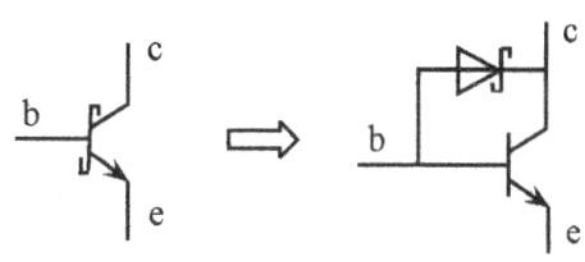

图 3.2.24　抗饱和晶体管

有源泄放电路由 R_3、R_6、T_6 组成，它与 T_5 的发射结并联。有源泄放电路对地等效为非线性电阻，即当 V_{BE5} 小，则等效电阻大；当 V_{BE5} 大，则等效电阻小。这样，在 T_5 从饱和向截止转换的开始阶段，$V_{BE5}=0.7V$，有源泄放电路的等效电阻小（T_6 导通），为 T_5 的基区存储电荷提供泄放通路，使 T_5 快速脱离饱和。而在 T_5 从截止向饱和转换的开始阶段，$V_{BE5}=0$，有源泄放电路的电阻大（T_6 截止），T_2 的射极电流全部驱动 T_5，使 T_5 快速饱和导通。因此，有源泄放电路提高了 T_5 的开关转换速度。

有源泄放电路还改善了门电路的传输特性。因为 T_2 的发射结必须经 T_5 或 T_6 的发射结才能导通，所以不存在 T_2 导通而 T_5 尚未导通的阶段，即不存在图 3.2.2 中的 *bc* 段，74S 系列的传输特性改善为图 3.2.25，*b* 和 *c* 点合并成一点。

3. 74LS 系列

74LS 系列又称为低功耗肖特基系列，其延迟功耗积小，电路的综合性能好。图 3.2.26 是 74LS00 与非门的电路原理图。与 74S00 电路相比，电阻的阻值大幅度提高，其功耗大大降低，74LS 系列门电路的功耗仅为 74H 系列的 1/10(2mW)。为了提高开关速度，仍采用了 74S 系列提高开关速度的两个方法。同时，还将输入端的多发射极晶体管用肖特基二极管代替，进一步提高了开关速度。此外，电路中还接入了 D_3、D_4 两个肖特基二极管，加速了 T_4 的截止和

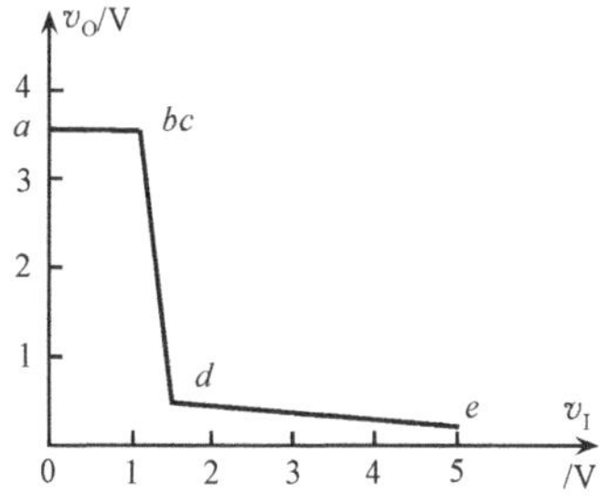

图 3.2.25　74S 系列的传输特性

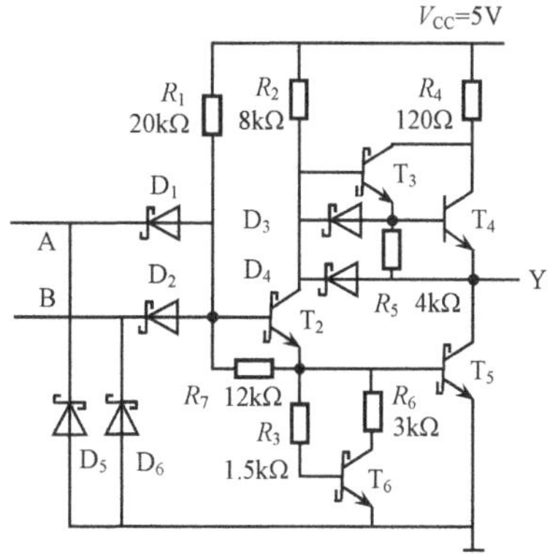

图 3.2.26　74LS00 与非门

T_5 的饱和过程。即在输出高电平向低电平转换的过程中，T_2 率先导通，T_4 的存储电荷通过 D_3 向 T_2 放电，加速了 T_4 的截止；而负载电容通过 D_4 向 T_2 放电，加大了 T_5 的基极驱动电流，从而加速了 T_5 的饱和。这些提高工作速度的措施，保证了在功耗大幅度降低的情况下，74LS 系列平均传输时间达到 74 系列的水平，即 10ns。

4. 74AS 和 74ALS 系列

74AS 系列称为先进的肖特基系列，其电路结构与 74S 系列相似，但电阻值减小了许多，工作速度提高，功耗略有增加。

74ALS 系列是先进的低功耗肖特基系列，在 TTL 电路中它具有最小的延时功耗积。除了在电路结构上作了局部改进外，主要通过先进的生产工艺，缩小了内部器件的尺寸，获得了减小功耗、缩短延迟时间的双重效果。

3.3 CMOS 门电路

与双极型晶体管一样，MOS 场效应管也可用作电子开关，可以构成实现各种逻辑功能的门电路。TTL 门电路的有源元件主要是双极型晶体管，而 NMOS 门电路和 PMOS 门电路的有源元件分别是 NMOS 管、PMOS 管。同时包含 NMOS 管和 PMOS 管的门电路称为互补对称 MOS 门电路，即 CMOS(Complementary MOS)门电路。同时包含有双极型晶体管、NMOS 管和 PMOS 管的门电路称为双极型 CMOS 门电路，即 BiCMOS(bipolar CMOS)门电路。

由于 CMOS 和 BiCMOS 门电路性能优秀，成为门电路的主流产品。本节主要介绍 CMOS 门电路，然后简要介绍 BiCMOS 门电路。

3.3.1 CMOS 管的开关特性

CMOS 门电路中采用增强型场效应管，下面介绍增强型 NMOS 管和 PMOS 管的开关特性。

1. NMOS 管的开关特性

增强型 NMOS 管的结构、电路符号、转移特性和输出特性如图 3.3.1 所示。在 P 型半导体衬底 B 的基础上，制作两个结构对称的、高掺杂浓度的 N^+ 区并引出电极，与衬底相连的电极是源极 S(source)，另一个是漏极 D(drain)，在 S 和 D 之间的 SiO_2（绝缘材料）上制作栅极 G(gate)。为了使 P 型衬底和源区及漏区间的 PN 结截止，P 型衬底必须接电位最低的节点（通常是 NMOS 管的源极）。在很多情况下，P 型衬底直接接电位最低的节点，而不与源极相连，这时漏极与源极可以互换使用。

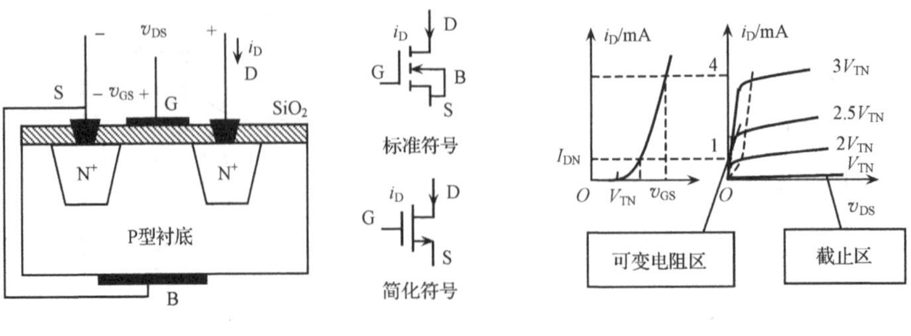

图 3.3.1　NMOS 管的结构、电路符号、转移特性和输出特性

当 $v_{GS}<V_{TN}$(开启电压)时，栅极下面无导电沟道，源漏之间两个背靠背的 PN 结总有一个截止，无导电沟道，$i_D\approx 0$(nA 级)，D 和 S 之间的截止电阻可达 $10^8\Omega$ 量级，等效为开关断开。

当 $v_{GS}>V_{TN}$时，P 型衬底中的电子受栅极上正电荷的吸引在栅极下形成 N 型导电沟道，连接两个 N^+ 岛形成 N 型导电沟道，在 v_{DS}的作用下形成电流，$i_D\neq 0$。v_{GS}越大，导电沟道越厚，D 和 S 之间等效导通电阻越小；沟道越短，导通电阻也越小。由 MOS 管的特性可知，在可变电阻区(大约在 $v_{GS}>V_{TN}$，$v_{DS}<v_{GS}-V_{TN}$的区域)，MOS 管的导通电阻较小，约在 1kΩ 以下，等效为开关导通。并且，在可变电阻区导通电阻与 v_{GS}成反比：

$$R_{ON}=\frac{1}{2K(v_{GS}-V_{TN})},\quad v_{GS}>V_{TN},\quad v_{DS}<v_{GS}-V_{TN}$$

式中，K 为常数，与导电沟道的宽长比及半导体材料的电导率有关；导通电阻大约为 1kΩ。

NMOS 管的开关特性如图 3.3.2 所示，其中 C_L是负载等效电容(pF 级)，其值是后级门电路的输入电容和分布电容等的总和。为确保输出电压小于 0.3V(低电平)，电阻 R 必须大于 NMOS 管导通电阻(1kΩ)，例如，R=20kΩ。假设$C_L=5$pF，当 $v_I=V_{IH}>3V_{TN}$时，NMOS 管导通，电容放电，时间常数等于 5ns(=1kΩ×5pF)。当 $v_I=V_{IL}<V_{TN}$时，NMOS 管截止，电容充电，充电时间常数大于放电时间常数，达 100ns(=20kΩ×5pF)左右，故输出的上升沿比下降沿慢。在集成电路中，采用短沟道和硅栅自对准工艺，减小导通电阻和等效负载电容(MOS 管的极间电容等)，可有效地提高 MOS 管的开关速度。

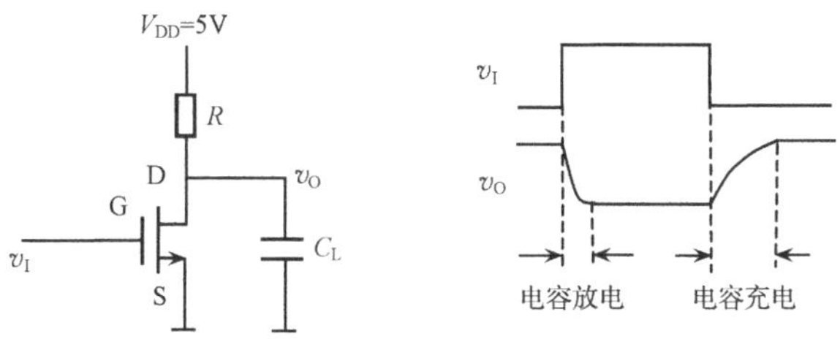

图 3.3.2 NMOS 管的开关特性

2. PMOS 管的开关特性

增强型 PMOS 管的结构、电路符号、转移特性和输出特性如图 3.3.3 所示。在 N 型半导体衬底 B 的基础上，制作两个高掺杂浓度的 P^+ 区，形成 MOS 管的源极 S(source)和漏极 D(drain)，在 S 和 D 之间的 SiO_2(绝缘材料)上制作栅极 G(gate)，就形成 P 型导电沟道的 PMOS 管。

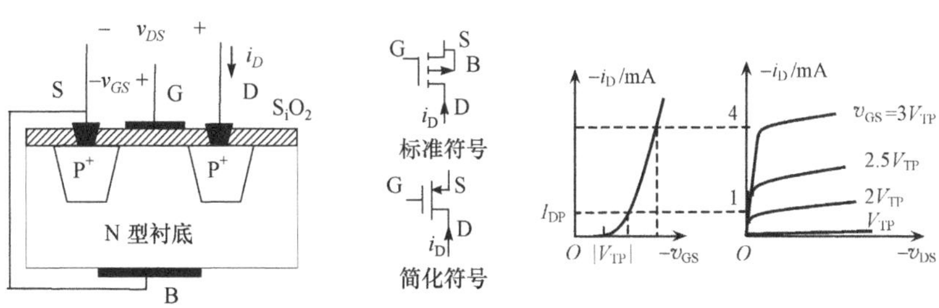

图 3.3.3 PMOS 管的结构、电路符号、转移特性和输出特性

由于结构相似，PMOS 管的特性亦与 NMOS 管相似。区别是：①开启电压 V_{TP}为负值，即栅极电位低于源极电位$|V_{TP}|$($v_{GSP}<V_{TP}<0$)，PMOS 管导通，否则截止；②源极电位高于漏极电位，形成流出漏极的导通电流；③N 型衬底必须接电位最高的节点(通常是 PMOS 管的源极)。

所以，将 NMOS 管特性曲线的坐标变量改为负、开启电压 V_{TN}改为 V_{TP}，可获得 PMOS 管的特性曲线，如图 3.3.3 所示。

当$-v_{GS}=v_{SG}<|V_{TP}|$(开启电压)时，源漏之间 2 个背靠背的 PN 结总有一个截止，无导电沟道，$-i_D\approx 0$(nA 级)，DS 之间的截止电阻可达 $10^8\Omega$ 量级，等效为开关断开。

当$-v_{GS}=v_{SG}>|V_{TP}|$时，N 型衬底中的空穴受栅极上负电荷的吸引在栅极下形成 P 型导电沟道，连接个 2 个 P^+ 岛形，在 v_{DS}的作用下形成电流，$-i_D\neq 0$。v_{SG}越大，导电沟道越厚，DS 之间的等效导通电阻越小；沟道越短，导通电阻也越小。由 MOS 管的特性可知，在可变电阻区(大约在$-v_{GS}=v_{SG}>|V_{TP}|$和$-v_{DS}<V_{TP}-v_{GS}$的区域)，MOS 管的导通电阻较小，约在 1kΩ 以下，等效为开关导通。并且，在可变电阻区导通电阻与$-v_{GS}$成反比

$$R_{ON}=\frac{1}{2K(-v_{GS}+V_{TP})}\quad -v_{GS}=v_{SG}>|V_{TP}|,-v_{DS}<V_{TP}-v_{GS}$$

式中，K 为常数，与导电沟道的宽长比及半导体材料的电导率有关；导通电阻大约 1kΩ。

3.3.2 CMOS 反相器的工作原理

由图 3.3.2 可知，由于 NMOS 管的负载电阻 R 大，使输出上升缓慢。如果用 PMOS 管代替电阻 R，则形成 CMOS 反相器(图 3.3.4)，克服输出上升缓慢的问题。

设 PMOS 和 NMOS 管特性对称(见图 3.3.1 和图 3.3.3，其中$|V_{TP}|=V_{TN}$)，CMOS 门正常工作的条件是：电源电压大于两个 MOS 管开启电压的绝对值之和，即

$$V_{DD}>V_{TN}+|V_{TP}|=2V_{TN}\tag{3.3.1}$$

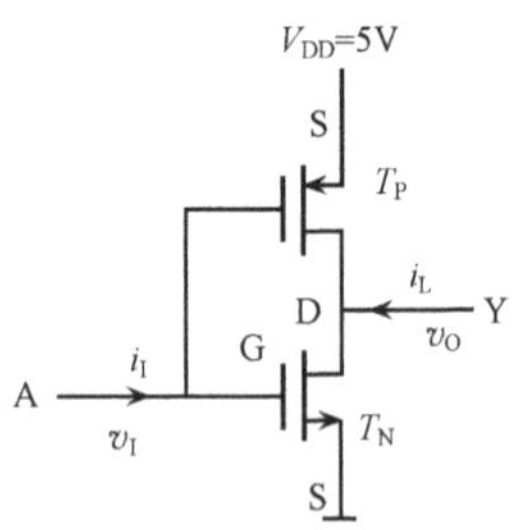

图 3.3.4　CMOS 反相器原理电路

由 CMOS 反相器的电路图 3.3.4，得

$$v_{GSN}=v_I\tag{3.3.2}$$

$$v_{GSP}=v_I-V_{DD}\tag{3.3.3}$$

$$v_O=\frac{R_N}{R_N+R_P}V_{DD}\tag{3.3.4}$$

式中，R_P 和 R_N 分别是 PMOS 管和 NMOS 管的漏极与源极间的等效电阻。

当 $v_I=0$ 时，$v_{GSN}=0$，$v_{GSP}=-V_{DD}$，NMOS 管截止，PMOS 导通(可变电阻区)，即 $R_N>10^8\Omega$，$R_P<10^3\Omega$，所以，输出高电平

$$v_O\approx V_{DD}$$

当 $v_I=V_{DD}$时，$v_{GSN}=V_{DD}$，$v_{GSP}=0$，NMOS 管导通(可变电阻区)，PMOS 截止，即 $R_N<10^3\Omega$，$R_P>10^8\Omega$，所以，输出低电平

$$v_O\approx 0$$

综上所述，图 3.3.4 电路实现逻辑非，即

$$Y=\overline{A}$$

静态时 NMOS 和 PMOS 管总是一个导通，另一个截止，电源输出电流极小，导致功耗极小。并且，CMOS 门的电源电压工作范围宽(大于两个 MOS 管开启电压的绝对值之和)，通常为 3～18V。

与 TTL 门比较，CMOS 具有以下优点和缺点如下：

(1) 门电路简单，集成度高。集成度是指在单位芯片中集成某门电路的数量；

(2) 功耗小，大约为微瓦级；

(3) 逻辑电平摆幅大，抗干扰能力强；

(4) 输出电阻较大，导致传输延时较大和带负载能力差。

3.3.3 CMOS 反相器的特性

1. 电压传输特性

CMOS 反相器的电压传输特性曲线如图 3.3.5 所示。

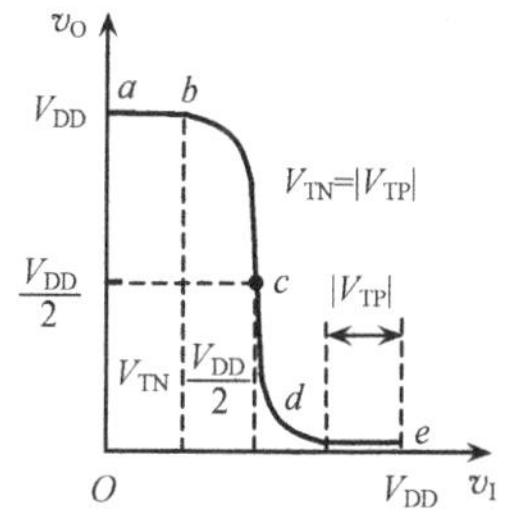

图 3.3.5 CMOS 反相器的电压传输特性曲线

ab 段：$v_I<V_{TN}$。由式(3.3.1)～式(3.3.4)，得 $v_{GSN}<V_{TN}$，$v_{GSP}<V_{TP}$，T_N 截止(截止区：$R_N>10^8\Omega$)，T_P 导通(可变电阻区$R_P<10^3\Omega$)，因此，$v_O\approx V_{DD}$。

de 段：$v_I>V_{DD}-|V_{TP}|$。由式(3.3.1)～式(3.3.4)，得 $v_{GSN}>V_{TN}$，$v_{GSP}>V_{TP}$，T_N 导通(可变电阻区：$R_N<10^3\Omega$)，T_P 截止(截止区 $R_P>10^8\Omega$)，因此，$v_O\approx 0$。

bcd 段：$V_{TN}<v_I<V_{DD}-|V_{TP}|$。由式(3.3.1)～式(3.3.3)，得 $v_{GSN}>V_{TN}$，$v_{GSP}<V_{TP}$，T_N 和 T_P 都导通，导通电阻与栅源电压的绝对值成反比。v_I 增加，使 $v_{GSN}(=v_I)$增加，R_N 减少；v_I 增加，使 $v_{GSP}(=v_I-V_{DD})$的绝对值减小，R_P 增加。由式(3.3.4)知，v_I 增加使 v_O 减少。当$v_I=\frac{1}{2}V_{DD}$时，$v_{GSN}=|v_{GSP}|=\frac{1}{2}V_{DD}$，因为 T_N 和 T_P的特性对称，所以 $R_N=R_P$，$v_O=\frac{1}{2}V_{DD}$，这正是传输特性的中点 *c*，v_O 的变化率最大。在中点，电源到地的等效电阻最小，电源电流最大，这正是产生动态尖峰电流的原因。

综上所述，CMOS 反相器的域值电压等于电源电压的一半，转折区电压变化率大，电压传输特性逼近于理想的传输特性(*bcd* 段逼近垂线)。因此，CMOS 门的输入噪声容限大，近似为

$$V_{NH}=V_{NL}\geqslant 30\%V_{DD}$$

比 TTL 门抗干扰能力强。

2. 输入伏安特性

增加输入保护等电路，即构成实际的 CMOS 门电路。例如，图 3.3.6 是 CC4000 系列反相器原理电路。其中 D_1 是 P 型扩散电阻 *R* 与 N 型衬底之间自然形成的分布二极管。设 V_F 是二极管的正向导通电压，则当 $-V_F<v_I<V_{DD}+V_F$ 时，二极管截止，输入电流近似等于零，MOS 管栅极电位等于输入电压；当 $v_I>V_{DD}+V_F$ 时，D_1 导通，输入电流等于其导通电流，MOS 管栅极电位近似等于 V_F+V_{DD}；当 $v_I<-V_F$ 时，D_2 导通，输入电流等于其导通电流，MOS 管栅极电位近似等于$-V_F$。输入伏安特性如图 3.3.7 所示。

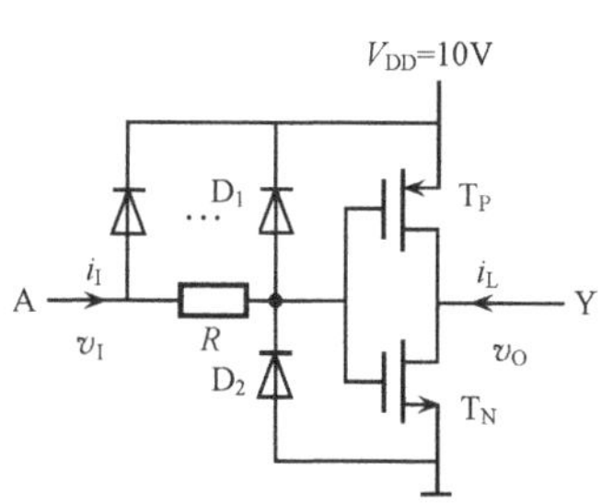

图 3.3.6 CC4000 系列反相器原理电路

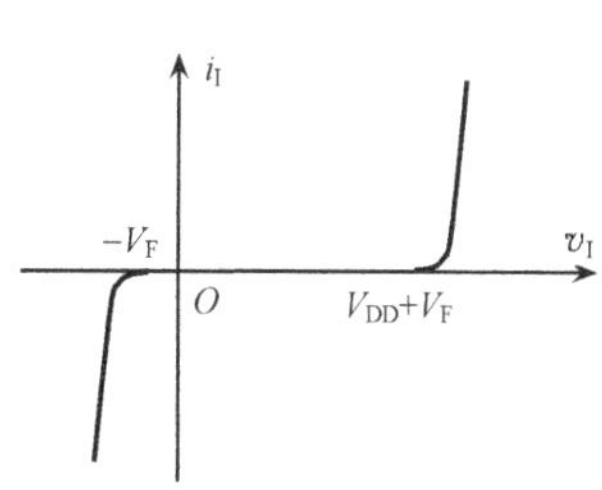

图 3.3.7 CMOS 反相器的伏安特性

因此，MOS 管栅极电位被限制在$[-V_F,V_{DD}+V_F]$，从而保护 MOS 管的栅极下的二氧化硅 SiO_2 不被过电压击穿。在正常输入电压范围内($-V_F<v_I<V_{DD}+V_F$)，保护电路可以略

去。由于输入电流近似为 0,输入端外接电阻不影响输入逻辑电平。

3. 输出特性

1) 低电平输出特性

当非门(图 3.3.4)输入高电平(即 $v_I = V_{DD}$)时,输出为低电平。此时,T_P 截止,T_N 导通工作在可变电阻区,等效电路如图 3.3.8 所示。T_N 可以吸入灌电流,驱动浮地负载。

因为 $V_{OL} = v_{DS}$,$i_L = i_D$,故将 T_N 输出特性(图 3.3.1)绕 45°轴线旋转变换(电流作横轴、电压作纵轴),即可绘出低电平输出特性曲线,如图 3.3.9 所示。由于输出低电平小于 $10\% V_{DD}$,故输出特性只是 T_N 的可变电阻区特性。当电源电压改变时,T_N 的栅源电压变化,所以,绘出了多条曲线。

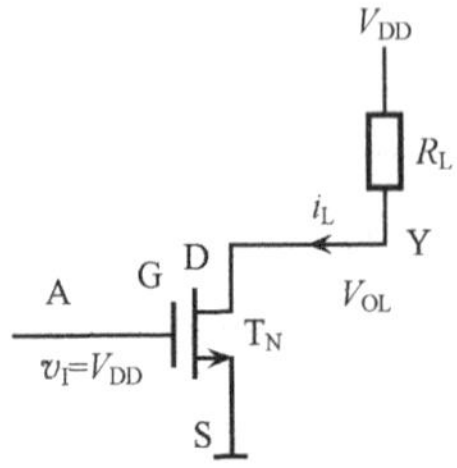

图 3.3.8 低电平输出等效电路

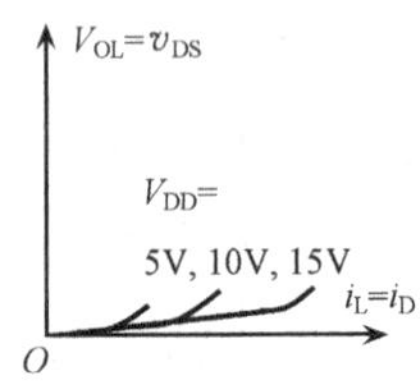

图 3.3.9 低电平输出特性曲线

2) 高电平输出特性

当非门(图 3.3.4)输入低电平(即 $v_I = 0$)时,输出为高电平。此时,T_P 导通工作在可变电阻区,T_N 截止,等效电路如图 3.3.10 所示。T_P 向负载输出电流,驱动接地负载。

因为 $V_{OH} = v_{DS} + V_{DD}$,$i_L = i_D$,故将 T_P 输出特性曲线(图 3.3.3)绕 45°轴线旋转变换(电流作横轴、电压作纵轴),再做垂直旋转变换($-v_{DS} \to v_{DS}$),最后作平移变换($v_{DS} \to v_{DS} + V_{DD}$),即可绘出高电平输出特性曲线,如图 3.3.11 所示。由于输出高电平大于 $V_{DD} - 10\% V_{DD}$,故输出特性只是 T_P 的可变电阻区特性。当电源电压改变时,输出高电平变化,所以,绘出了多条曲线。

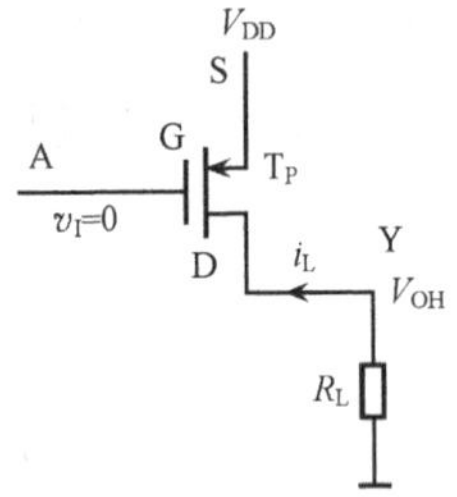

图 3.3.10 高电平输出等效电路

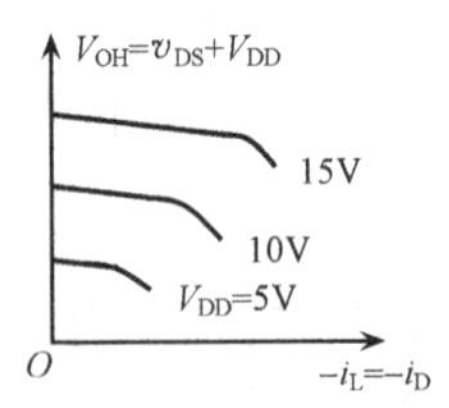

图 3.3.11 高电平输出特性曲线

由于 CMOS 门的输入电流近似为零,其静态扇出系数很大。实际的扇出系数受系统工作速度的限制。以驱动 N 个 CMOS 反相器为例,因为每个反相器都有输入电容(MOS 管的栅极电容),则 N 越大,驱动门的负载电容越大,其充放电导致电平变化缓慢,传输延迟时间加长。所以实际的扇出系数 N 受系统工作速度的限制。

CMOS 门的其他特性与 TTL 门类似,不再赘述。

早期的 CMOS 门电路输出电阻比 TTL 门大,如 CC4000 系列,所以工作速度比 TTL 门慢。采用短沟道和硅栅自对准工艺，减小了 MOS 管的导通电阻和等效负载电容(MOS 管的极间电容等)，提高了 MOS 管的开关速度，如 74HC/54HC 系列、74HCT/54HCT 系列 CMOS 门电路。它们与 CC4000 系列电路原理相似，电源电压和输出高、低电平与 TTL 兼容，工作速度达到 TTL 产品的 74LS/54LS 系列水平，品种代号亦相同。

不同系列的 CMOS 门的特性比较见表 3.3.1，表中还列出了 BiCMOS 门(见 3.3.6 节)。

表 3.3.1 不同系列 CMOS 门的特性比较

	CC4000/4000B	74HC/54HC	74HCT/54HCT	74BCT/54BCT
* 平均传输时间 t_{pd}/ns	75	10	13	2.9
每门功耗 P_D/mW	0.002	1.55	1.002	0.0003～7.5
延时功耗积/(ns · mW)	0.15	15.5	13.026	0.00087～22

注：* 负载电容为 15pF。

3.3.4 CMOS 与非门/或非门

与 TTL 逻辑一样，CMOS 逻辑同样可以实现各种逻辑功能的门(与门、或门、与非门、或非门、与或非门、异或门、同或门、漏极开路门等)。本节仅介绍与非门和或非门。由于在正常工作时，输入保护电路不影响电路的功能，所以在以后的 CMOS 电路中略去保护电路。

1. CMOS 与非门

图 3.3.12 是 CMOS 与非门。两个 PMOS 管 T_{P1} 和 T_{P2} 的漏源极并联，两个 NMOS 管 T_{N1} 和 T_{N2} 的漏源极串联。

当输入全为高电平，即(A=B=1)时，两个 NMOS 管 T_{N1} 和 T_{N2} 导通，两个 PMOS 管 T_{P1} 和 T_{P2} 截止，输出低电平，Y=0。

当输入有低电平，即(A=0，B=0)或(A=0，B=1)或(A=1，B=0)时，栅极接低电平的 NMOS 管截止、PMOS 管导通，输出高电平，Y=1。

所以，$Y=\overline{AB}$。

与两输入与非门相同，n 输入与非门必须有 n 个 PMOS 管并联，n 个 NMOS 管串联。串联支路等效电阻增加，并联支路等效电阻减小，所以，多输入 CMOS 与非门抬高了低电平输出电位。

与 TTL 与非门比较，CMOS 与非门的元件少。通常，电路的集成度定义为芯片包含的等效门数。故 CMOS 集成电路比 TTL 集成度高。

2. CMOS 或非门

图 3.3.13 是 CMOS 或非门。同与非门比较，两个 PMOS 管 T_{P1} 和 T_{P2} 的漏源极串联，两个 NMOS 管 T_{N1} 和 T_{N2} 的漏源极并联。

当输入全为低电平，即(A=B=0)时，两个 NMOS 管 T_{N1} 和 T_{N2} 截止，两个 PMOS 管 T_{P1} 和 T_{P2} 导通，输出高电平，Y=1。

当输入有高电平，即(A=0，B=1)或(A=1，B=0)或(A=1，B=1)时，栅极接高电平的 NMOS 管导通、PMOS 管截止，输出低电平，Y=0。

所以，$Y=\overline{A+B}$。

和两输入或非门相同，n 输入或非门必须有 n 个 PMOS 管串联，n 个 NMOS 管并联。串联支路等效电阻增加，并联支路等效电阻减小，所以，多输入 CMOS 或非门降低了高电平输出电位。

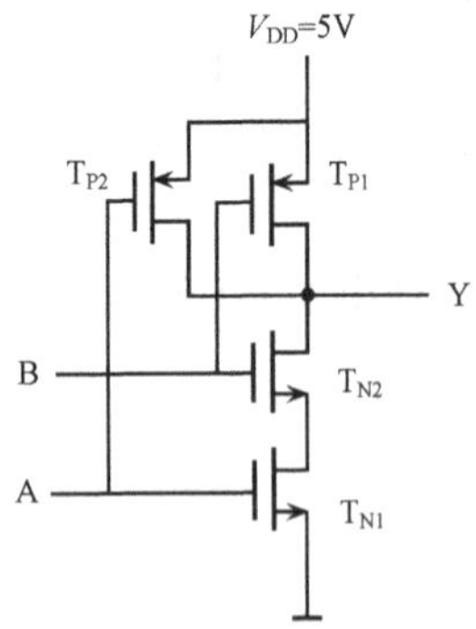

图 3.3.12　CMOS 与非门

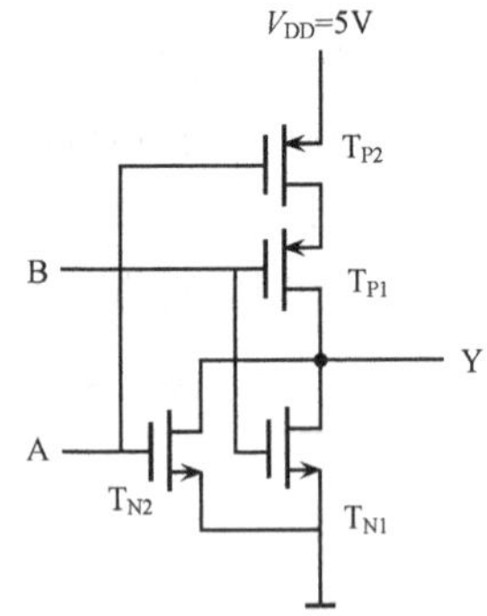

图 3.3.13　CMOS 或非门

3. 带缓冲级的 CMOS 与非门

在图 3.3.12 所示的与非门中，由于 PMOS 管并联，NMOS 管串联，致使输出电阻在高低电平时输出电阻不同，并且抬高了低电平电位。为了克服这些缺点，在每个输入端、输出端各增设一级反相器组成带缓冲级的 CMOS 与非门，如图 3.3.14(a)所示，图 3.3.14(b)是等效的逻辑图。

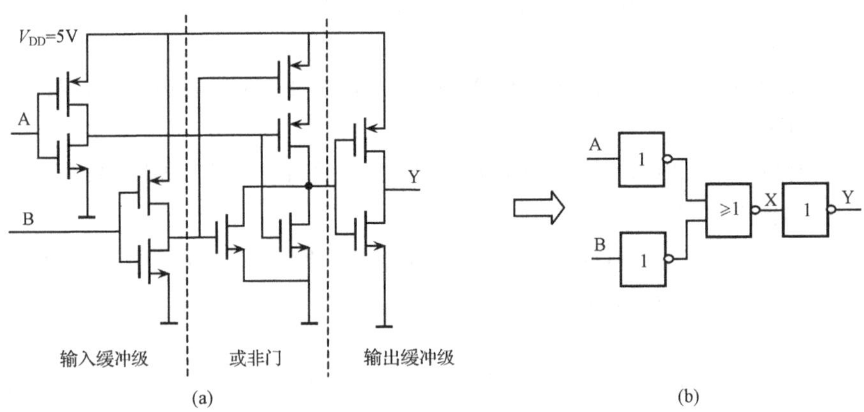

图 3.3.14　带缓冲级的 CMOS 与非门

由图 3.3.14(b)得

$$Y=\overline{X}=\overline{\overline{\overline{A}+\overline{B}}}=\overline{AB}$$

如果将或非门换为与非门，则电路变为带缓冲级的 CMOS 或非门。

3.3.5　CMOS 传输门/三态门/异或门

1. CMOS 传输门

门电路只能将数字信号从输入端传递到输出端，而传输门则可进行双向传递。即传输门不仅可将信号(模拟或数字)从输入端传递到输出端，而且可从输出端传递到输入端。更接近于理想开关。

图 3.3.15 是传输门的电路和逻辑符号。NMOS 管的 P 型衬底接电位最低节点 V_{SS}(负电源)，PMOS 管的 N 型衬底接电位最高节点 V_{DD}(正电源)。由于 NMOS 和 PMOS 的源极和漏极是对称结构(图 3.3.1)，两电极可以互换，即可以传递双向电流。

当控制信号 C=0(低电平 V_{SS})时,$\bar{C}$=1(高电平 V_{DD})。NMOS 和 PMOS 管均截止,输入端与输出端断开。

当 C=1(高电平 V_{DD})时,$\bar{C}$=0(低电平 V_{SS})。NMOS 和 PMOS 管总有一个导通,可以传递双向电流,等效为开关闭合。具体导通情况是:如果 $V_{SS}<v_I<V_{DD}-V_{TN}$,则 NMOS 管导通;如果 $V_{SS}+|V_{TP}|<v_I<V_{DD}$,则 PMOS 管导通。两管同时导通的输入电压区段是 $V_{SS}+|V_{TP}|<v_I<V_{DD}-V_{TN}$。传输门的导通电阻小于 1kΩ。

在数字电路中,通常 $V_{SS}=0$ (不用负电源)。传输门和门电路组合可实现复杂的逻辑电路,如触发器、数据选择器等。

在模拟电路中,传输门作模拟电子开关,如图 3.3.16 所示。其中反相器和传输门组合成模拟开关。

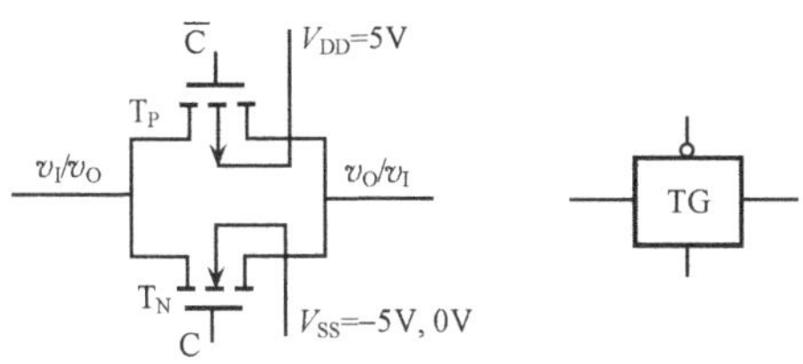

图 3.3.15　CMOS 传输门

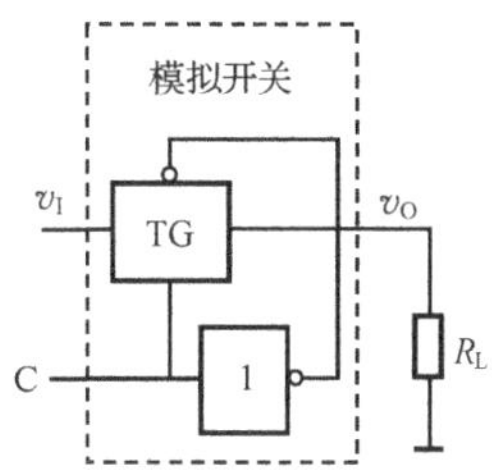

图 3.3.16　CC4066 双向模拟开关

当 C=1 时,传输门导通,输出电压为

$$v_O = \frac{R_L}{R_L + R_{TG}} v_I = K_{TG} v_I$$

式中,R_{TG}是传输门的导通电阻(CC4066:$R_{TG}<240\Omega$),K_{TG}定义为电压传输系数。

2. CMOS 三态门

CMOS 三态门电路如图 3.3.17 所示。当 EN=0 时,传输门导通,Y=$\bar{A}$;当 EN=1 时,传输门截止,输出为高阻态。

3. CMOS 异或门

CMOS 异或门电路如图 3.3.18 所示。当 B=0 时,传输门 TG 导通,T_{P2} 和 T_{N1} 截止,Y=A;当 B=1 时,传输门 TG 截止,T_{P2} 导通,将 T_{P1} 的源极接电源 V_{DD},而 T_{N1} 的源极等效接地,使 T_{P1} 和 T_{N1} 组成反相器,所以,Y=$\bar{A}$。

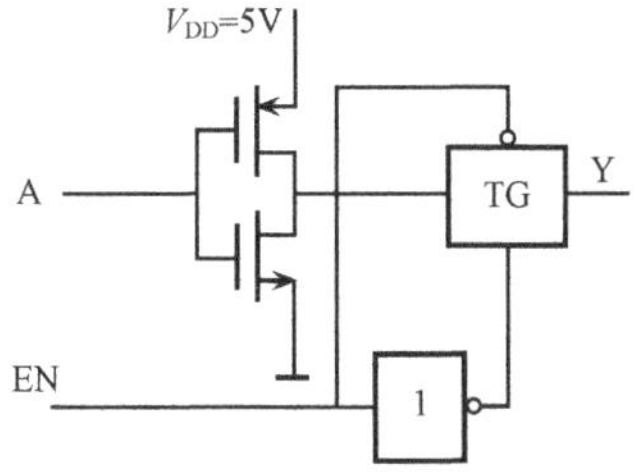

图 3.3.17　CMOS 三态门电路

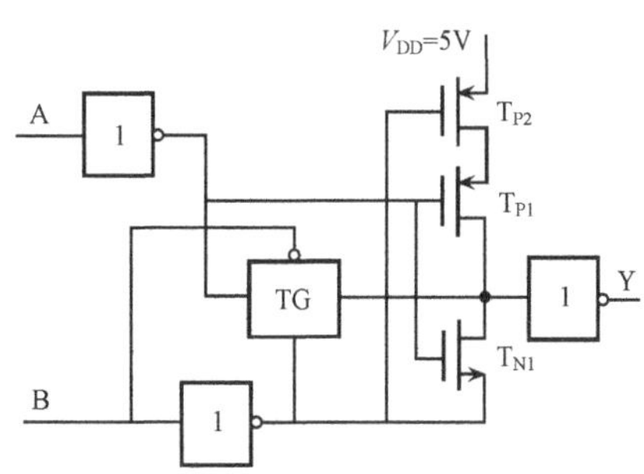

图 3.3.18　CMOS 异或门电路

综合上述两种情况,得

$$Y=A\overline{B}+\overline{A}B=A \oplus B$$

*3.4 BiCMOS 门电路

如前所述，双极型晶体管组成的推拉式输出电路输出电阻小，带负载能力强；而 CMOS 逻辑电路简单，功耗小。将两者组合则可充分发挥各自的优势，组成性能优秀的 BiCMOS 门电路。

3.4.1 BiCMOS 反相器

图 3.4.1 所示为 BiCMOS 反相器电路。MOS 管 T_{P1} 和 T_{N1} 组成 CMOS 反相器，实现逻辑功能。两个 NMOS 管 T_{N2} 和 T_{N3} 与反相器配合驱动双极型晶体管 T_{B1} 和 T_{B2} 组成推拉式输出电路，使 T_{B1} 和 T_{B2} 的基极信号相位相反。

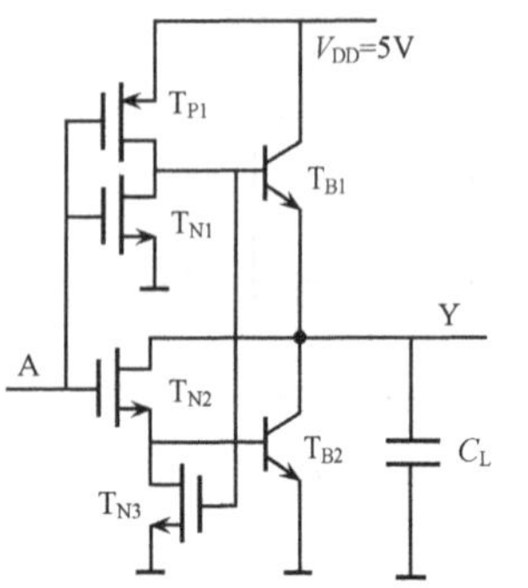

图 3.4.1 BiCMOS 反相器电路

当 A=1 时，CMOS 反相器输出低电平，使 T_{N3} 和 T_{B1} 截止；同时，A=1 使 T_{N2} 导通，驱动 T_{B2} 饱和，故输出低电平，Y=0。

当 A=0 时，CMOS 反相器输出高电平，使 T_{N3} 导通，T_{B1} 饱和；同时，A=0 使 T_{N2} 截止，导致 T_{B2} 截止，故输出高电平，Y=1。

所以，$Y=\overline{A}$。

由于推拉式电路输出电阻小，驱动负载电容快速冲放电，有效地减少了传输延迟时间，其值小于 3ns。

3.4.2 BiCMOS 与非门

图 3.4.2 所示为 BiCMOS 与非门电路。MOS 管 T_{P1}、T_{P2}、T_{N1} 和 T_{N2} 组成 CMOS 与非门，实现逻辑功能。三个 NMOS 管 T_{N3}、T_{N4} 和 T_{N5} 与与非门配合驱动双极型晶体管 T_{B1} 和 T_{B2} 组成推拉式输出电路，使 T_{B1} 和 T_{B2} 的基极信号相位相反。

当 AB=1 时，CMOS 与非门输出低电平，使 T_{N5} 和 T_{B1} 截止；同时，AB=1 使 T_{N3} 和 T_{N4} 导通，驱动 T_{B2} 饱和，故输出低电平，Y=0。

当 AB=0 时，CMOS 与非门输出高电平，使 T_{N5} 导通、T_{B1} 饱和；同时，AB=0 使 T_{N3} 和 T_{N4} 总有一个截止，导致 T_{B2} 截止，故输出高电平，Y=1。

所以，$Y=\overline{AB}$。

3.4.3 BiCMOS 或非门

图 3.4.3 所示为 BiCMOS 或非门电路。MOS 管 T_{P1}、T_{P2}、T_{N1} 和 T_{N2} 组成 CMOS 或非门，实现逻辑功能。三个 NMOS 管 T_{N3}、T_{N4} 和 T_{N5} 与或非门配合驱动双极型晶体管 T_{B1} 和 T_{B2} 组成推拉式输出电路，使 T_{B1} 和 T_{B2} 的基极信号相位相反。

当 A+B=1 时，CMOS 或非门输出低电平，使 T_{N5} 和 T_{B1} 截止；同时，A+B=1 使 T_{N3} 和 T_{N4} 总有一个导通，驱动 T_{B2} 饱和，故输出低电平，Y=0。

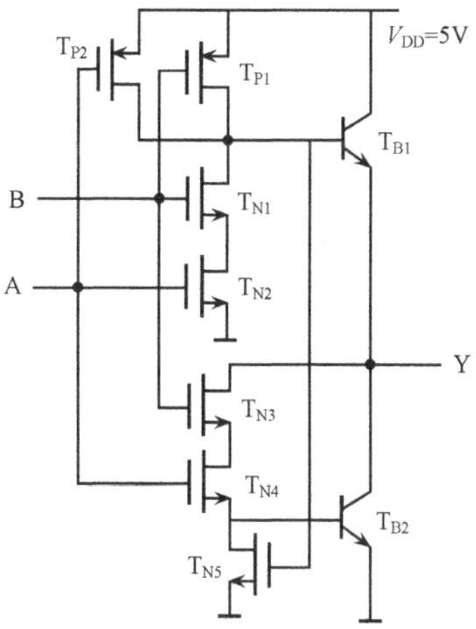

图 3.4.2　BiCMOS 与非门电路

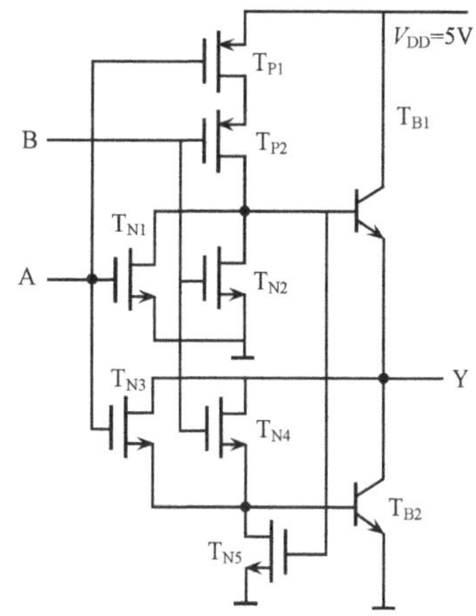

图 3.4.3　BiCMOS 或非门电路

当 A+B=0 时，CMOS 或非门输出高电平，使 T_{N5} 导通、T_{B1} 饱和；同时，A+B=0 使 T_{N3} 和 T_{N4} 截止，导致 T_{B2} 截止，故输出高电平，Y=1。

所以，$Y=\overline{A+B}$。

74BCT/54BCT 系列是 BiCMOS 门电路，其传输时间和功耗见表 3.3.1。

习　　题

3.1　二极管门电路如题图 3.1 所示，已知二极管 D_1、D_2 导通压降为 0.7V，试回答下列问题：

(1) A 接 10V，B 接 0.3V 时，输出 v_O 为多少伏？

(2) A、B 都接 10V 时，v_O 为多少伏？

(3) A 接 10V，B 悬空，用万用表测量 B 端电压时，V_B 为多少伏？

(4) A 接 0.3V，B 悬空，测量 V_B 电位时应为多少伏？

(5) A 接 10kΩ 电阻，B 悬空，测量 V_B 电位时应为多少伏？

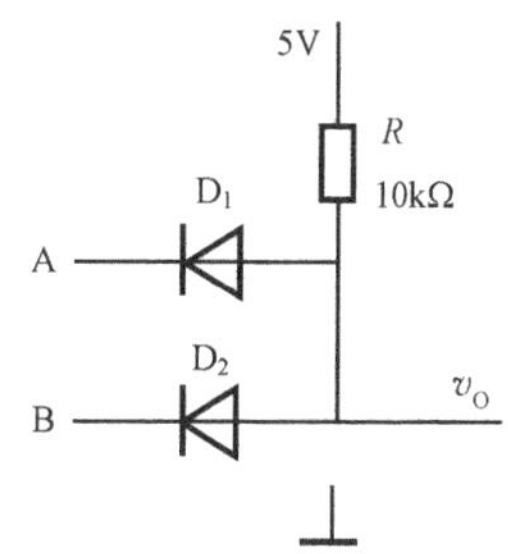

题图 3.1

3.2　在题图 3.2(a)、(b)两个电路中，试计算当输入电压 v_I 分别为 0V、5V 和悬空时输出电压 v_O 的数值，并指出晶体管都工作在什么状态。假定晶体管导通以后 $v_{BE}=0.7V$，电路参数如图中所标注。

3.3　分析题图 3.3 所示各电路的逻辑功能，写出输出函数 Y 的逻辑表达式。

3.4　分析题图 3.4(a)、(b)所示电路的逻辑功能，写出输出函数 Y 的逻辑表达式。

3.5　分析题图 3.5 所示电路的逻辑功能，写出输出函数 Y 的逻辑表达式。

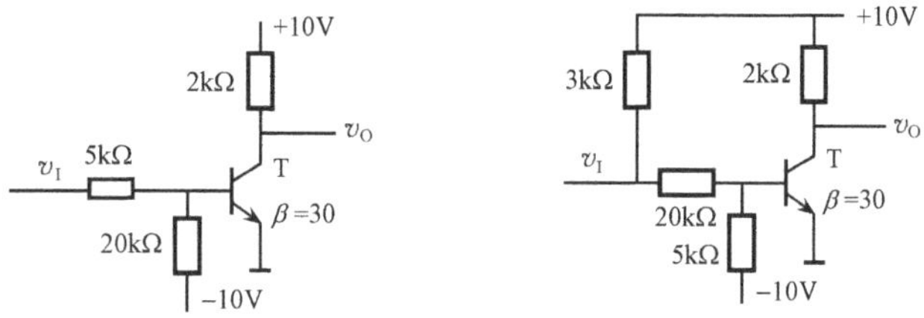

(a)　　(b)

题图 3.2

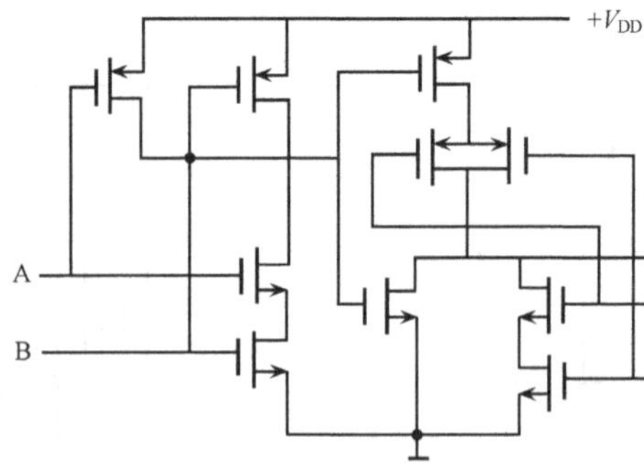

题图 3.3

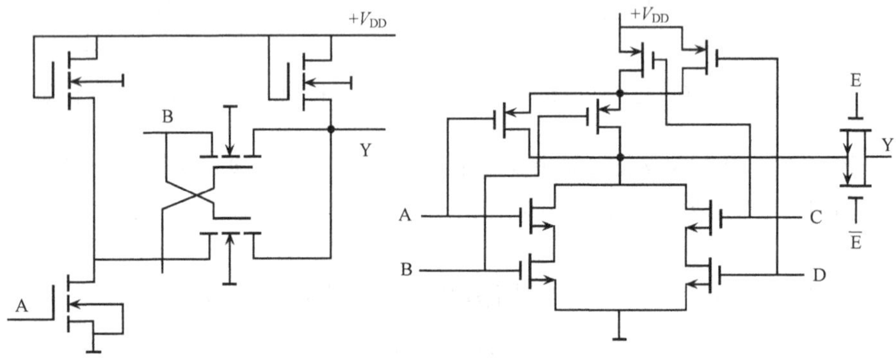

(a) (b)

题图 3.4

3.6 试说明在下列情况下，用万用表测量题图 3.6 的 v_{I2} 端得到的电压为多少。

(1) v_{I1} 悬空；

(2) v_{I1} 接低电平(0.3V)；

(3) v_{I1} 接高电平(3.2V)；

(4) v_{I1} 经 51Ω 电阻接地；

(5) v_{I1} 经 10kΩ 电阻接地。

已知门电路为 74H 系列与非门，万用表使用 5V 量程，内阻为 20kΩ/V。

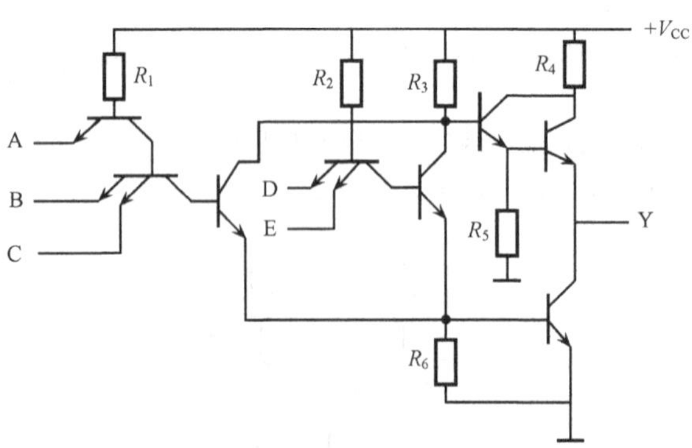

题图 3.5

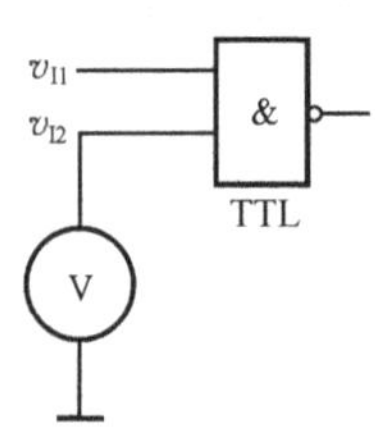

题图 3.6

3.7 在题图 3.7 所示的 TTL 门电路中，已知关门电阻 $R_{OFF}=700\Omega$，开门电阻 $R_{ON}=2k\Omega$，分析各图的输出函数的状态。

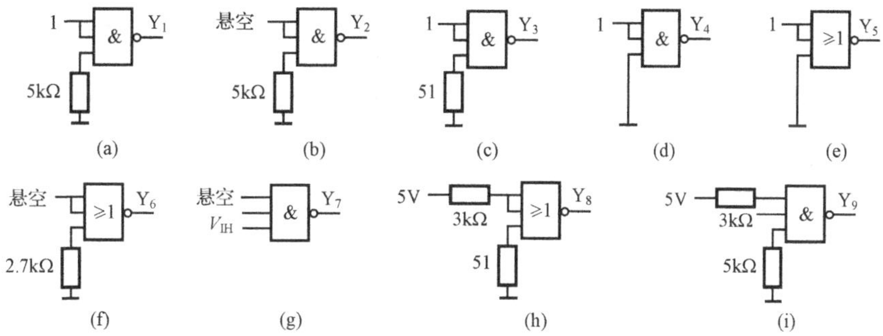

题图 3.7

3.8 题图 3.8 中的门电路均为 TTL 门电路，晶体管导通时 $U_{BE}=0.7V$，若 $U_{IH}=3.6V$，$U_{IL}=0.3V$，$U_{OHmin}=3V$，$U_{OLmax}=0.4V$，$I_{OLmax}=15mA$，$I_{OHmax}=0.5mA$。试回答下列问题。

题图 2.8(a)中，要使 $Y_1=\overline{AB}$，$Y_2=AB$，试确定 R 的取值范围。

题图 2.8(b)中，$\beta=20$，$R_C=2k\Omega$，要使 $Y_1=\overline{AB}$，$Y_2=AB$，试确定 R_B 的取值范围。

题图 2.8(c)中，$\beta=30$，$R_C=2k\Omega$，要使 $Y_1=\overline{AB}$，$Y_2=AB$，试确定 R_B 的取值范围。

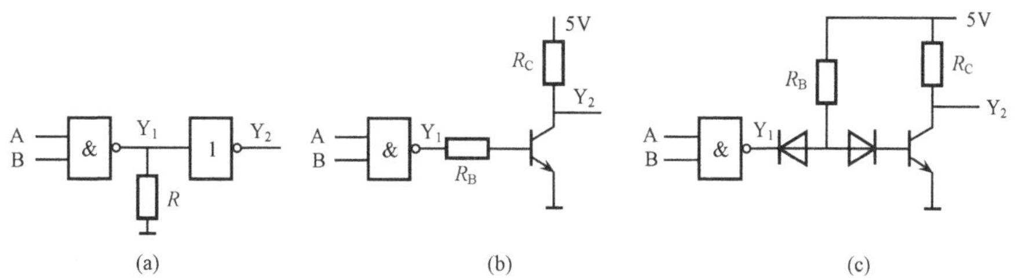

题图 3.8

3.9 计算题图 3.9 所示电路中的门 G_M 最多可以驱动多少个同样的负载门。已知 G_M 和负载门均为 T4000 系列反相器，要求 G_M 输出的高、低电平符合 $V_{OH}\geqslant 3.2V$，$V_{OL}\leqslant 0.25V$。所有门电路的输入电流 $I_{IS}=0.4mA$，$I_{IH}=20\mu A$。$V_{OL}\leqslant 0.25V$ 时输出电流不超过 8mA，$V_{OH}\geqslant 3.2V$ 时输出电流不超过 400μA。

3.10 计算题图 3.10 所示电路中的门 G_M 最多可以驱动多少个同样的负载门。已知 G_M 和负载门均为 T4000 系列与非门，要求 G_M 输出的高、低电平符合 $V_{OH}\geqslant 3.2V$，$V_{OL}\leqslant 0.25V$。所有门电路的输入电流 $I_{IS}=0.4mA$，$I_{IH}=20\mu A$。$V_{OL}\leqslant 0.25V$ 时输出电流不超过 8mA，$V_{OH}\geqslant 3.2V$ 时输出电流不超过 400μA。

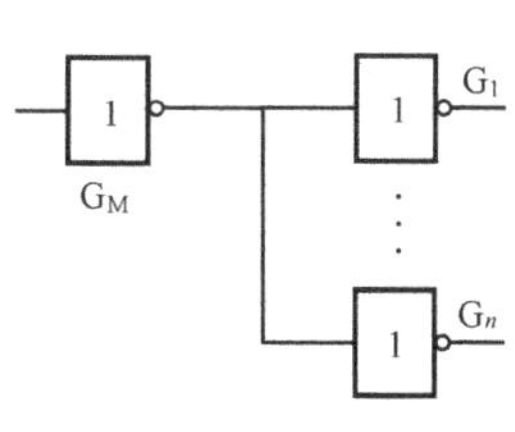

题图 3.9

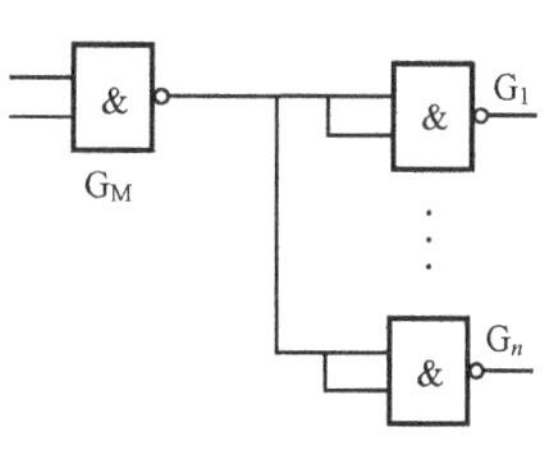

题图 3.10

3.11 在题图 3.11 所示的 TTL 电路中，能否实现规定的逻辑功能？其连接有无错误？如有错误请改正。

3.12 题图 3.12 是两个用 74 系列 TTL 门电路驱动发光二极管的电路，要求 $V_I=V_{IH}$ 时发光二极管 D 导通并发光。已知发光二极管的导通电流为 10mA，试问应选用图(a)、(b)中的哪一个电路？请说明理由。

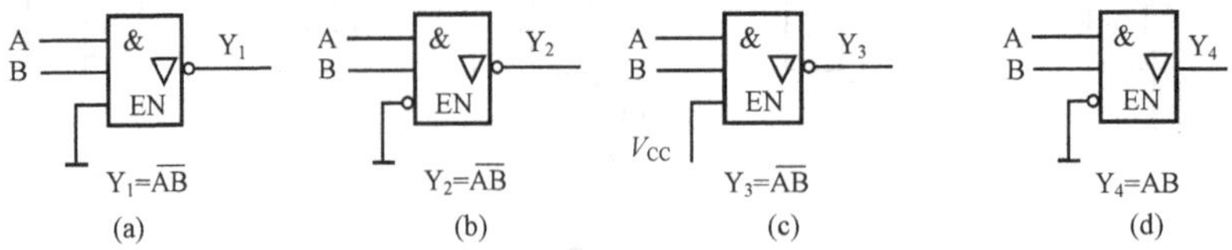

题图 3.11

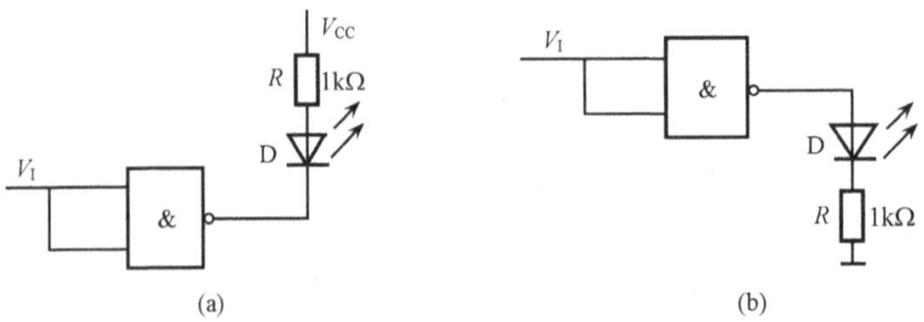

题图 3.12

3.13　判断题图 3.13 所示电路能否实现逻辑与？

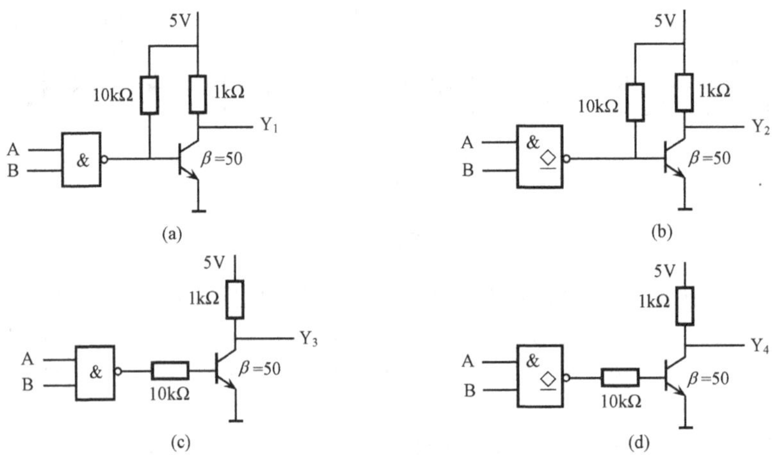

题图 3.13

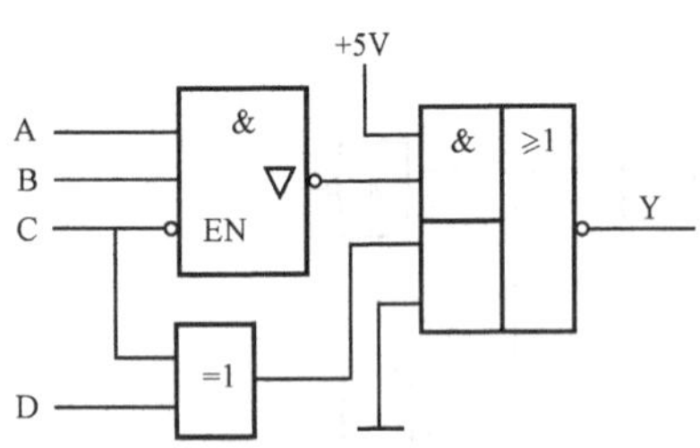

题图 3.14

3.14　写出题图 3.14 所示 TTL 电路的输出函数的逻辑表达式，并列出真值表。

3.15　分析题图 3.15 所示各 TTL 门电路中，哪个电路是正确的？并写出其输出函数 Y 的逻辑表达式。

3.16　计算题图 3.16 电路中上拉电阻 R_L 的阻值范围。其中 G_1、G_2、G_3 是 T4000 系列 OC 门，输出管截止时的漏电流 $I_{OH}\leqslant 100\mu A$，输出低电平 $V_{OL}\leqslant 0.4V$ 时允许的最大负载电流 $I_{LM}=8mA$。G_4、G_5、G_6 为 T4000 系列与非门，它们的输入电流为 $I_{IS}\leqslant 0.4mA$，$I_{IH}\leqslant 20\mu A$。OC 门的输出高、低电平应满足 $V_{OH}\geqslant 3.2V$，$V_{OL}\leqslant 0.4V$。

3.17　在题图 3.17(a)所示 TTL 门电路中，已知门电路输出的高电平 $U_{OH}=3V$，输出的低电平 $U_{OL}=0.3V$，输入 A、B、C 的波形如题图 3.17(b)所示，试画出 Y 的波形图。

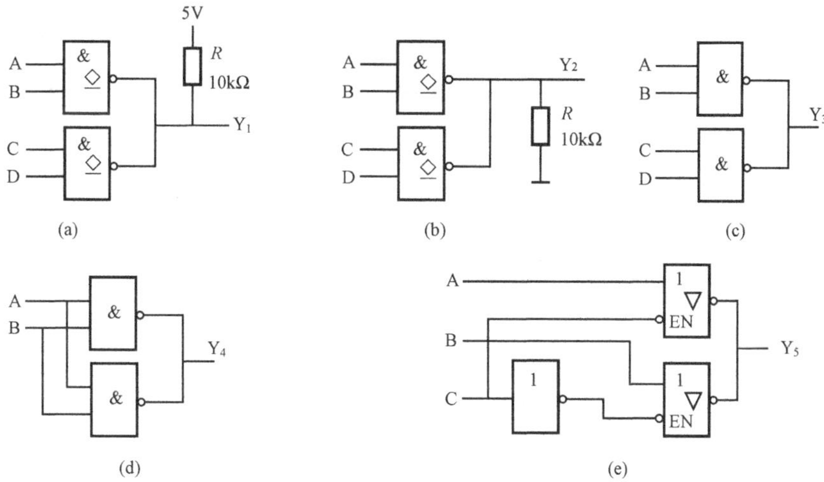

题图 3.15

3.18　试画出题图 3.18 所示三态门和 TG 门的输出电压波形。

3.19　CMOS 电路与 TTL 电路相比其优点有哪些？TTL 与 CMOS 器件之间的连接要注意哪些问题？

3.20　试说明下列各种门电路中哪些门的输出端可以并联使用？

(1) 具有推拉式输出级的 TTL 电路；

(2) TTL 电路的 OC 门；

(3) TTL 电路的三态输出门；

(4) 普通的 CMOS 门；

(5) 漏极开路输出的 CMOS 门；

(6) CMOS 电路的三态输出门。

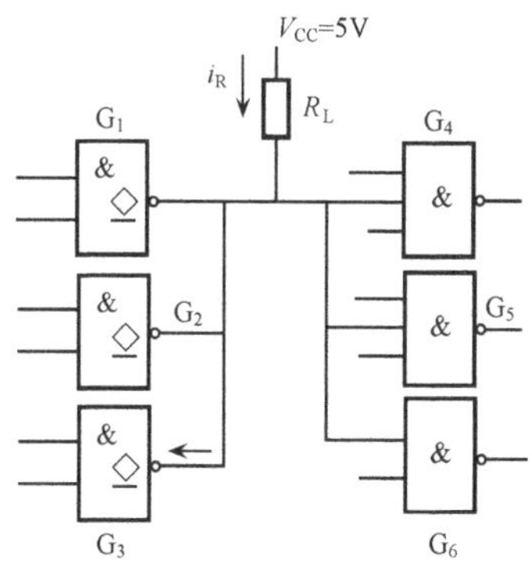

题图 3.16

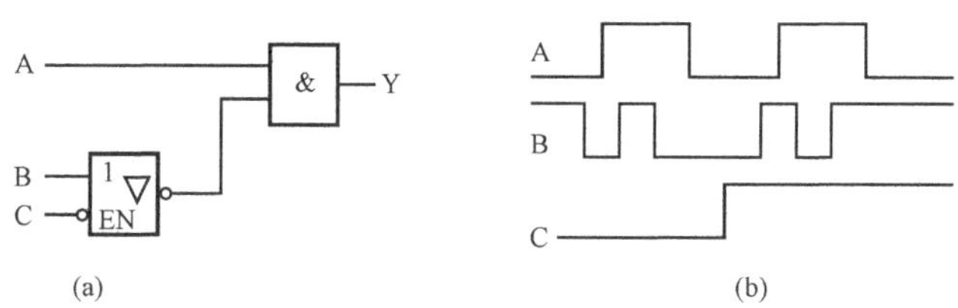

题图 3.17

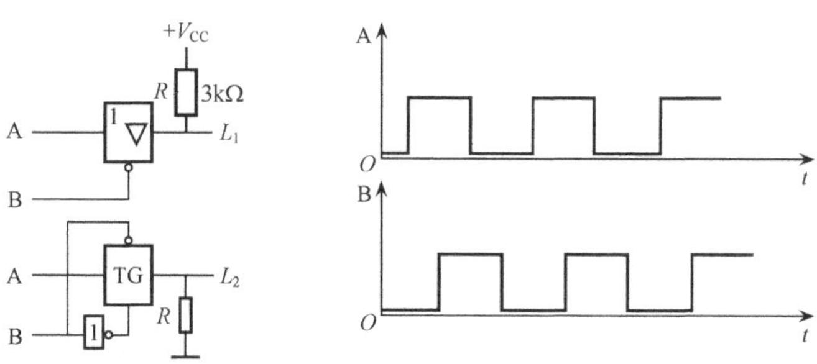

题图 3.18

3.21 分析题图 3.21 所示 CMOS 电路的输出状态。

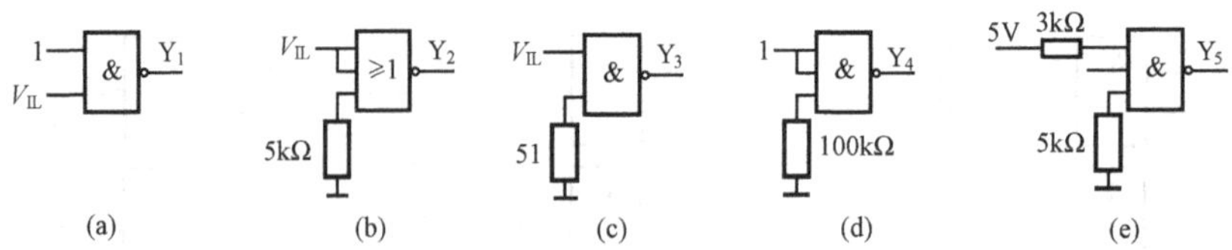

题图 3.21

3.22 试判断题图 3.22 所示的 CMOS 三态输出门电路的输出状态。

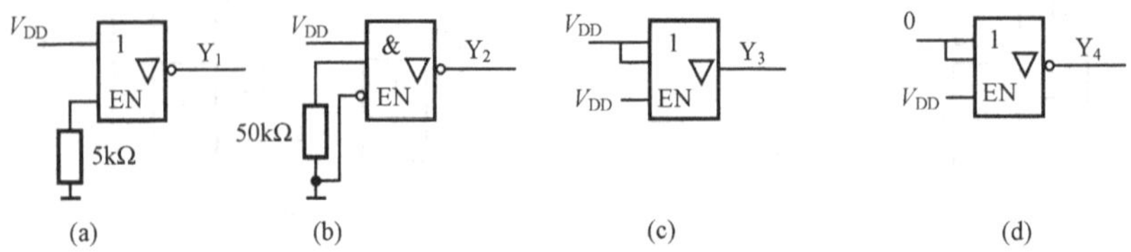

题图 3.22

3.23 用题图 3.23 所示的 CMOS 电路连接成：①三个反相器；②三输入端或非门；③三输入端与非门；④或与非门（$Y=\overline{(A+B)C}$）。

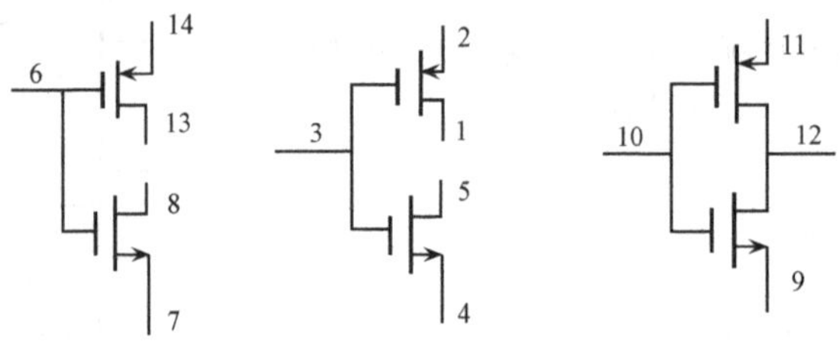

题图 3.23

3.24 试分析题图 3.24(a)、(b)所示电路的逻辑功能。写出 Y_1、Y_2 的逻辑表达式。图中的门电路均为 CMOS 门电路，这种连接方式能否用于 TTL 门电路？

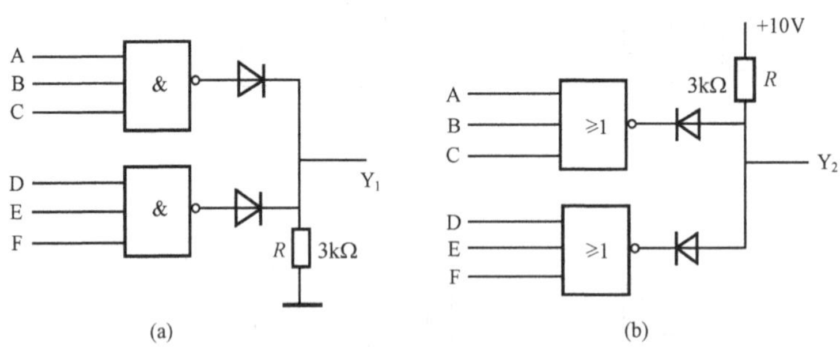

题图 3.24

3.25 计算题图 3.25 电路中接口电路输出端 v_c 的高、低电平，并说明接口电路参数的选择是否合理。CMOS 或非门的电源电压 $V_{DD}=10V$，空载输出的高、低电平分别为 $V_{OH}=9.95V$，$V_{OL}=0.05V$，门电路的输出电阻小于 200Ω。TTL 与非门的高电平输入电流 $I_{IH}=20\mu A$，低电平输入电流 $I_{IS}=0.4mA$。

3.26 题图 3.26 是用 TTL 电路驱动 CMOS 电路的实例，试计算上拉电阻 R_L 的取值范围。TTL 与非门在 $V_{OL}\leqslant 0.3V$ 时的最大输出电流为 8mA，TTL 与非门在截止（T_5 管截止）时有 50μA 的漏电流。CMOS 或非门的输入电流可以忽略。要求加到 CMOS 或非门输入端的电压满足：$V_{IH}\geqslant 4V$，$V_{IL}\leqslant 0.3V$。

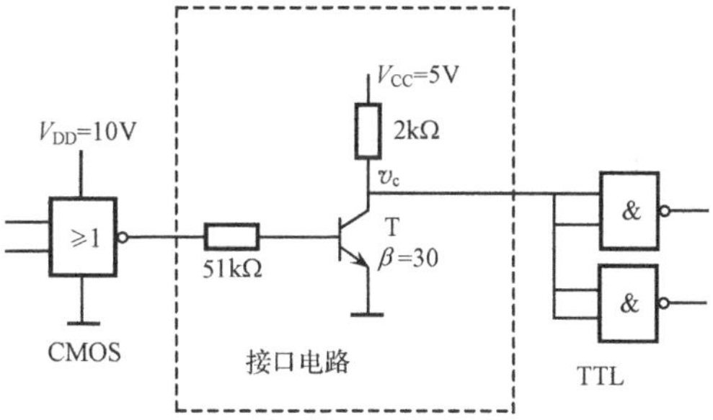

题图 3.25

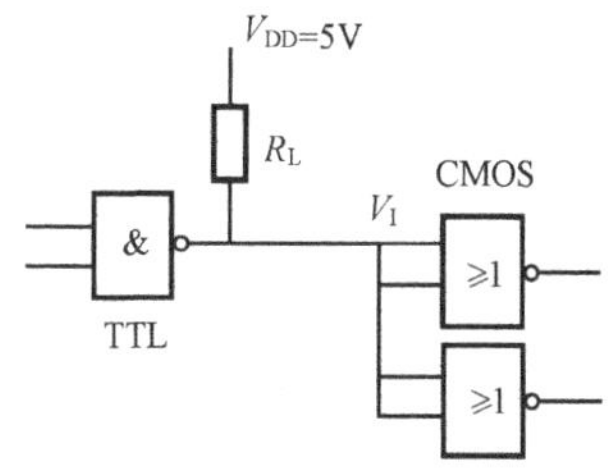

题图 3.26

3.27 判断题图 3.27(a)～(d)所示逻辑电路能否实现所规定的逻辑功能？对的打√，错的打×。

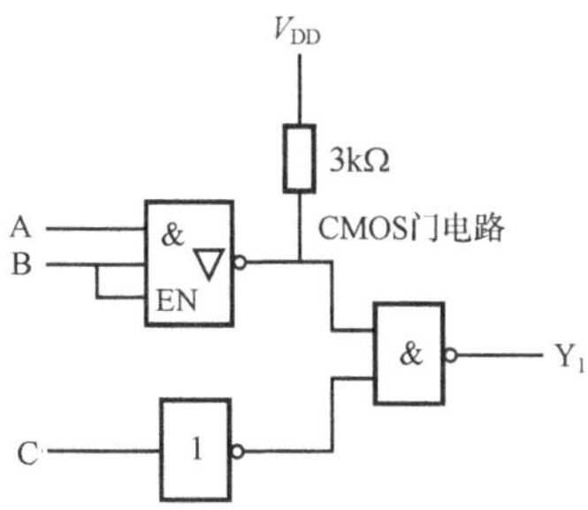

(a)

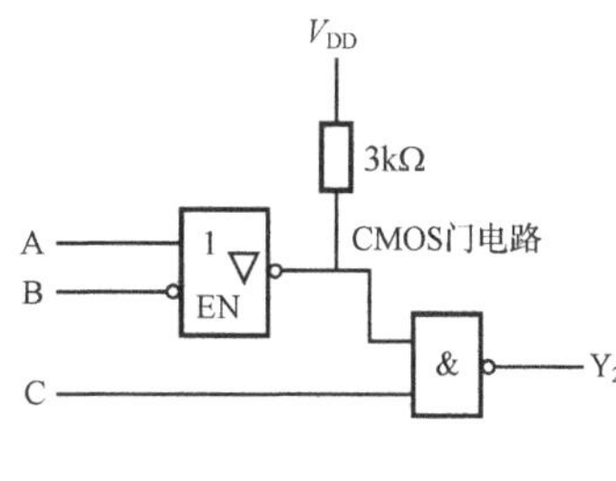

(b)

$\begin{cases} B=0时, Y_1=C & (\quad) \\ B=1时, Y_1=A+C & (\quad) \end{cases}$

$\begin{cases} B=0时, Y_2=\overline{AC} & (\quad) \\ B=1时, Y_2=\overline{C} & (\quad) \end{cases}$

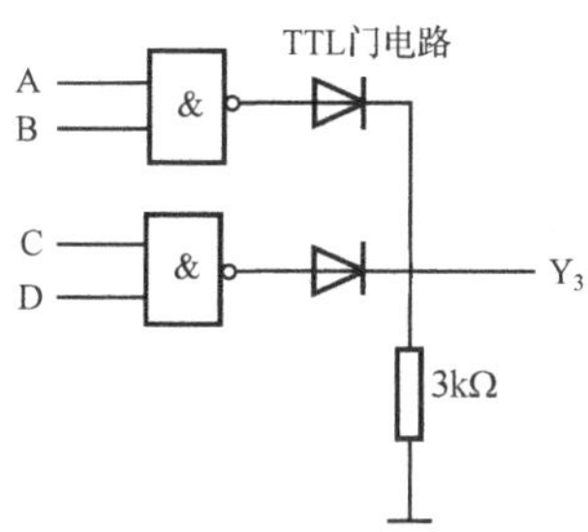

(c)

$Y_3=\overline{AB}\cdot\overline{CD}$ ( )

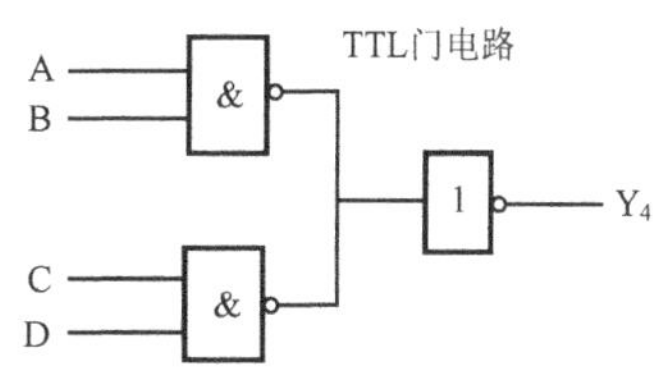

(d)

$Y_4=AB+CD$ ( )

题图 3.27

3.28 对于题图 3.28 所示逻辑电路，当用 TTL 器件构成时，其输出方程为 Y_{TTL}＝_________；当用CMOS器件构成时，其输出方程为 Y_{CMOS}＝_________。

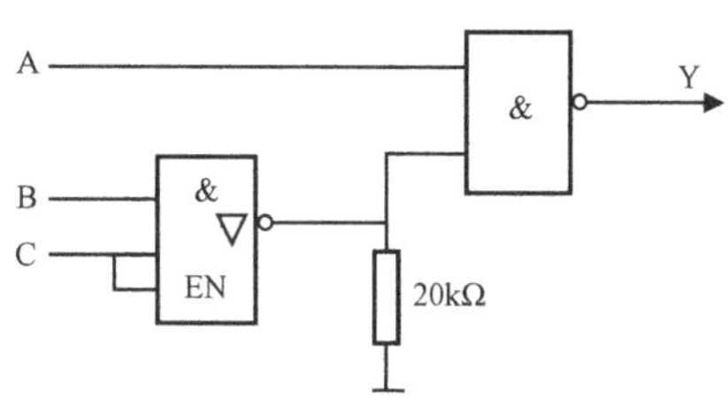

题图 3.28

第 4 章　组合逻辑电路的分析方法和设计方法

学习本章后,读者将了解:

- 组合逻辑电路的结构和特点;
- 组合逻辑电路的分析方法;
- 组合逻辑电路的稳态波形;
- 组合逻辑电路的设计方法;
- 组合逻辑电路的竞争冒险和消除方法。

数字电路分为组合逻辑电路和时序逻辑电路。本章介绍组合逻辑电路的特点、分析方法、设计方法、稳态波形和电路的竞争冒险。第 5 章介绍常用的组合逻辑电路及其应用。第 6、7 章介绍时序逻辑电路。

4.1　组合逻辑电路的结构和特点

任一时刻的输出状态仅取决于该时刻各输入状态组合的数字电路称为组合逻辑电路,简称组合电路。图 4.1.1 是一个组合电路,图中的异或门可以是 TTL 异或门或者 CMOS 异或门或者其他工艺的门电路。由电路得

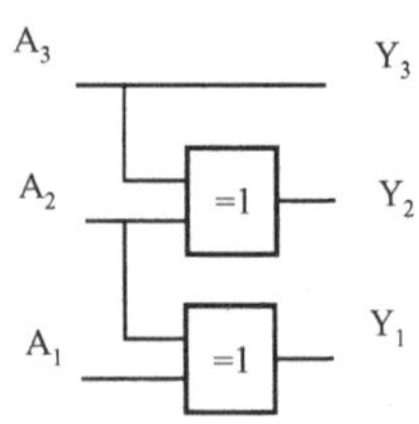

图 4.1.1　二进制码转换为循环

$$Y_3 = A_3$$
$$Y_2 = A_3 \oplus A_2$$
$$Y_1 = A_2 \oplus A_1$$

电路的功能可用表 4.1.1 的真值表更清楚地表示出来。由真值表知,电路将输入二进制码 $A_3A_2A_1$ 转换成输出循环码 $Y_3Y_2Y_1$。即任何时刻,输入一组二进制码,输出便是该组码对应的循环码,而与时间变量无关。顺便指出:将 n 位二进制码转换为 n 位循环码的一般关系式如下

$$Y_n = A_n$$
$$Y_i = A_{i+1} \oplus A_i \quad i = 1,2,\cdots,n-1$$

表 4.1.1　图 4.1.1 电路的真值表

A_3	A_2	A_1	Y_3	Y_2	Y_1
0	0	0	0	0	0
0	0	1	0	0	1
0	1	0	0	1	1
0	1	1	0	1	0
1	0	0	1	1	0
1	0	1	1	1	1
1	1	0	1	0	1
1	1	1	1	0	0

推广到一般情况:①组合电路是由逻辑门表示的数字器件和电子元件组成的电路,电路中没有反馈,没有记忆元件;②组合电路实现输入输出间的某种逻辑关系,任一时刻的输出状态仅取决于该时刻各输入的状态组合,而与时间变量无关。

图 4.1.2 所示为多输入多输出组合逻辑电路的框图,其中 $A_1,A_2,\cdots,A_n$ 是输入逻辑变量,$Y_1,Y_2,\cdots,Y_m$ 是输出逻辑变量。输入与输出之间的逻辑关系可用逻辑函数表示

图 4.1.2　组合逻辑电路的框图

$$Y_i = f_i(A_1,A_2,\cdots,A_n),\quad i = 1,2,\cdots,m$$

注意到函数中没有时间变量。

由于逻辑函数可以表达为与或式、或与式、与非与非式、或非或非式和与或非式,组合逻辑电路亦有不同的电路形式。例如,设逻辑函数为与或式

$$Y = A \oplus B = A\bar{B} + \bar{A}B$$

图 4.1.3 所示为用非门、与门和或门实现函数 Y 的与或组合逻辑电路。电路中第 1 级非门实现函数的反变量,第 2 级与门实现乘积项,第 3 级或门实现乘积项的逻辑和。显然,当与或表达式最简时,与或电路才为最简。

将函数 Y 变换为与非与非式

$$Y = A \oplus B = A\bar{B} + \bar{A}B = \overline{\overline{A\bar{B}}\cdot\overline{B\bar{A}}} = \overline{\overline{A\,\overline{AB}}\cdot\overline{B\,\overline{AB}}}$$

图 4.1.4 所示为仅用与非门实现函数 Y 的与非与非组合逻辑电路。所以,与非门是一种通用逻辑门,即仅用一种类型的门就可实现任意的组合逻辑函数。当与非与非表达式最简时,与非与非电路才为最简。通常,先将逻辑函数化简为最简与或式,然后用摩根定理变换,可求得最简的与非与非表达式。

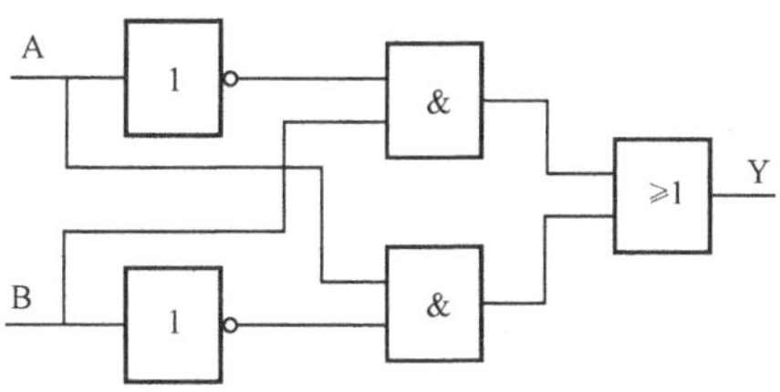

图 4.1.3　与或组合逻辑电路

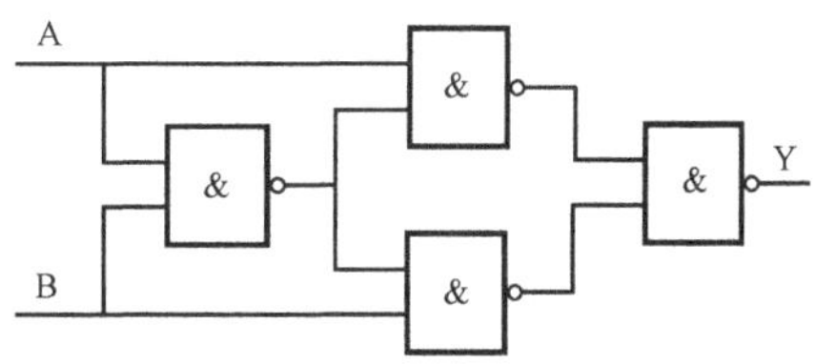

图 4.1.4　与非与非组合逻辑电路

同样,还有实现异或功能的或与式、或非或非式和与或非式组合逻辑电路,不再赘述。

综上所述,实现同一功能的数字电路有多种形式;当输出逻辑函数最简时,数字电路通常为最简,电路成本最低。

4.2　组合逻辑电路的分析方法

根据给定的组合逻辑电路确定其逻辑功能(输入输出逻辑关系)称为组合逻辑电路的分析。分析过程如图 4.2.1 所示,即根据给定的逻辑图(组合电路),从输入到输出逐级写出逻辑表达式,逐个导出以输入为自变量的输出逻辑函数;化简输出逻辑函数;列出真值表,说明电路的功能。

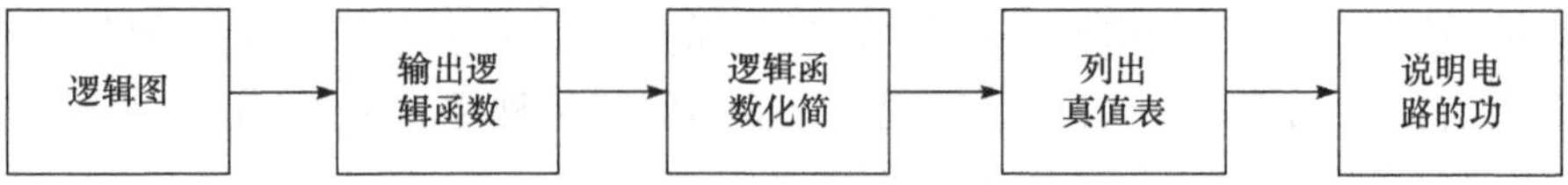

图 4.2.1 组合逻辑电路分析过程

例 4.1 试分析图 4.2.2 所示组合电路的逻辑功能。

解 (1) 输出逻辑函数。

由电路逐级写出表达式

第 1 级：$Z_1=\overline{AB}$， $Z_2=\overline{BC}$， $Z_3=\overline{CA}$

第 2 级：$Y=\overline{Z_1 \cdot Z_2 \cdot Z_3}=\overline{\overline{AB} \cdot \overline{BC} \cdot \overline{CA}}$

(2) 化简。

$$Y=\overline{\overline{AB} \cdot \overline{BC} \cdot \overline{CA}}=AB+BC+CA$$

(3) 列出真值表。

利用最简表达式计算输出 Y，得到真值表如表 4.2.1 所示。

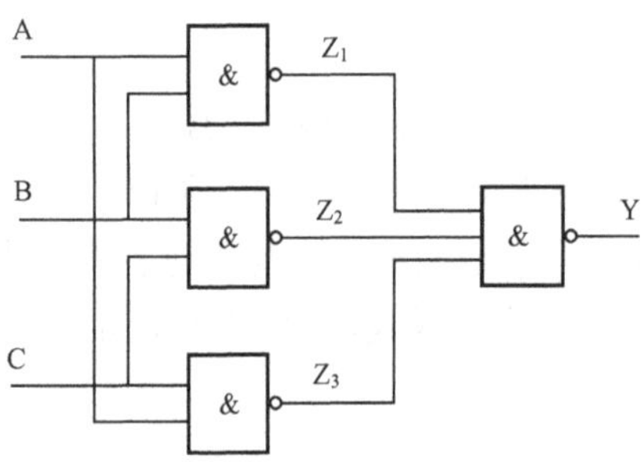

图 4.2.2 例 4.1 的电路

表 4.2.1 例 4.1 电路的真值表

A	B	C	Y
0	0	0	0
0	0	1	0
0	1	0	0
0	1	1	1
1	0	0	0
1	0	1	1
1	1	0	1
1	1	1	1

(4) 说明电路的功能。

由真值表可知，当输入变量 A、B、C 中多数为 1 时，输出为 1；否则，输出为 0。即电路为多数表决电路。

通常，由电路的真值表可以明确电路的逻辑功能，并在实际应用中按真值表使用电路。此外，电路复杂，输出逻辑函数也复杂；反之亦然。

例 4.2 试分析图 4.2.3 组合电路的逻辑功能。

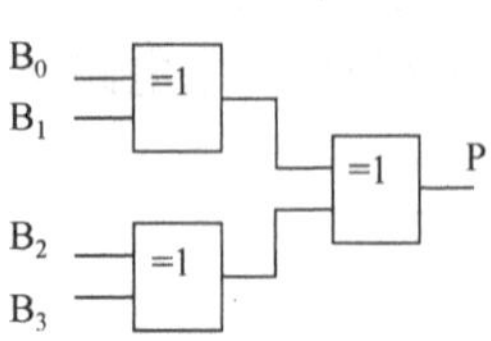

图 4.2.3 例 4.2 的电路

解 由电路逐级写出表达式：

$$P=B_0 \oplus B_1 \oplus B_2 \oplus B_3$$

计算上式列出真值表 4.2.2。由表可知，当输入二进制数据位 $B_3B_2B_1B_0$ 中有偶数个 1 时输出 P 为 0，当输入二进制数据位 $B_3B_2B_1B_0$ 中有奇数个 1 时输出 P 为 1，该电路称为 4 位偶校验的奇偶位发生器，使 $PB_3B_2B_1B_0$ 中具有偶数个 1。

在数据的存储和读出的过程中，数据可能出现错误。为了检查是否出错，在存储数据之前通过偶校验的奇偶位发生器生成校验位 P，与数据一起存入存储器中，这样存储器中正确的数据位具有偶数个 1；在读出数据后校验数据位，如果不是偶数个 1 则发生错误，实现这种功能的电路称为偶校验奇偶检测器。

4 位偶校验奇偶检测器电路如图 4.2.4 所示，当Y＝1时，$PB_3B_2B_1B_0$ 中不是偶数个 1，表明发生偶校验错误；否则，没有偶校验错误。

在电路级数较多时，可将逻辑符号进行适当的等效变换，再写出表达式。例如，

$$Y = AB = \overline{\overline{A}+\overline{B}}$$

所以，原变量与门等效为反变量的或非门，如图 4.2.5(a)所示，图中小圆圈表示“反”。

同理，可导出图 4.2.5 中其他形式的等效变换。

图 4.2.5(b)：$Y=A+B=\overline{\overline{A}\,\overline{B}}$

图 4.2.5(c)：$Y=\overline{AB}=\overline{A}+\overline{B}$

图 4.2.5(d)：$Y=\overline{A+B}=\overline{A}\,\overline{B}$

由图可知，逻辑符号的等效变换可归纳为：与(&)变或(⩾1)，或(⩾1)变与(&)；有圈去圈，无圈加圈。

利用逻辑符号的等效变换，可以简化逻辑表达式的列写。例如，图 4.2.6(a)等效变换为图 4.2.6(b)，利用非非律(圈圈相消)得输出为

$$Y = (\overline{A}+\overline{B})C + C = C$$

表 4.2.2　例 4.2 电路的真值表

B_3	B_2	B_1	B_0	P
0	0	0	0	0
0	0	0	1	1
0	0	1	0	1
0	0	1	1	0
0	1	0	0	1
0	1	0	1	0
0	1	1	0	0
0	1	1	1	1
1	0	0	0	1
1	0	0	1	0
1	0	1	0	0
1	0	1	1	1
1	1	0	0	0
1	1	0	1	1
1	1	1	0	1
1	1	1	1	0

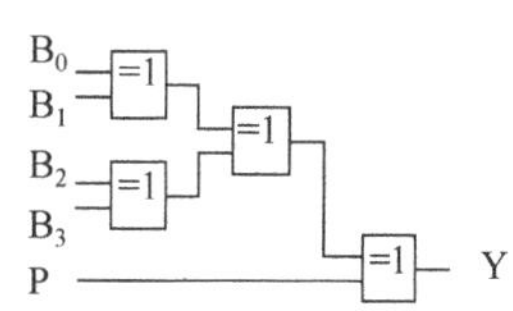

图 4.2.4　偶校验奇偶检测

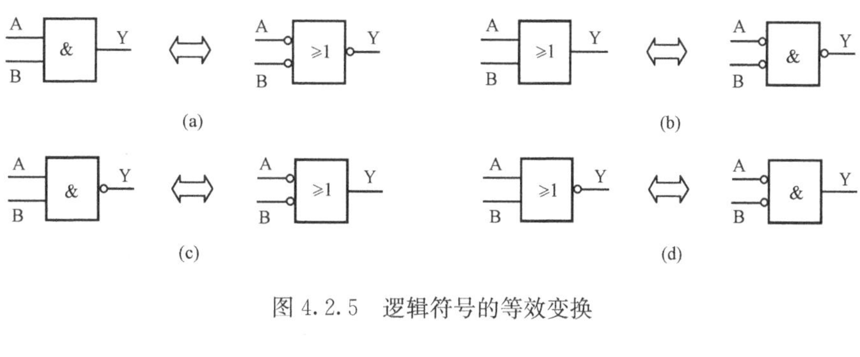

图 4.2.5　逻辑符号的等效变换

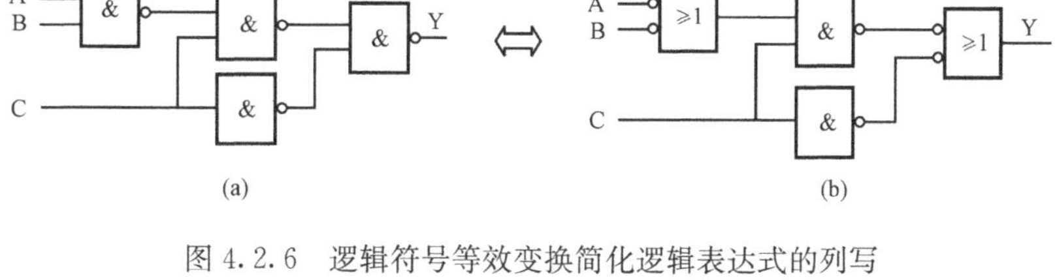

图 4.2.6　逻辑符号等效变换简化逻辑表达式的列写

4.3 组合逻辑电路的稳态波形图

当电路的输入信号随时间变化时，输出信号也随时间变化。数字电路的波形图是反映输出逻辑值(高电平或低电平)与输入逻辑值(高电平或低电平)之间的时间关系的图形。如果信号周期远大于门电路的平均传输延迟时间，则认为门电路的输出状态转换是瞬间完成的。即不考虑门电路的传输延迟时间的波形图就是稳态波形图，而计及传输延迟时间的波形图则是动态波形图。本节介绍稳态波形图，4.5 节简介动态波形图。

组合逻辑电路的稳态波形图可以反映电路的输入输出逻辑关系(逻辑功能)。因此，在电路实验或计算机仿真时，通过波形图判断电路的正确性。

画出电路的稳态波形图与列出电路真值表的过程相同，如图 4.3.1 所示。波形图绘制步骤是：

(1) 根据输入信号确定每个输入取值组合的时间区域；

(2) 按时间顺序，将每一个取值组合代入电路的最简逻辑函数表达式计算，画出输出变量的波形图。

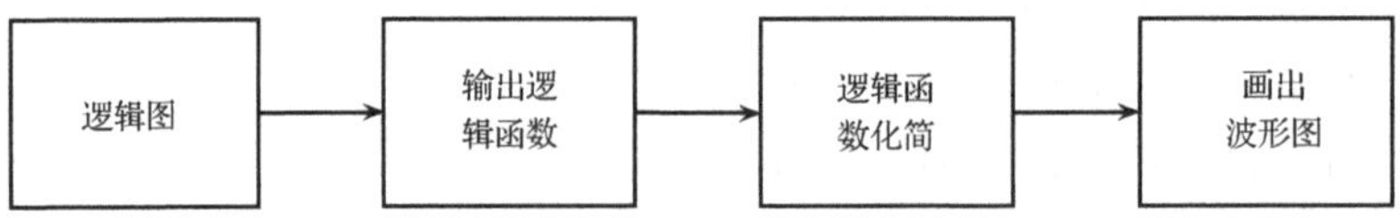

图 4.3.1 组合逻辑电路波形分析过程

例 4.3 图 4.2.2 所示电路的输入信号 A、B、C 的波形如图 4.3.2 所示，试画出输出信号 Y 的波形。

解 由图 4.2.2 所示电路求出输出的最简逻辑函数

$$Y = AB + BC + CA$$

根据输入信号确定每个输入取值组合的时间区域，如图 4.3.3 中虚线所示。即在输入信号的每一个变化时刻作垂直虚线，则在 2 个相邻时刻之间输入信号的取值组合一定。按时间顺序，将每一个取值组合代入最简逻辑函数表达式计算输出取值，画出输出变量 Y 的波形图，如图 4.3.3 所示。

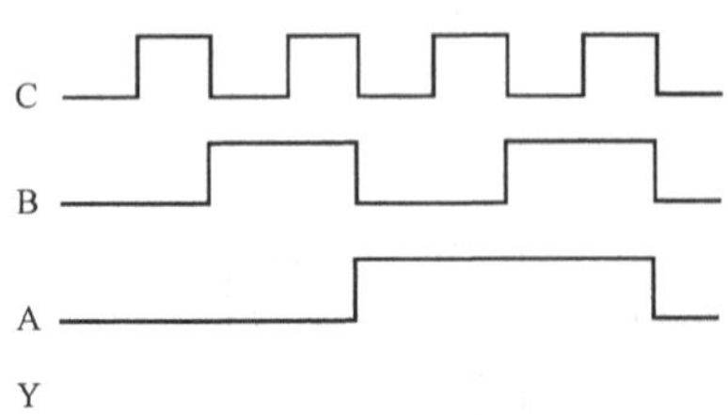

图 4.3.2 图 4.2.2 所示电路的输入波形

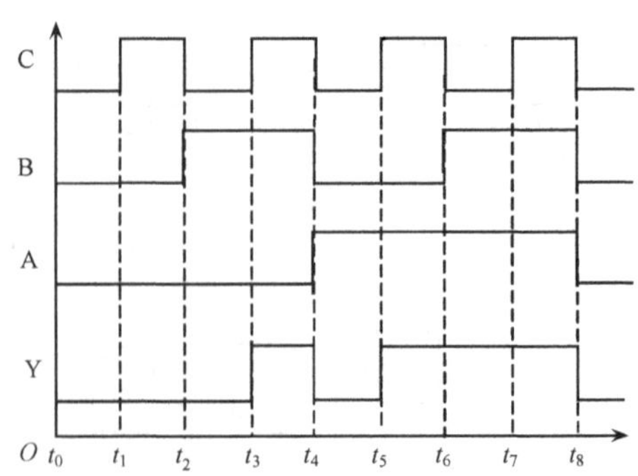

图 4.3.3 图 4.2.2 所示电路的输入输出波形

由图 4.3.3 看出，当输入取值组合相同时，输出也相同(在 t_0 和 t_8 时刻)；否则，输出不同。

这正是组合逻辑电路的特点，即电路任一时刻的输出状态仅取决于该时刻各输入状态的组合，而与时间顺序无关。注意：在数字电路的波形图中通常不画出时间轴。

为了用波形图准确地反映组合电路输出与输入之间的逻辑关系，必须设计适当的输入序列，称为电路的测试序列。通常按真值表设计测试序列：在每一个单位时间按真值表顺序取值，如例 4.2。

4.4 组合逻辑电路的设计方法

根据需要解决的实际逻辑问题，确定实现其逻辑功能的最佳组合逻辑电路，就是组合逻辑电路的设计。当采用门电路设计组合逻辑电路时，设计过程如图 4.4.1所示。

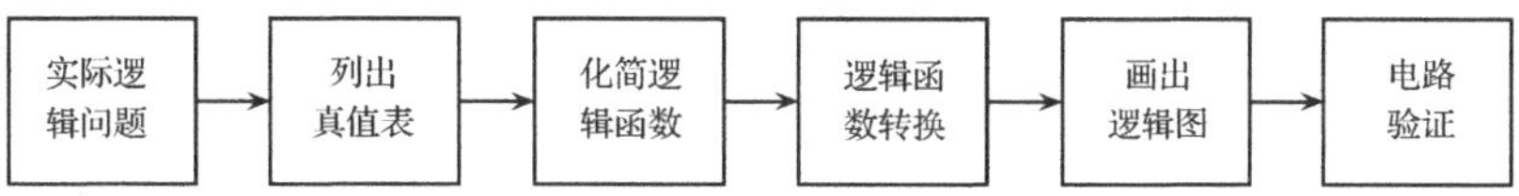

图 4.4.1 组合逻辑电路设计过程

1）列出真值表

根据实际逻辑问题，确定输入逻辑变量（因）和输出逻辑变量（果），并用逻辑值 0 或 1 表示变量的逻辑状态；由逻辑问题的因果关系导出真值表。导出真值表的过程称为逻辑抽象。

2）化简逻辑函数

为了设计最简的组合逻辑电路，必须由真值表求出输出变量的最简逻辑函数。通常由真值表求出最简与或式，然后转换为其他函数形式。可采用代数法、卡诺图法等化简。

(1) 代数法：由真值表写出输出变量的最小项表达式，用代数法化简逻辑函数。

(2) 卡诺图法：由真值表画出输出变量的卡诺图，求最简逻辑函数。

对于多输出逻辑函数，最简与或表达式的标准是：

(1) 全部逻辑函数的乘积项总数最少；

(2) 在满足(1)的条件下，每个乘积项中变量的个数也最少。

化简方法是：在兼顾多输出函数其有最多公共乘积项的情况下，使各个输出函数最简。

3）逻辑函数转换

根据使用门电路的情况将逻辑函数变换为最简与非与非式（仅使用与非门）、或非或非式（仅使用或非门）等。

也可以使用具有一定功能的电路组件（如第 5 章中的典型组合逻辑电路）设计组合逻辑电路。此时，逻辑函数应变换为包含电路组件功能的函数形式，具体做法将在相应的电路组件中介绍。

应综合考虑逻辑函数的化简和变换，使所设计的电路最简。

4）画出逻辑图

根据最简逻辑函数画出逻辑图。

5）电路验证

应用计算机辅助设计软件对所设计的逻辑图进行计算机仿真，可实现电路验证。也可以根据逻辑图组装电路进行电路实验验证。在以后的理论设计过程中，将省略电路验证。

例 4.4 试用与非门设计一个 8421BCD 码检测电路。功能：当电路的输入不是 8421BCD 码时，输出为 1；否则，输出为 0。

解 (1) 列真值表。

8421BCD 码是十进制数码 0,1,…,9 的 4 位二进制代码，其每一位仅能取值 0 或 1，与逻辑值 0 或 1 对应。因此，8421BCD 码的每一位可用 1 个逻辑变量表示，分别为 A、B、C、D。输出用变量 Y 表示。由电路的功能，得真值表(表 4.4.1)。

表 4.4.1 例 4.4 真值表

	A	B	C	D	Y
0	0	0	0	0	0
1	0	0	0	1	0
2	0	0	1	0	0
3	0	0	1	1	0
4	0	1	0	0	0
5	0	1	0	1	0
6	0	1	1	0	0
7	0	1	1	1	0
8	1	0	0	0	0
9	1	0	0	1	0
非	1	0	1	0	1
十	1	0	1	1	1
进	1	1	0	0	1
制	1	1	0	1	1
数	1	1	1	0	1
码	1	1	1	1	1

(2) 化简逻辑函数。

由真值表画出卡诺图图 4.4.2，最简与或式为

$$Y = AB + AC$$

(3) 逻辑函数变换。

按题意采用与非门，逻辑函数应变换为与非与非式

$$Y = AB + AC = \overline{\overline{AB} \cdot \overline{AC}}$$

(4) 画出逻辑图。

由最简与非与非式画出逻辑图图 4.4.3。

通过本例可知，由于二进制数或二进制代码的每一位仅能取值 0 或 1，与逻辑值 0 或 1 对应，说明二进制数或二进制代码的每一位均可表示为逻辑变量。又因为二进制算术运算或二进制代码的处理结果仍为二进制数或二进制代码，所以，二进制信息的各种处理均可表达为逻辑函数，从而可用数字电路实现二进制信息的处理。

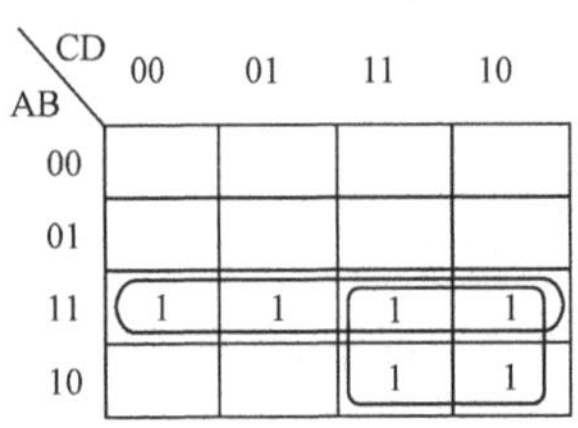

图 4.4.2 例 4.4 的卡诺图

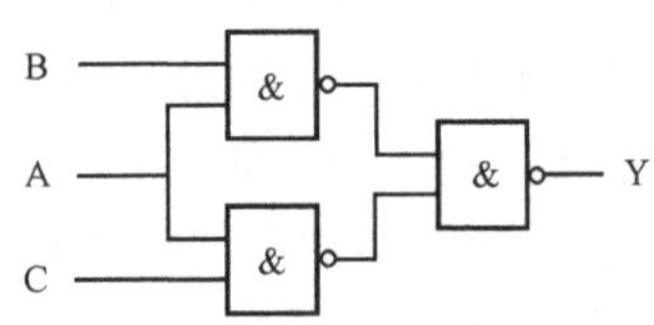

图 4.4.3 8421BCD 码检测电路

例 4.5 用或非门设计一个组合逻辑电路，用于判断 4 位二进制数所对应的十进制数是否是 4 的整倍数，当是 4 的整倍数时输出为 1，否则为 0。

解 (1) 列真值表

设输入二进制数是 $B_3B_2B_1B_0$，输出用 Y 表示，按题意要求列出真值表 4.4.2。

(2) 化简逻辑函数

由真值表画出卡诺图图 4.4.4，最简与或式为

$$Y = \overline{B_1} \cdot \overline{B_0}$$

表 4.4.2　例 4.5 真值表

B_3	B_2	B_1	B_0	P
0	0	0	0	1
0	0	0	1	0
0	0	1	0	0
0	0	1	1	0
0	1	0	0	1
0	1	0	1	0
0	1	1	0	0
0	1	1	1	0
1	0	0	0	1
1	0	0	1	0
1	0	1	0	0
1	0	1	1	0
1	1	0	0	1
1	1	0	1	0
1	1	1	0	0
1	1	1	1	0

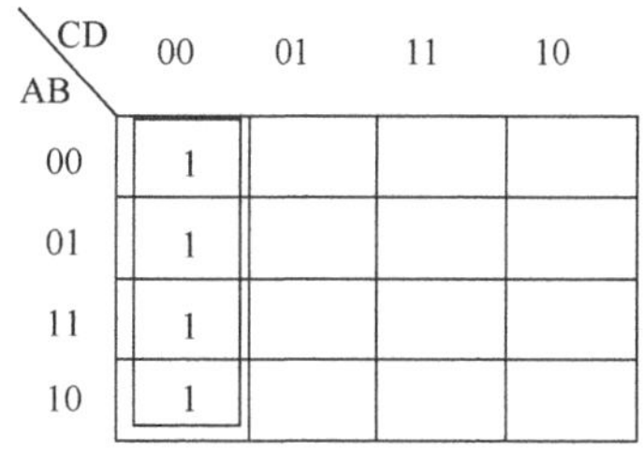

图 4.4.4　例 4.5 的卡诺图

(3) 逻辑函数变换

按题意采用或非门，逻辑函数应变换为或非或非式

$$Y=\overline{B_1}\cdot\overline{B_0}=\overline{B_1+B_0}$$

(4) 画出逻辑图

由最简或非或非式画出逻辑图图 4.4.5。

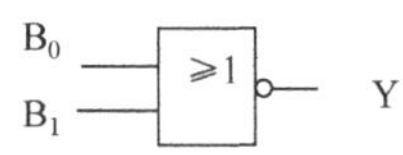

图 4.4.5　例 4.5 的电路

4.5　组合逻辑电路的竞争冒险

4.5.1　竞争冒险

在图 4.5.1(a)所示电路中，当不考虑门电路的传输延迟时间时，输出 $Y=A\overline{A}=0$。实际上，由于非门的传输延迟时间 t_{pd}，与门的两个输入信号状态变化存在微小的时间差 t_{pd}。如果输入 A 从逻辑 0 跳变至逻辑 1，在非门的传输延迟时间 t_{pd} 内出现$\overline{A}=1$，使输出 $Y=A\overline{A}=1\cdot 1=1$，偏离稳态值 0，波形如图 4.5.1(b)所示。

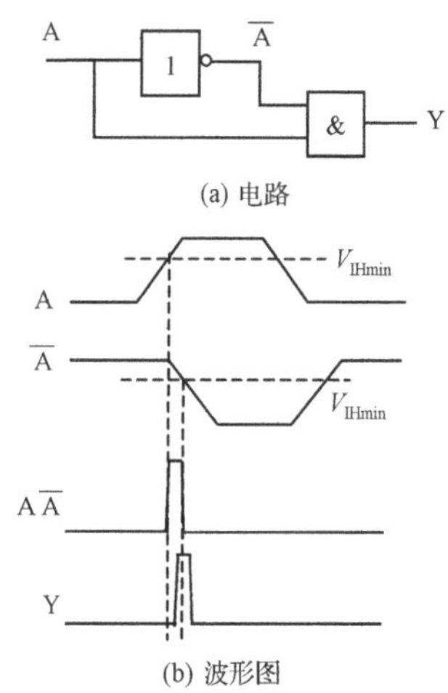

图 4.5.1　组合逻辑电路的竞争冒险

这种同一信号经过不同路径传输到门电路的不同输入端而使门的输出产生偏离稳态值的现象称为竞争冒险。竞争冒险产生宽度为纳秒级的窄脉冲。当组合电路的工作频率低(小于 1MHz)时，由于竞争冒险时间很短，它基本不影响电路的功能。但工作频率高(大于 10MHz)时，必须考虑竞争冒险对电路的影响。

4.5.2　竞争冒险的判断

由前述特例，推广到一般情况。在一定条件下，输出逻辑函数等于原变量与其反变量之积($Y=A\overline{A}$)时，电路将产生竞争冒险。由逻辑函数的对偶规则，在一定条件下输出逻辑函数等于原变量与其反变量之和($Y=A+\overline{A}$)时，电路也将产生竞争冒险。

例 4.6　电路如图 4.5.2(a)所示，试判断该电路是否产生竞争冒险。

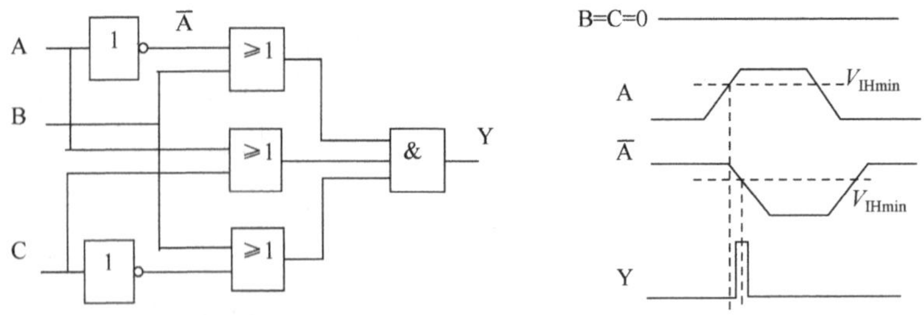

(a) 电路　　(b) 波形图

图 4.5.2　例 4.6 图

解　图 4.5.2(a)电路的输出逻辑函数为

$$Y=(A+C)(\overline{A}+B)(B+\overline{C})$$

当 B=0，C=0 时，$Y=A\overline{A}$，电路产生竞争冒险，波形图如图 4.5.2(b)所示，在信号 A 的上升沿同时出现 A=1 和 $\overline{A}$=1，导致 $Y=A\overline{A}=1$，偏离稳态值 0。

同样，当 A=0，B=0 时，$Y=C\overline{C}$，电路也产生竞争冒险。

例 4.7　如图 4.5.3(a)所示，试判断该电路是否产生竞争冒险。

解　图 4.5.3(a)电路的输出逻辑函数为

$$Y=\overline{B}C+AB$$

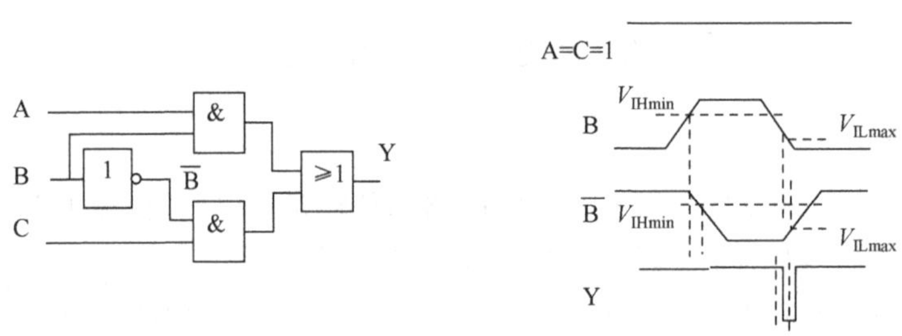

(a) 电路　　(b) 波形图

图 4.5.3　竞争冒险的判断

当 A=C=1 时，$Y=\overline{B}+B$，电路产生竞争冒险，波形图如图 4.5.3(b)所示，在信号 B 的下降沿同时出现 B=0 和 $\overline{B}$=0，导致 $Y=B+\overline{B}=0$，偏离稳态值 1。

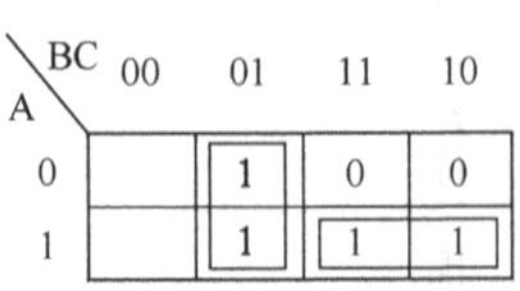

图 4.5.4　用卡诺图判断是否产生竞争冒险

还可以用卡诺图判断电路是否产生竞争冒险。在卡诺图上，如果函数 Y 有两个卡诺圈相切(具有公共边)，电路必然存在冒险。因为相切的两个卡诺圈中，一个含有原变量，另一个含有该变量的反。例如，图 4.5.4 所示为某电路输出函数的卡诺图，图中有两个卡诺圈相切(具有公共边)。由卡诺图，输出函数的最简与或式为

$$Y=\overline{B}C+AB$$

当 A=C=1 时，$Y=\overline{B}+B$，电路将产生竞争冒险。

通过上面的例子介绍了判断竞争冒险的两种方法，即代数法和卡诺图法。

4.5.3　竞争冒险的消除

消除逻辑竞争冒险常用的方法是增加冗余项、并联电容和选通控制。

1) 增加冗余项

在逻辑函数中增加冗余项，避免出现 $Y=A\overline{A}$ 或 $Y=A+\overline{A}$。例如，图 4.5.3(a)电路的输出逻辑函数为

$$Y=\overline{B}C+AB$$

增加冗余项 AC，不改变逻辑关系，函数变为

$$Y=\overline{B}C+AB+AC$$

当 A=C=1 时，Y=1，不产生竞争冒险。因此，将电路图 4.5.3(a)改为图 4.5.5 则电路不产生竞争冒险。

另外，函数 $Y=\overline{B}C+AB$ 的卡诺图是图 4.5.4，增加的冗余项 AC 将 2 个相切的卡诺圈搭接，消除了出现 $Y=A\overline{A}$ 或 $Y=A+\overline{A}$ 的条件。所以，可以通过卡诺图增加冗余项，消除竞争冒险。

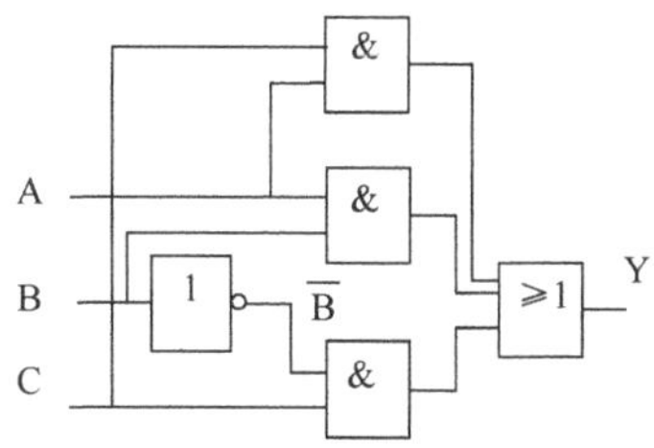

图 4.5.5　没有竞争冒险

通过上面的例子介绍了增加冗余项的 2 种方法，即代数法和卡诺图法。

2) 并联电容

如果在产生竞争冒险的门电路的输出端与地之间并联一个皮法级的电容，利用门的输出电阻和电容组成低通滤波电路，则可以抑制竞争冒险产生的纳秒级窄脉冲(等效为高频信号)，消除竞争冒险对电路的不利影响。

这种方法的缺点是在规模较大的电路中不易发现电容的接入点。

3) 选通控制

在产生竞争冒险的门电路增加选通控制输入端，等到其他输入信号竞争结束后才允许输出，从而消除竞争冒险。

这种方法的缺点是使输出只能在选通期间有效。

因此，消除竞争冒险的最好方法是在设计阶段，增加冗余项，构成不产生竞争冒险的电路。

习　题

4.1　分析题图 4.1 所示电路，写出 Y_1、Y_2 的逻辑表达式，列出真值表，指出电路完成什么逻辑功能。

4.2　题图 4.2 所示为一个多功能逻辑函数发生器电路。试写出当 S_0、S_1、S_2、S_3 为 0000～1111 共 16 种不同状态时，输出 Y 的逻辑函数式。

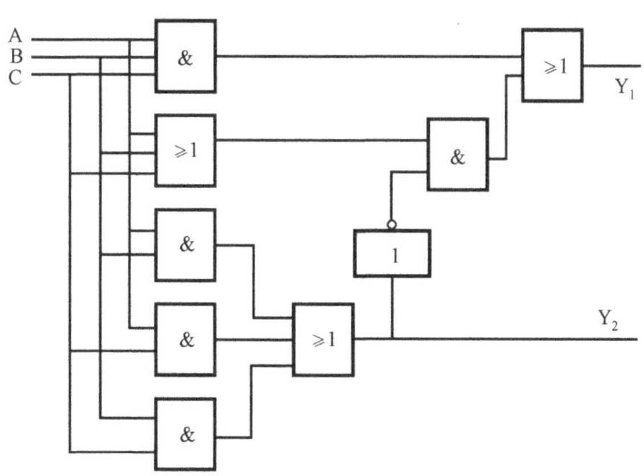

题图 4.1

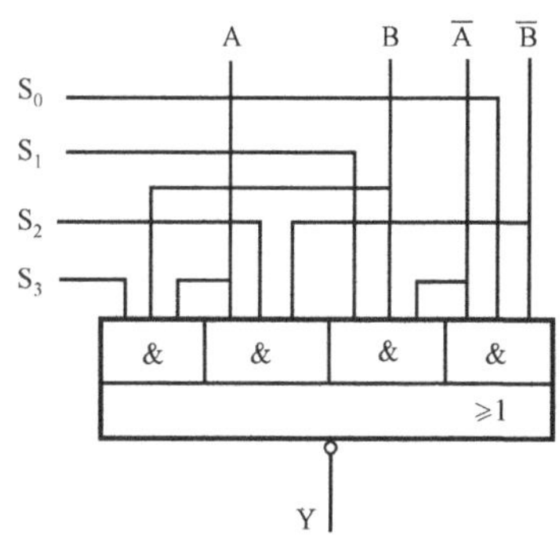

题图 4.2

4.3 分析题图 4.3 所示电路的逻辑功能，写出 Y_1、Y_2 的逻辑表达式，列出真值表，指出电路完成什么逻辑功能。

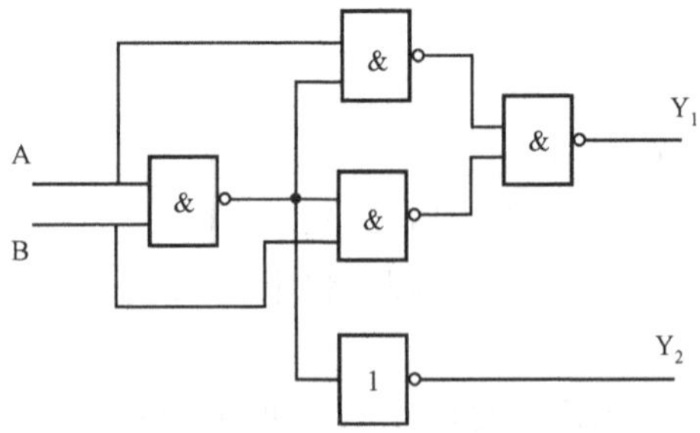

题图 4.3

4.4 已知某组合电路的输入 A、B、C 和输出 Y 的波形如题图 4.4 所示，试写出 Y 的最简与或表达式。

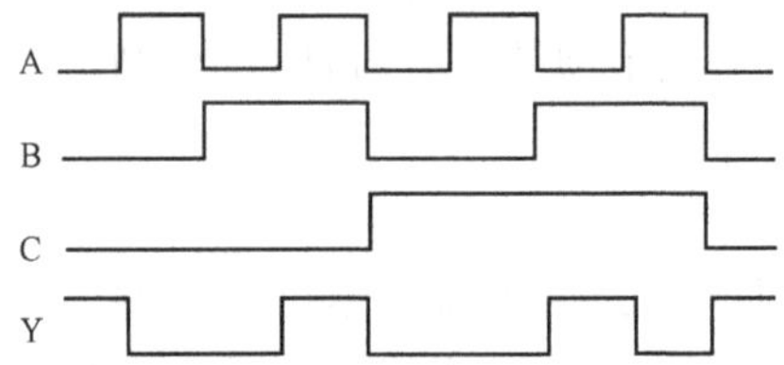

题图 4.4

4.5 用与非门设计一个 4 变量表决电路。其功能是：4 个变量中有多数个变量为 1 时，输出为 1，否则为 0。

4.6 某设备由开关 A、B、C 控制，要求：只有开关 A 接通的条件下，开关 B 才能接通；开关 C 只有在开关 B 接通的条件下才能接通。违反这一规程，则发出报警信号。设计一个用与非门组成的能实现这一功能的报警控制电路。

4.7 设计一个路灯控制电路，要求在 4 个不同的地方都能独立控制路灯的亮和灭。当一个开关动作后灯亮，另一个开关动作后灯灭。设计一个能实现此要求的逻辑电路。

4.8 有一水箱由大小两台水泵 M_L 和 M_S 供水，水箱中设置了 3 个水位检测元件 A、B、C，如题图 4.8 所示。水面低于检测元件时，检测元件给出高电平；水面高于检测元件时，检测元件给出低电平。现要求当水位高于 C 点时水泵停止工作；水位高于 B 点而低于 C 点时 M_S 单独工作；水位低于 B 点而高于 A 点 M_L 单独工作；水位低于 A 点时 M_L 和 M_S 同时工作。试用门电路设计一个控制两台水泵的逻辑电路。

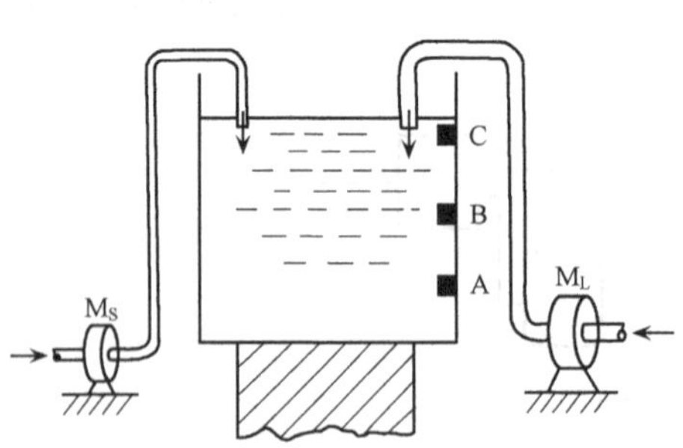

题图 4.8

4.9 交通灯的亮与灭的有效组合如题图 4.9 所示，如果交通灯的控制电路失灵，就可能出现信号灯的亮与灭的无效组合，试设计一个交通控制灯失灵检测电路，检测电路要能检测出任何无效组合。要求用最少与非门实现。

4.10 设计一个小汽车尾灯控制电路，小汽车左右两侧各有三个尾灯，要求：

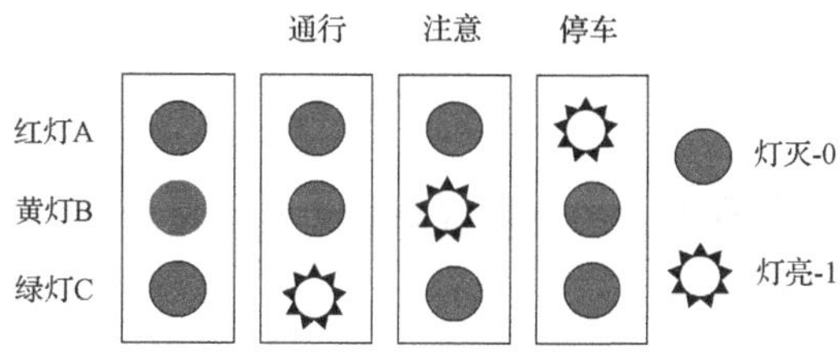

题图 4.9

(1) 左转弯时，在左转弯开关控制下，左侧 3 个灯按题图 4.10 所示周期性地亮与灭；

(2) 右转弯时，在右转弯开关控制下，右侧 3 个灯按题图 4.10 所示周期性地亮与灭；

(3) 在左、右两个转弯开关控制下，两侧的灯做同样周期性地亮与灭动作；

(4) 在制动开关(制动器)作用下，6 个尾灯同时亮。若转弯情况下制动，则 3 个转向尾灯正常动作(按转弯时的情况周期地亮与灭)，另一侧的 3 个尾灯均亮。

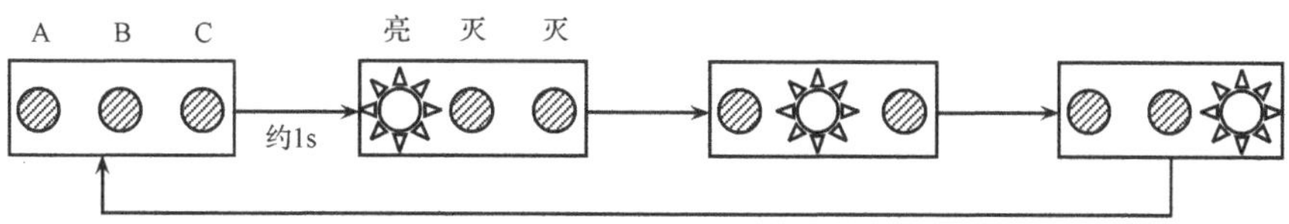

题图 4.10

4.11 人类有四种基本血型：A、B、AB、O 型。输血者与受血者的血型必须符合下述原则：O 型血可以输给任意血型的人，但 O 型血只能接受 O 型血；AB 型血只能输给 AB 型，但 AB 型能接受所有血型；A 型血能输给 A 型和 AB 型，但只能接受 A 型或 O 型血；B 型血能输给 B 型和 AB 型，但只能接受 B 型或 O 型血。试用与非门设计一个检验输血者与受血者血型是否符合上述规定的逻辑电路。如果输血者与受血者的血型符合规定，电路输出“1”(提示：电路只需要四个输入端。它们组成一组二进制代码，每组代码代表一对输血-受血的血型对)。

4.12 试用代数法判断由下列逻辑函数构成的逻辑电路是否有冒险：

(1) $Y=\overline{\overline{A}B+A\overline{B}}$；

(2) $Y=\overline{A}(A+B)$。

4.13 试分析题图 4.13 所示电路中，当 A、B、C、D 单独改变状态时是否存在竞争冒险现象。如果存在竞争冒险现象，那么都发生在其他变量为何种取值的情况下？

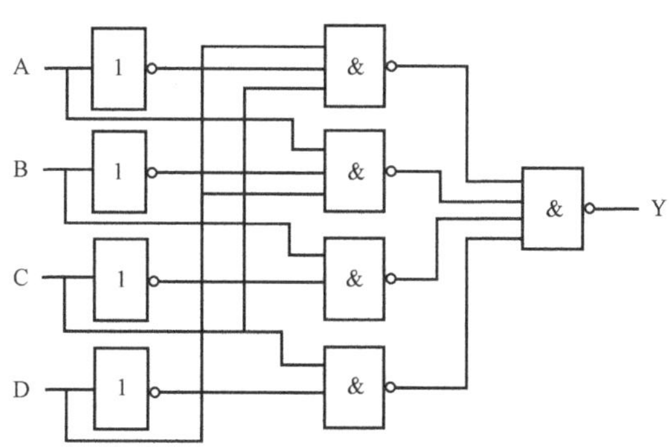

题图 4.13

第5章　典型组合逻辑电路

学习本章后，读者将了解：

- 普通编码器和优先编码器的逻辑功能和典型中规模集成器件；
- 二进制译码器、二一十进制译码器和显示译码器的逻辑功能和典型中规模集成器件；
- 数据分配器和数据选择器的逻辑功能和典型中规模集成器件；
- 用译码器和数据选择器设计组合逻辑电路；
- 数值比较器的逻辑功能和典型中规模集成器件；
- 二进制加法器逻辑功能和典型中规模集成器件；
- 二进制减法器原理和逻辑电路。

在掌握了组合逻辑电路基础知识后，本章学习一些常用的组合逻辑电路的功能、分析、设计和应用。这些组合逻辑电路是：编码器、译码器、数据分配器、数据选择器、数值比较器和数值加法器。

5.1　编　码　器

数字电路只能处理二进制信号。为了用数字电路处理信息，必须将待处理的信息表示为特定的二进制代码(见1.3节)。所以，编码器是数字系统的信息输入电路，例如，计算机的键盘电路。

图5.1.1　N线-n线编码器原理框图

用二进制代码表示特定信息对象的过程称为二进制编码，实现编码操作的数字电路称为编码器。设用n位二进制代码表示N个待编码的对象，则编码器的原理框图如图5.1.1所示，称为N线-n线编码器。图中输入$I_0, I_1, \cdots, I_{N-1}$为$N$个待编码的对象，输出$Y_0, Y_1, \cdots, Y_{n-1}$分别是代码的$n$个二进制位。为了使输入与输出建立一一对应的关系，输入输出线数应满足$2^n \geqslant N$。当$2^n = N$时，称为二进制编码器；否则，为非二进制编码器，例如，二-十进制编码器，它将十进制数的10个数码编码为BCD码(见1.3节)。

根据输入信号的性质，编码器还可分为普通编码器和优先编码器。

5.1.1　普通编码器

在任何时刻只有一个对象要求编码的编码器称为普通编码器，其输入信号是相互排斥的变量。

设逻辑1表示对象要求编码，逻辑0不要求编码，这种逻辑表示称为高电平输入有效，即逻辑1表示要求完成一定的功能。对应于这种情况，输入信号的相互排斥性质可用下式表示：

$$I_i = \overline{\sum_{j\neq i,j=0}^{N-1} I_j} = \prod_{j\neq i,j=0}^{N-1} \bar{I}_j,\quad i = 0,1,\cdots,N-1$$

即在任何时刻，只能有 1 个输入为逻辑 1，其他都为逻辑 0。

也可以用逻辑 0 表示对象要求编码，逻辑 1 不要求编码，这种逻辑表示称为低电平输入有效，即逻辑 0 表示要求完成一定的功能。对应于这种情况，输入信号的相互排斥性质为

$$I_i = \sum_{j\neq i,j=0}^{N-1} \bar{I}_j = \overline{\prod_{j\neq i,j=0}^{N-1} I_j}, \quad i = 0,1,\cdots,N-1$$

即在任何时刻，只允许 1 个输入为逻辑 0，其他都为逻辑 1。

下面设计将十进制数码编码为 8421BCD 码的二-十进制普通编码器。

1）列出真值表

设输入 I_9，I_8，…，I_0 分别表示十进制数码 9，8，…，0，输出 Y_3、Y_2、Y_1、Y_0 分别是 8421BCD 码的 4 个二进制位。输入低电平有效的编码器真值表如表 5.1.1 所示。

表 5.1.1　10 线-4 线普通编码器的真值表

数码	I_9	I_8	I_7	I_6	I_5	I_4	I_3	I_2	I_1	I_0	Y_3	Y_2	Y_1	Y_0
0	1	1	1	1	1	1	1	1	1	0	0	0	0	0
1	1	1	1	1	1	1	1	1	0	1	0	0	0	1
2	1	1	1	1	1	1	1	0	1	1	0	0	1	0
3	1	1	1	1	1	1	0	1	1	1	0	0	1	1
4	1	1	1	1	1	0	1	1	1	1	0	1	0	0
5	1	1	1	1	0	1	1	1	1	1	0	1	0	1
6	1	1	1	0	1	1	1	1	1	1	0	1	1	0
7	1	1	0	1	1	1	1	1	1	1	0	1	1	1
8	1	0	1	1	1	1	1	1	1	1	1	0	0	0
9	0	1	1	1	1	1	1	1	1	1	1	0	0	1

2）求最简逻辑函数

输出变量是函数值为 1 所对应的最小项之和，由真值表得

$$Y_3 = \bar{I}_9 I_8 I_7 I_6 I_5 I_4 I_3 I_2 I_1 I_0 + I_9 \bar{I}_8 I_7 I_6 I_5 I_4 I_3 I_2 I_1 I_0$$

考虑输入低电平有效的约束条件，得

$$\bar{I}_9 = I_8 I_7 I_6 I_5 I_4 I_3 I_2 I_1 I_0$$

$$\bar{I}_8 = I_9 I_7 I_6 I_5 I_4 I_3 I_2 I_1 I_0$$

所以

$$Y_3 = \bar{I}_9 + \bar{I}_8 = \overline{I_9 I_8}$$

同理可得

$$Y_2 = \bar{I}_7 + \bar{I}_6 + \bar{I}_5 + \bar{I}_4 = \overline{I_7 I_6 I_5 I_4}$$

$$Y_1 = \bar{I}_7 + \bar{I}_6 + \bar{I}_3 + \bar{I}_2 = \overline{I_7 I_6 I_3 I_2}$$

$$Y_0 = \bar{I}_9 + \bar{I}_7 + \bar{I}_5 + \bar{I}_3 + \bar{I}_1 = \overline{I_9 I_7 I_5 I_3 I_1}$$

3）画逻辑图

10 线-4 线普通编码器的逻辑图如图 5.1.2 所示，图中还画出了将十进制数码转换为逻辑电平的开关电路，每个按键代表一个十进制数码。当第 i 键按下时，I_i 为低电平；否则 I_i 为高电平。

用同样方法可设计二进制编码器。

普通编码器的缺点是输入变量必须满足互斥条件，如果输入变量不满足互斥条件，则可采用下述的优先编码器。

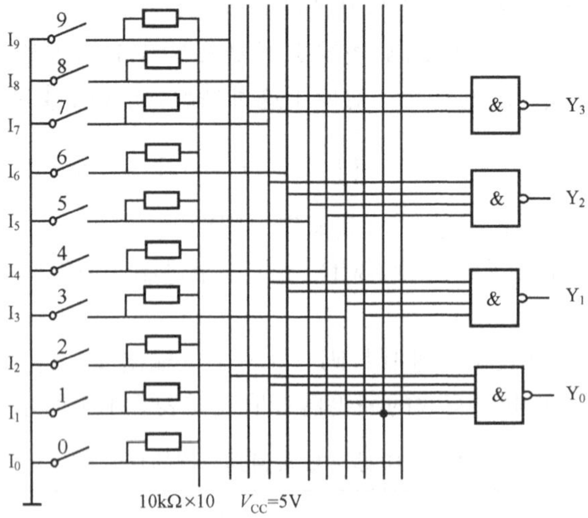

图 5.1.2　10 线-4 线普通编码器的逻辑图

5.1.2　优先编码器

普通编码器要求输入是一组相互排斥的变量。而优先编码器，则允许几个输入信号同时要求编码，但是，只对优先级别最高的输入信号进行编码，即优先级别高的信号排斥级别低的信号。至于优先级别的高低，完全取决于输入信号的地位或事先的约定。

图 5.1.3 所示为 8 线-3 线优先编码器的原理电路图（中规模集成器件 74148 的原理图）。

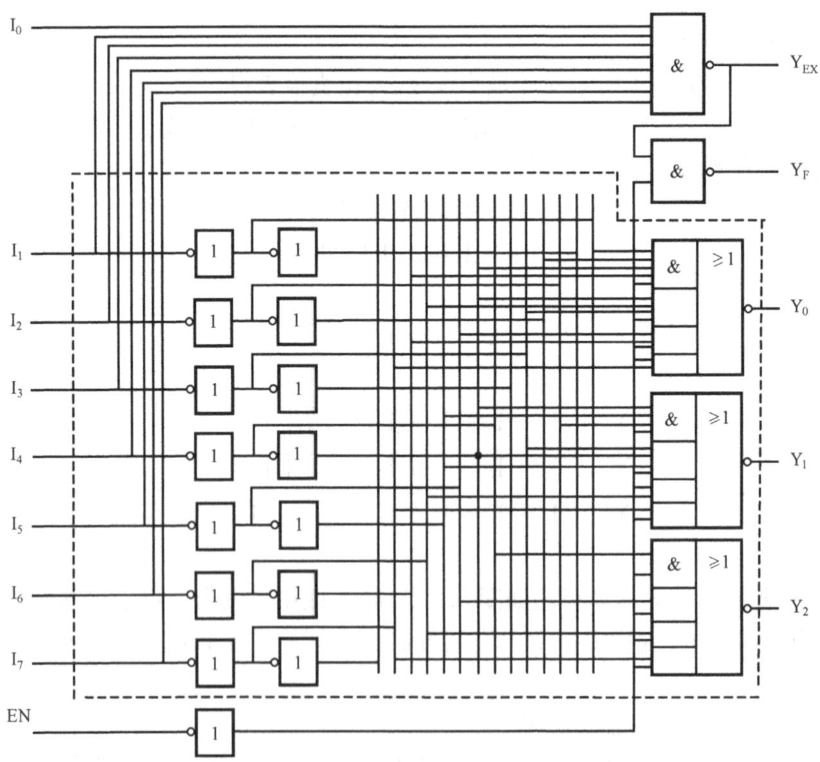

图 5.1.3　8 线-3 线优先编码器 74148 原理电路图

图中虚线框内为优先编码器本身，I_7，I_6，…，I_0 是 8 个编码输入信号，Y_2、Y_1、Y_0 是二进制代码输出信号。此外，为了扩展电路的功能，增加了编码使能信号 EN、编码标志信号 Y_F 和输出扩展信号 Y_{EX}。

1）输出表达式

由电路，编码器的输出为

$$
\begin{aligned}
Y_2 &= \overline{\overline{EN}\cdot\bar{I}_4+\overline{EN}\cdot\bar{I}_5+\overline{EN}\cdot\bar{I}_6+\overline{EN}\cdot\bar{I}_7} \\
&= EN+I_4I_5I_6I_7 \\
Y_1 &= \overline{\overline{EN}\cdot\bar{I}_2I_4I_5+\overline{EN}\cdot\bar{I}_3I_4I_5+\overline{EN}\cdot\bar{I}_6+\overline{EN}\cdot\bar{I}_7} \\
&= EN+\overline{\bar{I}_2I_4I_5+\bar{I}_3I_4I_5+\bar{I}_6+\bar{I}_7} \\
Y_0 &= \overline{\overline{EN}\cdot\bar{I}_1I_2I_4I_6+\overline{EN}\cdot\bar{I}_3I_4I_6+\overline{EN}\cdot\bar{I}_5I_6+\overline{EN}\cdot\bar{I}_7} \\
&= EN+\overline{\bar{I}_1I_2I_4I_6+\bar{I}_3I_4I_6+\bar{I}_5I_6+\bar{I}_7} \\
Y_F &= \overline{\overline{EN}\cdot I_0I_1I_2I_3I_4I_5I_6I_7} \\
&= EN+\overline{I_0I_1I_2I_3I_4I_5I_6I_7} \\
Y_{EX} &= \overline{\overline{EN}\cdot Y_F} \\
&= EN+\bar{Y}_F
\end{aligned}
$$

2）列出真值表

由输出表达式列出真值表，见表 5.1.2。

表 5.1.2　8 线-3 线优先编码器（中规模集成器件 74148）

输入									输出				
EN	I_0	I_1	I_2	I_3	I_4	I_5	I_6	I_7	Y_2	Y_1	Y_0	Y_F	Y_{EX}
1	×	×	×	×	×	×	×	×	1	1	1	1	1
0	1	1	1	1	1	1	1	1	1	1	1	0	1
0	×	×	×	×	×	×	×	0	0	0	0	1	0
0	×	×	×	×	×	×	0	1	0	0	1	1	0
0	×	×	×	×	×	0	1	1	0	1	0	1	0
0	×	×	×	×	0	1	1	1	0	1	1	1	0
0	×	×	×	0	1	1	1	1	1	0	0	1	0
0	×	×	0	1	1	1	1	1	1	0	1	1	0
0	×	0	1	1	1	1	1	1	1	1	0	1	0
0	0	1	1	1	1	1	1	1	1	1	1	1	0

注：×表示任意值(0 或 1)。

3）说明电路的功能

(1) 编码使能控制：当 EN=1 时，编码器不能编码，输出全为 1；当 EN=0 时，允许编码器对输入信号进行编码，即编码器使能，使能信号 EN 低电平有效。

(2) 编码器使能(EN=0)时，编码输入信号(I_7，I_6，…，I_0)低电平有效(要求编码)，优先级由高到低的顺序为：I_7，I_6，…，I_0(优先级 7，6，…，0)，对应的输出二进制代码依次为 000，001，…，111，是优先级的二进制数按位取反，所以是输出低电平有效。注意：优先编码器允许几个输入信号同时要求编码，但是，只对优先级别最高的输入信号进行编码。例如，当输入信号全部要求编码，即 $I_7=I_6=\cdots=I_0=0$ 时，输出只是 I_7 的代码 000，即优先级 7 的二进制数按位取反。

(3) 代码重复：当 EN=0 时，对应的输出代码 111 有两种输入组合，即输入仅 I_0 要求编码和输入全部都不要求编码。因此，引入编码标志输出信号 Y_F 加以区别。$Y_F=0$ 的含义是在编码器使能时编码对象全部不要求编码($I_7=I_6=\cdots=I_0=1$)。顺便指出，普通编码器也可能存在代码重复现象，同样可引入编码标志输出信号加以区别。

(4) 信号 EN、Y_F 和 Y_{EX} 共同实现编码器的扩展。Y_F 用于编码标志输出信号的扩展，Y_{EX} 用于代码的扩展。编码器扩展见例 5.1。

例 5.1 试用 8 线-3 线优先编码器 74148 组成 16 线-4 线优先编码器。

解 组成的 16 线—4 线优先编码器电路如图 5.1.4 所示，图中 8 线—3 线优先编码器 74148 功能框图的输入端小圈表示低电平有效，输出端小圈亦表示输出低电平有效。2 片 74148 接受 16 个编码输入信号：$A_{15}, A_{14}, \cdots, A_0$(优先级 15,14,…,0)，2 片 74148(U1，U2)的输出组合形成 4 位二进制代码 $Z_3Z_2Z_1Z_0$ 和编码标志 Z_F。由电路可得编码输出和编码标志输出等分别为

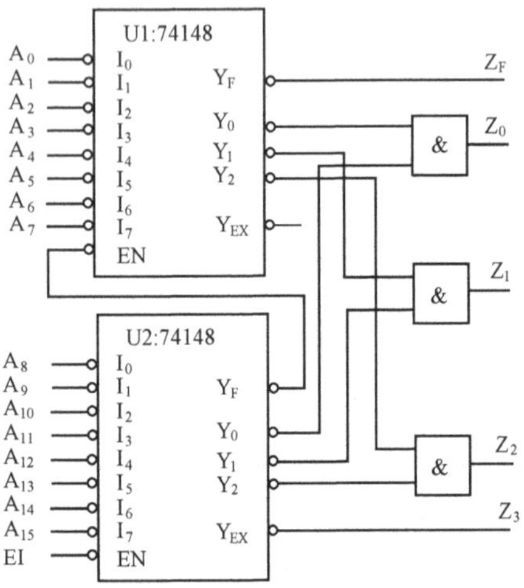

图 5.1.4 16 线-4 线优先编码器

$Z_3=Y_{EX2}, Z_2=Y_{22}Y_{21}, Z_1=Y_{12}Y_{11}, Z_0=Y_{02}Y_{01},$

$Z_F=Y_{F1}, EN_2=EI, EN_1=Y_{F2}$

上式中，芯片 U2 和 U1 的输出端和使能端变量分别增加下标 2 和 1。

电路的工作原理是：

(1) 当使能输入信号 $EN_2=EI=1$ 时，查 74148 的真值表 5.1.2 可知，U2 的输出全为 1 (U2：$Y_{22}=Y_{12}=Y_{02}=1, Y_{F2}=Y_{EX2}=1$)。U2 的 $Y_{F2}=1$ 又使 U1 的输出全为 1(U1：$Y_{21}=Y_{11}=Y_{01}=1, Y_{F1}=Y_{EX1}=1$)。因此，$Z_3=Z_2=Z_1=Z_0=Z_F=1$，编码器禁止编码。

(2) 当 $EN_2=EI=0$ 时，编码器使能，即编码器进行 16 线-4 线优先编码。

如果 A_{15}、A_{14}、…、A_0 全为 1，查 74148 的真值表 5.1.2 可知，U2 的 $Y_{22}=Y_{12}=Y_{02}=1$，$Z_3=Y_{EX2}=1, EN_1=Y_{F2}=0$；$EN_1=0$ 使 U1 的 $Y_{21}=Y_{11}=Y_{01}=1, Y_{F1}=0$，所以，$Z_3Z_2Z_1Z_0$ 的值为 1111，$Z_F=Y_{F1}=0$，表示没有输入信号需要编码。

如果 $A_7=A_6=\cdots=A_0=X$，A_{15}、A_{14}、…、A_8 中有逻辑 0(要求编码)，查 74148 的真值表 5.1.2 可知，U2 对 A_{15}、A_{14}、…、A_8 进行优先编码，并且 $Z_3=Y_{EX2}=0, EN_1=Y_{F2}=1$；$EN_1=1$ 使 U1 的输出全为 1(U1：$Y_{21}=Y_{11}=Y_{01}=1, Y_{F1}=Y_{EX1}=1$)，因此，与门的输出为 U2 的编码输出，即 $Z_2=Y_{22}, Z_1=Y_{12}, Z_0=Y_{02}$。所以，$Z_F=Y_{F1}=1$，$Z_3Z_2Z_1Z_0$ 的值在 0000 与 0111 之间，对应于 A_{15}、A_{14}、…、A_8 中为 0 且优先级最高的对象编码。

如果 A_{15}、A_{14}、…、A_8 全为逻辑 1(不要求编码)，则 U2 的 $Y_{22}=Y_{12}=Y_{02}=1, Z_3=Y_{EX2}=1, EN_1=Y_{F2}=0$；$EN_1=0$ 允许 U1 对 A_7、A_6、…、A_0 进行优先编码，与门的输出为 U1 的编码输出，即 $Z_2=Y_{21}, Z_1=Y_{11}, Z_0=Y_{01}$。所以，$Z_F=Y_{F1}=1$，$Z_3Z_2Z_1Z_0$ 的值在 1000 与 1111 之间，对应于 A_7、A_6、…、A_0 中为 0 且优先级最高的对象编码。

终上所述，16 线-4 线优先编码器的真值表见表 5.1.3。

表 5.1.3　16 线-4 线优先编码

输入																	输出				
EI	A_0	A_1	A_2	A_3	A_4	A_5	A_6	A_7	A_8	A_9	A_{10}	A_{11}	A_{12}	A_{13}	A_{14}	A_{15}	Z_2	Z_1	Z_0	Z_0	Z_F
1	×	×	×	×	×	×	×	×	×	×	×	×	×	×	×	×	1	1	1	1	1
0	1	1	1	1	1	1	1	1	1	1	1	1	1	1	1	1	1	1	1	1	0
0	×	×	×	×	×	×	×	×	×	×	×	×	×	×	×	0	0	0	0	0	1
0	×	×	×	×	×	×	×	×	×	×	×	×	×	×	0	1	0	0	0	1	1
0	×	×	×	×	×	×	×	×	×	×	×	×	×	0	1	1	0	0	1	0	1
0	×	×	×	×	×	×	×	×	×	×	×	×	0	1	1	1	0	0	1	1	1
0	×	×	×	×	×	×	×	×	×	×	×	0	1	1	1	1	0	1	0	0	1
0	×	×	×	×	×	×	×	×	×	×	0	1	1	1	1	1	0	1	0	1	1
0	×	×	×	×	×	×	×	×	×	0	1	1	1	1	1	1	0	1	1	0	1
0	×	×	×	×	×	×	×	×	0	1	1	1	1	1	1	1	0	1	1	1	1
0	×	×	×	×	×	×	×	0	1	1	1	1	1	1	1	1	1	0	0	0	1
0	×	×	×	×	×	×	0	1	1	1	1	1	1	1	1	1	1	0	0	1	1
0	×	×	×	×	×	0	1	1	1	1	1	1	1	1	1	1	1	0	1	0	1
0	×	×	×	×	0	1	1	1	1	1	1	1	1	1	1	1	1	0	1	1	1
0	×	×	×	0	1	1	1	1	1	1	1	1	1	1	1	1	1	1	0	0	1
0	×	×	0	1	1	1	1	1	1	1	1	1	1	1	1	1	1	1	0	1	1
0	×	0	1	1	1	1	1	1	1	1	1	1	1	1	1	1	1	1	1	0	1
0	0	1	1	1	1	1	1	1	1	1	1	1	1	1	1	1	1	1	1	1	1

注：×表示任意值(0 或 1)

5.2　译　码　器

解释具有特定含义的二进制代码的过程称为译码，它是编码的逆过程。完成译码操作的数字电路称为译码器，图 5.2.1 所示为译码器的原理框图。输入 $I_0, I_1, \cdots, I_{n-1}$ 是二进制代码的 n 个位，输出 $Y_0, Y_1, \cdots, Y_{N-1}$ 分别表示二进制代码的 N 个信息。通常，输入输出线数应满足 $2^n \geqslant N$。当 $2^n = N$ 时，称为二进制译码器；否则，为非二进制译码器，如二-十进制译码器、显示译码器等。

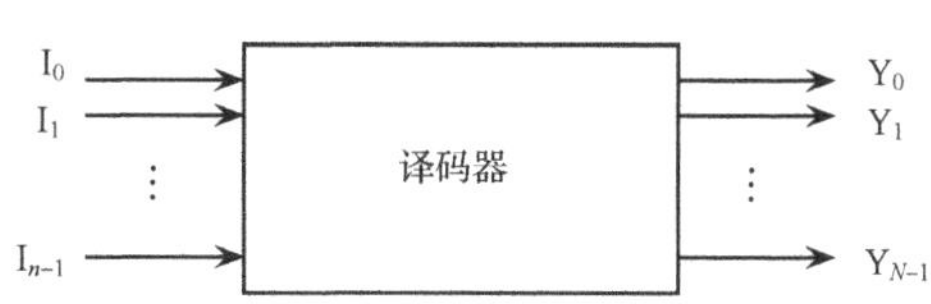

图 5.2.1　n 线-N 线译码器的原理框图

5.2.1　二进制译码器

图 5.2.2 所示为集成二进制译码器（3 线-8 线译码器）74138 的原理电路图，输入变量 CBA 代表 3 位二进制码，输出变量 $Y_0, Y_1, \cdots, Y_7$ 是 CBA 代表的 8 个不同信息，此外还有 3 个译码控制输入（S_1、S_2、S_3）。电路的逻辑表达式为

$$S = S_1 \bar{S}_2 \bar{S}_3$$

$$Y_0 = \overline{\bar{C}\bar{B}\bar{A} \cdot S} = \overline{m_0 S}$$

$$Y_1 = \overline{\bar{C}\bar{B}A \cdot S} = \overline{m_1 S}$$

$$Y_2 = \overline{\bar{C}B\bar{A} \cdot S} = \overline{m_2 S}$$

$$Y_3 = \overline{\bar{C}BA \cdot S} = \overline{m_3 S}$$

$$Y_4 = \overline{C\bar{B}\bar{A} \cdot S} = \overline{m_4 S}$$

$$Y_5 = \overline{C\bar{B}A \cdot S} = \overline{m_5 S}$$

$$Y_6 = \overline{CB\bar{A} \cdot S} = \overline{m_6 S}$$

$$Y_7 = \overline{CBA \cdot S} = \overline{m_7 S}$$

上式中 m_i 表示变量 C、B、A 组成的最小项。由表达式计算出 74138 译码器的真值表 5.2.1。电路的功能是：

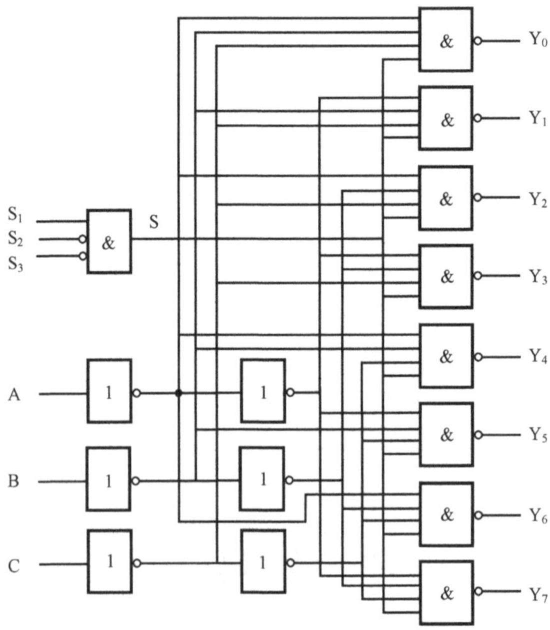

图 5.2.2　3 线-8 线译码器 74138 的原理电路图

表 5.2.1　74138 译码器的真值表

S	C	B	A	Y_0	Y_1	Y_2	Y_3	Y_4	Y_5	Y_6	Y_7
0	×	×	×	1	1	1	1	1	1	1	1
1	0	0	0	0	1	1	1	1	1	1	1
1	0	0	1	1	0	1	1	1	1	1	1
1	0	1	0	1	1	0	1	1	1	1	1
1	0	1	1	1	1	1	0	1	1	1	1
1	1	0	0	1	1	1	1	0	1	1	1
1	1	0	1	1	1	1	1	1	0	1	1
1	1	1	0	1	1	1	1	1	1	0	1
1	1	1	1	1	1	1	1	1	1	1	0

注：×表示任意值(0 或 1)。

(1) 如果 $S=S_1\bar{S}_2\bar{S}_3=0$，则译码器输出全 1，译码器被禁止译码；仅当控制输入 $S_1=1$，$S_2=S_3=0$ 时，$S=S_1\bar{S}_2\bar{S}_3=1$，译码器才对输入二进制码 CBA 译码，输出低电平有效。因此，控制信号 S_1 是高电平有效，S_2 和 S_3 是低电平有效。

(2) 在译码(S=1)时，输出低电平有效。每一个输出对应一个输入变量 C、B、A 组成的最小项的反，即 3 线-8 线译码器可产生 3 变量函数的全部最小项的反。

例 5.2 试用 74138 组成 4 线-16 线译码器。

解 需要两片 74138(U1，U2)产生 16 个译码输出。组成的 4 线-16 线译码器电路如图 5.2.3 所示，$B_3B_2B_1B_0$ 是 4 位二进制代码输入，$Z_0,Z_1,\cdots,Z_{15}$ 是 16 个译码输出。图 5.2.3 中 74138 译码器功能框图的输入端小圈表示低电平有效，输出端小圈亦表示输出低电平有效。

工作原理是：当 $B_3=0$ 时，U1 对 $B_2B_1B_0$ 译码产生输出 $Z_0,Z_1,\cdots,Z_7$，它们中仅有一个输出为低电平；U2 不译码，$Z_8,Z_9,\cdots,Z_{15}$ 全部输出高电平。当 $B_3=1$ 时，U1 不译码，U2 对 $B_2B_1B_0$ 译码产生输出 $Z_8,Z_9,\cdots,Z_{15}$。

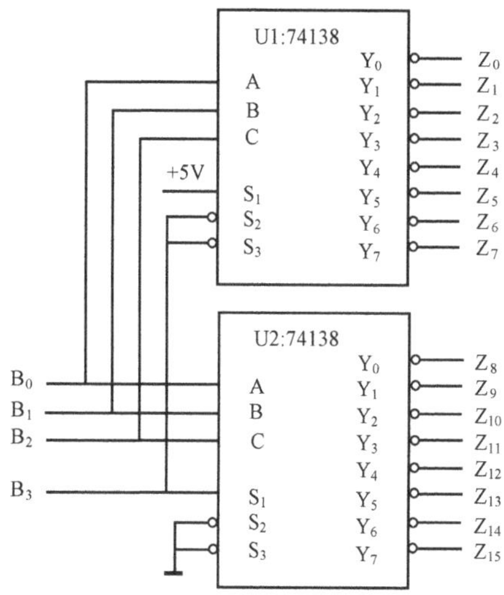

图 5.2.3　4 线-16 线译码器

如前所述，当控制输入有效时，74138 译码器产生 3 变量的全部最小项的反，而任意的 3 变量逻辑函数可表达为最小项之和，故可用 74138 译码器实现 3 变量以下的逻辑函数。

例 5.3 试用 74138 译码器实现函数

$$Z_1=B\bar{A}$$
$$Z_2=\bar{C}A$$

解 令函数变量 C、B、A 作为 74138 的输入变量，将函数 Z_1 和 Z_2 变换为最小项表达式，并进一步转换为 74138 输出变量的逻辑函数。

$$Z_1=B\bar{A}=\bar{C}B\bar{A}+CB\bar{A}=m_2+m_6=\overline{\bar{m}_2\cdot\bar{m}_6}=\overline{Y_2\cdot Y_6}$$
$$Z_2=\bar{C}A=\bar{C}\bar{B}A+\bar{C}BA=m_1+m_3=\overline{\bar{m}_1\cdot\bar{m}_3}=\overline{Y_1\cdot Y_3}$$

上式隐含要求译码器的控制变量有效。因此，根据变换后的表达式和控制变量有效画出逻辑图，如图 5.2.4 所示。

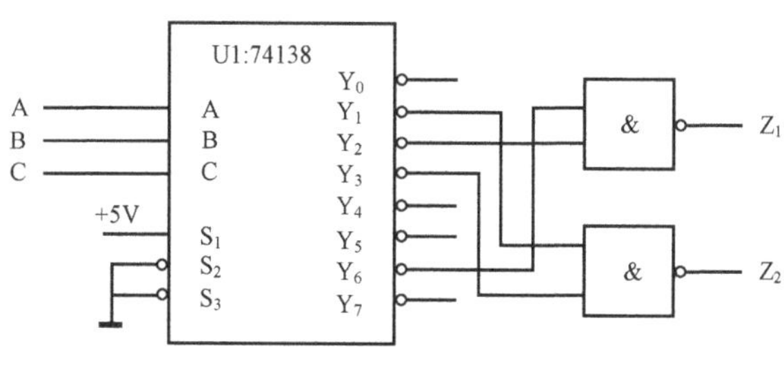

图 5.2.4　例 5.3 的电路图

由本例推广到一般情况，n 线-2^n 线译码器可以实现变量数不超过 n 的任意逻辑函数。方法是：

(1) 根据函数自变量数 n 选择 n 线-2^n 线的译码器；

（2）确定函数的自变量与译码器输入变量的一一对应关系；

（3）将函数变换为关于译码器输入变量的最小项表达式，进一步将函数转换为译码器输出变量的逻辑表达式；

（4）画逻辑图（令译码器的控制变量有效）。

5.2.2 二-十进制译码器

二-十进制译码器的功能是将输入的 BCD 码还原为十进制数码。图 5.2.5 所示为二-十进制译码器 7442 的电路原理图。

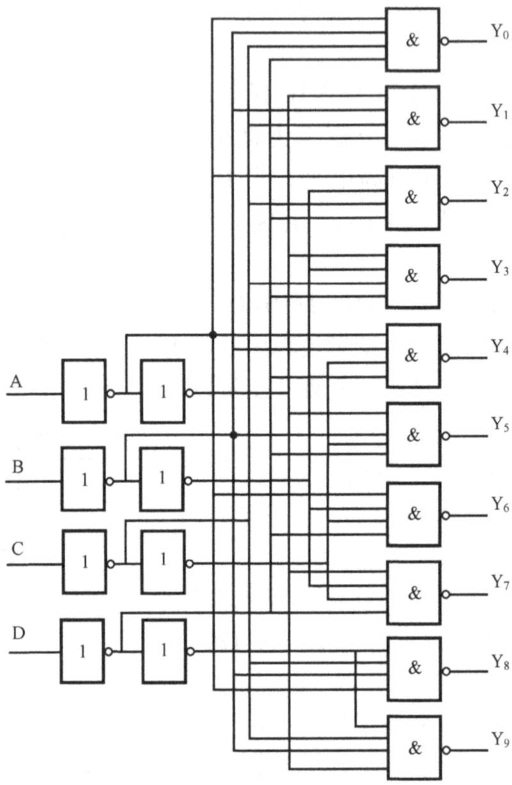

图 5.2.5　二-十进制译码器 7442 的电路原理图

输出表达式为

$$Y_0 = \overline{\bar{D}\bar{C}\bar{B}\bar{A}} = \bar{m}_0$$

$$Y_1 = \overline{\bar{D}\bar{C}\bar{B}A} = \bar{m}_1$$

$$Y_2 = \overline{\bar{D}\bar{C}B\bar{A}} = \bar{m}_2$$

$$Y_3 = \overline{\bar{D}\bar{C}BA} = \bar{m}_3$$

$$Y_4 = \overline{\bar{D}C\bar{B}\bar{A}} = \bar{m}_4$$

$$Y_5 = \overline{\bar{D}C\bar{B}A} = \bar{m}_5$$

$$Y_6 = \overline{\bar{D}CB\bar{A}} = \bar{m}_6$$

$$Y_7 = \overline{\bar{D}CBA} = \bar{m}_7$$

$$Y_8 = \overline{D\bar{C}\bar{B}\bar{A}} = \bar{m}_8$$

$$Y_9 = \overline{D\bar{C}\bar{B}A} = \bar{m}_9$$

由此可计算出 7442 的真值表，见表 5.2.2。由表可知，电路是一个 8421BCD 二-十进制译码器。对伪码输入，译码器输出全高(拒绝伪码输入)。

表 5.2.2　二-十进制译码器 7442 的真值表

数　码	D	C	B	A	Y_0	Y_1	Y_2	Y_3	Y_4	Y_5	Y_6	Y_7	Y_8	Y_9
0	0	0	0	0	0	1	1	1	1	1	1	1	1	1
1	0	0	0	1	1	0	1	1	1	1	1	1	1	1
2	0	0	1	0	1	1	0	1	1	1	1	1	1	1
3	0	0	1	1	1	1	1	0	1	1	1	1	1	1
4	0	1	0	0	1	1	1	1	0	1	1	1	1	1
5	0	1	0	1	1	1	1	1	1	0	1	1	1	1
6	0	1	1	0	1	1	1	1	1	1	0	1	1	1
7	0	1	1	1	1	1	1	1	1	1	1	0	1	1
8	1	0	0	0	1	1	1	1	1	1	1	1	0	1
9	1	0	0	1	1	1	1	1	1	1	1	1	1	0
伪码	1	0	1	0	1	1	1	1	1	1	1	1	1	1
	1	0	1	1	1	1	1	1	1	1	1	1	1	1
	1	1	0	0	1	1	1	1	1	1	1	1	1	1
	1	1	0	1	1	1	1	1	1	1	1	1	1	1
	1	1	1	0	1	1	1	1	1	1	1	1	1	1
	1	1	1	1	1	1	1	1	1	1	1	1	1	1

*5.2.3　显示译码器

在数字仪表中，通常将二-十进制代码直观地显示出来，以供读取测量结果。翻译二-十进制代码，并直接驱动十进制数码显示器件的数字电路称为显示译码器。

1. *数码显示器*

按发光物质的不同分类，有半导体数码显示器、液晶数码显示器、荧光数码显示器和气体放电数码显示器。下面仅介绍半导体数码显示器，简称半导体数码管。

图 5.2.6 所示为半导体数码管 BS201A 的外形图和等效电路。数码管共有 7 个笔画段和一个小数点，7 个笔画段在同一平面上形成 8 字形分布。发光笔画段的组合显示一个字型，例如，仅 b、c 发光则显示数码 1。每一个笔画段及小数点的显示与否都是由一个发光二极管(light emitting diode，LED)控制的，全部 LED 的阴极接在一起称为共阴极数码管(全部 LED 的阳极接在一起称为共阳极数码管)。如果 LED 施加反向电压则不发光；如果 LED 施加正向电压，则 LED 通过正向电流发光，发光颜色有红色、绿色等。LED 数码管工作电压低(1.5～2.5V)，每一段的工作电流大约 10mA，体积小、寿命长、可靠性高、响应时间快(小于 0.1μs)。

2. *数码显示译码器*

数码显示译码器将输入 BCD 码转换为驱动数码管的信号直接显示 BCD 码所对应的数

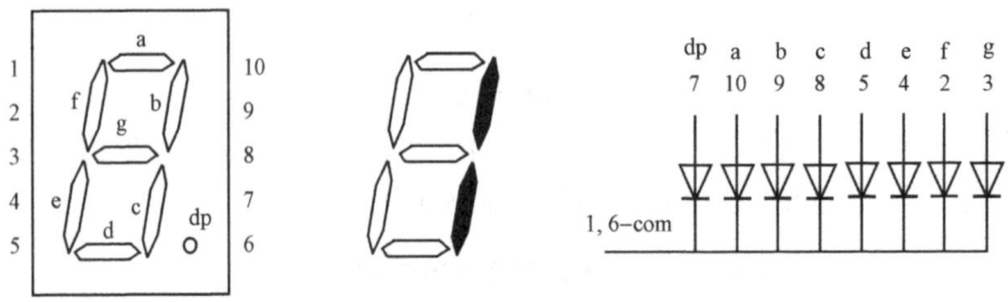

图 5.2.6　半导体数码管 BS201A 的外形图和等效电路图

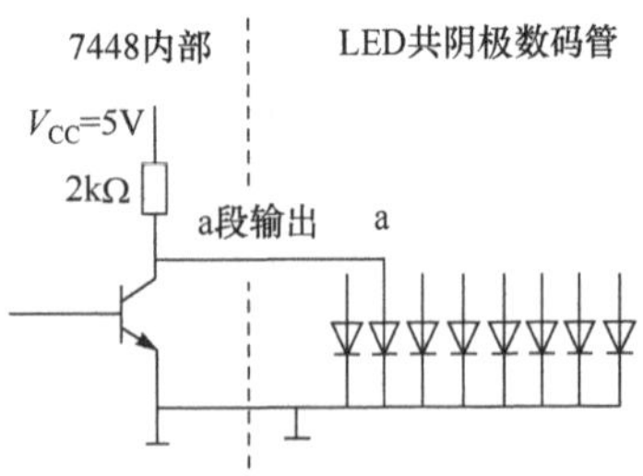

图 5.2.7　7448 笔划段输出驱动电路

码。下面介绍 7448 LED 数码管显示译码器，它可以直接输出高电平驱动共阴极数码管显示数码。7448 的每个笔划段输出驱动电路如图 5.2.7 所示，当输出低电平时 7448 内部的三极管饱和导通，可以吸入电流(小于 6mA)，笔划段 LED 被短路，LED 不亮；当输出高电平时三极管截止，5V 电源通过 2kΩ 电阻向 LED 提供大约 2mA 的驱动电流，LED 亮。如果希望更亮，则可外接上拉电阻与内部的 2kΩ 并联，增大驱动电流。

表 5.2.3 所示为 7448 的真值表，功能说明如下。

表 5.2.3　7 段显示译码器 7448 的真值表

功能		控制输入		8421BCD 码输入				BI/RBO	输出(数码管笔画段)						
		LT	RBI	D	C	B	A		a	b	c	d	e	f	g
消影		×	×	×	×	×	×	0(BI)	0	0	0	0	0	0	0
灯测试		0	×	×	×	×	×	1(RBO)	1	1	1	1	1	1	1
显示	灭零	1	0	0	0	0	0	0(RBO)	0	0	0	0	0	0	0
	0	1	1	0	0	0	0	1(RBO)	1	1	1	1	1	1	0
	1	1	×	0	0	0	1	1(RBO)	0	1	1	0	0	0	0
	2	1	×	0	0	1	0	1(RBO)	1	1	0	1	1	0	1
	3	1	×	0	0	1	1	1(RBO)	1	1	1	1	0	0	1
	4	1	×	0	1	0	0	1(RBO)	0	1	1	0	0	1	1
	5	1	×	0	1	0	1	1(RBO)	1	0	1	1	0	1	1
	6	1	×	0	1	1	0	1(RBO)	0	0	1	1	1	1	1
	7	1	×	0	1	1	1	1(RBO)	1	1	1	0	0	0	0
	8	1	×	1	0	0	0	1(RBO)	1	1	1	1	1	1	1
	9	1	×	1	0	0	1	1(RBO)	1	1	1	1	0	1	1
	伪码	1	×	1	0	1	0	1(RBO)	0	0	0	1	1	0	1
		1	×	1	0	1	1	1(RBO)	0	0	1	1	0	0	1
		1	×	1	1	0	0	1(RBO)	0	1	0	0	0	1	1
		1	×	1	1	0	1	1(RBO)	1	0	0	1	0	1	1
		1	×	1	1	1	0	1(RBO)	0	0	0	1	1	1	1
		1	×	1	1	1	1	1(RBO)	0	0	0	0	0	0	0

1）消影

控制端 BI/RBO 既可做输入（记为 BI，消影输入），也可做输出（记为 RBO，动态灭零输出）。做输入时，如果 BI＝0，则不论其他输入信号为何值，输出 a～g 全为 0，共阴极数码管不亮，即实现消影功能。除消影外，控制端 BI/RBO 用做输出。

2）灯测试

当 LT＝0 时，输出 a～g 全为 1，驱动数码管的笔画段全亮，用于测试数码管，所以，LT 称为试灯输入，低电平有效。

3）显示功能

当 LT＝1 时，将 8421BCD 码输入（DCBA）转换为驱动数码管的笔画段 a～g 输出，显示十进制数码。当 DCBA ＝0000 时，如果 RBI＝0，则不能显示 0，这种情况称为动态灭零，用输出 RBO＝0 标识。因此，RBI、RBO 分别称为动态灭零输入、动态灭零输出，且低电平有效。

对于非 8421BCD 码输入，数码管的 a～g 某些段为高电平，被点亮，但不能正确显示数码，即不能拒绝伪码输入。

3. 显示译码器应用电路

显示译码器 7448 与 LED 数码管的连接方式如图 5.2.8 所示。LT＝RBI＝1，7448 工作在译码显示状态，BI/RBO 端做动态灭零输出端。输入 8421BCD 码被转换为 LED 段码，驱动 LED 数码管显示数码。7448 输出高电平的段使 LED 的段显示，其高电平输出电流约为 2mA。用上拉电阻可增大 LED 的驱动电流。

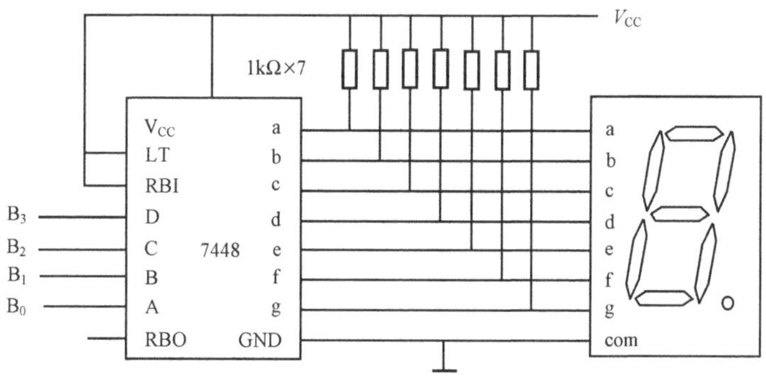

图 5.2.8　单数码管显示译码电路图

为了使显示的多位数字符合人的习惯，整数部分高位的 0 和小数部分低位的 0 不显示，这称为动态灭零。利用 7448 的 RBI 和 RBO 引脚可实现动态灭零，如图 5.2.9所示。连接方法是：整数部分把高位 RBO 与次低位的 RBI 相连，最高位的 RBI 接低电平；小数部分则与整数部分的连接顺序相反，如图 5.2.9 所示。这样，在整数部分的最高位是 0 时，其 RBI 使本位动态灭零。同时，该位的 RBO 输出低电平，使次高位的动态灭零使能，如此递推，实现整数部分动态灭零。例如，图 5.2.9 中最高为 BCD 码为 0000，动态灭零要求最高数码管不显示。因为 RBI＝0，查 7448 的真值表表 5.2.3 可知，7448 的笔划段输出全 0，最高为数码管不显示，同时最高位的 RBO＝0，次高位的 BCD 码 0000 也不显示。小数部分的动态灭零从最低有效位开始，灭零原理与整数部分灭零相同。

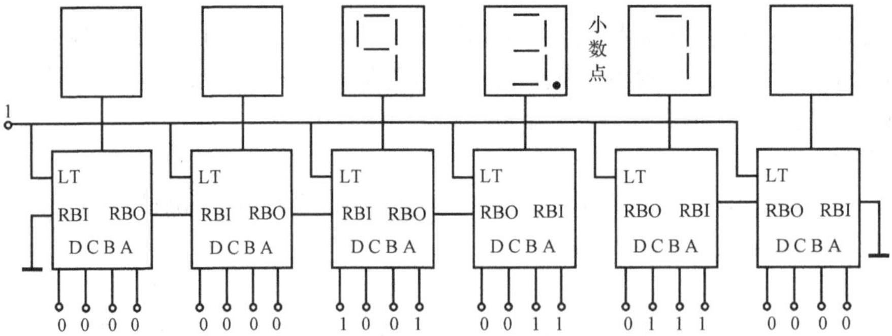

图 5.2.9　7448 动态灭零

5.3　数据分配器与数据选择器

在数字系统中，通常采用总线分时传送信号，这时就需要数据分配器和数据选择器。逻辑框图如图 5.3.1 所示，N 路不同的数据源($D_0, D_1, \cdots, D_{N-1}$)通过数据选择器分时传送到总线(公共信号线)上，数据分配器将总线上的信号分配到不同数据终端($Y_0, Y_1, \cdots, Y_{N-1}$)。数据分配器和数据选择器等效为多路开关，$n$ 位控制变量 $A_0, A_1, \cdots, A_n$ 和 $B_0, B_1, \cdots, B_n$ 选择开关连接位置，所以，它们亦称为地址变量。N 和 n 的约束关系是

$$2^n \geqslant N$$

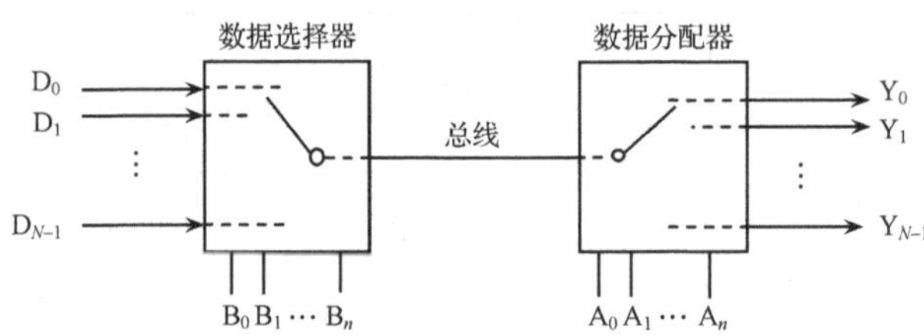

图 5.3.1　N 路数据选择器和 N 路数据分配器原理图

5.3.1　数据分配器

带控制端的译码器可用作数据分配器，例如，二进制译码器 74138 可用作 8 路数据分配器，如图 5.3.2 所示。输出表达式为

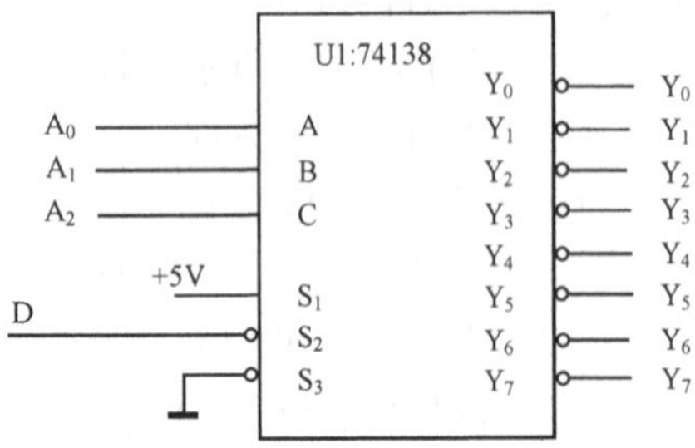

图 5.3.2　8 路数据分配器

$$\begin{cases} Y_i = \overline{m_i S} = \overline{m_i S_1 \bar{S}_2 \bar{S}_3} = \overline{m_i \bar{D}}, & i = 0,1,\cdots,7 \\ m_i = m_i(A_2, A_1, A_0), & \text{最小项} \end{cases}$$

当 $m_i=1$ 时，$Y_i=D$，计算出 8 路数据分配器的真值表如表 5.3.1 所示。由表可知，在地址变量的控制下数据 D 被分配到 8 路输出 $Y_0, Y_1, \cdots, Y_7$ 中的一路；未获得数据 D 的其他输出不随 D 变化，保持为逻辑 1。

表 5.3.1 8 路数据分配器的真值表

地址变量			数据	输出							
A_2	A_1	A_0	D	Y_0	Y_1	Y_2	Y_3	Y_4	Y_5	Y_6	Y_7
0	0	0	D	D	1	1	1	1	1	1	1
0	0	1	D	1	D	1	1	1	1	1	1
0	1	0	D	1	1	D	1	1	1	1	1
0	1	1	D	1	1	1	D	1	1	1	1
1	0	0	D	1	1	1	1	D	1	1	1
1	0	1	D	1	1	1	1	1	D	1	1
1	1	0	D	1	1	1	1	1	1	D	1
1	1	1	D	1	1	1	1	1	1	1	D

5.3.2 数据选择器

图 5.3.3 所示为 8 路数据选择器 74151 的电路原理图,输出表达式为

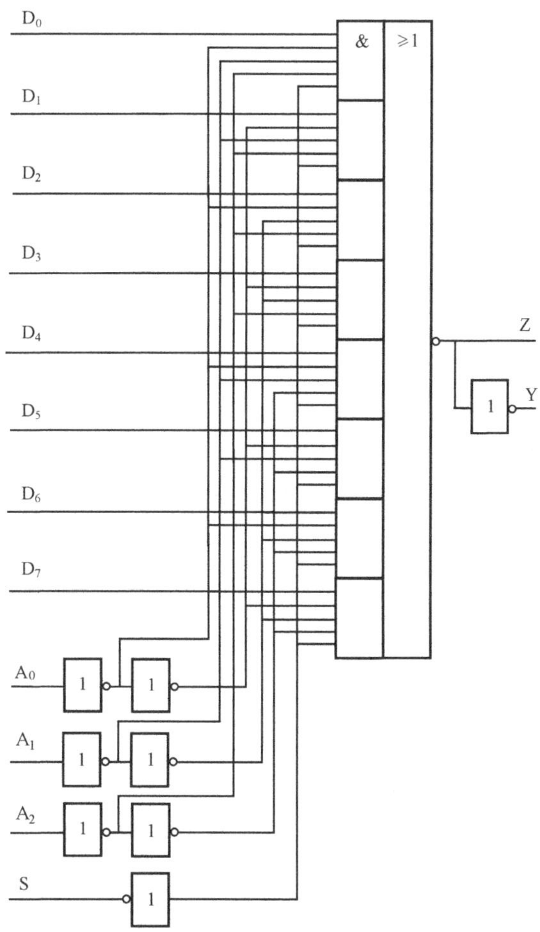

图 5.3.3 8 路数据选择器 74151 的电路原理图

$$Y=\overline{S}\cdot\overline{A}_2\overline{A}_1\overline{A}_0D_0+\overline{S}\cdot\overline{A}_2\overline{A}_1A_0D_1+\overline{S}\cdot\overline{A}_2A_1\overline{A}_0D_2+\overline{S}\cdot\overline{A}_2A_1A_0D_3$$
$$+\overline{S}A_2\overline{A}_1\overline{A}_0D_4+\overline{S}A_2\overline{A}_1A_0D_5+\overline{S}A_2A_1\overline{A}_0D_6+\overline{S}A_2A_1A_0D_7$$
$$=\overline{S}\sum_{i=0}^{7}m_i(A_2,A_1,A_0)D_i$$

表 5.3.2 所示为 8 路数据选择器的真值表。由表可知，当 S=0 时，在地址变量的控制下从 8 路输入数据中选择一路作为数据输出。

当控制输入有效(S=0)时，8 路数据选择器(74151)输出是地址变量全部最小项的加权逻辑和。而任意的 4 变量逻辑函数可表达为最小项之和，故可用 8 路数据选择器(74151)实现 4 变量以下的逻辑函数。其中 3 个函数变量作 74151 的地址变量，另一个函数变量做 74151 的数据输入。

表 5.3.2　8 路数据选择器(74151)的真值表

控制输入	地址输入			数据输入								输出
S	A_2	A_1	A_0	D_0	D_1	D_2	D_3	D_4	D_5	D_6	D_7	Y
1	×	×	×	×	×	×	×	×	×	×	×	0
0	0	0	0	D_0	×	×	×	×	×	×	×	D_0
0	0	0	1	×	D_1	×	×	×	×	×	×	D_1
0	0	1	0	×	×	D_2	×	×	×	×	×	D_2
0	0	1	1	×	×	×	D_3	×	×	×	×	D_3
0	1	0	0	×	×	×	×	D_4	×	×	×	D_4
0	1	0	1	×	×	×	×	×	D_5	×	×	D_5
0	1	1	0	×	×	×	×	×	×	D_6	×	D_6
0	1	1	1	×	×	×	×	×	×	×	D_7	D_7

例 5.4　试用数据选择器实现逻辑函数

$$Z=AB+\overline{C}\overline{D}$$

解　Z 是 4 变量逻辑函数，可用 $2^{4-1}=8$ 路数据选择器(74151)实现函数 Z。

(1) 选择 A、B、C 变量作为数据选择器的地址变量，令

$$A=A_2,\quad B=A_1,\quad C=A_0$$

(2) 函数变换。

$$Z=AB+\overline{C}\overline{D}=AB(\overline{C}+C)+(\overline{A}\overline{B}+\overline{A}B+A\overline{B}+AB)\overline{C}\overline{D}$$
$$=AB\overline{C}+ABC+\overline{A}\overline{B}\overline{C}\overline{D}+\overline{A}B\overline{C}\overline{D}+A\overline{B}\overline{C}\overline{D}$$
$$=m_6\cdot 1+m_7\cdot 1+m_0\cdot\overline{D}+m_2\cdot\overline{D}+m_4\cdot\overline{D}$$

(3) 确定数据端($D_0,D_1,\cdots,D_{N-1}$)的表达式。

在 74151 的控制端有效时，比较函数 Z 的表达式和 74151 的输出表达式，得

$$D_0=D_2=D_4=\overline{D},\quad D_6=D_7=1,$$
$$D_3=D_5=D_1=0$$

（4）画逻辑图。

根据第 1 步和第 3 步中的表达式画出逻辑图，如图 5.3.4 所示。

由本例推广到一般情况，2^{n-1} 路数据选择器可以实现任意的 n 个变量以下的逻辑函数。方法是：

（1）选择 n-1 个变量作为数据选择器的地址变量；

（2）将函数变换为 n-1 个地址变量的最小项表达式；

（3）根据最小项表达式和数据选择器的输出表达式，确定数据端（$D_0, D_1, \cdots, D_{N-1}$）的表达式；

（4）画逻辑图。

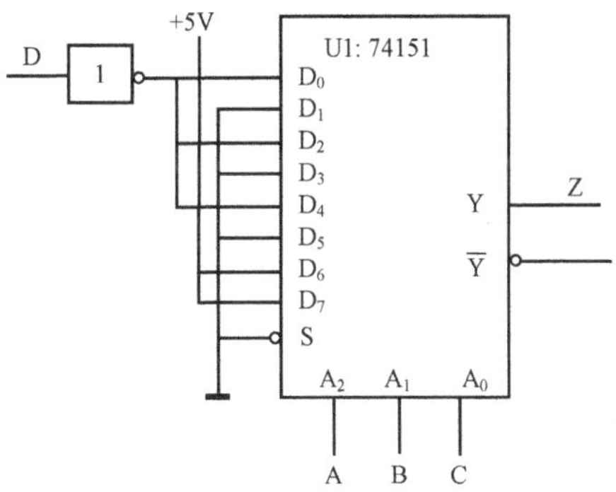

图 5.3.4　例 5.4 的逻辑图

5.4　数值比较器

比较两个数值大小的逻辑电路称为数值比较器。无论数值大小，两个数值进行比较有相等、大于或是小于 3 种结果，并且比较结果与数码所在位置以及对位的大小有关，因此，本节先讨论一位数值比较器，然后讨论多位比较器。

5.4.1　1 位数值比较器

两个 1 位二进制数 A、B 比较的可能结果是相等、大于和小于，分别用 G 表示 A=B、L 表示 A>B、S 表示 A<B。表 5.4.1 所示为 1 位数值比较器的真值表。因此，输出的逻辑表达式为

$$G = \overline{A}\overline{B} + AB = \overline{\overline{A}B + A\overline{B}}$$

$$L = A\overline{B}$$

$$S = \overline{A}B$$

由此，画出 1 位数值比较器的逻辑图，如图 5.4.1 所示。

表 5.4.1　1 位数值比较器的真值表

A	B	G	L	S
0	0	1	0	0
0	1	0	0	1
1	0	0	1	0
1	1	1	0	0

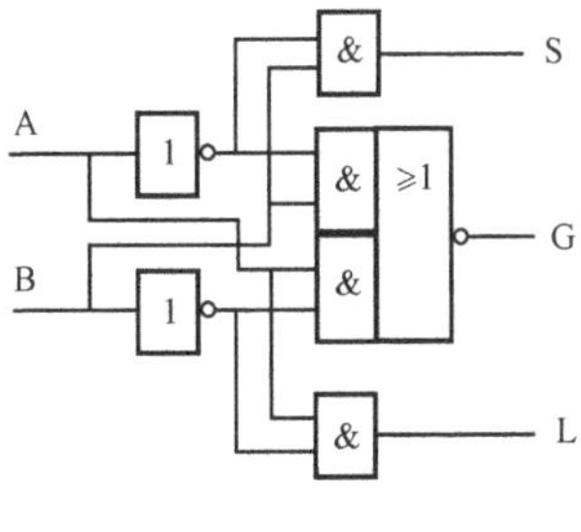

图 5.4.1　1 位数值比较器

5.4.2　4 位数值比较器

同样，两个 4 位二进制数 $A=A_3A_2A_1A_0$，$B=B_3B_2B_1B_0$ 比较的可能结果仍然是相等、大于和小于，分别用 Go 表示 A=B，Lo 表示 A>B，So 表示 A<B。为了使 4 位比较器能用于更

多位的数值比较，设置低于本 4 位的比较结果输入端：相等 G_I、大于 L_I、小于 S_I。如果不进行低于本 4 位的比较，则设置 $G_I=1$、$L_I=0$、$S_I=0$。

4 位数值比较分两步进行：先进行位比较，设第 i 的比较结果为 G_i、L_i 和 S_i；再进行下述综合比较。

如果 A=B，则要求每位都相等：$A_3=B_3, A_2=B_2, A_1=B_1, A_0=B_0$ 和 $G_I=1$。逻辑函数表达式为

$$Go=G_3G_2G_1G_0G_I$$

如果 A>B，则要求

$A_3>B_3$

或者　$A_3=B_3, A_2>B_2$

或者　$A_3=B_3, A_2=B_2, A_1>B_1$

或者　$A_3=B_3, A_2=B_2, A_1=B_1, A_0>B_0$

或者　$A_4=B_4, A_3=B_3, A_2=B_2, A_1=B_1, L_I=1$

逻辑函数表达式为

$$\begin{aligned}Lo &=L_3+G_3L_2+G_3G_2L_1+G_3G_2G_1L_0+G_3G_2G_1G_0L_I\\&=A_3\overline{B_3}+G_3A_2\overline{B_2}+G_3G_2A_1\overline{B_1}+G_3G_2G_1A_0\overline{B_0}+G_3G_2G_1G_0L_I\end{aligned}$$

如果 A<B，则要求

$A_3<B_3$

或者　$A_3=B_3, A_2<B_2$

或者　$A_3=B_3, A_2=B_2, A_1<B_1$

或者　$A_3=B_3, A_2=B_2, A_1=B_1, A_0<B_0$

或者　$A_3=B_3, A_2=B_2, A_1=B_1, A_0=B_0, S_I=1$

逻辑函数表达式为

$$\begin{aligned}So &=S_3+G_3S_2+G_3G_2S_1+G_3G_2G_1S_0+G_3G_2G_1G_0S_I\\&=\overline{A}_3B_3+G_3\overline{A}_2B_2+G_3G_2\overline{A}_1B_1+G_3G_2G_1\overline{A}_0B_0+G_3G_2G_1G_0S_I\end{aligned}$$

结合一位比较器和上述表达式，得到 4 位数值比较器的逻辑图，如图 5.4.2 所示，它也是集成 4 位数值比较器 7485 的电路原理图。在 1 位比较器的基础上，输出 Go、Lo 和 So 的乘积项用与门实现，最后用或门实现乘积项的逻辑和。

*5.4.3　比较器的位数扩展

利用 4 位数值比较器 7485 的低位比较结果输入端(G_I、L_I、S_I)，可以实现多于 4 位的数值比较，即比较器的位数扩展。位数扩展方式有串行和并行两种。

图 5.4.3 所示为 3 个 4 位比较器构成的 12 位比较器。最低 4 位比较器的串行输入端设置为 $G_I=0, L_I=0, S_I=0$，比较结果送到中间 4 位比较器的串行输入端；中间 4 位比较器的结果送高 4 位比较器的串行输入端；高 4 位比较器的结果作为 12 位比较的最终结果。这种方式叫做串行扩展。设每个 4 位比较器的传输延迟时间为 t_d，则图 5.4.3 所示 12 位比较器的传输延迟时间为 $3t_d$。串行比较器的位数越多，传输延迟时间越长。

图 5.4.4 所示为用 5 个 4 位比较器构成的 16 位比较器。采用两级比较，第一级 16 位分 4 组同时进行比较，比较结果的大于和小于输出分别组成两个 4 位二进制数；再送入第二级比较，其输出作为最终比较结果。这种方式叫做并行扩展。并行扩展完成 16 位的比较，只需两

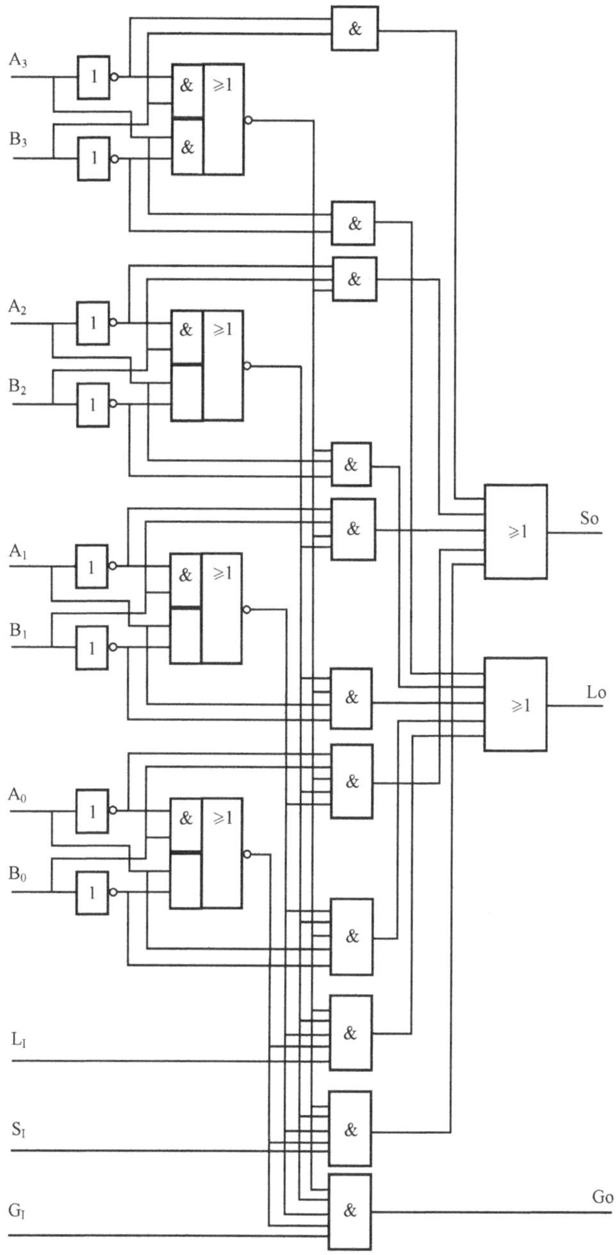

图 5.4.2　4 位数值比较器

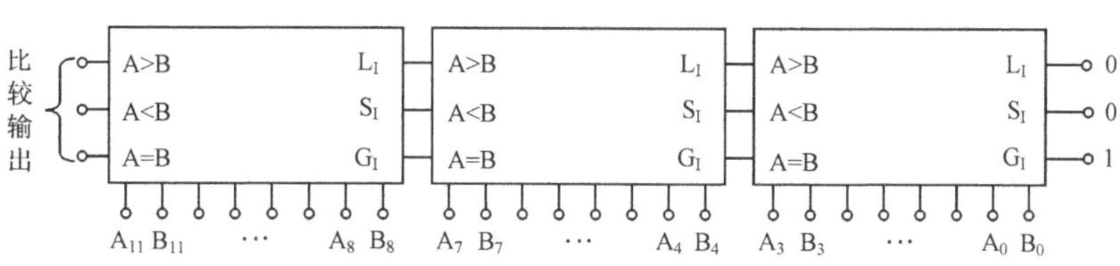

图 5.4.3　12 位串行数值比较器

个比较器的传输延迟时间，而串行位扩展完成 16 位的比较，需用 4 个比较器的传输延迟时间。

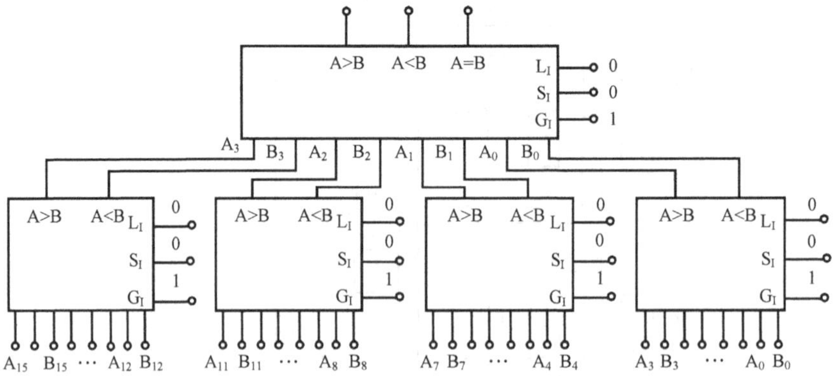

图 5.4.4　16 位并行数值比较器

5.5 加　法　器

算术运算是数字系统的重要功能之一。由于二进制数的四则运算可转化为加法运算，因此加法器是运算电路的核心。

5.5.1　1 位全加器

两个二进制数 A、B 相加是按位进行的，即第 i 位 A_i、B_i 和第 $i-1$ 位的进位 C_{i-1} 共同确定第 i 位的和 S_i 及进位 C_i。实现按位相加的数字电路称为 1 位全加器。

根据二进制加法规则，列出 1 位全加器的真值表(表 5.5.1)。输出函数是函数值为 0 所对应的最小项之和取反

$$S_i=\overline{\overline{A}_i\overline{B}_i\overline{C}_{i-1}+\overline{A}_iB_iC_{i-1}+A_i\overline{B}_iC_{i-1}+A_iB_i\overline{C}_{i-1}}$$

$$C_i=\overline{\overline{A}_i\overline{B}_i\overline{C}_{i-1}+\overline{A}_i\overline{B}_iC_{i-1}+\overline{A}_iB_i\overline{C}_{i-1}+A_i\overline{B}_i\overline{C}_{i-1}}$$

$$=\overline{\overline{A}_i\overline{B}_i+\overline{A}_i\overline{C}_{i-1}+\overline{B}_i\overline{C}_{i-1}}$$

根据上述表达式，画出 1 位全加器的逻辑图和逻辑符号如图 5.5.1 所示。

表 5.5.1　全加器的真值表

A_i	B_i	C_{i-1}	C_i	S_i
0	0	0	0	0
0	0	1	0	1
0	1	0	0	1
0	1	1	1	0
1	0	0	0	1
1	0	1	1	0
1	1	0	1	0
1	1	1	1	1

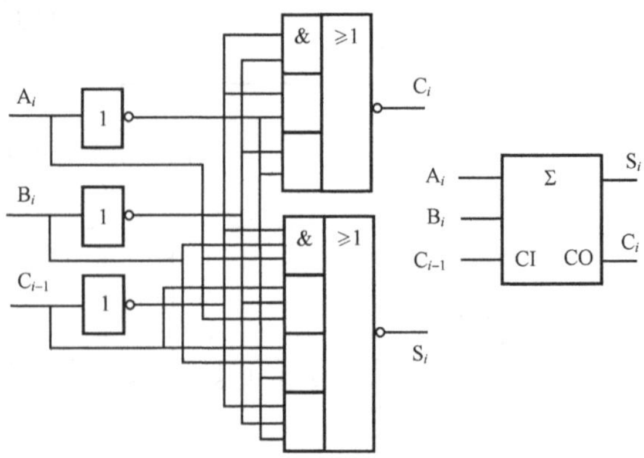

图 5.5.1　1 位全加器的逻辑图和逻辑符号

5.5.2 多位加法器

1) 串行进位加法器

两个多位二进制数相加，可采用串行进位相加的方式实现。例如，图 5.5.2 所示为两个 4 位二进制数 $A=A_3A_2A_1A_0$，$B=B_3B_2B_1B_0$ 相加的电路，利用 4 个 1 位全加器仿人工计算过程完成 4 位加法，即从最低位开始相加，并向高位进位。注意，最低有效位的进位输入为 0，构成半加器。这种串行进位加法器的优点是电路结构简单，缺点是工作速度较低。因为进位信号从低位到高位是逐级传送的，完成一次加法的时间等于 n(本例为 4)个 1 位加法器的传输延迟时间之和。位数越多，时间越长。

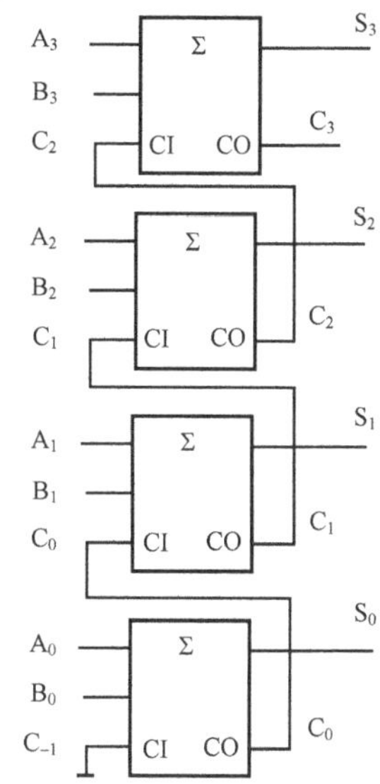

图 5.5.2 串行进位加法器

2) 超前进位加法器

为了提高多位加法器的工作速度，可采用超前进位加法器。设计原理是让每位的进位信号仅与原始数据(加数 $A_{n-1}A_{n-2}\cdots A_0$、被加数 $B_{n-1}B_{n-2}\cdots B_0$、最低位进位输入 C_{-1})有关，避免进位信号从低位向高位传递，减小传输延迟时间。

由全加器的真值表 5.5.1，得

$$
\begin{aligned}
S_i &= \overline{A}_i\overline{B}_iC_{i-1} + \overline{A}_iB_i\overline{C}_{i-1} + A_i\overline{B}_i\overline{C}_{i-1} + A_iB_iC_{i-1} \\
&= (\overline{A}_i\overline{B}_i + A_iB_i)C_{i-1} + (\overline{A}_iB_i + A_i\overline{B}_i)\overline{C}_{i-1} \\
&= \overline{A_i \oplus B_i}C_{i-1} + (A_i \oplus B_i)\overline{C}_{i-1} = A_i \oplus B_i \oplus C_{i-1}
\end{aligned}
$$

$$
\begin{aligned}
C_i &= \overline{A}_iB_iC_{i-1} + A_i\overline{B}_iC_{i-1} + A_iB_i\overline{C}_{i-1} + A_iB_iC_{i-1} \\
&= A_iB_i + (A_i \oplus B_i)C_{i-1}
\end{aligned}
$$

令

$$G_i = A_i \cdot B_i$$
$$P_i = A_i \oplus B_i$$

代入 S_i 和 C_i，得

$$S_i = P_i \oplus C_{i-1}$$
$$C_i = G_i + P_iC_{i-1}$$

如果 $G_i=1$，则 $C_i=1$，产生进位，故 G_i 称为进位生成函数；如果 $G_i=0$，$P_i=1$，则 $C_i=C_{i-1}$，低位的进位信号能传送到相邻高位的进位输出端，故 P_i 称为进位传输函数。将进位表达式展开，得 4 位加法器的递推公式(超前进位信号)

$S_0 = P_0 \oplus C_{-1}$，　$C_0 = G_0 + P_0C_{-1}$

$S_1 = P_1 \oplus C_0$，　$C_1 = G_1 + P_1C_0 = G_1 + P_1G_0 + P_1P_0C_{-1}$

$S_2 = P_2 \oplus C_1$，　$C_2 = G_2 + P_2C_1 = G_2 + P_2G_1 + P_2P_1G_0 + P_2P_1P_0C_{-1}$

$S_3 = P_3 \oplus C_2$，　$C_3 = G_3 + P_3C_2 = G_3 + P_3G_2 + P_3P_2G_1 + P_3P_2P_1G_0 + P_3P_2P_1P_0C_{-1}$

可见，每个进位信号只与输入 $G_i=A_i \cdot B_i$、$P_i=A_i \oplus B_i$ 和 C_{-1} 有关，故各位的进位信号在相加运算一开始就能同时(并行)产生。按照这种方式构成的多位加法器就是超前进位加法器。

图 5.5.3 所示为 4 位超前进位加法器的逻辑电路。第一级异或门实现 P_i、与门实现 G_i，它经过一级门延时后几乎同时产生。第二级的与或门(图中虚线框内)实现进位信号的展开式，各位的进位信号也几乎同时产生。第三级的异或门实现本位和 S_i。完成一次加法只需三极门的传输时间(几十纳秒)。故超前进位加法器工作速度快，缺点是电路较为复杂，特别是位

数增加时，复杂程度更高。

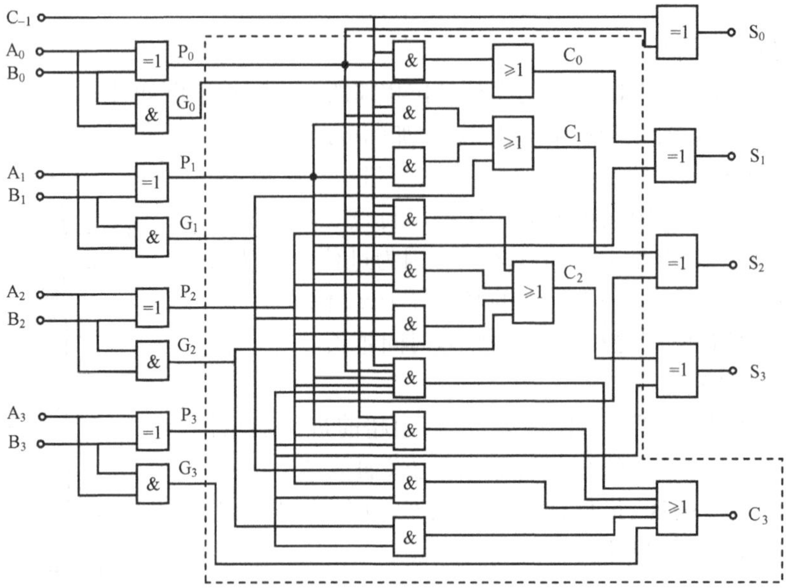

图 5.5.3　4 位超前进位加法器(74LS283)的逻辑电路

*5.5.3　加法器的应用

1. 8 位二进制加法器

用两片 74LS283 可实现 8 位二进制加法，电路如图 5.5.4 所示。4 位内是超前进位加法，4 位之间则是串行进位。同样，可以设计 4 位之间的超前进位链，实现多位超前进位加法器。

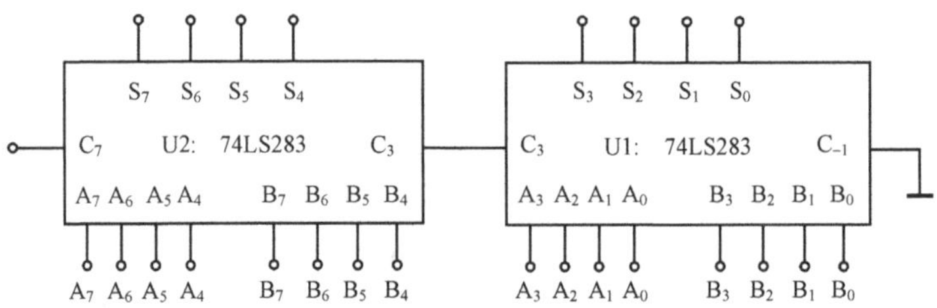

图 5.5.4　8 位二进制加法器

2. 8421BCD 码转换为余 3 码

余 3 码是在 8421BCD 码的基础上加 3 形成，故可用加法器实现 8421BCD 码转换为余 3 码。电路如图 5.5.5 所示。

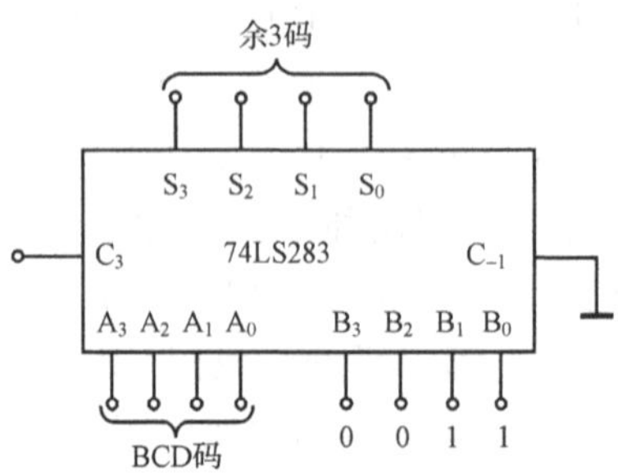

图 5.5.5　8421BCD 码转换为余 3 码

5.6 加/减法器

对任意 n 位自然二进制数 B(称为原码),定义其反码和补码为

$$B_{反}=(2^n-1)-B$$

$$B_{补}=2^n-B=B_{反}+1$$

例如,4 位原码二进制数 B=0010,则

$$B_{反}=(2^n-1)-B=(2^4-1)-0010=1111-0010=1101$$

$$B_{补}=2^n-B=2^4-1010=10000-1010=1110$$

即反码等于原码按位取反,补码等于反码加 1。

因此,任意的 2 个 n 位二进制数 A 和 B 相减为

$$A-B=A-(2^n-B_{补})=(A+B_{补})-2^n=(A+B_{反}+1)-2^n$$

例如,A=0100,B=0010,$B_{补}$=1110,则

$$A-B=(A+B_{补})-2^n=(0100+1110)-2^4=10010-10000=00010$$

加法进位　　进位取反作为减法的借位

本例说明:如果$(A+B_{补})$产生最高位的进位(1),则-2^n使该进位取反为 0;如果$(A+B_{补})$没有最高位的进位(0),则-2^n使该进位取反为 1;所以,-2^n是对$(A+B_{补})$进位的求反运算。

结论:2 数相减等于被减数加减数的补码,并对进位位取反(-2^n)形成减法的借位。按照这一原理,可用二进加法器实现二进制减法运算。图 5.5.6 所示为一个 4 位二进制加/减法器。

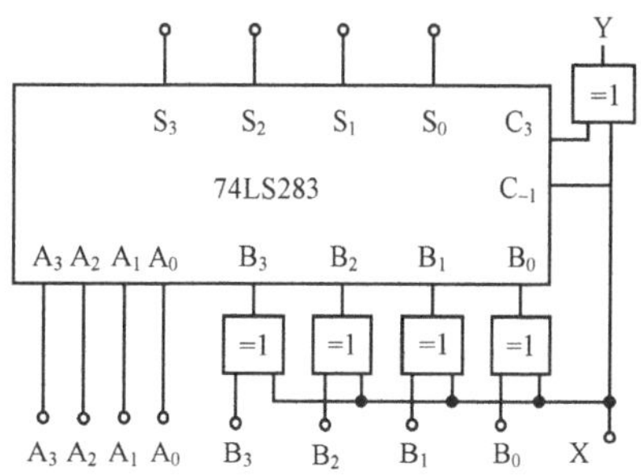

图 5.5.6　4 位二进制加/减法器

当控制端 X=0 时,异或门输出二进制数 B 的原码,此时 $C_{-1}=X=0$,加法器实现 A+B,$Y=C_3$ 是加法运算的进位输出。当控制端 X=1 时,异或门输出二进制数 B 的反码,此时 $C_{-1}=X=1$,加法器实现$A+B_{补}=(A+B_{反}+1)$,输出异或门实现 $Y=X\oplus C_3=\overline{C}_3$,所以,整个电路实现减法运算(A−B),Y 是减法运算的借位输出。

用同样的方法可以实现 n 位二进制数的加减法运算。

由于二进制数的特殊性(仅有数码 0 和 1),二进制乘法(除法)可变换为移位和相加(移位和相减),以加法器位主体可实现乘法(除法)运算。这样,数字电路可以实现数字的四则运算。有兴趣的读者可参考计算机硬件基础方面的教材。

习　题

5.1　设计一个 10 线-4 线编码器,输出为 8421BCD 码。

5.2　试用 2 片 8 线-3 线优先编码器 74148,设计一个 10 线-4 线优先编码器。连接时允许附加必要的门电路。

5.3　试分析题图 5.3 所示电路的功能(74148 为 8 线-3 线优先编码器)。

5.4　分析题图 5.4 所示电路的功能。

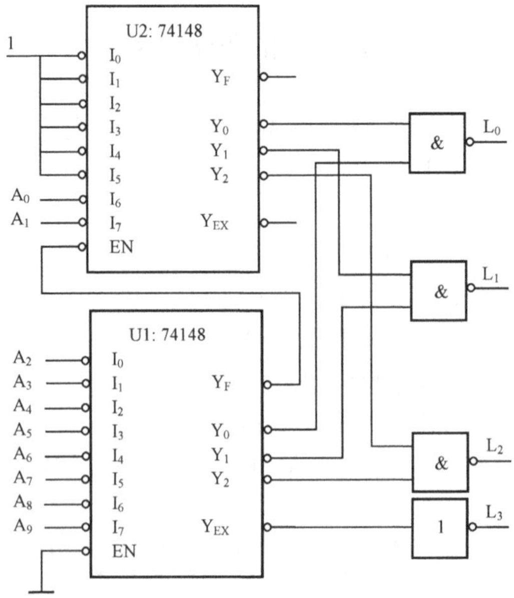

题图 5.3

5.5　用两片 3 线-8 线译码器 74138，组成 4 线-16 线译码器。

5.6　某一个 8421BCD 码七段荧光数码管译码电路的 e 段部分出了故障，为使数码管能正确地显示 0～9 十种状态，现要求单独设计一个用与非门组成的 e 段译码器。已知共阳极数码管如题图 5.6 所示。

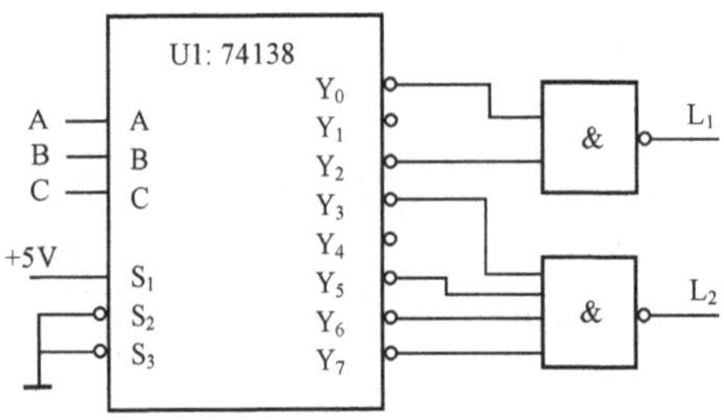

题图 5.4

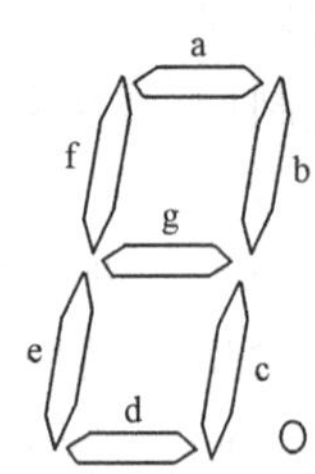

题图 5.6

5.7　分析题图 5.7 所示电路的功能(74148 为 8 线-3 线优先编码器)。

5.8　画出用两片 4 线-16 线译码器 74154 组成 5 线-32 线译码器的接线图。题图 5.8 是 74154 的符号，S_A 和 S_B 是两个控制端(亦称片选端)，译码器工作时应使 S_A 和 S_B 同时为低电平，当输入信号 $A_3A_2A_1A_0$ 为 0000 到 1111 共 16 种状态时，输出端从 Y_0～Y_{15} 依次给出低电平输出信号。

5.9　设计一个编码转换器，将三位二进制码转换为循环码。

5.10　某医院的某层有 6 个病房和一个大夫值班室，每个病房有一个按钮，在大夫值班室有一个优先编码器电路，该电路可以用数码管显示病房的编码。各个房间按病人病情严重程度不同分类，1 号房间病人病情最重，病情按房间号依次降低，6 号房间病情最轻。试设计一个呼叫装置，该装置按病人的病情严重程度呼叫大夫，若两个或两个以上的病人同时呼叫大夫，则只显示病情最重病人的呼叫。

5.11　设计一个电话机信号控制电路。电路有 I_0(火警)、I_1(盗警)和 I_2(日常业务)三种输入信号，通过排队电路分别从 Y_0、Y_1、Y_2 输出，在同一时间只能有一个信号通过。如果同时有两个以上信号出现时，应首先接通火警信号，其次为盗警信号，最后是日常业务信号。试按照上述轻重缓急设计该信号控制电路。要求用集成门电路 7400(每片含 4 个 2 输入端与非门)实现。

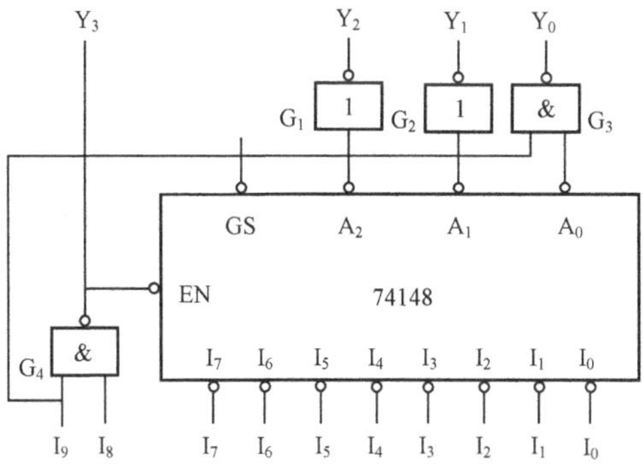

题图 5.7

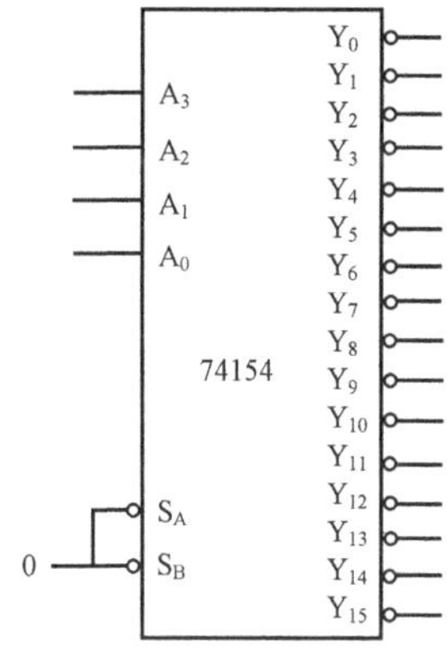

题图 5.8

5.12 试用一片 3 线-8 线译码器 T3138，实现下列逻辑函数(可使用必要的门电路)：

(1) $L_1 = A\overline{B}$；

(2) $L_2 = AB + \overline{A}\,\overline{B}$；

(3) $L_3 = A \oplus B \oplus C$。

5.13 用 4 路数据选择器实现下列函数：

(1) $L_1(A,B,C) = \sum m(0,2,4,5)$；

(2) $L_2(A,B,C) = \sum m(1,3,5,7)$；

(3) $L_3(A,B,C) = \sum m(0,2,5,7)$；

(4) $L_4(A,B,C) = \prod M(0,2,3)$。

5.14 用 8 路数据选择器实现下列函数：

(1) $L_1(A,B,C,D) = \sum m(0,2,5,7,8,10,13,15)$；

(2) $L_2(A,B,C,D) = \sum m(0,3,4,5,9,10,12)$；

(3) $L_3(A,B,C) = AB + \overline{B}C$。

5.15 用 4 片四选一数据选择器和 2-4 线译码器扩展为 16 选一数据选择器。

5.16 用 3 线-8 线译码器 74138 和 8 选 1 数据选择器 74151 和少量与非门实现组合逻辑电路。当控制变量 $C_2C_1C_0 = 000$ 时，F=0；$C_2C_1C_0 = 001$ 时，F=ABC；$C_2C_1C_0 = 010$ 时，F=A+B+C；$C_2C_1C_0 = 011$ 时，$F = \overline{ABC}$；$C_2C_1C_0 = 100$ 时，$F = \overline{A+B+C}$；$C_2C_1C_0 = 101$ 时，$F = A \oplus B \oplus C$；$C_2C_1C_0 = 110$ 时，F=AB+AC+BC；$C_2C_1C_0 = 111$ 时，F=1。画出电路图。

5.17 分析题图 5.17 所示电路的工作原理，说明电路的功能。

5.18 利用 3 线-8 线译码器 74138 设计一个一位全加器。

5.19 用 4 位加法器 T1283 和必要的门电路，实现 4 位减法器。

5.20 试用一片 3 线-8 线译码器 74138 和两个四输入与非门构成一位全减器。

5.21 试用 3 个一位全加器实现下列逻辑函数：

(1) $L_1(A,B,C) = \sum m(1,2,4,7)$；

(2) $L_2(A,B,C) = \prod M(0,1,2,4,6,7)$。

5.22 已知输入为 8421 码二-十进制数，要求当输入小于 5 时，输出为输入数加 2，当输入大于、等于 5 时，输出为输入数加 4。试用一片中规模集成 4 位二进制全加器 74LS283(题图 5.22)及与或非门、非门实现电路。请画出逻辑图。

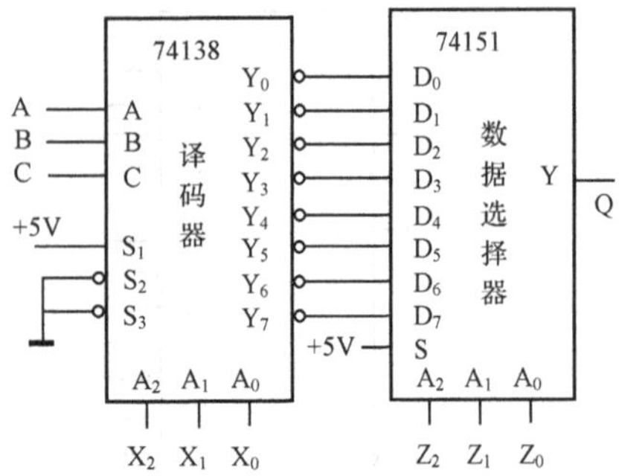

题图 5.17

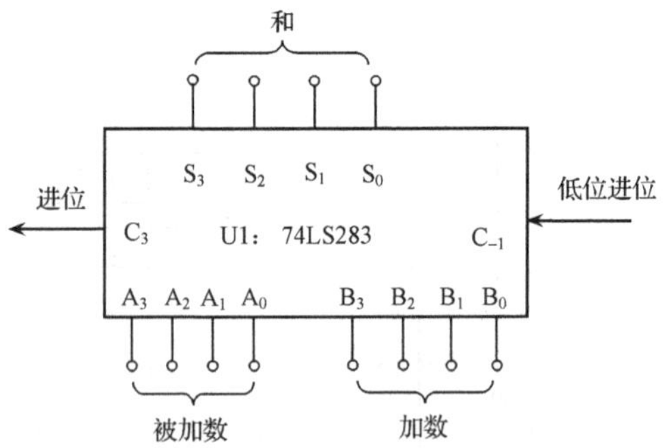

题图 5.22

5.23 试用一片 4 位二进制全加器 74LS283 将余 3 码转换成 8421BCD 码。

第 6 章　触发器和定时器

学习本章后,读者将了解:

- 基本 RS 触发器的工作原理和逻辑功能;
- 同步 RS 触发器的工作原理和逻辑功能;
- 主从 RS 触发器、传输延时型 JK 触发器和维持阻塞型触发器的工作原理和逻辑功能;
- 触发器的功能描述方法:状态表、特性方程、状态图和时序图;
- 触发器逻辑功的转换;
- 触发器的动态特性;
- 555 定时器的逻辑功能和典型器件;
- 555 定时器组成的脉冲整形和产生电路:施密特触发器、单稳态触发器和多谐振荡器。

触发器是数字电路中一种基本的单元电路,它具有两个稳定状态,能够存储一位二进制信息,用于记忆时序数字电路的状态。

按功能分类,触发器分为基本 RS 触发器、RS 触发器、JK 触发器、D 触发器、T 触发器和 T′触发器。可用状态表、特性方程、时序图和状态图描述触发器的功能。

输入信号可以改变触发器的状态,因此,可能使触发器状态变化的每一次输入称为一次触发。触发器的触发方式有直接触发、同步触发和边沿触发(包括主从型触发、维持阻塞型触发和传输延时型触发)。触发方式与触发器的电路结构有关,决定触发器实现其功能的原理。从理论上讲,每种触发方式都可以实现 RS 触发器、JK 触发器、D 触发器、T 触发器和 T′触发器。

本章以触发方式为主线介绍各种功能的触发器,即介绍基本 RS 触发器(直接触发)、同步 RS 触发器(同步触发)、主从 RS 触发器(边沿触发)、传输延时 JK 触发器(边沿触发)和维持阻塞 D 触发器(边沿触发)。然后,以维持阻塞 D 触发器转换为 T 触发器和 T′触发器为例介绍触发器逻辑功能的转换。最后,以维持阻塞 D 触发器为例介绍触发器的脉冲工作特性。

数字电路,如触发器,需要规则的脉冲信号(一致的逻辑电平和陡峭的边沿)。定时器不但可以将不规则的信号整形为规则的脉冲信号,还可以产生规则的脉冲信号。此外,定时器电路包含有触发器。因此,本章还介绍定时器的工作原理和定时器的应用电路。

6.1　基本 RS 触发器

基本 RS 触发器是存储一位二进制信息的基本电路,是组成其他功能触发器的基础。有两种结构:与非门基本 RS 触发器和或非门基本 RS 触发器。

6.1.1　与非门基本 RS 触发器

1. 电路组成和工作原理

图 6.1.1(a)是由两个与非门交叉耦合组成的基本 RS 触发器,图 6.1.1(b)是它的逻辑符号,输入信号低电平有效(用“○”表示),Q 和 $\overline{Q}$ 是两个独立的输出端。当触发器正常工作时,Q 和 $\overline{Q}$ 是互补的。如果 Q=0,则 $\overline{Q}$=1,称为触发器处于 0 态;如果 Q=1,则 $\overline{Q}$=0,称为触发

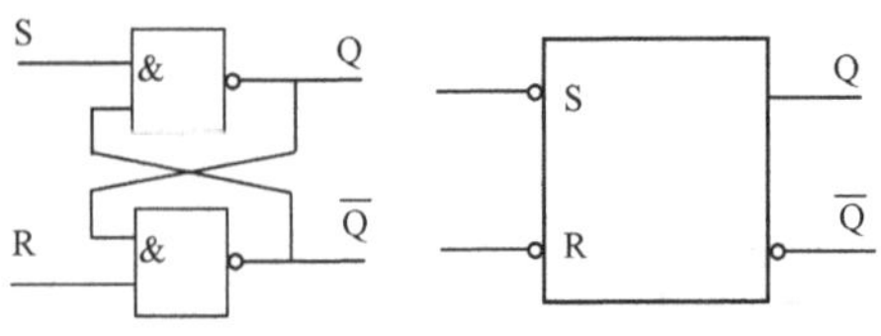

(a) 逻辑图　　(b) 逻辑符号

图 6.1.1　与非门基本 RS 触发器

器处于 1 态;即以 Q 端的状态定义触发器的状态。输入信号 R 和 S 变化可能触发输出状态变化,所以,输入信号 R 和 S 的每一次变化称为一次触发。在触发时刻(t_n)前瞬,触发器所处的稳定状态称为现态(或原状态),记为 Q^n;在触发时刻(t_n)后,触发器到达新的稳定状态称为次态(或新状态),记为 Q^{n+1}。注意,Q^n 和 Q^{n+1} 是触发器同一个输出端上不同时刻的逻辑值。

在触发时刻(t_n)前瞬,输入信号 S 和 R 的稳态值使电路处于稳定状态 Q^n(现态)。所以

$$Q^n=\overline{S\,\overline{Q^n}}\qquad \overline{Q^n}=\overline{RQ^n} \tag{6.1.1}$$

在触发时刻(t_n)后,输入信号 S 和 R 的变化使触发器从现态 Q^n 逐渐转换到新的稳定状态 Q^{n+1}(次态)。考虑到每个门电路存在传输延时时间 t_{pd},在传输延时时间 t_{pd} 内与非门的输入是信号 S、R 和现态 Q^n 或 $\overline{Q^n}$,所以 Q^{n+1} 的表达式为

$$Q^{n+1}=\overline{S\,\overline{Q^n}}=\overline{S\,\overline{RQ^n}}=\bar{S}+RQ^n \tag{6.1.2}$$

同理,$\overline{Q^{n+1}}$ 的表达式为

$$\overline{Q^{n+1}}=\overline{RQ^n}=\overline{R\,\overline{S\,\overline{Q^n}}}=\bar{R}+S\,\overline{Q^n} \tag{6.1.3}$$

由式(6.1.2)和(6.1.3),与非门基本 RS 触发器具有下述功能:

1) 保持功能

当 R=S=1 时,代入式(6.1.2)和式(6.1.3),得 $Q^{n+1}=Q^n$,$\overline{Q^{n+1}}=\overline{Q^n}$,即次态等于现态,触发器保持不变,$Q^n$ 可为逻辑 1 和逻辑 0。因此,只要 R=S=1 和不断电,触发器将保持 1 态或 0 态,可用于存储一位二进制信息,这就是触发器的存储功能。

2) 置 1 功能

当 R=1,S=0 时,代入式(6.1.2)和式(6.1.3),得 $Q^{n+1}=1$,$\overline{Q^{n+1}}=0$,无论触发器之前处于何种状态,输入信号 S=0 使触发器置为 1 态,称为置 1 或置位;S(set)端称为置 1(置位)输入端,置位输入信号(S)低电平有效,在逻辑符号中用小圆圈指明。

如果恢复 R=S=1,则触发器存储 1。所以,触发器存储 1 的过程是先置 1 再保存。

3) 置 0 功能

当 R=0,S=1 时,代入式(6.1.2)和式(6.1.3),得 $Q^{n+1}=0$,$\overline{Q^{n+1}}=1$,无论触发器之前处于何种状态,输入信号 R=0 使触发器置为 0 态,称为置 0 或复位,R(reset)端称为置 0(复位)输入端。复位输入信号(R)低电平有效,在逻辑符号中用小圆圈指明。

如果恢复 R=S=1,则触发器存储 0。所以,触发器存储 0 的过程是先置 0 再保存。

4) 禁止输入

当 R=S=0 时,代入式(6.1.2)和式(6.1.3),得 $Q^{n+1}=1$,$\overline{Q^{n+1}}=1$。触发器的置位输入和复位输入出现功能竞争,破坏两个独立输出端 Q 和 $\overline{Q}$ 的互补状态,不能存储二进制信息,因此,必须禁止输入组合 R=S=0。

允许的 R、S 输入信号组合满足下述约束方程:

$$R+S=1 \tag{6.1.4}$$

由上述分析,归纳出与非门基本 RS 触发器的状态表(也称为功能表),见表 6.1.1。状态表中,由于 R=S=0 不满足约束条件而被禁止输入,所以,与之对应的次态 Q^{n+1} 记为无关项×。

表 6.1.1　与非门基本 RS 触发器的状态表

R	S	Q^n	Q^{n+1}	功能说明
0	0	0	×	禁止
0	0	1	×	禁止
0	1	0	0	置 0
0	1	1	0	置 0
1	0	0	1	置 1
1	0	1	1	置 1
1	1	0	0	保持
1	1	1	1	保持

2. 特性方程

由状态表 6.1.1，可以绘出与非门基本 RS 触发器次态（Q^{n+1}）的卡诺图，如图 6.1.2所示。触发器的特性方程（或称为功能方程）为

$$\begin{cases} Q^{n+1}=\overline{S}+RQ^n \\ R+S=1 \end{cases} \tag{6.1.5}$$

3. 触发特点

电路的工作波形图（亦称为时序图）可直观反映触发器的触发特点。由基本 RS 触发器的工作原理知，输入信号 R 和 S 直接改变触发器的状态，称为直接触发。输入信号的任何一次改变，都可能引起触发器状态变化。因此，在忽略门电路的传输延时的情况下，绘制触发器工作波形的步骤是：

（1）根据输入信号确定触发时刻 t_n（任何输入信号的变化沿都是可能的触发时刻）；

（2）将时间区间$[t_n, t_{n+1})$的输入信号值和前一时间区间$[t_{n-1}, t_n)$触发器的现态 Q^n 代入触发器功能方程计算，得到时间区间$[t_n, t_{n+1})$上的次态 Q^{n+1}，画出 Q 端和 $\overline{Q}$ 端的波形图。

例如，图 6.1.3 是与非门基本 RS 触发器的波形图。图中触发器的初始状态为 1 态，垂直点画线表示触发时刻，对应于输入信号的每一次改变，在 2 个相邻的触发时刻之间输入 R 和 S 是确定的。然后按第（2）步画出 Q 端和 $\overline{Q}$ 端的波形图。即在每个出发时刻（t_n），将 R 和 S 的值（t_n 时刻的 R 和 S 值）以及原状态（t_n以前的 Q 端值 Q^n），代入式（6.1.5）计算得到 Q^{n+1}值（t_n以后的 Q 端值 Q^{n+1}），画出输出 Q 和 $\overline{Q}$ 的波形图。

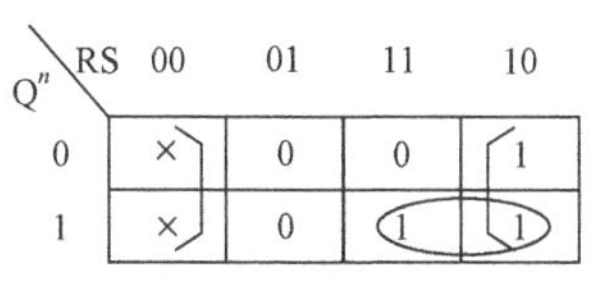

图 6.1.2　与非门基本 RS 触发器 Q^{n+1}的卡诺图

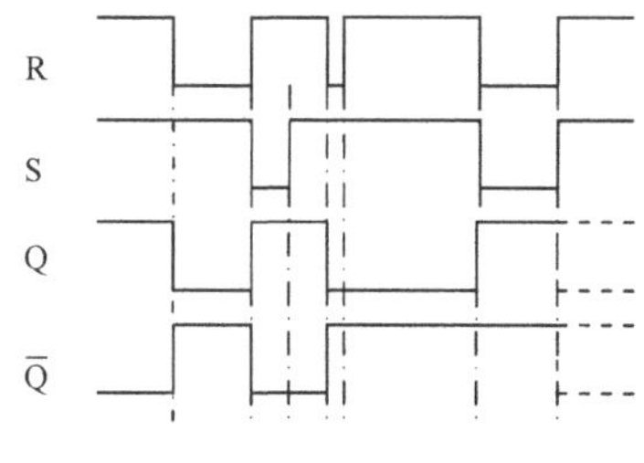

图 6.1.3　与非门基本 RS 触发器的波形图

注意，在波形图 6.1.3 的末段，画出了输入不满足约束的情况。由于 R=S=0，所以 Q=1，$\overline{Q}$=1，破坏了 2 个独立输出端 Q 和 $\overline{Q}$ 的互补状态。另外，当输入信号从 R=S=0 同时变为 R=S=1 时，经过 1 个传输延时时间 t_{pd}后输出端同时变为 0（Q=0，$\overline{Q}$=0，设 2 个与非门具有

相同的延时 t_{pd})，再经过 1 个 t_{pd} 后输出端同时又变为 1($Q=1,\overline{Q}=1$)。因此，当输入信号从 $R=S=0$ 同时变为 $R=S=1$ 时，触发器 Q 和 $\overline{Q}$ 的状态不确定(图中用双虚线表示)。基于前述 2 个原因，与非门基本 RS 触发器的输入 $R=S=0$ 应当被禁止。

干扰信号通常表现为窄脉冲。例如，图 6.1.3中 R 端的第 2 个低电平窄脉冲可视为干扰信号，它使 Q 端由 1 变为 0，改变了触发器的存储数据。所以，直接触发方式抗干扰能力弱。

通过后面的学习可以知道，所有触发器均有存储功能，通过输入端使触发器存储给定的数据 0 或 1。基本 RS 触发器因具有置 1 和置 0 功能而得其名，“基本”则对应于输入信号的直接触发方式。

6.1.2 或非门基本 RS 触发器

1. 电路组成和工作原理

图 6.1.4(a)是由两个或非门交叉耦合组成的基本 RS 触发器，图 6.1.4(b)是它的逻辑符号，输入信号高电平有效。

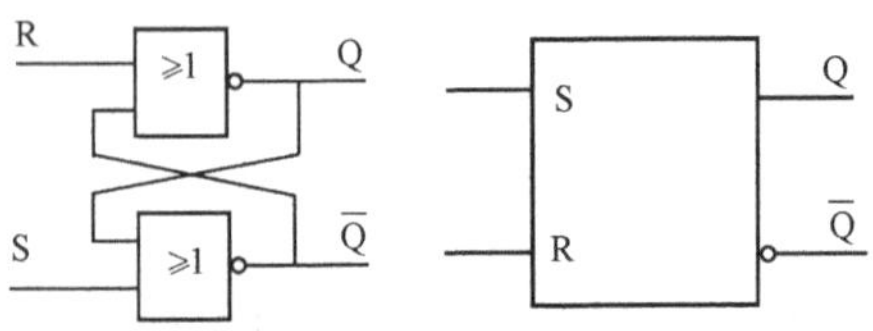

(a) 逻辑图　　(b) 逻辑符号

图 6.1.4　或非门基本 RS 触发器

在触发时刻(t_n)前瞬，输入信号 S 和 R 的稳态值使电路处于稳定状态 Q^n(现态)。所以

$$Q^n=\overline{R+\overline{Q^n}} \tag{6.1.6a}$$

$$\overline{Q^n}=\overline{S+Q^n} \tag{6.1.6b}$$

在触发时刻(t_n)后，输入信号 S 和 R 的变化使触发器从现态 Q^n 逐渐转换到新的稳定状态 Q^{n+1}(次态)。考虑到每个门电路存在传输延时时间 t_{pd}，在传输延时时间 t_{pd} 内或非门的输入是信号 S、R 和现态 Q^n 或 $\overline{Q^n}$，所以 Q^{n+1} 的表达式为

$$Q^{n+1}=\overline{R+\overline{Q^n}}=\overline{R+\overline{S+Q^n}}=\bar{R}S+\bar{R}Q^n \tag{6.1.7}$$

同理，$\overline{Q^{n+1}}$ 的表达式为

$$\overline{Q^{n+1}}=\overline{S+Q^n}=\overline{S+\overline{R+\overline{Q^n}}}=\bar{S}R+\bar{S}\,\overline{Q^n} \tag{6.1.8}$$

由式(6.1.7)、式(6.1.8)，或非门基本 RS 触发器具有下述功能。

1) 保持功能

当 $R=S=0$ 时，代入式(6.1.7)和式(6.1.8)，得 $Q^{n+1}=Q^n$，$\overline{Q^{n+1}}=\overline{Q^n}$，即次态等于现态，触发器保持不变，具有存储功能。

2) 置 1 功能

当 $R=0,S=1$ 时，代入式(6.1.7)和式(6.1.8)，得 $Q^{n+1}=1$，$\overline{Q^{n+1}}=0$，无论触发器之前处于何种状态，输入信号 $S=1$ 使触发器置为 1 态，置位输入信号(S)高电平有效。

如果恢复 $R=S=0$，则触发器存储 1。所以，触发器存储 1 的过程是先置 1 再保存。

3) 置 0 功能

当 $R=1,S=0$ 时，代入式(6.1.7)和式(6.1.8)，得 $Q^{n+1}=0$，$\overline{Q^{n+1}}=1$，无论触发器之前处于何种状态，输入信号 $R=1$ 使触发器置为 0 态，复位输入信号(R)高电平有效。

如果恢复 $R=S=0$，则触发器存储 0。所以，触发器存储 0 的过程是先置 0 再保存。

4) 禁止输入

当 $R=S=1$ 时，代入式(6.1.7)和式(6.1.8)，得 $Q^{n+1}=0$，$\overline{Q^{n+1}}=0$。触发器的置位输入和复位输入出现功能竞争，破坏触发器两个独立输出端 Q 和 $\overline{Q}$ 的互补状态，不能存储二进制信息，因此，必须禁止输入组合 $R=S=1$。

允许的 R、S 输入信号组合满足下述约束方程：

$$RS = 0 \tag{6.1.9}$$

由前述分析，归纳出或非门基本 RS 触发器的状态表(功能表)，见表 6.1.2。状态表中，由于 R=S=1 不满足约束条件而被禁止输入，与之对应的次态 Q^{n+1} 记为无关项×。

表 6.1.2　与或门基本 RS 触发器的状态表

R	S	Q^n	Q^{n+1}	功能说明
0	0	0	0	保持
0	0	1	1	保持
0	1	0	1	置 1
0	1	1	1	置 1
1	0	0	0	置 0
1	0	1	0	置 0
1	1	0	×	禁止
1	1	1	×	禁止

2. 特性方程

由状态表 6.1.2，可以绘出或非门基本 RS 触发器次态(Q^{n+1})的卡诺图，如图 6.1.5所示。触发器的特性方程(或称为功能方程)为

$$\begin{cases} Q^{n+1} = S + \bar{R}Q^n \\ RS = 0 \end{cases} \tag{6.1.10}$$

和与非门基本 RS 触发器的特性方程(6.1.5)比较，如果做 $R \to \bar{R}$，$S \to \bar{S}$ 替换，则两个方程完全相同。因此，与非门基本 RS 触发器具有低电平有效的特性方程(6.1.5)，而或非门基本 RS 触发器则具有高电平有效的特性方程(6.1.10)。在做一般描述时，通常使用高电平有效的特性方程。

3. 触发特点

输入信号 R、S 直接改变或非门基本 RS 触发器的状态，是直接触发。输入信号的任何一次改变，都是一个触发时刻，可能改变触发器的状态。绘制工作波形的方法同与非门基本 RS 触发器。在忽略门电路的传输延时的情况下，绘制触发器工作波形的步骤是：

(1) 根据输入信号确定触发时刻 t_n(任何输入信号的变化沿都是可能的触发时刻)；

(2) 将时间区间$[t_n, t_{n+1})$的输入信号值和前一时间区间$[t_{n-1}, t_n)$触发器的现态 Q^n 代入触发器特性方程计算，得到时间区间$[t_n, t_{n+1})$上的次态 Q^{n+1}，画出 Q 端和 $\bar{Q}$ 端的波形图。

图 6.1.6 是或非门基本 RS 触发器的波形图，图中触发器的初始状态为 1 态。在每个出发时刻(t_n)，将 R 和 S 的值(t_n 时刻的 R 和 S 值) 以及原状态(t_n 以前的 Q 端值 Q^n)，代入式(6.1.10) 计算得到 Q^{n+1} 值(t_n 以后的 Q 端值 Q^{n+1})，画出输出 Q 和 $\bar{Q}$ 的波形图。

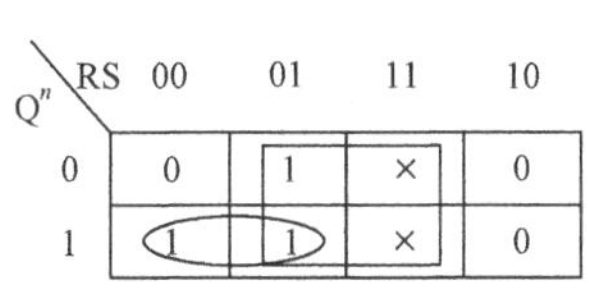

图 6.1.5　或非门基本 RS 触发器 Q^{n+1} 的卡诺图

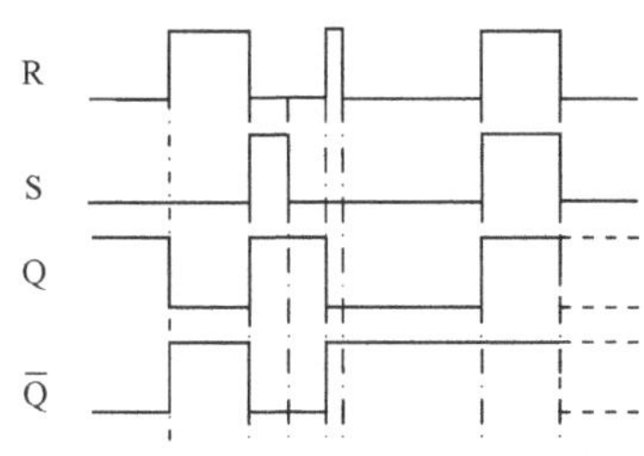

图 6.1.6　或非门基本 RS 触发器的波形图

注意，在波形图 6.1.6 的末段，画出了输入不满足约束的情况。由于 $R=S=1$，所以 $Q=0$，$\overline{Q}=0$，破坏了 2 个独立输出端 Q 和 $\overline{Q}$ 的互补状态。另外，当输入信号从 $R=S=1$ 同时变为 $R=S=0$ 时，经过 1 个传输延时时间 t_{pd} 后输出端同时变为 1（$Q=1$，$\overline{Q}=1$，设 2 个与非门具有相同的延时 t_{pd}），再经过 1 个 t_{pd} 后输出端同时又变为 0（$Q=1$，$\overline{Q}=1$）。因此，当输入信号从 $R=S=1$ 同时变为 $R=S=0$ 时，触发器 Q 和 $\overline{Q}$ 的状态不确定（图中用双虚线表示）。基于前述 2 个原因，或非门基本 RS 触发器的输入 $R=S=1$ 应当被禁止。

干扰信号通常表现为窄脉冲。例如，图 6.1.6 中 R 端的第 2 个高电平窄脉冲可视为干扰信号，它使 Q 端由 1 变为 0，改变了触发器的存储数据。所以，直接触发方式抗干扰能力弱。

6.2 同步 RS 触发器

对于多位二进制信息，则需要多个触发器同时存储其每一位，即要求多个触发器随存储数据的改变而同步变化。为此，引入同步信号控制多个触发器同步改变状态。触发器的状态改变时间受同步信号控制的触发方式统称为同步触发（广义）。可用同步信号的边缘（上升沿、下降沿）或电平（高、低电平）实现同步触发，前者称为边沿触发，后者称为电平触发，习惯上称为同步触发（狭义）。

从理论上推理，各种触发方式都可以实现不同功能的触发器，即 RS 触发器、JK 触发器、D 触发器、T 触发器和 T′触发器。本节介绍以电平触发的同步 RS 触发器。

1）电路组成和工作原理

在与非门基本 RS 触发器的基础上增加两个与非门后构成同步 RS 触发器，如图 6.2.1(a)所示，其中 CP(clock pulse)是同步信号，常称为时钟信号。

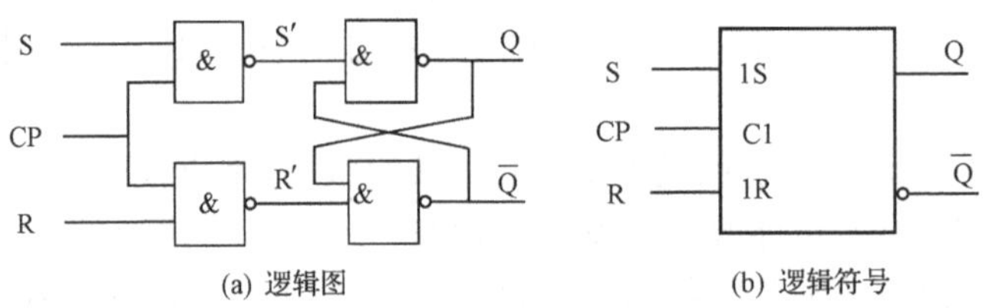

图 6.2.1　同步 RS 触发器

根据电路，基本 RS 触发器的置 0 输入 R′和置 1 输入 S′分别为

$$\begin{cases} R' = \overline{CP \cdot R} \\ S' = \overline{CP \cdot S} \end{cases} \tag{6.2.1}$$

将式(6.2.1)代入与非门基本 RS 触发器的特性方程(6.1.5)，得

$$\begin{cases} Q^{n+1} = \overline{S'} + R'Q^n = CP \cdot S + \overline{CP \cdot R} \cdot Q^n \\ R' + S' = \overline{CP \cdot R \cdot S} = 1 \end{cases} \tag{6.2.2}$$

当 CP=0 时，$R'=S'=1$，$Q^{n+1}=Q^n$，即触发器保持状态不变。

当 CP=1 时，$R'=\overline{R}$，$S'=\overline{S}$，同步 RS 触发器的特性方程为

$$\begin{cases} Q^{n+1} = S + \overline{R}Q^n \\ RS = 0 \end{cases} \tag{6.2.3}$$

即时钟信号 CP 控制触发器状态改变的时间区间（CP=1 的时间段），而触发器的次态值则由输入信号 R、S 和现态确定，所以，CP 称为控制信号（触发信号），R、S 称为数据信号，亦称

为同步输入信号。

对所有的同步触发器(包括边沿和电平触发器),特性方程是指 CP 有效时(触发)的方程。由特性方程(6.2.3)计算,得到同步 RS 触发器的状态表,如表 6.2.1 所示,表中同时列出了 CP 无效时(CP=0)的输出状态。触发器具有保持、置 1 和置 0 功能,输入信号高电平有效。

表 6.2.1　同步 RS 触发器的状态表

CP	R	S	Q^n	Q^{n+1}	功能说明
0	×	×	0	0	保持
0	×	×	1	1	保持
1	0	0	0	0	保持
1	0	0	1	1	保持
1	0	1	0	1	置 1
1	0	1	1	1	置 1
1	1	0	0	0	置 0
1	1	0	1	0	置 0
1	1	1	0	×	禁止
1	1	1	1	×	禁止

图 6.2.1(b)是同步 RS 触发器的逻辑符号,时钟用 C(control)表示,1 表示相关联的(影响或受影响的)信号序数,即时钟信号 C 控制置位 S 和复位 R。

2) 触发特点

绘制同步 RS 触发器的工作波形的方法与绘制基本 RS 触发器的工作波形相似,区别是触发时刻是 CP 的上升沿和在 CP=1 期间 R、S 的变化沿。图 6.2.2 所示为同步 RS 触发器的工作波形,图中触发器的初始状态为 1 态。在每个触发时刻(t_n),将 R 和 S 的值(t_n时刻的 R 和 S 值)以及原状态(t_n以前的 Q 端值 Q^n),代入方程(6.2.3)计算得到 Q^{n+1} 值(t_n 以后的 Q 端值 Q^{n+1}),画出输出 Q 和 $\overline{Q}$ 的波形图。

注意,在波形图 6.2.2 的末段,画出了输入不满足约束的情况。在 CP=1 期间,由于 R=S=1,所以 Q=1,$\overline{Q}$=1,破坏了 2 个独立输出端 Q 和 $\overline{Q}$ 的互补状态。当延续到 CP=0 时,使 R′=S′=0,导致触发器 Q 和 $\overline{Q}$ 的状态不确定(图中用双虚线表示)。

如果图 6.2.2 中 R 的第二和第三个高电平窄脉冲是干扰信号,则由于第二个发生在CP=0期间不影响触发器状态,但第三个发生在CP=1期间使触发器状态由 1 变为 0,在 CP 有效(CP=1)期间干扰脉冲影响触发器的状态,抗干扰能力差。如果 CP 是占空比为 50%的周期时钟信号,则干扰影响同步触发器状态的概率是直接触发器的 50%。因此,可通过减小 CP 有效电平的占空比提高同步 RS 触发器的抗干扰能力。

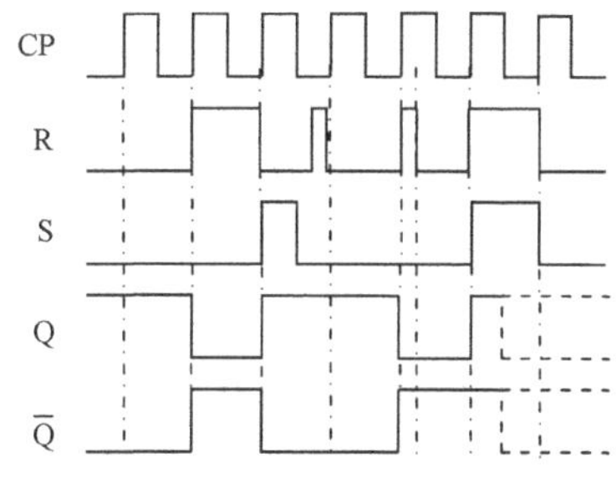

图 6.2.2　同步 RS 触发器的波形图

由本例推理,如果触发器仅在同步信号的边沿触发,由于边沿时间相对于时钟周期很小,则干扰脉冲影响触发器的概率很小,所以边沿触发器抗干扰能力将大大增强(见 6.3 节的边沿触发器)。

例 6.1　试分析图 6.2.3 所示的 4 位二进制数码寄存器的工作原理。

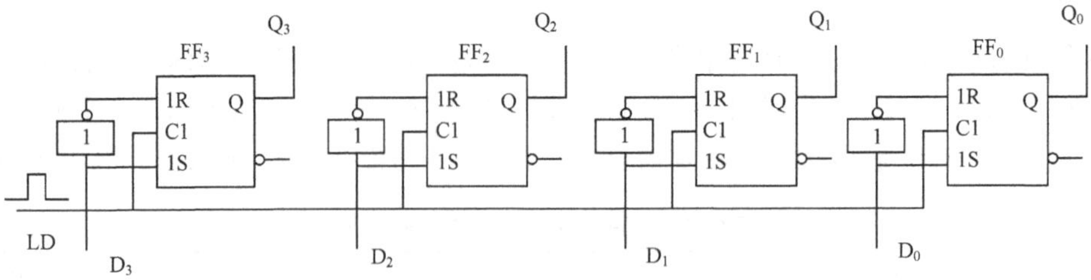

图 6.2.3　4 位二进制数码寄存器

解　数码从数据端 $D_3D_2D_1D_0$ 输入，从触发器的 $Q_3Q_2Q_1Q_0$ 输出，LD(load)是寄存器装载控制信号，即同步信号。

当 LD=1 时，

$$S_i = D_i, \quad R_i = \bar{D}_i$$

$$Q_i^{n+1} = S_i + \bar{R}_i Q_i^n = D_i, \quad i = 0,1,2,3$$

输入数据装载入同步 RS 触发器。

当 LD=0 时，4 个同步 RS 触发器的输出 Q 不变，存储已装入的数据。

同步触发器的另一个缺点是直通现象。例如，图 6.2.4 所示电路中的 3 个同步 RS 触发器级联。当 CP=1 时，3 个触发器的输出完全相同；当 CP=0 时，3 个触发器存储相同的值。这就是触发器级联的直通现象。读者可以分析，基本 RS 触发器也存在直通现象。

为了消除直通现象，级联触发器必须是边沿触发器(见 6.3 节)。

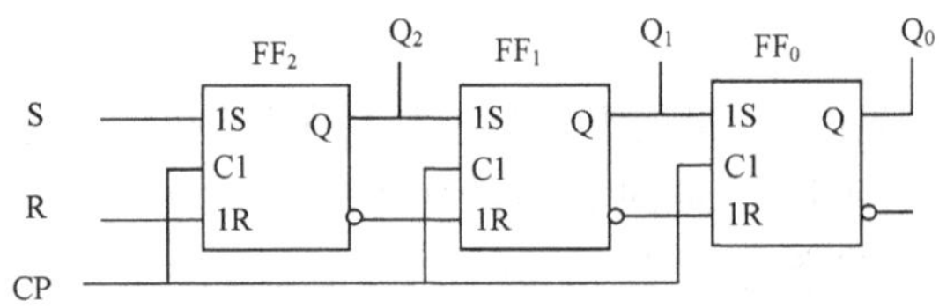

图 6.2.4　同步 RS 触发器的直通现象

6.3　边沿触发器

利用同步信号的边沿(上升沿或下降沿)实现同步的触发器称为边沿触发器。实现边沿触发的方式有主从型、传输延时型和维持阻塞型。再次指出，各种触发方式都可以实现不同功能的触发器，即 RS 触发器、JK 触发器、D 触发器、T 触发器和 T′触发器。限于篇幅，本节仅介绍主从型 RS 触发器、传输延时型 JK 触发器和维持阻塞型 D 触发器。

6.3.1　主从型 RS 触发器

1) 电路组成和工作原理

主从 RS 触发器由两个同步 RS 触发器级联和一个反相器组成，如图 6.3.1 所示。其中第一级为主触发器(M)，第二级为从触发器(S)，它们的同步信号反相，主触发器在时钟信号 CP 的上升沿触发，从触发器在时钟信号 CP 的下降沿触发，消除了两个触发器的直通。

当 CP=1 时，从触发器保持，主触发器接收信息，即

$$\begin{cases} Q_m^{n+1} = S + \bar{R}Q_m^n \\ RS = 0 \end{cases} \tag{6.3.1}$$

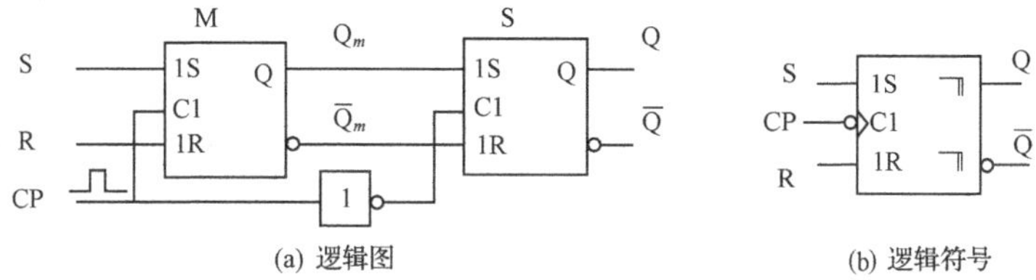

图 6.3.1　主从 RS 触发器

当 CP=0 时，主触发器保持在 CP=1 期间内接收的信息；同时，从触发器在 CP 由 1 变 0 后的短暂时间内接收主触发器的状态（CP 的下降沿触发）；而在 CP=0 的后期不再变化（因主触发器不变）。在 CP=0 期间，输出为

$$Q^{n+1}=Q_m^{n+1}+\overline{Q_m^{n+1}}Q^n=Q_m^{n+1}\quad\rightarrow\quad Q^n=Q_m^n \tag{6.3.2}$$

将式(6.3.1)代入式(6.3.2)，得主从触发器的特性方程

$$\begin{cases}Q^{n+1}=Q_m^{n+1}=S+\bar{R}Q_m^n\\RS=0\end{cases}\rightarrow\begin{cases}Q^{n+1}=S+\bar{R}Q^n\\RS=0\end{cases} \tag{6.3.3}$$

主从 RS 触发器和同步 RS 触发器的特性方程相同，即具有相同的逻辑功能，但触发方式不同。表 6.3.1 所示为主从 RS 触发器的状态表，表中“↓”表示 CP 由 1 跳变为 0 的下降沿。主从 RS 触发器的输入数据是 CP=1 期间的 R、S 值，触发器的输出则相对于输入信号延迟到 CP 的下降沿变化。在逻辑符号中，用“¬”表示这种延迟输出作用。此外，逻辑符号中 CP 的“三角”表示边沿触发，小圆圈则进一步指明是下降沿触发。

表 6.3.1　主从 RS 触发器的状态表

CP	R	S	Q^n	Q^{n+1}	功能说明
无↓	×	×	0	0	保持
无↓	×	×	1	0	保持
↓	0	0	0	0	保持
↓	0	0	1	1	保持
↓	0	1	0	1	置 1
↓	0	1	1	1	置 1
↓	1	0	0	0	置 0
↓	1	0	1	0	置 0
↓	1	1	0	×	禁止
↓	1	1	1	×	禁止

2）触发特点

主从型触发器的触发特点可归纳为采样和触发两个阶段。采样是指在CP=1期间主触发器采集输入数据 R、S 的逻辑值并设置主触发器的状态。在 CP 的下降沿触发，将主触发器的状态传送到从触发器中获得主从型 RS 触发器的次态。

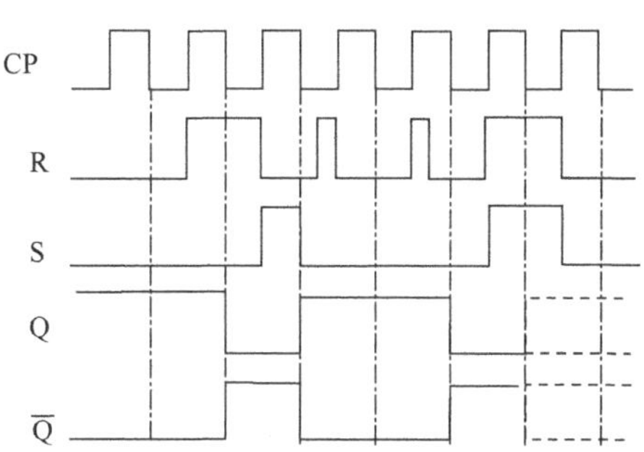

图 6.3.2　主从 RS 触发器的波形图

图 6.3.2 是主从 RS 触发器的一个波形图例，图中触发器的初始状态为 1 态。在每个出发时刻（CP 的下降沿 t_n），将 CP=1 期间的 R 和 S 的值（t_n 之前

的 R 和 S 值)以及原状态(t_n 以前的 Q 端值 Q^n),代入方程(6.3.3)计算得到 Q^{n+1} 值(t_n 以后的 Q 端值 Q^{n+1}),画出输出 Q 和 $\overline{Q}$ 的波形图。

注意,在波形图 6.3.2 的末段,画出了输入不满足约束的情况。在 CP=1 期间,由于 R=S=1(不满足约束方程),主触发器输出 $Q_m=1$ 和 $\overline{Q}_m=1$,当延续到 CP=0 时,主触发器的状态不确定,导致从触发器的 Q 和 $\overline{Q}$ 状态不确定(图中用双虚线表示)。

当干扰信号出现在 CP=0 期间时,则它不会影响触发器的状态。例如图 6.3.2 中 R 的第 2 个窄脉冲(可视为干扰)出现在 CP=0 期间时,触发器输出没有变化。但是,当干扰信号出现在 CP=1 期间时,则它仍然会影响触发器的状态。例如图 6.3.2 中 R 的第 3 个窄脉冲(可视为干扰)出现在 CP=1 期间时,使触发器输出由 1 变为 0。减小 CP=1 的占空比可提高主从 RS 触发器的抗干扰能力。

由本例推广,虽然主从触发器是边沿触发器,克服了触发器间的直通,但由于它们在 CP=1期间接收输入信号,导致抗干扰能力差。

6.3.2 传输延时型 JK 触发器

1) 电路组成和工作原理

在传输延时(t_{pd})内门电路的输出不能跟随其输入变化,即其输出具有保持作用。利用门电路的这一保持作用可构成传输延时型边沿触发器,如图 6.3.3(a)所示的边沿 JK 触发器,其工作原理如下:

(1) 时钟 CP=0 时,触发器保持不变。

当 CP=0 时,$L_1=L_2=1$,并且第二级的两个与或非门等效为 1 个与非门基本 RS 触发器,其复位端为 L_1,置位端为 L_2,输入低电平有效。所以,输出保持不变。

(2) 时钟 CP=1(包括上升沿)时,触发器仍然保持不变。

从时钟 CP 的上升沿开始,在 1 个与非门的传输延时(t_{pd})内,与非门输出保持为 1,即

$$L_1 = L_2 = 1 \rightarrow \left\{\begin{array}{l} \text{与或 } \overline{Q^{n+1}} = \overline{Q^n \cdot 1 + Q^n \cdot 1} = \overline{Q^n} \\ \text{非门 } Q^{n+1} = \overline{\overline{Q^n} \cdot 1 + \overline{Q^n} \cdot 1} = Q^n \end{array}\right\} \rightarrow \text{输出保持不变}$$

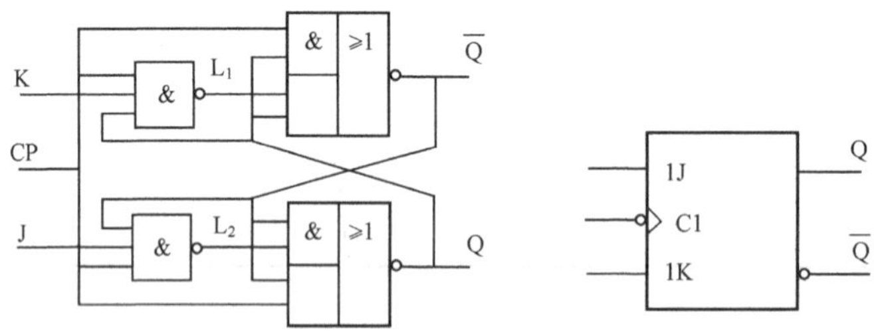

(a) 逻辑图　　(b) 逻辑符号

图 6.3.3　传输延时型边沿 JK 触发器

从时钟 CP 的上升沿开始,超过 1 个与非门的传输延时(t_{pd})之后,与非门输出改变,但触发器输出保持,即

$$\left\{\begin{array}{l} L_1 = \overline{KQ^n} \\ L_2 = \overline{J\,\overline{Q^n}} \end{array}\right\} \rightarrow \left\{\begin{array}{l} \text{第二级 } \overline{Q^{n+1}} = \overline{Q^n \cdot 1 + Q^n \cdot \overline{KQ^n}} = \overline{Q^n} \\ \text{与或非 } Q^{n+1} = \overline{\overline{Q^n} \cdot 1 + \overline{Q^n} \cdot \overline{J\,\overline{Q^n}}} = Q^n \end{array}\right\} \rightarrow \text{输出保持不变}$$

(3) 时钟 CP 下降沿时间到,触发器状态变化。

CP 由 1 跳变为 0 后,两个或非门又等效为 1 个与非门基本 RS 触发器,其复位端为 L_1,置

位端为 L_2，输入低电平有效。其特性方程为

$$\begin{cases} Q^{n+1} = \bar{S} + RQ^n = \overline{L_2} + L_1 Q^n \\ S + R = L_2 + L_1 = 1 \end{cases}$$

从时钟 CP 的下降沿开始，在 1 个与非门的传输延时（t_{pd}）内，两个与非门保持其输出，即

$$\begin{cases} L_1 = \overline{KQ^n} \\ L_2 = \overline{J\,\overline{Q^n}} \end{cases} \rightarrow \begin{cases} Q^{n+1} = J\,\overline{Q^n} + \overline{KQ^n}Q^n = J\,\overline{Q^n} + \bar{K}Q^n \\ L_2 + L_1 = \overline{KQ^n} + \overline{J\,\overline{Q^n}} = \bar{K} + \overline{Q^n} + \bar{J} + Q^n = 1 \end{cases}$$

触发器的次态与输入信号 J、K 和现态有关，并且 J、K 可以取任意逻辑值，没有约束。

从时钟 CP 的下降沿开始，超过 1 个与非门的传输延时（t_{pd}）之后，$L_1 = L_2 = 1$，触发器保持前述变化的结果。

综上所述，图 6.3.6 所示的传输延时型边沿 JK 触发器在 CP 的下降沿触发翻转，其特性方程是

$$Q^{n+1} = J\,\overline{Q^n} + \bar{K}Q^n \tag{6.3.4}$$

式中，J、K 是距 CP 下降沿之前 t_{pd} 秒的任意逻辑值。由于 t_{pd} 是纳秒级，可以认为 J、K 是 CP 下降沿前瞬的任意逻辑值。

由特性方程（6.3.4）计算，得 JK 触发器的状态表，见表 6.3.2，表中“↓”表示 CP 由 1 跳变为 0 的下降沿，J、K 是 CP 下降沿前瞬的输入逻辑值。在时钟脉冲 CP 作用下，JK 触发器具有置 0、置 1、保持和翻转功能。翻转功能是指在 J=K=1 时，$Q^{n+1} = \overline{Q^n}$，即每一个 CP 的下降沿使触发器翻转一次。J、K 逻辑信号的组合只有 4 种情况，所以，JK 触发器又称为全功能触发器。

表 6.3.2　JK 触发器的状态表

CP	J	K	Q^n	Q^{n+1}	功能说明
↓	0	0	0	0	保持
↓	0	0	1	1	保持
↓	0	1	0	0	置 0
↓	0	1	1	0	置 0
↓	1	0	0	1	置 1
↓	1	0	1	1	置 1
↓	1	1	0	1	翻转
↓	1	1	1	0	翻转

下降沿触发的 JK 触发器的逻辑符号如图 6.3.3(b)所示。控制信号 C1 是下降沿触发。同步数据输入信号是 J 和 K，Q 和 $\overline{Q}$ 是 2 个互补的输出信号。

2) 触发特点

传输延时型边沿 JK 触发器的触发时刻是 CP 的下降沿，输入 J、K 是 CP 下降沿前瞬的逻辑值。据此可绘出触发器的工作波形图。图 6.3.4 所示为传输延时型边沿 JK 触发器的 1 个时序图例。图中触发器的初始状态为 1 态。在每个出发时刻（CP 的下降沿 t_n），将 t_n 前瞬时的 J 和 K 值）以及原状态（t_n 以前的 Q 端值 Q^n），代入方程（6.3.4）计算得到 Q^{n+1} 值（t_n 以后的 Q 端值 Q^{n+1}），画出输出 Q 和 $\overline{Q}$ 的波形图。注意，图中没有输出状态不确定的情况。

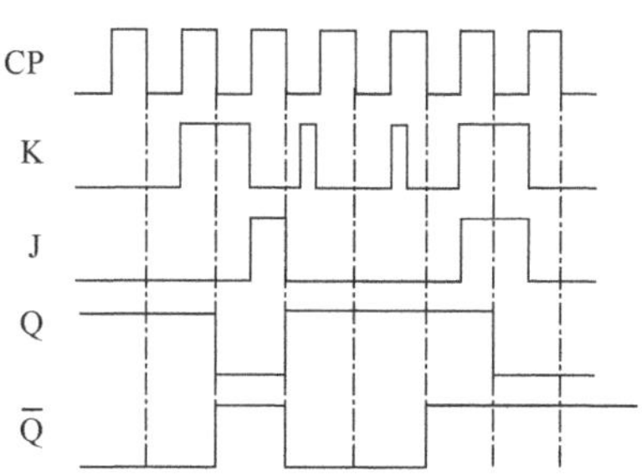

图 6.3.4　JK 触发器的波形图

在图 6.3.4 中，信号 K 的窄脉冲(第 2 和 3 个脉冲)，没有出现在 CP 的下降沿，对输出 Q 端没有影响。所以，只要窄脉冲干扰不出现在 CP 的下降沿，则不影响传输延时型触发器输出状态，故传输延时型边沿触发器抗干扰能力强。

3) 状态图

状态图是反映时序数字电路状态转换及状态转换条件的图形，它可以描述时序电路的功能。触发器是一种时序电路，各种触发器的功能都可用状态图表示。触发器的状态图仅反映其功能，与触发方式(工作原理)无关。下面以 JK 触发器为例介绍状态图。

根据 JK 触发器的状态表，绘出 JK 触发器的状态图，如图 6.3.5 所示。触发器有两个状态：0 和 1，用圆圈表示；箭头表示状态转换的方向和一个有效的时钟(如边沿 JK 触发器的下降沿)，旁边注明状态转换条件。例如，触发器由 0 态转换为 1 态的条件是：J=1，K=×(0 或 1)。

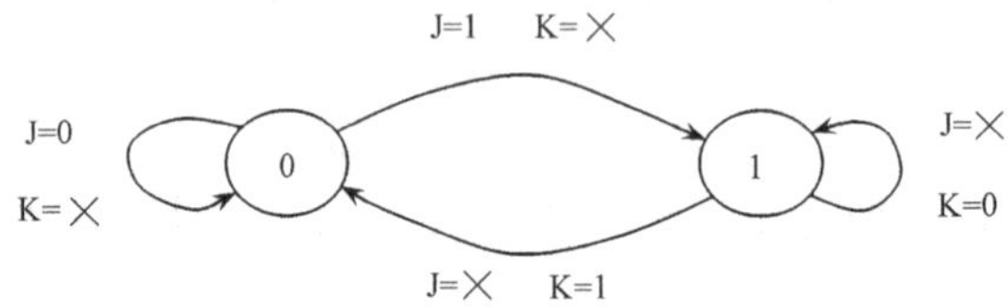

图 6.3.5 JK 触发器的状态图

6.3.3 维持阻塞型 D 触发器

1) 电路组成和工作原理

电路如图 6.3.6 所示，两个与非门组成基本 RS 触发器，4 个与非门控制其复位输入(L_1)和置位输入(L_2)。利用控制门间的反馈实现时钟的边沿触发，工作原理如下：

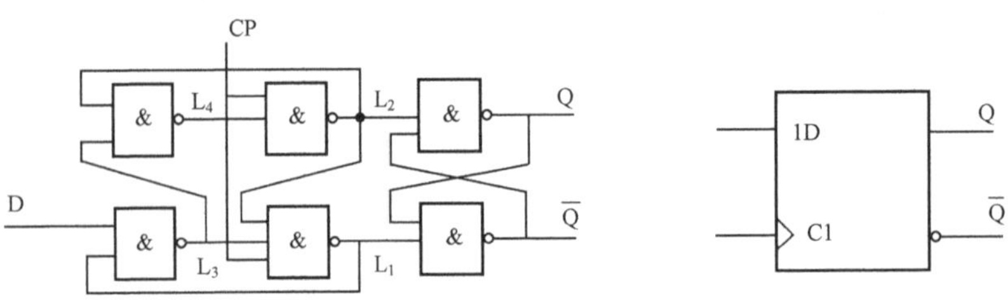

(a) 逻辑图　　(b) 逻辑符合

图 6.3.6 维持阻塞型 D 触发器

(1) 时钟 CP=0 时，触发器保持不变。

当 CP=0 时，$L_1=L_2=1$，$L_3=\bar{D}$，$L_4=D$，与非门基本 RS 触发器保持不变，同时输入信号存入 L_3 和 L_4。

(2) 时钟 CP 上升沿时间到，触发器状态变化。

从时钟 CP 的上升沿(CP 由 0 跳变为 1)开始，在 1 个与非门的传输延时(t_{pd})后，$L_2=\overline{L_4}=\bar{D}$，$L_1=\overline{L_2L_3}=D$，D 是 CP 上升沿前瞬的输入逻辑值。代入与非门基本 RS 触发器的特性方程，得

$$Q^{n+1}=\bar{S}+RQ^n=\overline{L_2}+L_1Q^n=D+DQ^n=D$$

触发器的次态等于输入信号 D(在 $2t_{pd}$后稳定)。

(3) 时钟 CP=1 时，触发器保持不变。

由于 L_1 和 L_2 反馈到控制门的输入端，它们将维持基本 RS 触发器在第(2)步形成的置 0 或置 1 信号，具体过程是：

如果 D=0，则 $L_1=0$，$L_2=1$，反馈使 $L_3=1$，$L_4=0$，它们维持了基本 RS 触发器的置 0 信号($L_1=0$)，阻塞了基本 RS 触发器的置 1 信号($L_2\neq0$)。

如果 D=1，则 $L_1=1$，$L_2=0$，L_2 的反馈使 $L_1=1$，$L_4=1$，它们阻塞了基本 RS 触发器的置 0 信号($L_1\neq0$)，维持了基本 RS 触发器的置 1 信号($L_2=0$)。

综上所述，图 6.3.3 所示的维持阻塞型边沿 D 触发器在 CP 的上升沿触发翻转，其特性方程是

$$Q^{n+1}=D \tag{6.3.5}$$

由特性方程(6.3.5)计算，得到维持阻塞型 D 触发器的状态表，如表 6.3.3 所示，表中“↑”表示 CP 由 0 跳变为 1 的上升沿，D 是 CP 上升沿前瞬的输入逻辑值。在时钟脉冲 CP 作用下，D 触发器仅具有置 0 和置 1 功能，常用于存储 1 位二进制码，故称为数码(digit)触发器。

表 6.3.3 维持阻塞型 D 触发器的状态表

CP	D	Q^n	Q^{n+1}	功能说明
↑	0	0	0	置 0
↑	0	1	0	置 0
↑	1	0	1	置 1
↑	1	1	1	置 1

2）异步复位和置位

同步信号受时钟控制，即在时钟有效时才能发挥作用。在许多实际应用中，不受时钟控制的复位和置位信号发挥重要作用，它们分别称为异步复位和异步置位信号。

具有异步输入信号、多个同步输入信号的维持阻塞 D 触发器如图 6.3.7 所示，等效的同步信号是 $D=D_1D_2$。表 6.3.4 所示为触发器的状态表。由状态表知，异步复位和置位是低电平有效，不受时钟控制，其作用优先。请注意读懂逻辑符号图 6.3.7(b)的含义。

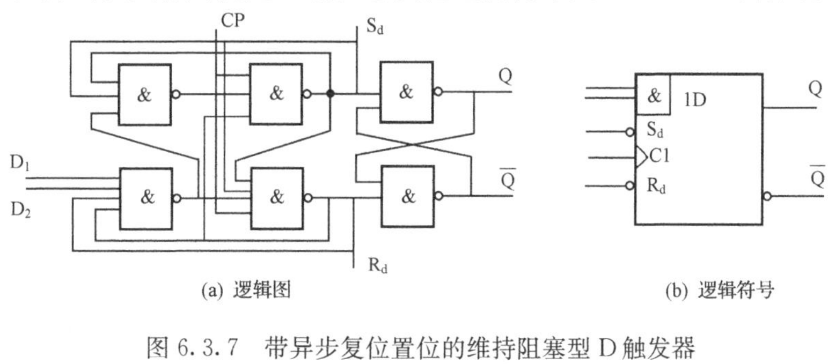

图 6.3.7 带异步复位置位的维持阻塞型 D 触发器

表 6.3.4 维持阻塞型 D 触发器的状态表

R_d	S_d	CP	D	Q^n	Q^{n+1}	功能说明
0	0	×	×	×	×	禁止
0	1	×	×	×	0	异步复位
1	0	×	×	×	1	异步置位
1	1	↑	0	0	0	置 0
1	1	↑	0	1	0	置 0
1	1	↑	1	0	1	置 1
1	1	↑	1	1	1	置 1

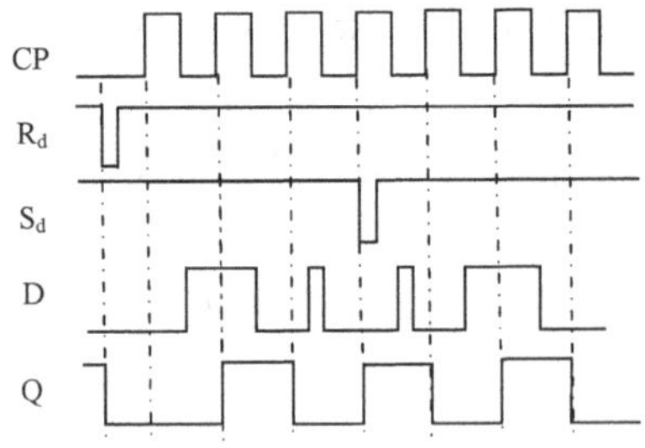

图 6.3.8　维持阻塞型 D 触发器的波形图

同样，其他功能的触发器也可以有多个同步输入和异步复位、异步置位信号，此处不再赘述。

3）触发特点

维持阻塞型边沿 D 触发器的触发时刻是 CP 的上升沿，输入 D 是 CP 上升沿前瞬的逻辑值。据此，可以绘出触发器的时序图。图 6.3.8所示为维持阻塞型边沿 D 触发器的 1 个时序图例。图中触发器的初始状态为 1 态。从图中看出，只要窄脉冲干扰不出现在 CP 的上升沿，则不影响触发器的输出状态。此外，异步输入端的作用优先（见 $S_d=0$ 处）。

由本例推广，维持阻塞型边沿触发器抗干扰能力强。

6.4　触发器逻辑功能的转换

触发器的电路结构确定触发方式和实现逻辑功能的原理。前述章节已经阐述了用直接触发、同步触发和边沿触发分别实现 RS 触发器、D 触发器和 JK 触发器的原理。本节首先介绍用维持阻塞 D 触发器转换为 T 触发器和 T′触发器，然后，阐明“任何一种触发方式都可以实现每一种功能的触发器”。

6.4.1　维持阻塞型 D 触发器转换为 T 和 T′触发器

在有效时钟作用下，具有触发翻转和保持两种功能的触发器称为 T 触发器，仅具有触发翻转功能的触发器称为 T′触发器。

用 1 个维持阻塞型 D 触发器和 1 个异或门可组成维持阻塞 T 触发器，如图 6.4.1 所示，T 是输入信号。

在 CP=0 时，维持阻塞 D 触发器处于稳态，即现态 Q^n。所以

$$D = T \oplus Q^n$$

在 CP 由 0 跳变为 1 时，维持阻塞 D 触发器变化为次态，即

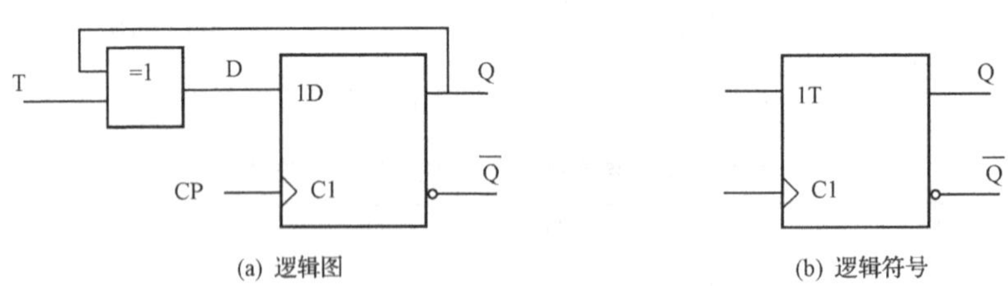

(a) 逻辑图　　(b) 逻辑符号

图 6.4.1　维持阻塞型 T 触发器

$$Q^{n+1} = D = T \oplus Q^n \tag{6.4.1}$$

在 CP=1 后，维持阻塞 D 触发器状态保持这一次态。

因此，图 6.4.1 电路的触发方式与所使用的触发器的触发方式相同，仍然是一个维持阻塞触发器。根据式(6.4.1)可列出触发器的状态表表 6.4.1。由状态表可知，触发器具有保持和

翻转功能，称为 T 触发器，式(6.4.1)是 T 触发器的特性方程。

表 6.4.1　维持阻塞型 T 触发器的状态表

CP	T	Q^n	Q^{n+1}	功能说明
↑	0	0	0	保持
↑	0	1	1	保持
↑	1	0	1	翻转
↑	1	1	0	翻转

当 T 恒为 1 时，T 触发器转化为 T′触发器，其特性方程为

$$Q^{n+1} = \overline{Q^n} \tag{6.4.2}$$

T′触发器仅具有触发翻转功能。图 6.4.2 所示为由维持阻塞型 D 触发器转换为 T′触发器的逻辑图。

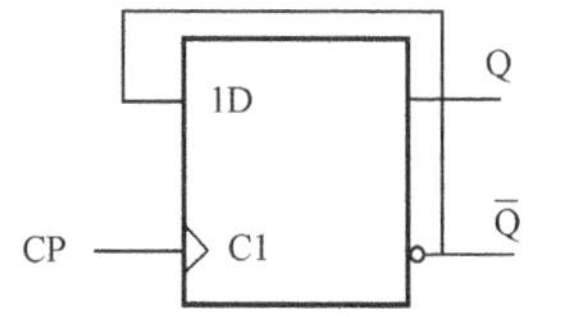

图 6.4.2　维持阻塞型 T′触发器

综上所述，触发器逻辑功能转换不改变触发方式，触发方式与电路所采用的触发器的触发方式相同。

6.4.2　触发器的逻辑功能转换方法

按照逻辑功能分类，触发器可以分成 RS 触发器、JK 触发器、D 触发器、T 触发器和 T′触发器，见表 6.4.2。

表 6.4.2　触发器的逻辑功能

逻辑功能	RS 触发器	JK 触发器	D 触发器	T 触发器	T′触发器
特性方程	$\begin{cases} Q^{n+1}=S+\overline{R}Q^n \\ RS=0 \end{cases}$	$Q^{n+1}=J\,\overline{Q^n}+\overline{K}Q^n$	$Q^{n+1}=D$	$Q^{n+1}=T\,\overline{Q^n}+\overline{T}Q^n$	$Q^{n+1}=\overline{Q^n}$

可用直接触发、同步触发和边沿触发(主从、传输延时、维持阻塞)分别实现各种功能的触发器，如前述将维持阻塞型 D 触发器转换成维持阻塞型 T 和 T′触发器。用维持阻塞型 D 触发器转换为其他逻辑功能触发器的框图如图 6.4.3 所示。

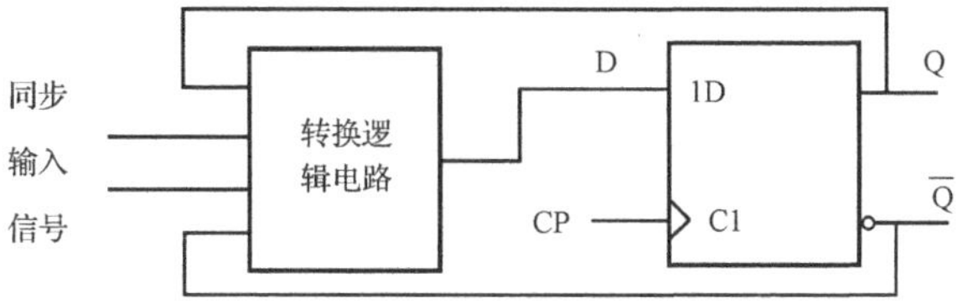

图 6.4.3　维持阻塞型 D 触发器

转换逻辑电路是组合逻辑电路，借助转换逻辑电路实现触发器特性方程的相互转换。方法是：比较转换前后两种触发器的特性方程，确定转换逻辑并组成逻辑电路。

例如，将维持阻塞型 D 触发器转换为维持阻塞型 JK 触发器。首先，D 触发器和 JK 触发器的特性方程分别为

$$Q^{n+1}=D$$

$$Q^{n+1}=J\overline{Q^n}+\overline{K}Q^n$$

比较两个特性方程,得转换电路的逻辑方程为

$$D=J\overline{Q^n}+\overline{K}Q^n$$

实现维持阻塞型JK触发器的逻辑图如图6.4.4所示。

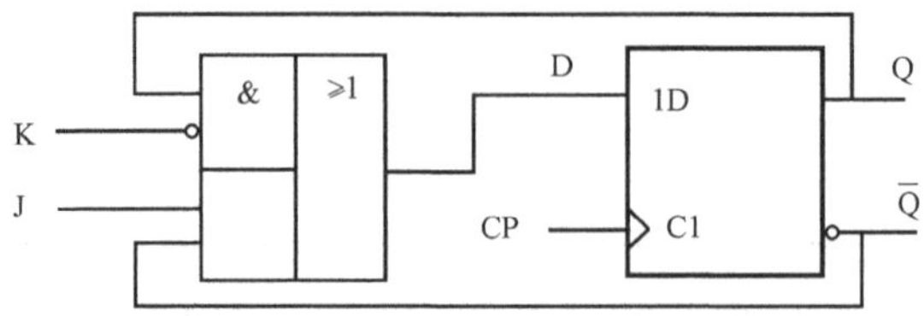

图6.4.4　维持阻塞型D触发器

JK触发器具有置0、置1、保持和翻转功能,其他触发器的功能是JK触发器功能的子集。例如,在图6.4.4中,令J=S,K=R,并增加约束RS=0,则JK触发器就转换为RS触发器。如果令J=K=T,则JK触发器就转换为T触发器。

到此为止,我们阐述了如何用维持阻塞触发方式实现所有功能的触发器。推广到一般情况,任何一种触发方式(直接触发、同步触发和边沿触发)都可以实现每一种功能的触发器。

*6.5　触发器的动态特性

前述的时序图都未考虑门电路的传输延时,仅反映触发器的逻辑功能。

触发器由门电路组成,每个门都存在传输延时。因此,触发器的输入信号、时钟信号必须在时间顺序上恰当配合,才能保证触发器稳定可靠地实现其逻辑功能。

触发器同步输入信号与时钟信号之间的时间关系称为触发器的动态特性。触发器的动态特性与电路结构有关,亦即与触发方式有关。下面以图6.5.1所示的维持阻塞型D触发器为例介绍触发器的动态特性,图6.5.1(a)所示为逻辑图,图6.5.1(b)所示为动态特性,设每个与非门的传输时间为t_{pd}。

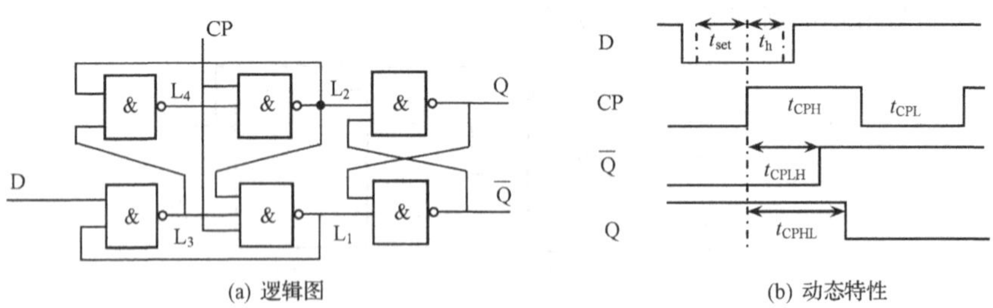

图6.5.1　维持阻塞型D触发器

1) 数据建立时间t_{set}

t_{set}是在时钟有效沿前输入信号D必须稳定的最小时间。在图6.5.1(a)中,输入信号D必须在时钟上升沿前的两个与非门的传输时间内保持稳定,以保证L_3和L_4稳定,因此,$t_{set}=2t_{pd}$。

2) 数据保持时间 t_h

t_h 是在时钟有效沿后输入信号必须保持稳定的最小时间。在图 6.5.1(a)中，输入信号 D 必须在时钟上升沿后维持 1 个与非门的传输时间，以保证 L_1 和 L_2 稳定。当 L_1 和 L_2 稳定后，它们的反馈就能自动维持自身的状态，从而维持基本 RS 触发器的输出状态，因此，$t_h = t_{pd}$。

因此，为了保证触发器获得正确的状态，同步输入信号必须同时满足数据建立时间和数据保持时间的要求。

3) 低电平到高电平的传输时间 t_{CPLH}

t_{CPLH}是在时钟有效沿后触发器的输出从低电平变化到高电平的传输时间。在图 6.5.1(a)中，在时钟 CP 上升沿后，由于 D=0，输出 $\overline{Q}$ 应该由 0 变化为 1，信号传输的路径是 L_1关联的 2 个与非门。所以，输出 $\overline{Q}$ 从低电平变化到高电平的传输时间为 $2t_{pd}$。

4) 高电平到低电平的传输时间 t_{CPHL}

t_{CPHL}是在时钟的有效沿后触发器的输出从高电平变化到低电平的传输时间。在图 6.5.1 中，在时钟 CP 上升沿后，由于 D=0，输出 Q 应该由 1 变化为 0，信号传输的路径是 L_1 关联的 2 个与非门和 Q 关联的与非门。所以，输出 Q 从高电平变化到低电平的传输时间为 $3t_{pd}$。

5) 触发器传输延迟时间 t_f

t_f 是在时钟有效沿后输出状态到达稳定需要的时间。

$$t_f = \max\{t_{CPLH}, t_{CPHL}\} \tag{6.5.1}$$

图 6.5.1 中，触发器传输时间为 $3t_{pd}$。

6) 时钟的低电平时间 t_{CPL}和高电平时间 t_{CPH}

如果触发器的时钟是上升沿有效，则时钟的低电平时间 t_{CPL}应大于数据建立时间 t_{set}，高电平时间 t_{CPH}应大于触发器传输时间 t_f。如果触发器的时钟是下降沿有效，则时钟的高电平时间 t_{CPH}应大于数据建立时间 t_{set}，低电平时间 t_{CPL}应大于触发器传输时间 t_f。

时钟周期 $T_{CP} = t_{set} + t_f$。

7) 最大时钟频率 f_{max}

在连接为 T′触发器的情况下，触发器能正常工作的最高时钟频率，即 $f_{max} = 1/T_{CP}$。

除了动态工作特性外，触发器也有静态工作特性，它们的含义和门电路相似，不再赘述。

6.6 555 定时器

数字电路，如触发器，需要规则的脉冲信号(一致的逻辑电平和陡峭的边沿)。获取规则的脉冲信号通常有两种途径：一是用整形电路把已有的信号整形成脉冲信号；二是通过多谐振荡电路自激产生脉冲信号。555 定时器不但可以构成整形电路，还可以组成自激振荡电路。本节介绍 555 定时器的工作原理及其应用电路。

6.6.1 555 定时器的功能

555 定时器是一种应用十分广泛的集成组件，有 TTL 集成电路和 CMOS 集成电路，它们的工作原理和功能相似。下面以 CMOS 集成定时器为例介绍 555 定时器的原理和应用。

CH7555 是一种典型的 CMOS 集成定时器，图 6.6.1 所示为其电路原理图和管脚图。

由原理图可知，3 个相等的电阻分压，分别为同相比较器 C_1、反相比较器 C_2 提供参考电压 $2V_{DD}/3$ 和 $V_{DD}/3$。同相比较器 C_1 的输入称为高电位触发端，记为 TH；反相比较器 C_2 的输入

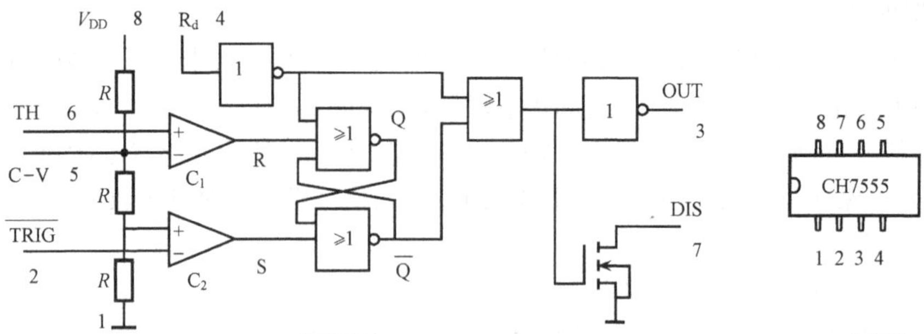

(a) 电路图　　(b) 管脚图

图 6.6.1　CMOS 集成定时器(CH7555)

称为低电位触发端，记为$\overline{TRIG}$；两个比较器的输入电流近似为零，且 TH 和$\overline{TRIG}$输入端可以是幅值连续变化的模拟输入电压。如果在电压控制端(C-V 端)作用控制电压，则可改变比较器的参考电压。若不使用 C-V 端，通常用一个 0.01μF 的电容接地，抑制电源纹波等引起的干扰。

由于使用单电源，比较器 C_1、C_2 的输出低电平为 0、高电平为 V_{DD}。比较器 C_1、C_2 输出分别接或非门基本 RS 触发器的置 0 端 R 和置 1 端 S。该触发器的状态经或门和反相器缓冲输出到 OUT 端，并控制 NMOS 管的通断。当 NMOS 管导通时为外电路提供流入 NMOS 管的电流通路，所以称 NMOS 管的漏极为放电端，记为 DIS。如果 DIS 端外接上拉电阻与 NMOS 管组成反相器，则 DIS 端与 OUT 端的逻辑状态相同。

当直接复位端 R_d 为低电平 0V 时，无论 TH(电位)、$\overline{TRIG}$(电位)为何值，输出端 3 为低电平，NMOS 管导通，见表 6.6.1 第 1 行。

当 R_d 为高电平时，如果 TH(电位)$>2V_{DD}/3$，$\overline{TRIG}$(电位)$>V_{DD}/3$，则 R=1、S=0，RS 触发器 Q 为 0 态、$\overline{Q}$ 为 1 态，输出 3 端为低电平，NMOS 管导通；如果 TH(电位)$<2V_{DD}/3$，$\overline{TRIG}$(电位)$>V_{DD}/3$，则 R=0、S=0，RS 触发器状态保持不变，输出和 NMOS 的管状态亦保持不变，见表 6.6.1 第 3 行，输出保持是指进入本组输入之前的输出状态，既可能为逻辑 0(NMOS 导通)，也可能为逻辑 1(NMOS 截止)；如果$\overline{TRIG}$(电位)$<V_{DD}/3$，则 S=1，无论 TH(电位)为何值，RS 触发器的 $\overline{Q}$ 总为 0 态，输出高电平，NMOS 管截止，见表 6.6.1 第 4 行。

综上所述，CH7555 的功能见表 6.6.1，输出保持是指进入本组输入之前的输出状态，既可为逻辑 0(NMOS 导通)，也可为逻辑 1(NMOS 截止)。

表 6.6.1　CH7555 功能表

TH(电位)	$\overline{TRIG}$(电位)	R_d(逻辑电平)	OUT(逻辑电平)	DIS(NMOS 管)
×	×	0(0V)	0(0V)	导通
$>2V_{DD}/3$	$>V_{DD}/3$	1(V_{DD})	0(0V)	导通
$<2V_{DD}/3$	$>V_{DD}/3$	1(V_{DD})	保持	保持
×	$<V_{DD}/3$	1(V_{DD})	1(V_{DD})	截止

注：×表示任意电位。

CH7555 电源电压的最小值为 3V，最大值为 18V，最大功耗为 200mW。除 CMOS 集成定时器外，还有双极型集成定时器，如 5G555。5G555 的电路结构和工作原理与 CH7555 没有本质的区别。

6.6.2 555定时器组成施密特触发器

施密特触发器类似于门电路,但它与门电路的区别是:

(1) 输入信号从低电平上升时的转换电平与输入信号从高电平下降时的转换电平不同,即传输特性形成滞环。

(2) 电路内部形成正反馈,因而传输特性的转折区很陡直。

反相施密特触发器的传输特性如图 6.6.2(b)所示。

在模拟电路中曾经介绍用集成运放构成的施密特触发器(滞环比较器),本节介绍用 555 定时器 CH7555 组成的施密特触发器及其应用。

1) 施密特触发器

将 CH7555 的高电位触发端 TH 和低电位触发端$\overline{\text{TRIG}}$并联即可构成施密特触发器,电路如图 6.6.2 所示,$v_{TH}=v_{\overline{TRIG}}=v_I$。DIS 端外接上拉电阻,则 DIS 端与 OUT 端的逻辑状态相同。

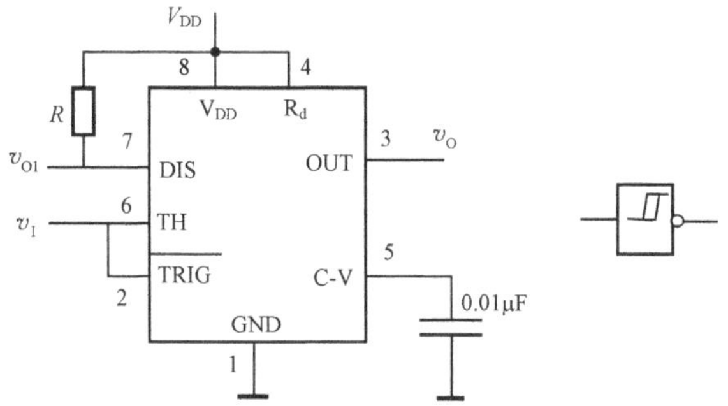

(a) 电路图和逻辑符号

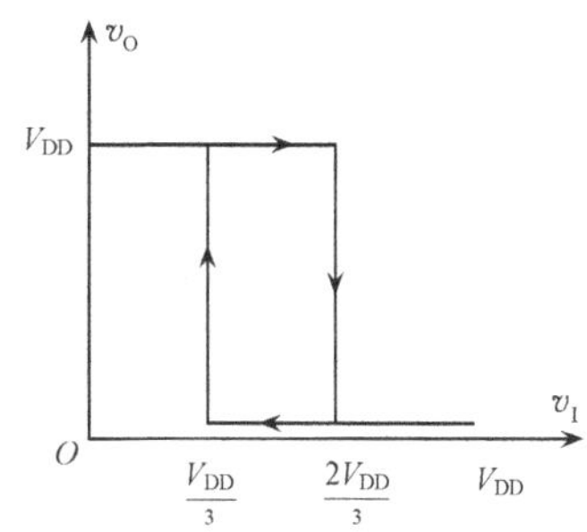

(b) 传输特性

图 6.6.2　施密特触发器

在输入电压由低电平(0)上升至高电平(V_{DD})的过程中,如果输入 $v_{TH}=v_{\overline{TRIG}}=v_I<V_{DD}/3$,由功能表 6.6.1的第 4 行得 $v_O=V_{OH}=V_{DD}$;如果输入 $V_{DD}/3<v_{TH}=v_{\overline{TRIG}}=v_I<2V_{DD}/3$,由功能表 6.6.1 的第 3 行,输出保持前述状态,即 $v_O=V_{OH}=V_{DD}$;如果输入 $v_{TH}=v_{\overline{TRIG}}=v_I>2V_{DD}/3$,由功能表 6.6.1 的第 2 行得 $v_O=V_{OL}=0$。上限转换电平为

$$V_{T+}=2V_{DD}/3 \tag{6.6.1}$$

在输入电压由高电平(V_{DD})下降至低电平(0V)的过程中,如果输入 $v_{TH}=v_{\overline{TRIG}}=v_I>2V_{DD}/3$,由功能表 6.6.1的第 2 行得 $v_O=V_{OL}=0$;如果输入 $V_{DD}/3<v_{TH}=v_{\overline{TRIG}}=v_I<2V_{DD}/3$,由功能表 6.6.1 的第 3 行知,输出保持前述状态,即 $v_O=V_{OL}=0$;如果输入 $v_{TH}=v_{\overline{TRIG}}=v_I<V_{DD}/3$,由功能表 6.6.1 的第 4 行得 $v_O=V_{OH}=V_{DD}$。下限转换电平为

$$V_{T-}=V_{DD}/3 \tag{6.6.2}$$

电路的传输特性如图 6.6.2(b)所示。输入电压上升和下降传输特性形成滞环,回差电压为

$$\Delta V_T=V_{T+}-V_{T-}=V_{DD}/3 \tag{6.6.3}$$

如果在电压控制端(C-V 端)加控制电压 $V_{C\text{-}V}$,则可改变转换电平和回差电压。

2) 施密特触发器的应用

当施密特触发器的输入电压经过转换电平时输出电压发生跳变。利用这一特性可将缓慢变化的信号整形成幅度一致、边沿陡直的矩形波,如图 6.6.3 所示。将三角波变换成矩形波如

图 6.6.4 所示。

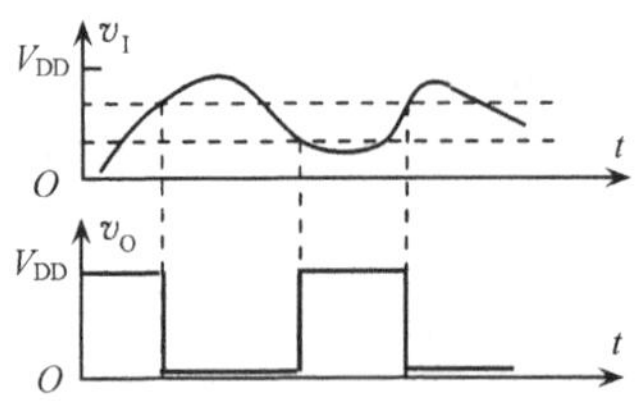

图 6.6.3　脉冲幅度和边沿整形

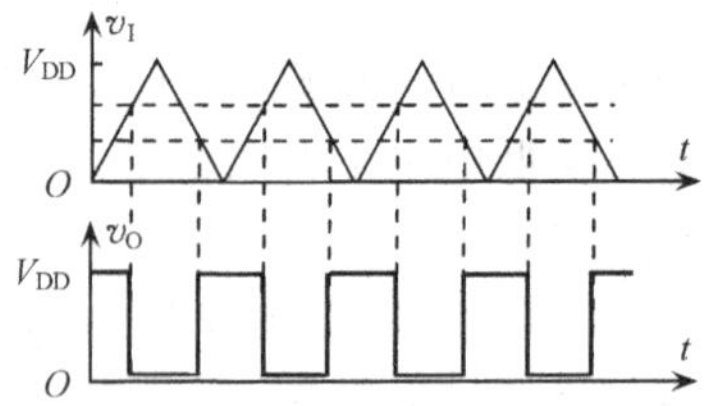

图 6.6.4　三角波变换成矩形波

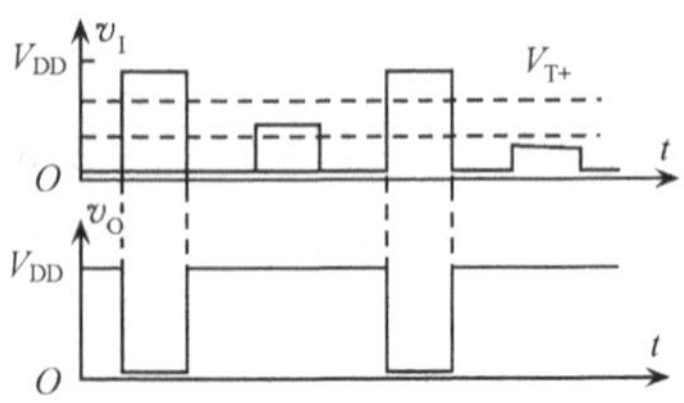

图 6.6.5　脉冲鉴幅

利用施密特触发器的门限特性还可以鉴别脉冲幅度的大小，如图 6.6.5 所示。

6.6.3　555 定时器组成单稳态触发器

单稳态触发器具有一个稳态和一个暂稳态。当输入信号无触发时，电路处于稳态；当输入信号触发时，电路由稳态翻转至暂稳态，经过一定时间后，电路会自动地返回到稳态。暂稳态的持续时间与输入信号无关，仅取决于电路本身的参数。

1）单稳态触发器

图 6.6.6(a)所示为一个单稳态触发器，低电位触发端$\overline{\text{TRIG}}$是触发脉冲输入端，高电位触发端 TH 与放电端 DIS 并联，R、C 是定时元件，OUT 是脉冲输出端。

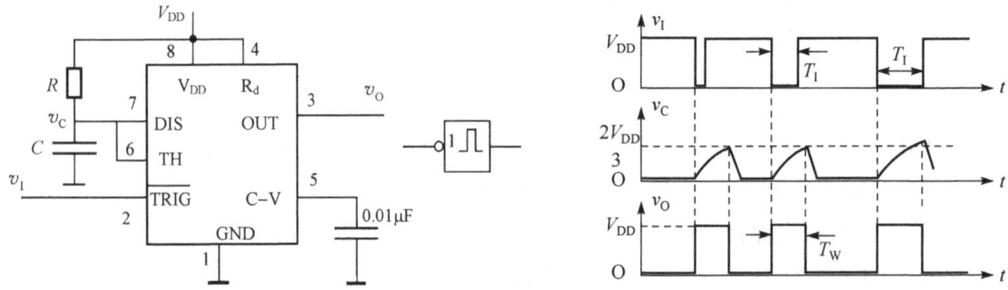

(a) 电路图和逻辑符号　　(b) 工作波形图

图 6.6.6　单稳态触发器

由电路可得

$$R_d=1, v_{\overline{\text{TRIG}}}=v_I, v_{DIS}=v_{TH}=v_C$$

如果 $v_I=V_{DD}$，$v_C=V_{DD}$，由 555 定时器的功能表 6.6.1 可知，输出为 $v_O=0$ 和 NMOS 管导通，电容 C 通过 NMOS 管放电使 $v_C=0$。再由($v_I=V_{DD}$，$v_{TH}=v_C=0$)查功能表 6.6.1 可知，输出保持($v_O=0$)和 NMOS 保持导通($v_C=0$)。因此，当输入没有负脉冲时电路处于稳态，即 $v_I=V_{DD}$时，电路处于稳态 $v_O=0$，同时 $v_C=0$ 和 NMOS 管导通，见波形图 6.6.6(b)的起始部分。

如果输入负跳变窄脉冲，将触发电路进入暂稳态。即输入由 V_{DD}负跳变到 0V 的窄脉冲，查功能表 6.6.1 可知，其 $v_{\overline{\text{TRIG}}}=v_I=0$ 使电路输出高电平进入暂稳态，即 $v_O=V_{DD}$(暂稳态)，同时 NMOS 管截止，R 和 C 组成一阶动态电路，电容充电，电压(v_C)上升。在 $v_C=2V_{DD}/3$ 之前输入负窄脉冲消失，即 $v_I=V_{DD}$，因此，在 $v_C>2V_{DD}/3$ 后，由功能表 6.6.1 知，电路输出低电平($v_O=0$)，NMOS 管导通，电容向 NMOS 管放电至 0V，暂稳态结束，电路自动返回到稳态

($v_O=0$，$v_C=0$，MOS管导通)，见波形图6.6.6(b)的第1个和第2个窄脉冲触发部分。

在暂稳态时，电阻R、电容C和电源V_{DD}组成一阶RC充电电路。充电时间常数$\tau=RC$，电容的稳态值$v_C(\infty)=V_{DD}$，初始值$v_C(0)=0$，充电到$2V_{DD}/3$时暂稳态结束。在图6.6.6(b)中，将纵轴平移到第一个触发脉冲起点，根据一阶RC电路的三要素法，可得电容电压为

$$v_C(t)=v_C(\infty)+[v_C(0)-v_C(\infty)]e^{-\frac{t}{RC}}$$

在时刻$t=T_W$，$v_C(T_W)=2V_{DD}/3$。代入电容电压的初始值和稳态值，输出脉冲的宽度

$$T_W=RC\ln\frac{v_C(\infty)-v_C(0)}{v_C(\infty)-v_C(T_W)}=RC\ln\frac{V_{DD}-0}{V_{DD}-\frac{2}{3}V_{DD}}=1.1RC \tag{6.6.4}$$

因此，输出脉冲宽度与一阶RC电路的时间常数成正比，所以一阶RC电路称为定时电路。另外，通过前述分析可知：输入窄脉冲的含义是指输入脉冲的宽度T_I小于输出脉冲宽度T_w($T_I<T_w$)。如果不是窄脉冲($T_I>T_w$)则电路转化为反相器，见波形图6.6.6(b)的第3个脉冲触发部分。

2）单稳态触发器的应用

单稳态触发器常用于：①脉冲整形，即将脉冲宽度不规则的波形整形为脉冲宽度一定的矩形波；②脉冲延迟，即将脉冲延迟一定时间后输出；③脉冲宽度鉴别；④定时，即输出宽度一定的脉冲，允许执行元件在此脉宽内动作。

单稳态触发器输出脉冲的宽度和幅度是确定的。利用这个性质，可将宽度和幅度不规则的脉冲串整形成宽度和幅度一定的脉冲串，电路如图6.6.6(a)所示，工作波形图见图6.6.6(b)的第1个和第2个窄脉冲触发部分。

利用2级单稳态触发器可实现脉冲延迟，电路如图6.6.7(a)所示，工作波形图如图6.6.7(b)所示。R、C是为微分电路，其时间常数RC远小于单稳态输出脉冲宽度($RC\ll T_w$)。微分电路对第1级单稳态输出的跳变沿进行微分运算，产生窄脉冲。其负脉冲触发第2级单稳态输出正脉冲，相对于输入负脉冲前沿，该输出正脉冲延迟时间是第一级单稳态触发器的脉冲宽度T_w。

脉冲宽度鉴别电路如图6.6.8所示。从波形图6.6.8(b)看出：输入负脉冲触发单稳态触发器，v_{O1}端输出宽度为T_W的正脉冲。若输入脉冲宽度T_I小于T_W，则在v_{O1}端正脉冲后期与非门的两个输入端同时为1，输出为0($v_O=0$)；否则输出为高电平，输出负脉冲宽度为$T_O=T_W-T_I$。

6.6.4 555定时器组成多谐振荡器

多谐振荡器是能产生矩形脉冲波的自激振荡器。在接通电源后，不需外加触发信号，它便能自动产生矩形脉冲波。由于矩形脉冲包含丰富的高次谐波分量，产生矩形脉冲波的振荡器称为多谐振荡器。

在数字系统中，多谐振荡器可用门电路、施密特触发器和555定时器构成。用555定时器构成的多谐振荡器电路如图6.6.9(a)所示，低电位触发端$\overline{\text{TRIG}}$与高电位触发端TH并联，放电端DIS外接上拉电阻R_1，则DIS端与OUT端的逻辑状态相同，因此，$\overline{\text{TRIG}}$和DIS端构成施密特触发器；R_2和C形成施密特触发器的正反馈，产生矩形脉冲，从OUT端输出。图6.6.9(b)是多谐振荡器的工作波形图。工作原理如下：

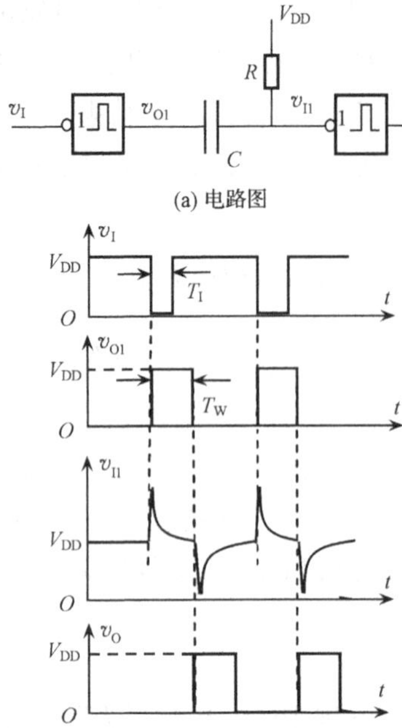

(a) 电路图

(b) 工作波形图

图 6.6.7　脉冲延迟

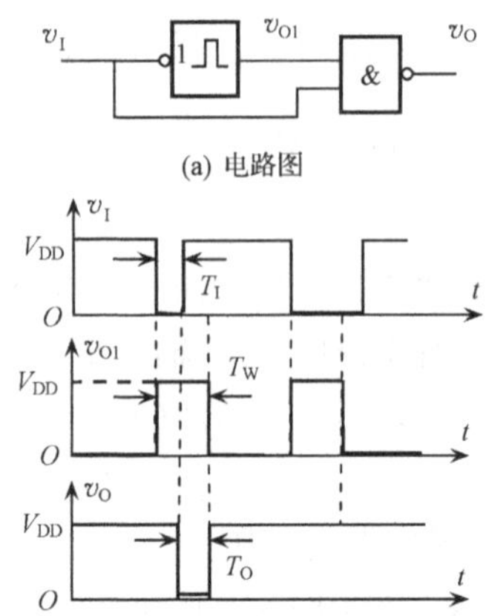

(a) 电路图

(b) 工作波形图

图 6.6.8　脉冲宽度鉴别

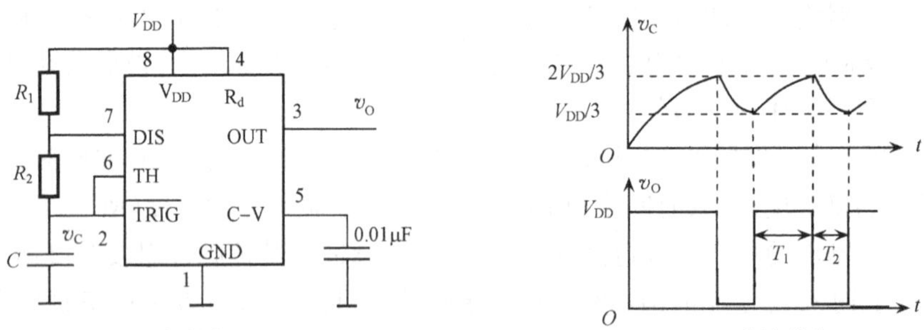

(a) 电路图

(b) 工作波形图

图 6.6.9　多谐振荡器

设接通电源时电容电压 $v_C=0$，由功能表 6.6.1 知，输出高电平，NMOS 管截止。因此，R_1、R_2 和 C 组成一阶动态电路。电容充电，时间常数为 $(R_1+R_2)C$，电容电压的稳态值为 V_{DD}。随着充电过程的进行，电容电压 v_C 上升；当 $v_C>2V_{DD}/3$ 时，$v_{\overline{TRIG}}=v_{TH}=v_C>2V_{DD}/3$ 由功能表 6.6.1 知，电路输出低电平，NMOS 管导通，电容充电结束，改为向 NMOS 管放电。

电容从 $2V_{DD}/3$ 开始放电，时间常数为 R_2C，电容电压的稳态值为 0，电容电压随之下降；当 $v_C<V_{DD}/3$ 时，$v_{\overline{TRIG}}=v_{TH}=v_C<V_{DD}/3$ 查功能表 6.6.1 知，电路输出高电平，NMOS 管截止。之后，电容开始充电，重复前述充电过程。如此周而复始，电路形成自激振荡，输出矩形脉冲。

输出矩形脉冲的周期等于电容的充电时间和放电时间之和。用一阶 RC 电路的三要素法可求出电容的充电时间和放电时间。充电时间为

$$T_1=(R_1+R_2)C\ln\frac{V_{DD}-\dfrac{1}{3}V_{DD}}{V_{DD}-\dfrac{2}{3}V_{DD}}=0.7(R_1+R_2)C \tag{6.6.5}$$

放电时间为

$$T_2 = R_2 C \ln \frac{0-\frac{2}{3}V_{DD}}{0-\frac{1}{3}V_{DD}} = 0.7R_2C \tag{6.6.6}$$

因此,振荡周期 T 为

$$T_1 = T_1 + T_2 = 0.7(R_1 + 2R_2)C \tag{6.6.7}$$

图 6.6.10 所示为占空比可调的多谐振荡器。电路中,当 NMOS 管截止时,DIS 端电位高于 TH 端电位,二极管 D_1 导通和 D_2 截止,电源通过等效电阻 R_1 和二极管 D_1 向电容充电,时间常数为 R_1C(忽略二极管的导通电阻),充电时间为 $T_1=0.7R_1C$。当 NMOS 管导通时,DIS 端电位低于 TH 端电位,二极管 D_1 截止和 D_2 导通,电容通过等效电阻 R_2 和二极管 D_2 放电,时间常数为 R_2C(忽略二极管的导通电阻),放电时间为 $T_2=0.7R_2C$。

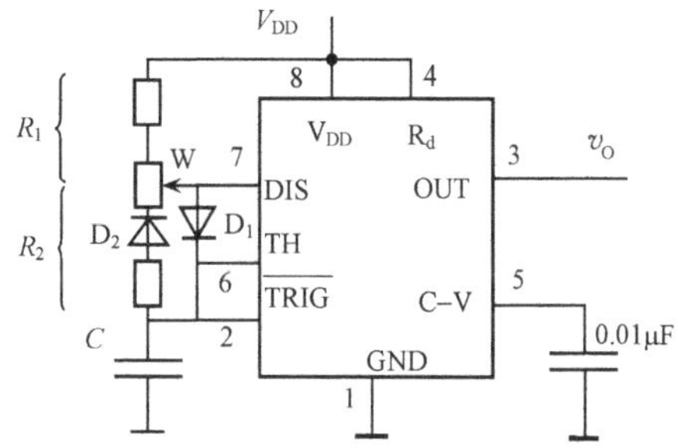

图 6.6.10 占空比可调的多谐振荡器

定义占空比 ρ 为脉冲高电平持续时间与脉冲周期之比,则

$$\rho = \frac{T_1}{T_1 + T_2} = \frac{R_1}{R_1 + R_2} \tag{6.6.8}$$

改变电位器 W 的活动端即可调节占空比,但不改变脉冲周期。

习　题

6.1 已知由与非门构成的基本 RS 触发器的输入波形如题图 6.1 所示。画出基本 RS 触发器的 Q 和 $\overline{Q}$ 端波形。

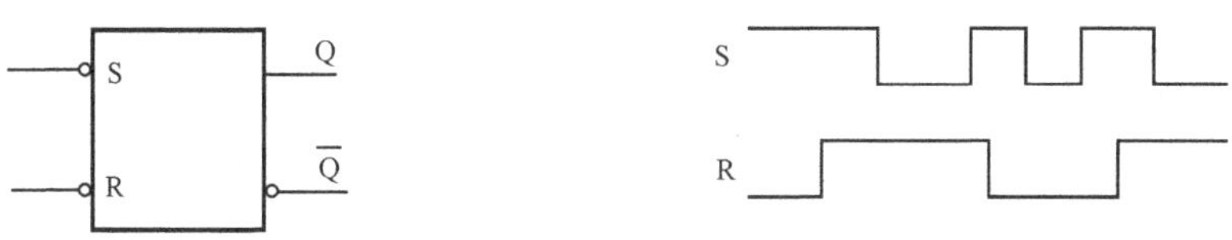

题图 6.1

6.2 在题图 6.2 所示的输入波形下,由或非门构成的基本 RS 触发器会出现状态不定吗?如果有,请指出状态不定的区域。

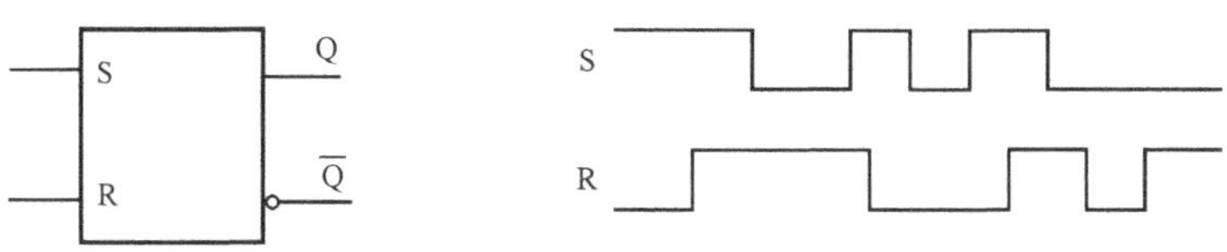

题图 6.2

6.3 同步 RS 触发器的逻辑符号和输入波形如题图 6.3 所示。设初始状态 Q=0。画出 Q 和 $\overline{Q}$ 端的波形。

6.4 由各种 TTL 逻辑门组成的电路如题图 6.4 所示,分析图中各电路是否具有触发器的功能 。

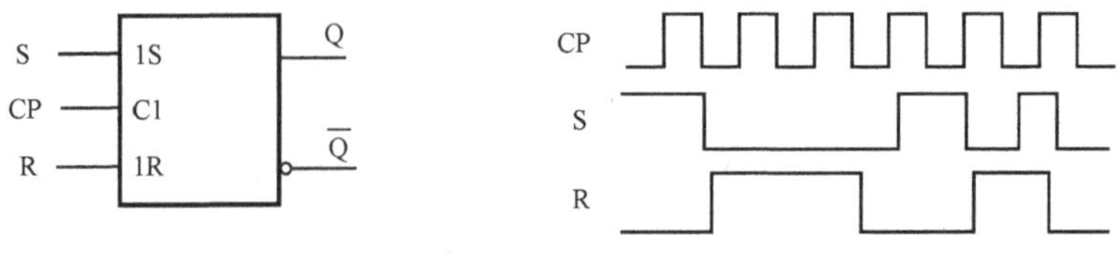

题图 6.3

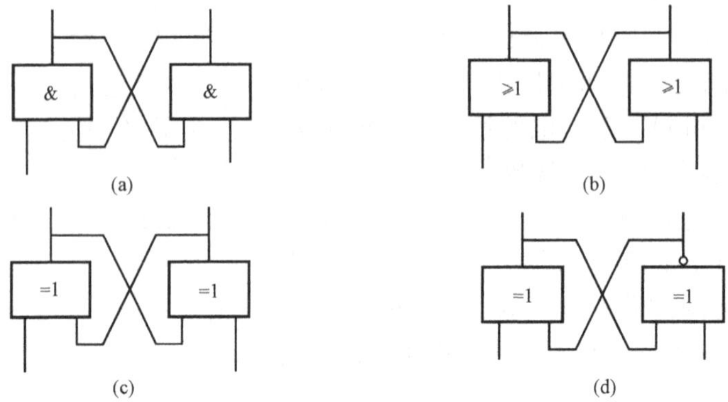

题图 6.4

6.5　分析题图 6.5 所示电路的逻辑功能，对应于 CP、A、B 的波形，画出 Q 和 $\overline{Q}$ 端波形。

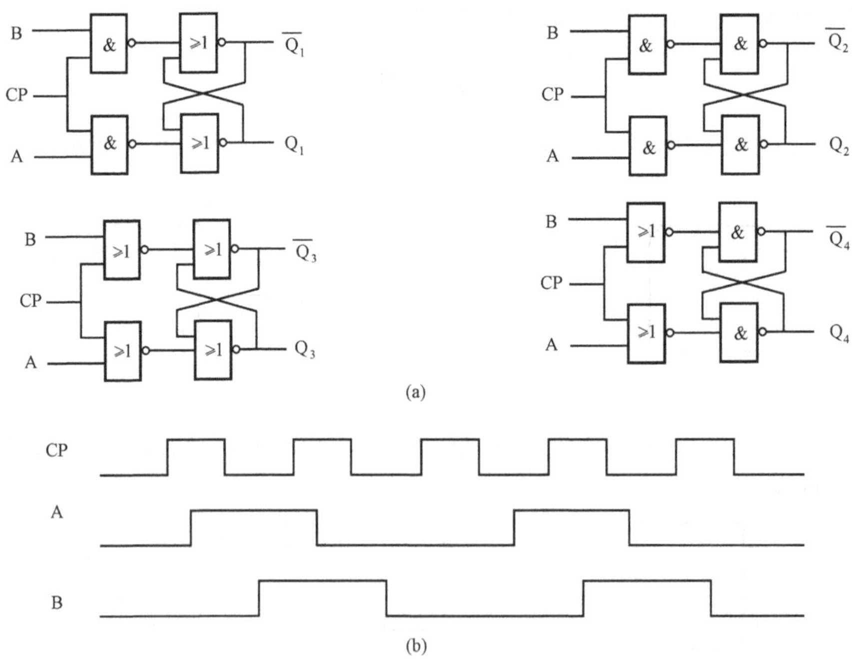

题图 6.5

6.6　已知 JK 触发器组成的电路及各输入端波形如题图 6.6 所示，画出 Q 端的电压波形，假设初态 Q=0。

6.7　逻辑电路图及 A、B、CP 的波形如题图 6.7 所示，试画出 Q 的波形(设 Q 的初始状态为 0)。

6.8　JK 触发器的输入端波形如题图 6.8 所示，试画出输出端的波形。

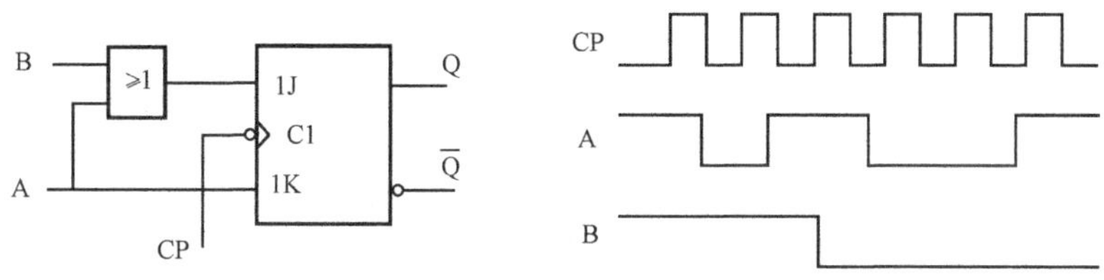

题图 6.6

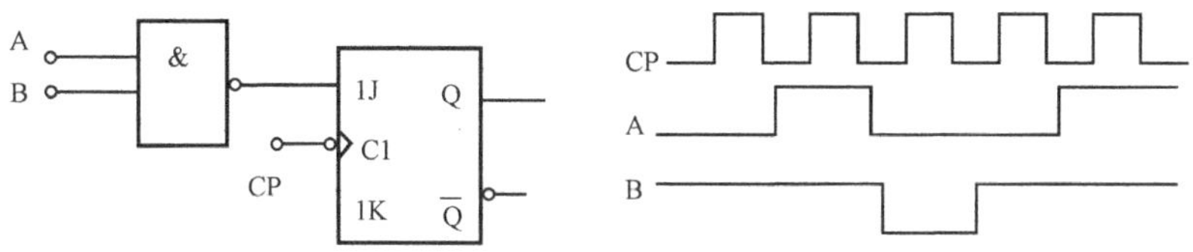

题图 6.7

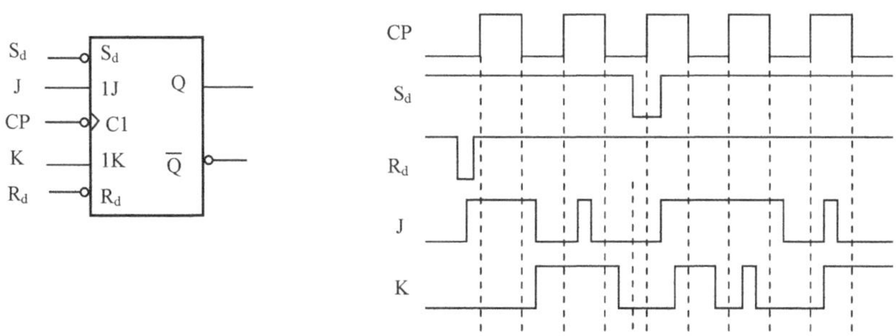

题图 6.8

6.9 电路如题图 6.9(a)所示,若已知 CP 和 J 的波形如题图 6.9 (b)所示,试画出 Q 端的波形图,设触发器的初始状态为 Q=0。

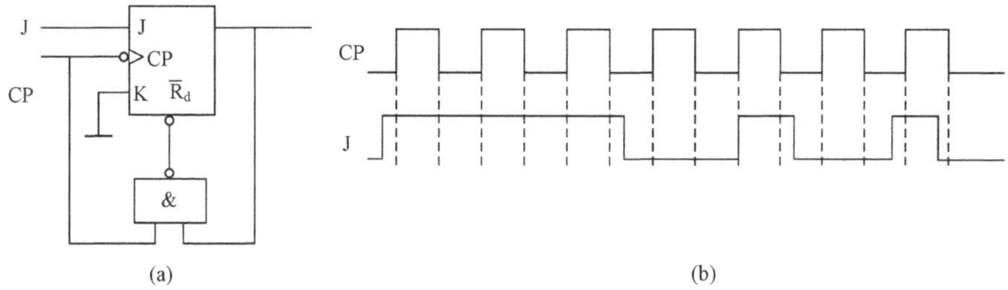

题图 6.9

6.10 JK 触发器组成的电路如题图 6.10 所示,试画出 Q、$\overline{Q}$和 Y_1、Y_2 的波形。设触发器的初始状态为Q=0。

6.11 逻辑电路如题图 6.11 所示,当 A=0,B=1 时,C 的正脉冲来到后 D 触发器(　　)。

(A) 具有计数功能　　(B) 保持原状态　　(C) 置“0”　(D) 置“1”

6.12 已知 CMOS 边沿 D 触发器输入端 D 和时钟信号 CP 的电压波形图如题图 6.12所示,试画出 Q 和$\overline{Q}$端波形。触发器的初始状态为 Q=0。

6.13 已知维持阻塞 D 触发器输入端 CP、A、B 的波形如题图 6.13 所示,画出输出端 Q 的波形(设触发器初态为 0)。

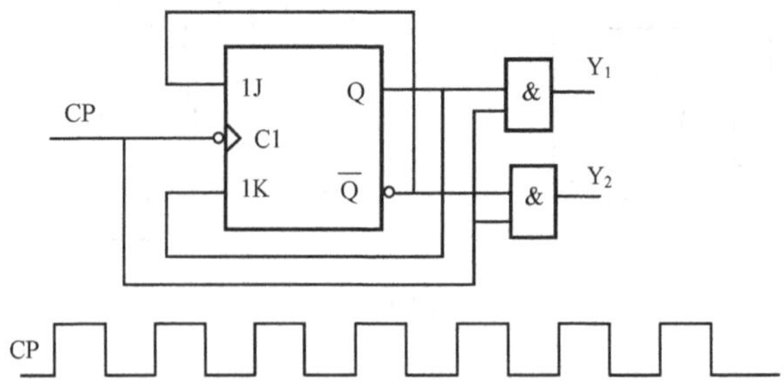

题图 6.10

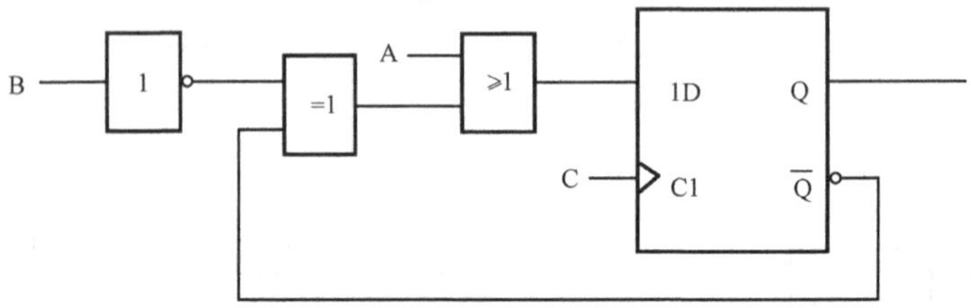

题图 6.11

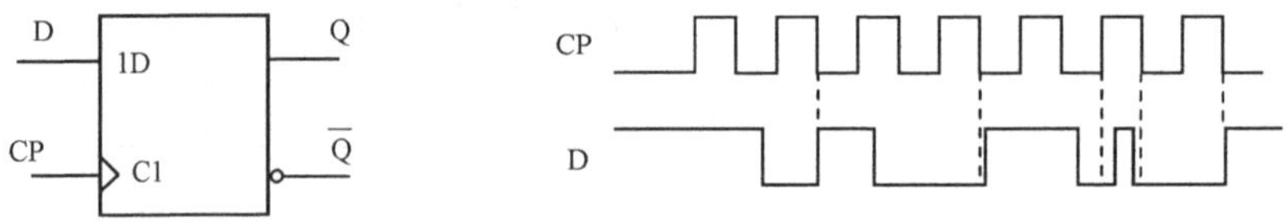

题图 6.12

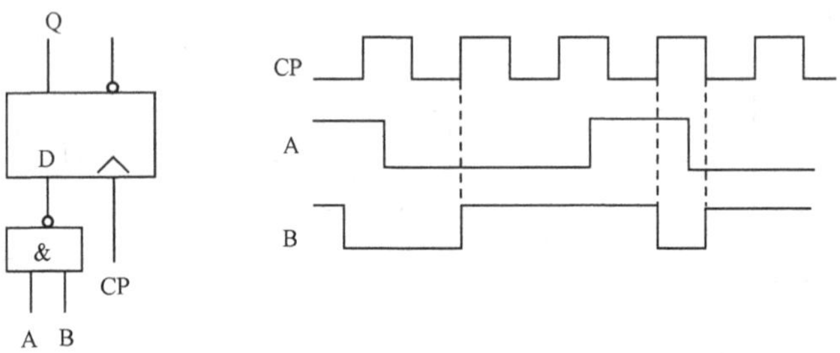

题图 6.13

6.14　题图 6.14 所示各边沿 D 触发的初始状态都为 0，试对应输入 CP 波形画出 Q 端的输出波形。

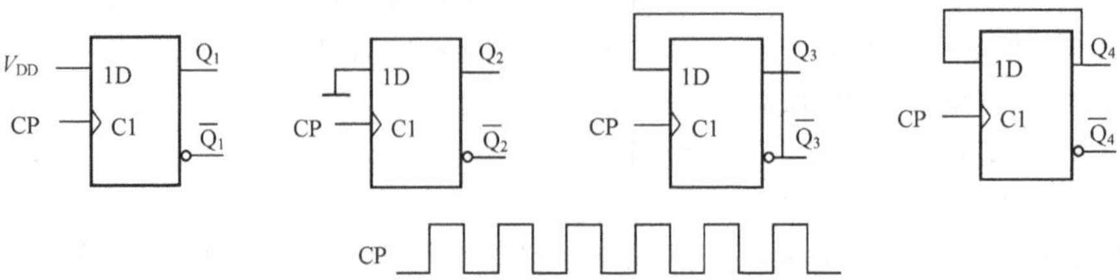

题图 6.14

6.15　电路如题图 6.15 所示，分析电路逻辑功能，画出状态转换图。

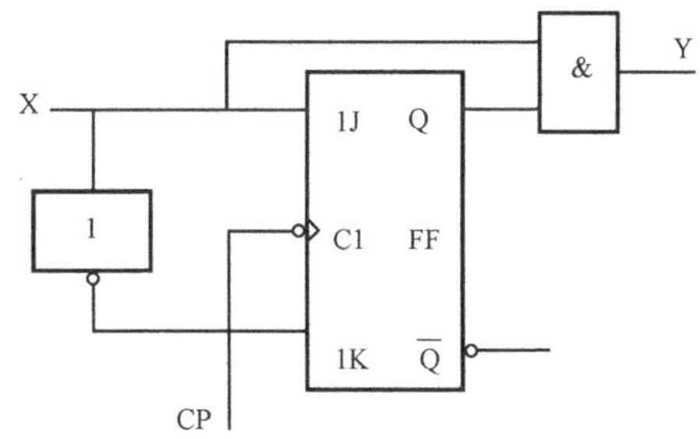

题图 6.15

6.16　用 T 触发器组成题图 6.16 所示电路。分析电路功能，写出电路的状态方程，并画出状态图。

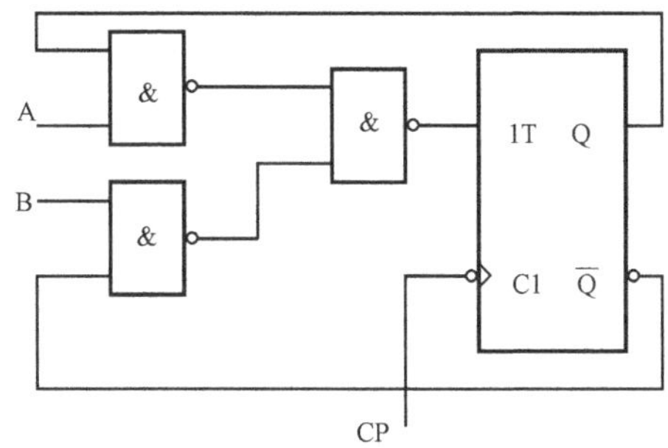

题图 6.16

6.17　在题图 6.17 所示电路中，$Q^{n+1}=\overline{Q^n}+A$ 的电路为______________。

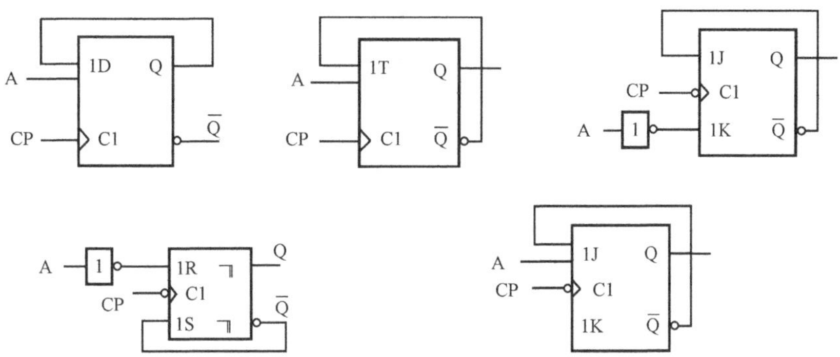

题图 6.17

6.18　用 RS 触发器和与非门构成 D、T 和 T′触发器。

6.19　用 JK 触发器和或非门构成 D 和 T 触发器。

6.20　用 D 触发器和与或非门构成 JK 和 T 触发器。

6.21　用 T 触发器构成 D 和 JK 触发器。

6.22　设计一个用 555 集成定时器组成的多谐振荡器。输出方波的频率为 5kHz，占空比为 75%，电源电压为 15V。

6.23　用 555 集成定时器组成的单稳态触发器如题图 6.23(a)所示。

(1) $R=50\text{k}\Omega$，$C=2.2\mu\text{F}$，计算输出脉冲宽度 T_W。

(2) v_I 波形见题图 6.23(b)，$T_I \gg T_W$，对应画出 v_C、v_O 的波形。

(3) v_I 的波形见题图 6.23(c)，$T_I < T_W$，对应画出 v_C、v_O 的波形。

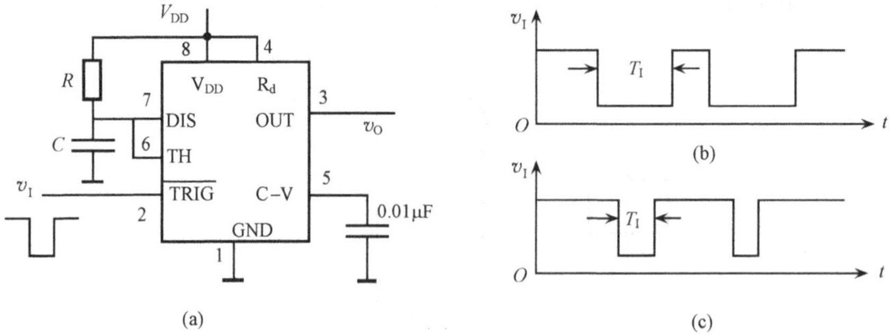

题图 6.23

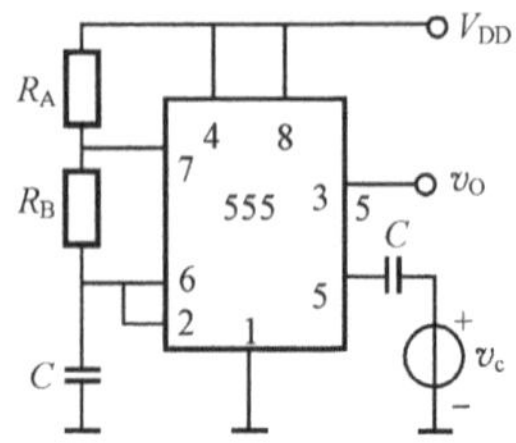

题图 6.25

6.24　试用 555 定时器设计一个单稳态触发器，要求输出脉冲宽度在 1～10s 连续可调。

6.25　题图 6.25 所示为用 555 定时器构成的压控振荡器，试求输入控制电压和振荡频率之间的关系式。当 v_I 升高时，振荡频率是升高还是降低？

6.26　分析题图 6.26 所示的电子门铃电路，当按下按钮 S 时可使门铃鸣响。

(1) 说明门铃鸣响时 555 定时器的工作方式。

(2) 改变电路中什么参数能改变铃响持续时间？

(3) 改变电路中什么参数能改变铃响的音调高低？

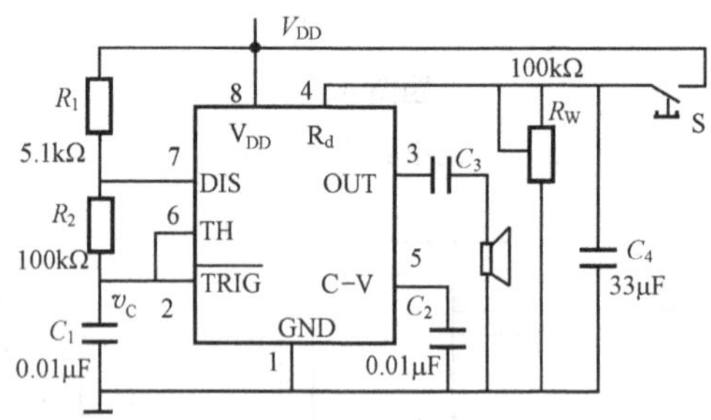

题图 6.26

6.27　题图 6.27 所示为救护车扬声器发声电路。在图中给定的电路参数下，设 $V_{CC}=12V$ 时，555 定时器输出的高、低电平分别为 11V 和 0.2V，输出电阻小于 100Ω，试分析电路的工作原理，计算扬声器发声的高、低音的持续时间。

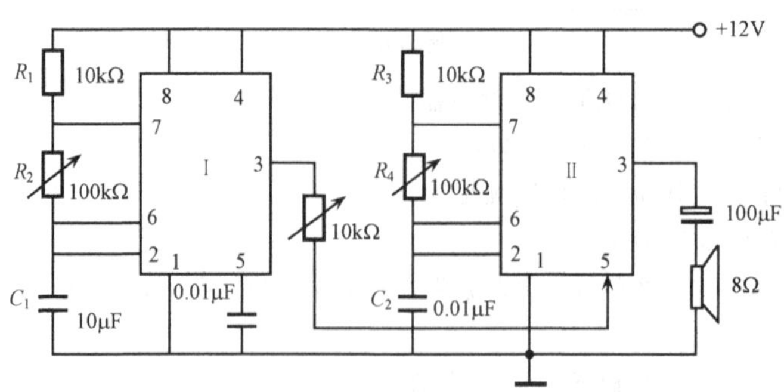

题图 6.27

6.28　题图 6.28 所示为一个由 555 定时器构成的防盗报警电路，a、b 两端被一细铜丝接通，此铜丝置于认为盗窃者必经之处。当盗窃者闯入室内将铜丝碰断后，扬声器即发出报警声(扬声器电压为 1.2V，通过电流为 40mA)，问：

(1) 555 定时器接成了何种电路；

(2) 说明本报警电路的工作原理。

6.29 题图 6.29 所示为由 555 定时器和 D 触发器构成的电路，请问：

(1) 555 定时器构成的是哪种脉冲电路？

(2) 画出 v_c、v_{o1}、v_o 的波形；

(3) 计算 v_{o1}、v_o 的频率。

(4) 如果在 555 定时器的第 5 脚接入 4V 的电压源，则 v_{o1} 的频率将变为多少？

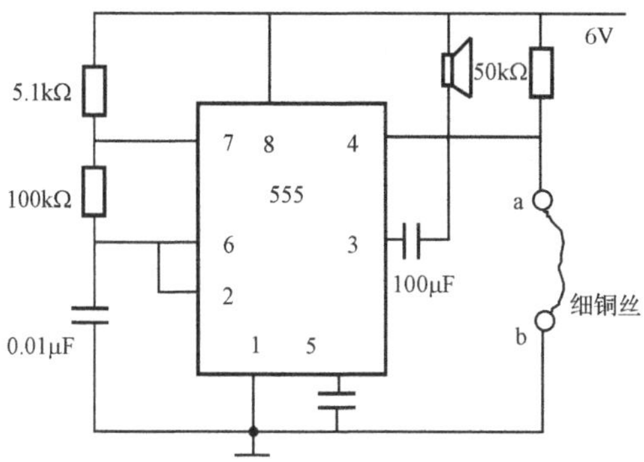

题图 6.28

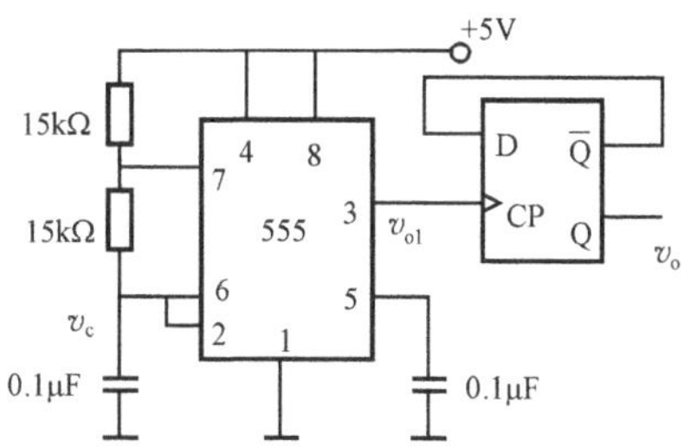

题图 6.29

第 7 章　时序逻辑电路的分析方法和设计方法

学习本章后，读者将了解：

- 时序逻辑电路的特点和分类；
- 同步时序电路和异步时序电路的分析方法；
- 同步时序电路和异步时序电路的设计方法；
- 时序电路的输出方程、驱动方程、时钟方程、状态方程、状态表、状态图和时序图。

本章介绍时序逻辑电路的特点、分析方法和设计方法，第 8 章介绍典型的时序逻辑电路。

7.1　时序逻辑电路的特点和分类

7.1.1　时序逻辑电路的结构和特点

通过第 4、5 章的学习，知道了组合逻辑电路在任一时刻的输出状态仅决定于该时刻各输入状态的组合，而与过去的输入状态无关。在完成单纯的编码/译码、代码转换、逻辑运算或算术运算等操作时可采用组合逻辑电路。但是，当某些操作依赖于前一操作的处理结果时，组合逻辑电路就无能为力了。解决的办法是在组合逻辑电路的基础上增加记忆以前处理结果（即电路状态）的存储电路（如触发器），从而组成时序逻辑电路，简称时序电路。图 7.1.1 所示为时序逻辑电路的框图。图中组合逻辑电路的输入是外加激励逻辑信号 $A_1,\cdots,A_n$ 和存储电路的状态信号 $Q_1,\cdots,Q_r$，他们通过组合逻辑电路共同决定时序电路的整体输出 $Y_1,\cdots,Y_m$ 和存储电路的输入信号 $X_1,\cdots,X_s$。而由存储电路的特性和它的输入信号 $X_1,\cdots,X_s$ 确定存储电路的状态信号 $Q_1,\cdots,Q_r$。在 t_n 时刻以前的外加输入 $A_1,\cdots,A_n$ 对电路的影响综合反映在 t_n 时刻的电路状态 $Q_1^n,Q_2^n,\cdots,Q_r^n$ 中，与 t_n 时刻的外加输入 $A_1,\cdots,A_n$ 共同确定电路的行为。因此有

$$Y_i = f_{yi}(A_1,A_2,\cdots,A_n;Q_1^n,Q_2^n,\cdots,Q_r^n),\quad i = 1,2,\cdots,m \tag{7.1.1}$$

$$X_i = f_{xi}(A_1,A_2,\cdots,A_n;Q_1^n,Q_2^n,\cdots,Q_r^n),\quad i = 1,2,\cdots,s \tag{7.1.2}$$

$$Q_i^{n+1} = f_{qi}(X_1,X_2,\cdots,X_s;Q_1^n,Q_2^n,\cdots,Q_r^n),\quad i = 1,2,\cdots,r \tag{7.1.3}$$

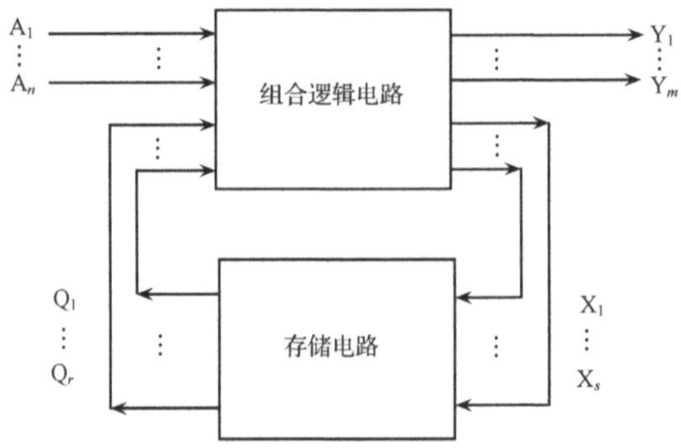

图 7.1.1　时序逻辑电路的框图

输出方程组(7.1.1)表明：时序电路在任一时刻的输出状态依赖于该时刻的输入状态和电路状态的组合。

存储电路的输入信号方程组(7.1.2)称为存储电路的驱动方程。将其代入存储电路的特性方程组(7.1.3)中，可导出电路的状态方程组，即

$$Q_i^{n+1} = g_{qi}(A_1, A_2, \cdots, A_n; Q_1^n, Q_2^n, \cdots, Q_r^n), \quad i = 1, 2, \cdots, r \tag{7.1.4}$$

状态方程组(7.1.4)表明：在 t_n 时刻的外加输入 $A_1, \cdots, A_n$ 和在 t_n 时刻的电路状态 Q_1^n，$Q_2^n, \cdots, Q_r^n$ 共同确定电路的次态 $Q_1^{n+1}, Q_2^{n+1}, \cdots, Q_r^{n+1}$。状态方程组(7.1.4)是递推方程组，所以，

t_0 时刻的输入 $A_1, \cdots, A_n$ 及电路状态 $Q_1^0, \cdots, Q_r^0$(初始状态) $\to Q_1^1, \cdots, Q_r^1$

t_1 时刻的输入 $A_1, \cdots, A_n$ 及电路状态 $Q_1^1, \cdots, Q_r^1 \to Q_1^2, \cdots, Q_r^2$

⋮

t_{n-1} 时刻的输入 $A_1, \cdots, A_n$ 及电路状态 $Q_1^{n-1}, \cdots, Q_r^{n-1} \to Q_1^n, \cdots, Q_r^n$

即 t_n 时刻的电路状态与电路的初始状态和 t_n 时刻以前的所有外加输入 $A_1, \cdots, A_n$ 值有关，所以，t_n 时刻的电路状态 $Q_1^n, Q_2^n, \cdots, Q_r^n$ 综合反映了 t_n 时刻以前所有的外加输入和电路初始状态对电路的影响。

综上所述，时序电路的特点是：

(1) 时序电路由组合逻辑电路(逻辑门等器件)和存储电路(触发器等器件)组成，电路中至少有一条反馈通路。

(2) 时序电路任一时刻的输出状态不仅取决于该时刻的输入状态组合，而且与电路状态有关，电路状态综合反映了在该时刻以前的全部输入序列值对电路的影响。

7.1.2 时序逻辑电路的分类

在时序电路中，如果存储电路全部由触发器组成，则称为脉冲时序电路；否则，称为电平时序电路。本书只介绍脉冲时序电路，简述为时序电路。

对于用触发器作存储电路的时序电路，时钟脉冲驱动触发器状态改变，脉冲时序电路因此而命名。由于触发器的时钟信号是必需的，为了完整地描述时序电路的特性，除方程组(7.1.1)～方程组(7.1.3)外，还必须增加一组时钟方程组

$$CP_i = f_{cpi}(CP; A_1, A_2, \cdots, A_n; Q_1, Q_2, \cdots, Q_r), \ i = 1, 2, \cdots, r \tag{7.1.5}$$

式中，CP 是电路的时钟，确定电路状态和输出状态变化的时间顺序。时钟方程用于确定第 i 个触发器是否在 t_n 时刻(CP 的第 n 个时钟)存在有效的触发沿，以确定触发器状态改变的时间，触发器状态改变为何值则由状态方程组(7.1.4)确定。

如果触发器的时钟方程都相同，则触发器在几乎同一时刻状态改变，故称为同步时序电路；否则，称为异步时序电路。

如果时序电路的输出仅与电路当前的状态有关，则称为 Moore 型时序电路；否则称为 Mealy 型时序电路。Moore 型时序电路的输出方程为

$$Y_i = f_{yi}(Q_1^n, Q_2^n, \cdots, Q_r^n), \quad i = 1, 2, \cdots, m \tag{7.1.6}$$

综上所述，按存储电路的器件分为脉冲时序电路和电平时序电路；按电路状态改变的方式分为同步时序电路和异步时序电路；按输出的依从关系分为 Moore 型时序电路和 Mealy 型时序电路。

7.2 时序电路的分析方法

根据给定的时序电路确定其逻辑功能称为时序逻辑电路的分析，分析步骤如图 7.2.1 所示。

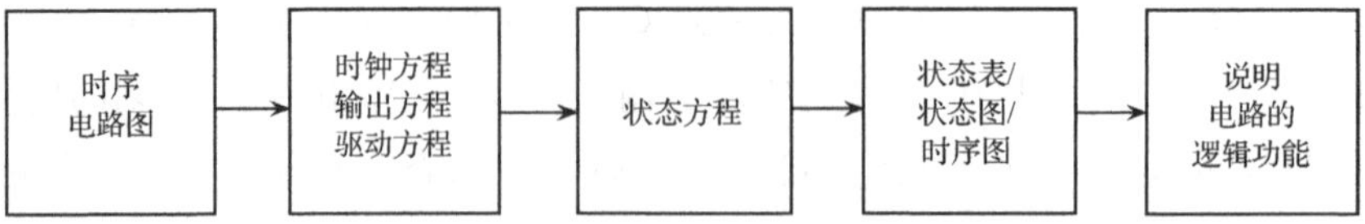

图 7.2.1 时序电路的分析过程

(1) 根据给定的时序电路图，写出三组方程：时钟方程、输出方程和驱动方程。

(2) 将驱动方程代入触发器的特性方程中，导出电路的状态方程。

(3) 计算输出方程和状态方程，列出状态表或画出状态图或时序图。

与触发器一样(见第 6 章)，状态表、状态图和时序图都能直观地描述时序电路的功能。通过计算输出方程和状态方程可以列出状态表或画出状态图或时序图，从而了解时序电路的功能。

在计算状态方程时，假想输入时钟 CP 有效。对于同步时序电路，每个时钟都要计算全部状态方程。对于异步时序电路，必须根据时钟方程检验每个触发器的时钟是否有效。在触发器时钟有效时，才计算相应的状态方程；在触发器时钟无效时，触发器状态保持不变。

(4) 由状态表或状态图或时序图说明电路的功能。

例 7.1 试分析图 7.2.2 所示时序电路的功能。电路由 2 个边沿 T 触发器(FF－Flip Flop)和一个与门组成，FF_1 的 T 端输入信号等效为 2 个输入信号的逻辑与。

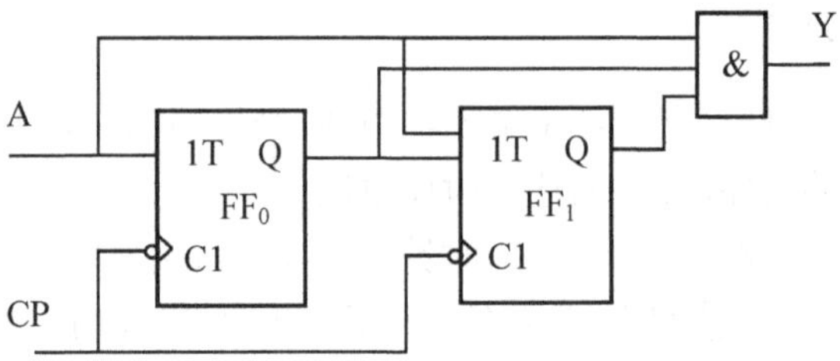

图 7.2.2 例 7.1 的电路

解 (1) 写出时钟方程、输出方程和驱动方程。

$$CP_0 = CP_1 = CP \qquad \text{时钟方程}$$

$$Y = AQ_0^n Q_1^n \qquad \text{输出方程}$$

$$\left.\begin{aligned} T_0 &= A \\ T_1 &= AQ_0^n \end{aligned}\right\} \qquad \text{驱动方程}$$

注意：在时钟脉冲有效沿触发之前，触发器处于原状态 Q^n，所以，在书写输出方程和驱动方程时，与触发器输出 Q 端相连的器件输入信号都是 Q^n。另外，根据器件编号适当增加下标以示区别。

由时钟方程可知，两个 T 触发器作用相同的时钟，其状态都在时钟 CP 的下降沿改变，是同步时序电路。电路的输出和触发器的输入都是外加输入和电路状态的逻辑函数，它们对应于输出方程组(7.1.1)和驱动方程组(7.1.2)。根据输出方程可知，电路是 Mealy 型时序电路。

(2) 将驱动方程代入触发器的特性方程中，导出电路的状态方程。

每个 T 触发器的特性方程是

$$Q_i^{n+1} = T_i \oplus Q_i^n, \quad i = 0.1$$

将驱动方程代入特性方程，得电路的状态方程组

$$Q_0^{n+1} = T_0 \oplus Q_0^n = A \oplus Q_0^n$$

$$Q_1^{n+1} = T_1 \oplus Q_1^n = (AQ_0^n) \oplus Q_1^n$$

注意：一个触发器对应一个状态方程。

(3) 列出状态表/画出状态图/画出时序图。

通过计算输出方程和状态方程可以列出状态表或画出状态图或时序图。对于同步时序电路，计算过程如下：

① 假设外加输入取值组合和电路状态。

② 假想作用一个时钟脉冲，计算输出方程和状态方程，求输出和次态。

③ 如果次态和现态相同，则返回第①步继续进行；如果不同，则以次态替代现态，并作用外加输入的取值组合，返回第②步继续进行；直到外加输入取值组合和电路状态全部都已计算为止。

④ 按计算顺序列出状态表/画出状态图/画出时序图。

表 7.2.1　例 7.1 电路的状态表

CP	A	Q_1^n	Q_0^n	Q_1^{n+1}	Q_0^{n+1}	Y
↓	0	0	0	0	0	0
↓	0	0	1	0	1	0
↓	0	1	0	1	0	0
↓	0	1	1	1	1	0
↓	1	0	0	0	1	0
↓	1	0	1	1	0	0
↓	1	1	0	1	1	0
↓	1	1	1	0	0	1

例 7.2　电路的状态表如表 7.2.1 所示。设 $A=0$，$Q_1^n=0$，$Q_0^n=0$，代入输出方程得 $Y=0$，在时钟脉冲 CP 的下降沿“↓”，将输入 A 和原状态 $Q_1^nQ_0^n$ 代入状态方程计算次态得 $Q_1^{n+1}=0$，$Q_0^{n+1}=0$。再设$A=0$，$Q_1^n=0$，$Q_0^n=1$，代入输出方程得 $Y=0$，在时钟脉冲 CP 的下降沿“↓”，将输入 A 和原状态 $Q_1^nQ_0^n$ 代入状态方程计算次态得 $Q_1^{n+1}=0$，$Q_0^{n+1}=1$。如此反复计算可得状态表。

时序电路的状态表是反映电路的输出和次态与电路的输入和现态对应取值关系的表格。表的形式可以不同，但所涉及的内容是相同的。

时序电路的状态图是反映电路的状态转换顺序及对应的输入输出取值关系的图形，可以根据状态表绘出状态图。例 7.1 电路的状态图如图 7.2.3 所示。状态图中包含有下述信息：

① 电路的状态，通常用“○”表示，也可以省略。例如，图 7.2.3 中有 4 个状态：00，01，10 和 11。

② 状态转换顺序，用“→”联系转换的两个电路状态，箭头指向的状态是次态，箭尾连接的状态是现态，例如，图 7.2.3 中 00 状态转换为 01 状态。如果次态和现态相同，则“→”形成自环，例如，图 7.2.3 中 00 状态转换为 00 状态。由于每一次电路状态转换都需要一个有效的时钟沿，“→”也表示一个有效的时钟沿作用于时序电路。

③ 输入输出取值，用“输入/输出”表示。含义是电路处于现态时作用输入值产生相应的输出值。例如，图 7.2.3 中在 00 状态时如果输入$A=1$，则输出 $Y=0$，在 CP 有效沿作用下电路状态转换为 01。

可以按计算状态方程和输出方程的顺序画出状态图，一个“→”对应一次计算。

在输入和时钟信号的作用下，电路的状态信号和输出信号的工作波形就是时序电路的时序图。同样，时序图也反映了电路的状态转换顺序及对应的输入输出取值关系。图 7.2.4 是例 7.1 电路的时序图，设电路的初始状态为 00。

可以按计算状态方程和输出方程的顺序画出时序图。也可以由状态表或状态图画出时序图，反之亦然。

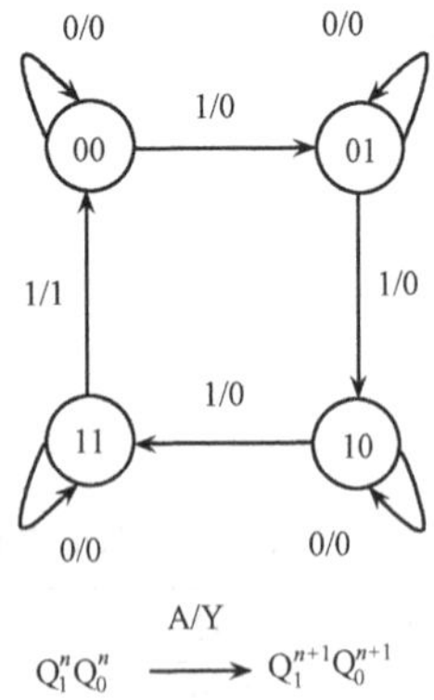

图 7.2.3　例 7.1 电路的状态图

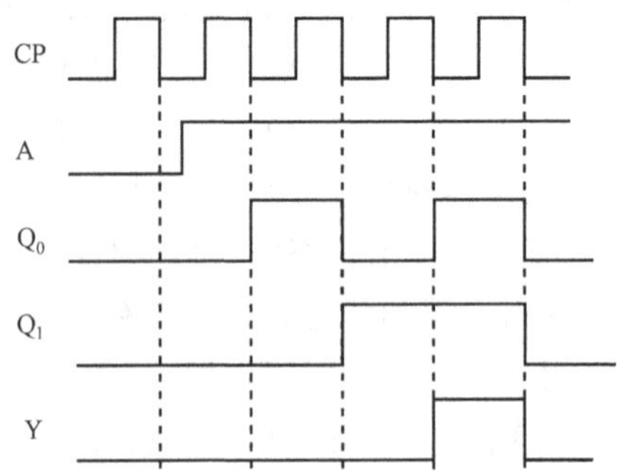

图 7.2.4　例 7.1 电路的时序图

(4) 由状态表或状态图或时序图说明电路的功能。

状态表、状态图和时序图从不同的角度直观地表达了时序电路的功能。在分析过程中，只要获得其中任何一种功能表达形式就可以说明电路的功能。例如，由状态图 7.2.3 看出，当 A=0 时，电路状态保持不变，输出为 0。当 A=1 时，次态等于现态加 1，即每一个有效时钟沿使状态值加 1，形成对时钟脉冲进行加 1 计数的 2 位二进制计数器，Y 是计数进位输出。Y=0 表示计数器不该进位；Y=1 表示再作用一个时钟脉冲，计数器的相邻高位触发器加 1(进位)，计数器的低位触发器归 0。

例 7.3　试分析图 7.2.5 所示时序电路的功能。电路由 3 个边沿 JK 触发器(FF-Flip Flop)组成，FF_2的 J 端输入信号等效为 2 个输入信号的逻辑与。

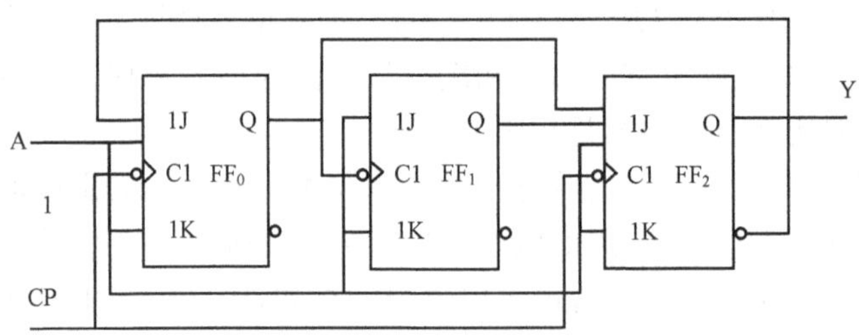

图 7.2.5　例 7.3 的时序电路

解　(1) 写出时钟方程、输出方程和驱动方程。

$$CP_0 = CP,\quad CP_1 = Q_0,\quad CP_2 = CP$$

$$Y = Q_2^n$$

$$\begin{cases} K_0 = A, & J_0 = A\overline{Q_2^n} \\ K_1 = A, & J_1 = A \\ K_2 = A, & J_2 = AQ_0^nQ_1^n \end{cases}$$

注意：对于边沿触发器，只有时钟信号的变化沿才允许改变触发器的状态，而时钟的电平值则不允许。所以，在书写时钟方程时，与触发器输出 Q 端相关的时钟方程变量应书写为 Q，类似于外加输入时钟 CP。例如，$CP_1=Q_0$，表示 Q_0的下降沿允许触发器 FF_1的状态改变。

由时钟方程组知，三个 JK 触发器的时钟方程不同，电路是异步时序电路。触发器 FF_0 和

FF_2 在时钟 CP 的下降沿触发，而触发器 FF_1 在 Q_0 的下降沿触发，即时钟 CP 通过 Q_0 间接触发 FF_1。因此，在异步时序电路中，每个触发器的有效触发沿个数通常不超过输入时钟 CP 的有效触发沿个数。

由输出方程知，电路是 Moore 型时序电路。

(2) 将驱动方程代入触发器的特性方程中，导出电路的状态方程。

每个 JK 触发器的特性方程是

$$Q_i^{n+1}=J\overline{Q^n}_i+\overline{K}Q_i^n \quad i=0,1,2$$

将驱动方程代入特性方程，得电路的状态方程

$$Q_0^{n+1}=J_0\overline{Q_0^n}+\overline{K}_0Q_0^n=A\overline{Q_2^n}\cdot\overline{Q_0^n}+\overline{A}Q_0^n$$

$$Q_1^{n+1}=J_1\overline{Q_1^n}+\overline{K}_1Q_1^n=A\overline{Q_1^n}+\overline{A}Q_1^n$$

$$Q_2^{n+1}=J_2\overline{Q_2^n}+\overline{K}_2Q_2^n=AQ_0^nQ_1^n\overline{Q_2^n}+\overline{A}Q_2^n$$

当 A=0 时，触发器状态保持不变

$$Q_0^{n+1}=Q_0^n$$

$$Q_1^{n+1}=Q_1^n$$

$$Q_2^{n+1}=Q_2^n$$

当 A=1 时，触发器状态可改变

$$Q_0^{n+1}=\overline{Q_2^n}\cdot\overline{Q_0^n}$$

$$Q_1^{n+1}=\overline{Q_1^n}$$

$$Q_2^{n+1}=Q_0^nQ_1^n\overline{Q_2^n}$$

(3) 画出状态图。

FF_0 和 FF_2 在 CP 的下降沿触发，即每个 CP 时钟(状态图中对应于一个箭头)都要计算 FF_0 和 FF_2 的状态方程。而 FF_1 在 Q_0 的下降沿触发，即当 Q_0 由现态 1 变为次态 0 时(状态图中对应于 Q_0 位在一个箭头前后的状态)，才计算 FF_1 的状态方程。

按前述原则，假设初态为 0000，计算状态方程和输出方程，依计算顺序画出状态图，如图 7.2.6 所示。然后再以每个无效状态为原状态并考虑输入 A 值计算次态。

同样可以列出状态表和画出时序图，不再赘述。

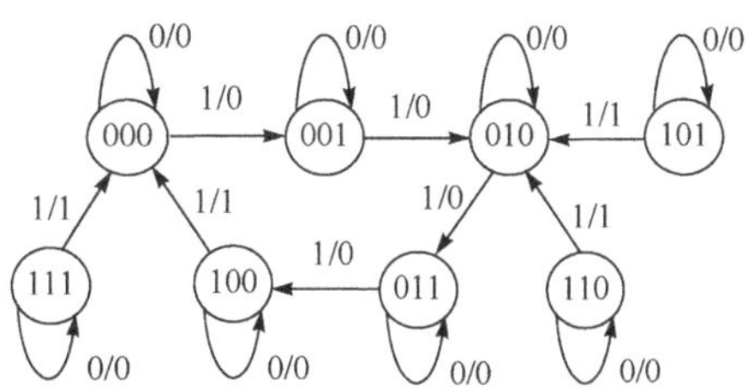

图 7.2.6　图 7.2.5 电路的状态图

(4) 由状态图说明电路的功能。

从状态图看出，当 A=1 时，状态 000、001、010、011、100 形成循环，次态等于现态加 1，即每一个有效时钟沿使状态值加 1，形成对时钟脉冲进行加 1 计数的五进制计数器，Y 是进位输出信号。在构成多位五进制计数器时，Y=0 表示不该进位，Y=1 表示再作用一个时钟脉冲本位计数归 0，相邻高位计数加 1(进位)。当 A=0 时计数器保持计数值，而 A=1 时计数器计数，所以 A 是进位输入信号。

多位五进制计数器框图如图 7.2.7 所示，图中每一个框是电路图 7.2.5，最低有效位的 A=1，其输出 Y 与相邻高位的 A 相连。假设计数器从 0 开始对时钟脉冲 CP 计数，在第 4 个 CP 脉冲下降沿后，最低有效位的计数值为 100 和 Y=1，则第 5 个 CP 脉冲的下降沿使相邻高位加 1 计数，同时最低有效位归零 000 和 Y=0。所以，第二个计数器是每 5 个 CP 脉冲加 1，第三个计数器是每 25 个 CP 脉冲加 1，构成 3 位五进制计数器。

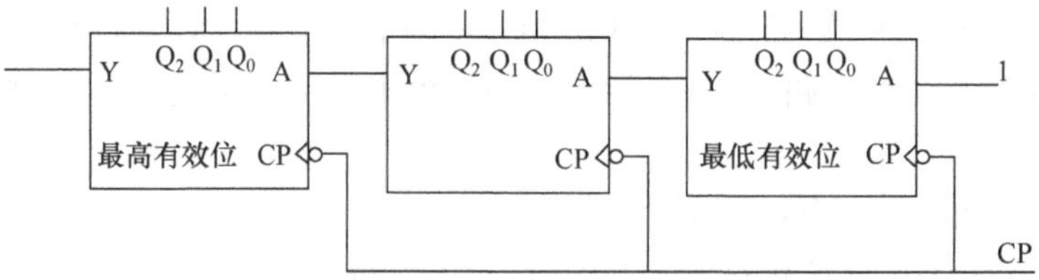

图 7.2.7　多位五进制计数器

为实现某种功能而被使用了的电路状态称为有效状态,未被使用的状态则称为无效状态。本例中,000、001、010、011、100 是有效状态,而 101、110、111 则是无效状态。通常电路反复地执行某一功能,要求有效状态在状态图中形成循环。但干扰可能使电路进入无效状态,如果无效状态形成循环,则电路不能进入有效状态执行正常的逻辑功能,因此,要求在有限个时钟脉冲作用下,电路能从无效状态自动地进入有效状态(无效状态不能形成循环)。满足这种要求的时序电路称为能自启动的电路。由状态图 7.2.6 可知,图 7.2.5 所示时序电路是能自启动的。顺便指出,图 7.2.2 所示电路也是能自启动的,因为它没有无效状态。

综上所述,异步时序电路的分析过程与同步时序电路相似,区别是必须判断触发器有无时钟有效触发沿。通常,在异步时序电路中,每个触发器的有效触发沿个数不超过输入时钟 CP 的有效触发沿个数。

7.3　时序电路的设计方法

时序电路分析的逆过程,便是时序电路的设计。即已知逻辑功能,确定实现这一逻辑功能的时序电路。在时序电路的分析中,首先由电路写出时钟方程、输出方程和驱动方程,然后可获得状态图。反过来,在时序电路的设计中,则是由状态图求取电路的时钟方程、输出方程和驱动方程,据此画出时序电路。就像在组合逻辑电路的设计中由逻辑表达式画逻辑图一样。

时序电路的设计过程如图 7.3.1 所示,说明如下。

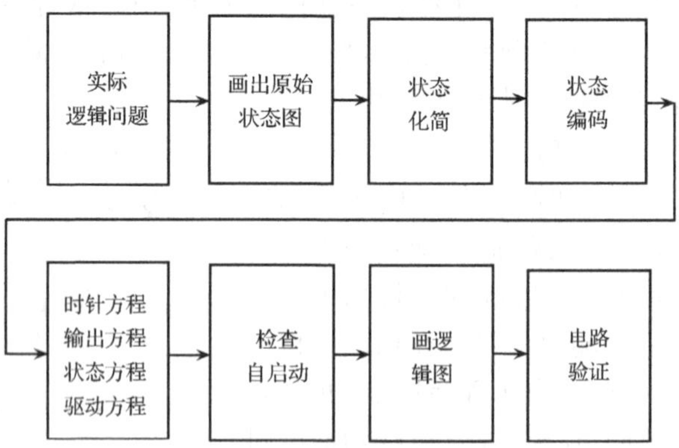

图 7.3.1　时序逻辑电路设计过程

1) 画出原始状态图

根据实际逻辑问题,确定输入逻辑变量和输出逻辑变量,并用逻辑值 0 或 1 表示变量的逻辑状态。定义电路的初始状态 S_0,根据电路的逻辑功能要求,作用输入的取值组合,定义并画出转换到与之相应的次态 $S_1,\cdots,S_{n-1}$,直到不能定义次态为止,获得用符号表示的原始状态图。在这一步中着眼于实现逻辑功能的正确性,而不必考虑状态图的简繁。

2）状态化简

在第一步中获得的状态图可能不是最简的。因为状态数越多，时序电路越复杂。为了设计最简的时序逻辑电路，必须对原始状态图进行化简。化简方法在以后的示例中介绍。

3）状态编码

可用数字电路实现的状态图必须是二进制代码表示的状态图。因此，必须将简化的原始状态图编码为二进制代码状态图。设原始状态图的状态数为 N，则需要的二进制代码的位数 n 应满足

$$2^n \geqslant N$$

对于上式中大于的情况，则有多种编码方案。不同的编码方案对电路的复杂程度以及自启动有一定的影响，根据后续过程的设计结果可适当调整编码方案。

二进制代码的每一位用一个触发器存储，所以，需要 n 个触发器。在每一次设计中通常选择具有相同触发特性和功能的触发器。

4）求时钟方程、输出方程、状态方程和驱动方程

由二进制代码状态图和触发器的触发特性及特性方程，可求得时钟方程、输出方程、状态方程和驱动方程，方法在后续的示例中介绍。

对于异步时序电路，必须设计每一个触发器的时钟方程。设计思路是：由触发器的触发特性和二进制代码状态图设计时钟方程。时钟方程不影响输出方程，但影响触发器的状态方程和驱动方程。

对于同步时序电路，全部触发器都作用输入时钟，省去了时钟方程的设计。所以，同步时序电路的设计比异步时序电路的设计简单。

同步时序电路的设计与异步时序的电路设计仅在此步不同。

5）检查自启动

将无效状态代入状态方程中计算，画出无效状态的状态转换图。如果在有限个时钟脉冲作用下，电路能从无效状态自动地进入有效状态，则电路能自启动。如果无效状态形成循环，则电路不能自启动。解决办法在以后的示例中介绍。

6）画逻辑图

根据时钟方程、输出方程和驱动方程，画出时序电路。

7）电路验证

应用计算机辅助设计软件对所设计的时序电路进行计算机仿真，可实现电路验证。也可以根据逻辑图组装电路进行电路实验验证。在以后的理论设计过程中，将省略电路验证。

例 7.4 用 D 触发器设计一个同步串行数据检测电路，当连续输入三个或三个以上 1 时，电路的输出为 1，其他情况下输出为 0。例如，

输入 A　101100111011110

输出 Y　000000001000110

解 （1）画出原始状态图。

电路的输入输出已用逻辑值 0、1 表示。定义电路的初始状态为 S_0，输入第一个 1 时状态从 S_0 转换到 S_1，表示其后再连续输入两个 1 就检测到 111；当连续输入第二个 1 时状态从 S_1 转换到 S_2，表示其后再连续输入 1 个 1 就检测到 111；当连续输入第三个 1 时，检测到 111，输出为 1，并且状态从 S_2 转换到 S_3，表示已检测到 111。当连续输入 4 个以上 1 时，因输入序列包含 111，故电路输出仍然为 1，电路状态停留在 S_3，不再定义次态。在状态 S_3 时，如果输入

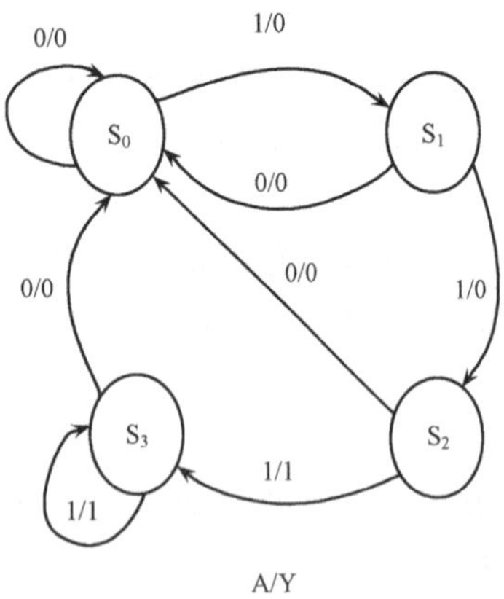

图 7.3.2　例 7.4 的原始状态图

0，则该 0 与其后的两个连续输入不可能组成 111，返回到初始状态 S_0。同样，当电路处在 S_0、S_1、S_2 时，如果输入为 0，则均返回到初始状态 S_0，理由同前。原始状态图如图 7.3.2 所示。

归纳起来，S_0 表示初始状态或者最后输入是 0 的电路状态；S_1 表示在 S_0 后已经输入了一个 1 的电路状态；S_2 表示在 S_0 后已经连续输入了两个 1 的电路状态；S_3 表示已经检测到 111 的电路状态。

由于时序电路的功能多种多样，原始状态图的绘制没有一定之规，必须根据功能要求绘制原始状态图。

(2) 状态化简。

时序电路的功能是由输入输出关系反映的，而不是由电路状态反映的。如果分别从状态 S_i 和 S_j 出发，作用所有可能的输入序列，输出响应序列都相同，则称 S_i 和 S_j 为等价状态，记为(S_i，S_j)。状态的等价关系是可以传递的，即如果(S_i，S_j)和(S_j，S_k)，则(S_i，S_k)。称(S_i，S_j，S_k)为等价状态类。等价状态或等价状态类可被合并为一个状态，从而化简原始状态图。

根据等价状态的定义判断两个状态的等价关系是非常困难的，因为可能的输入序列是很多的。必须寻找判断等价关系的简便方法。我们知道，时序电路的现态综合反映了电路的初始状态和 t_n 时刻以前的所有外加输入。因此，判断 S_i 和 S_j 等价的方法是：分别以 S_i 和 S_j 为现态，如果对应于输入的全部取值组合，同时满足两个条件：①输出完全相同，②次态相同或者交错或者循环；则 S_i 和 S_j 等价。因此，可以用状态表判断两个状态 S_i 和 S_j 是否等价。

对于图 7.3.2 的原始状态图，可列出状态表，见表 7.3.1。由表看出，S_2 和 S_3 是等价状态，因为它们在全部输入取值组合的情况下得到相同的输出和相同的次态。将 S_3 合并为 S_2，得到简化的原始状态图，如图 7.3.3 所示。

表 7.3.1　例 7.3 的原始状态表

现态	A	次态	Y
S_0	0	S_0	0
	1	S_1	0
S_1	0	S_0	0
	1	S_2	0
S_2	0	S_0	0
	1	S_3	1
S_3	0	S_0	0
	1	S_3	1

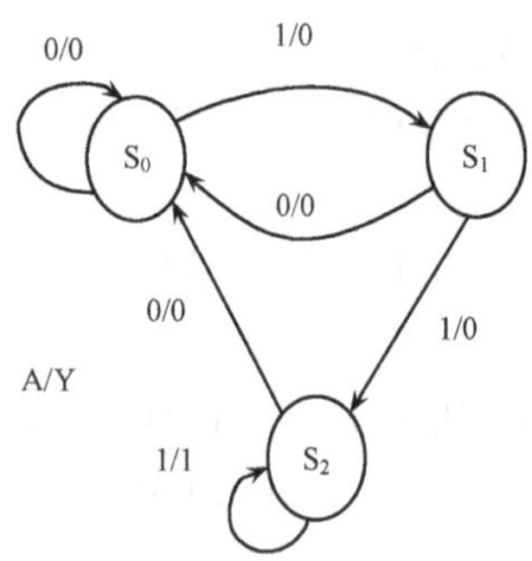

图 7.3.3　例 7.3 的最简原始状态图

(3) 状态编码。

最简原始状态图中只有三个状态，用两位二进制码对状态进行编码，并用两个下降沿触发的 D 触发器($Q_1^n Q_0^n$)存储编码。选择编码方案为 $S_0=00$，$S_1=01$，$S_2=10$，则二进制代码状态图如图 7.3.4 所示。注意状态 $Q_1^n Q_0^n=11$ 未用，是无效状态，在后续的设计过程中作为无关项。

(4) 求时钟方程、输出方程、状态方程和驱动方程。

按题意要求，采用同步时序电路，两个 D 触发器的时钟输入端都与输入时钟相连，即

$$CP_0 = CP_1 = CP$$

由状态图(图 7.3.4)可得到复合卡诺图(图 7.3.5)，图中每个方格表示次态($Q_1^{n+1}Q_0^{n+1}$)和输出 Y，未用的编码项($Q_1^nQ_0^n=11$)作为无关项。例如，当 $Q_1^nQ_0^n=00$ 和输入 A=1 时，查状态图 7.3.4，次态 $Q_1^{n+1}Q_0^{n+1}=01$ 和输出 Y=0，将次态和输出填入复合卡诺图中。复合卡诺图可拆分为 3 张卡诺图：输出 Y 的卡诺图(图 7.3.6)，次态 Q_1^{n+1} 和 Q_0^{n+1} 的卡诺图(图 7.3.7 和图 7.3.8)。

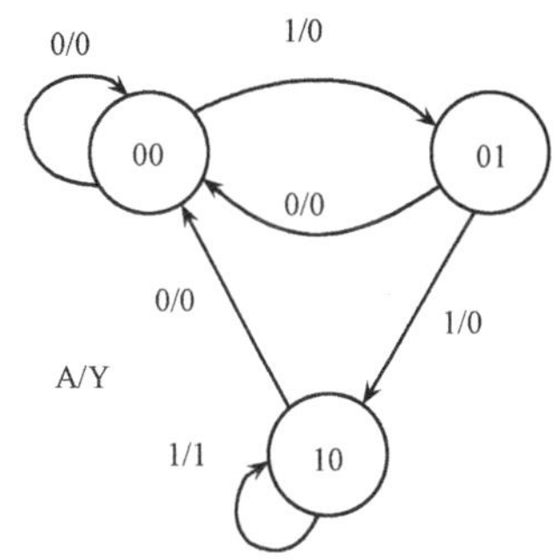

图 7.3.4　例 7.3 的二进制状态图

A \ $Q_1^nQ_0^n$	00	01	11	10
0	00 0	00 0	×	00 0
1	01 0	10 0	×	10 1

图 7.3.5　复合卡诺图

A \ $Q_1^nQ_0^n$	00	01	11	10
0	0	0	×	0
1	0	0	×	1

图 7.3.6　输出 Y 的卡诺图

A \ $Q_1^nQ_0^n$	00	01	11	10
0	0	0	×	0
1	0	1	×	1

图 7.3.7　Q_1^{n+1} 的卡诺图

A \ $Q_1^nQ_0^n$	00	01	11	10
0	0	0	×	0
1	1	0	×	0

图 7.3.8　Q_0^{n+1} 的卡诺图

由输出卡诺图，求得输出方程

$$Y = AQ_1^n$$

由 Q_1^{n+1} 和 Q_0^{n+1} 的卡诺图，求得两个触发器的状态方程

$$Q_1^{n+1} = AQ_0^n + AQ_1^n$$

$$Q_0^{n+1} = A\,\overline{Q_1^n}\cdot\overline{Q_0^n}$$

D 触发器的特性方程为

$$Q_i^{n+1} = D_i,\quad i = 0,1$$

与 D 触发器的特性方程比较，求得两个触发器的驱动方程

$$D_1 = AQ_0^n + AQ_1^n$$

$$D_0 = A\,\overline{Q_1^n}\cdot\overline{Q_0^n}$$

(5) 检查自启动。

将无效状态 $Q_1^nQ_0^n=11$ 代入状态方程中并计算，可绘出无效状态转换图，见图 7.3.9。该图表明从无效状态 11 进入有效状态 00 或 01，设计的电路可以自启动。

(6) 画逻辑图。

根据时钟方程、输出方程和驱动方程，画出时序电路，如图 7.3.10 所示，它是 Mealy 型同

步电路。按此方法，读者也可设计出 Moore 型序列检测器。

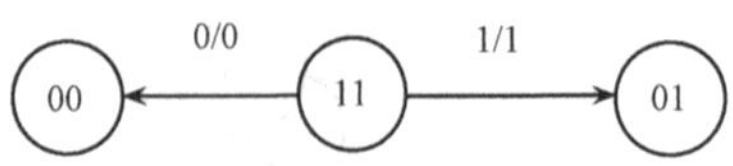

图 7.3.9　无效状态转换图

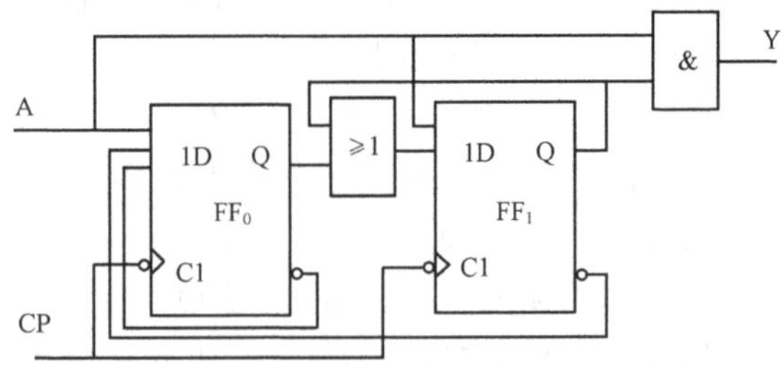

图 7.3.10　同步串行 111 序列检测器

例 7.5　用 JK 触发器设计一个同步 6 进制计数器。

解　(1) 画原始状态图。

6 进制有 6 个数码 0、1、2、3、4、5，从低位到高位的进位规律是“逢 6 进 1”。本例是设计 6 进制中的一个最低有效位，即一个同步 6 进制计数器有一个进位输出信号 Y 和 6 个状态 S_0、S_1、S_2、S_3、S_4、S_5，分别表示 6 个数码 0、1、2、3、4、5。原始状态图如图 7.3.11 所示。

(2) 状态化简。

已是最简原始状态图。

(3) 状态编码。

原始状态图有 6 个状态，用 3 位二进编码 6 个状态。编码方案有 $C_8^6=28$ 种，本例采用图 7.3.12 所示的编码方案，并绘出状态图。注意未用的编码是 010 和 101，作为无关项。

选用 3 个下降沿触发的 JK 触发器存储 3 位二进制编码。

(4) 求时钟方程、输出方程、状态方程和驱动方程。

按题意要求，采用同步时序电路。所以

$$CP_0=CP_1=CP_2=CP$$

由状态图(图 7.3.12)绘出输出 Y 的卡诺图和触发器次态 $Q_2^{n+1}Q_1^{n+1}Q_0^{n+1}$ 的卡诺图(图 7.3.13)。

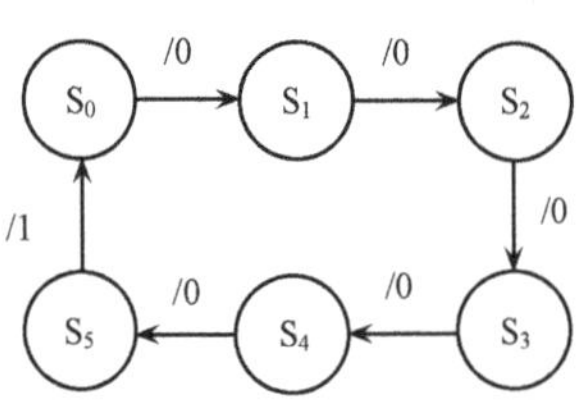

图 7.3.11　例 7.5 的原始状态图

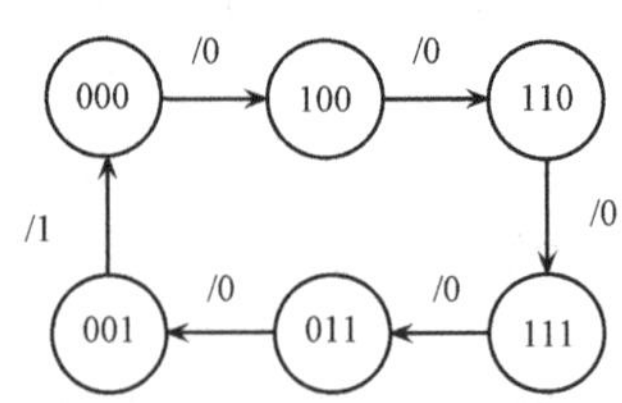

图 7.3.12　例 7.5 的二进制状态图

由输出卡诺图，求得输出方程

$$Y=\overline{Q_1^n}Q_0^n$$

求驱动方程的思路是：从次态卡诺图中求取状态方程，然后与 JK 触发器的特性方程比较求取驱动方程。

由于 JK 触发器的特性方程为

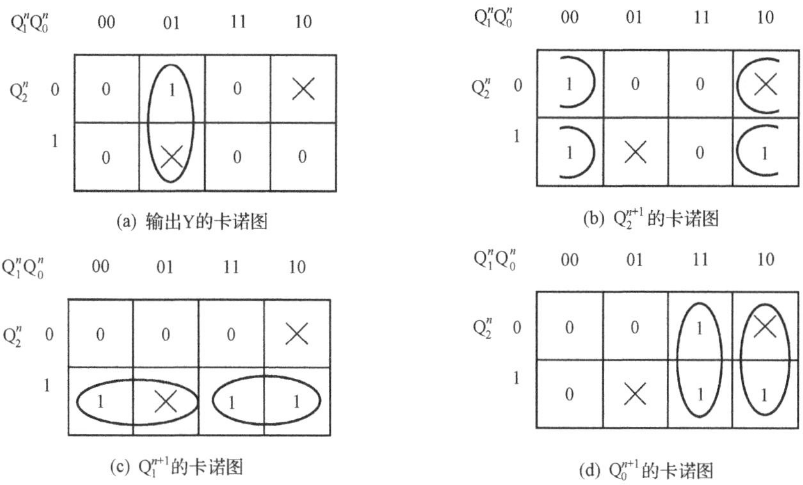

(a) 输出Y的卡诺图　(b) Q_2^{n+1}的卡诺图　(c) Q_1^{n+1}的卡诺图　(d) Q_0^{n+1}的卡诺图

图 7.3.13　例 7.5 的输出卡诺图和触发器次态卡诺图

$$Q_i^{n+1}=J_i\,\overline{Q_i^n}+\overline{K}_i Q_i^n \quad i=0,1,2$$

J_i 和 K_i 分别是$\overline{Q_i^n}$和 Q_i^n 的系数。因此，如果状态方程含有因子为$\overline{Q_i^n}$和 Q_i^n 项，则易求取 J_i 和 K_i。为此，将 Q_i^{n+1} 的卡诺图分为 2 部分，即包含$\overline{Q_i^n}$的方格和包含 Q_i^n 的方格，然后再卡诺图分块化简求取状态方程。例如，在 Q_2^{n+1} 的卡诺图中，第一行 4 个方格包含$\overline{Q_2^n}$，第二行 4 个方格包含 Q_2^n，卡诺图分块化简得 Q_2^{n+1} 的状态方程为

$$Q_2^{n+1}=\overline{Q_0^n}\,\overline{Q_2^n}+\overline{Q_0^n}Q_2^n$$

比较 Q_2^{n+1} 的状态方程和特性方程，可得

$$J_2=\overline{Q_0^n} \quad K_2=Q_0^n$$

在 Q_1^{n+1} 的卡诺图中，左边 4 个方格包含$\overline{Q_1^n}$，右边 4 个方格包含 Q_1^n，卡诺图分块化简得 Q_1^{n+1} 的状态方程为

$$Q_1^{n+1}=Q_2^n\,\overline{Q_1^n}+Q_2^nQ_1^n$$

比较 Q_1^{n+1} 的状态方程和特性方程，可得

$$J_1=Q_2^n \quad K_1=\overline{Q_2^n}$$

在 Q_0^{n+1} 的卡诺图中，中间 4 个方格包含 Q_0^n，两边共 4 个方格包含$\overline{Q_0^n}$，卡诺图分块化简得 Q_0^{n+1} 的状态方程为

$$Q_0^{n+1}=Q_1^n\,\overline{Q_0^n}+Q_1^nQ_0^n$$

比较 Q_0^{n+1} 的状态方程和特性方程，可得

$$J_0=Q_1^n \quad K_0=\overline{Q_1^n}$$

(5) 检查自启动。

将无效状态 $Q_2^nQ_1^nQ_0^n=010$、101 代入状态方程中计算，可绘出无效状态转换图，见图 7.3.14。该图表明无效状态形成循环，设计的电路不能自启动。

有两种解决不能自启动的办法：①重新做状态编码，求取状态方程，直到设计的电路能自启动为止(即重复第(3)～(5)步)；②修改无效状态的状态图，切断无效循环，使其转换到有效

状态。下面介绍第二种方法。

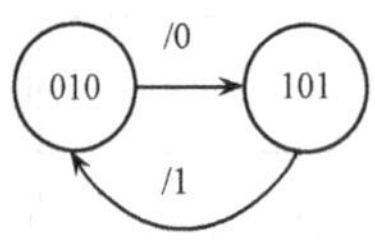

图 7.3.14　无效状态转换图

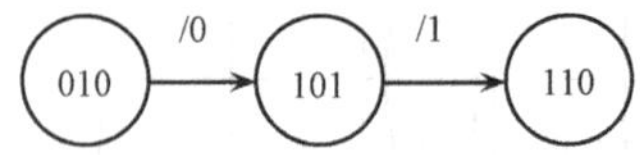

图 7.3.15　切断无效状态循环

将无效状态转换图修改为图 7.3.15，即从无效状态 101 转换为有效状态 110，切断无效循环。因为输出仅与原状态有关，故切断无效状态循环时不改变输出。箭头尾部的 101 使 $Q_2^n\overline{Q_1^n}Q_0^n=1$，箭头指向的 110 则说明在 Q_2^{n+1} 和 Q_1^{n+1} 的方程中应增加一项 $Q_2^n\overline{Q_1^n}Q_0^n$，在 Q_0^{n+1} 的方程中不增加该项。所以，原来的状态方程修改为

$$Q_2^{n+1}=\overline{Q_0^n}\,\overline{Q_2^n}+\overline{Q_0^n}Q_2^n+Q_2^n\overline{Q_1^n}Q_0^n=\overline{Q_0^nQ_2^n}+(\overline{Q_0^n}+\overline{Q_1^n}Q_0^n)Q_2^n=\overline{Q_0^n}\,\overline{Q_2^n}+\overline{Q_0^nQ_1^n}Q_2^n$$

$$Q_1^{n+1}=Q_2^n\overline{Q_1^n}+Q_2^nQ_1^n+Q_2^n\overline{Q_1^n}Q_0^n=Q_2^n\overline{Q_1^n}+Q_2^nQ_1^n$$

$$Q_0^{n+1}=Q_1^n\overline{Q_0^n}+Q_1^nQ_0^n$$

由修改后的状态方程可以得到有效状态转换图（图 7.3.12）和无效状态转换图（图 7.3.15），合并两个图即是所设计电路的完整状态图，电路能自启动。

由修改后的状态方程求得驱动方程

$$J_2=\overline{Q_0^n},\quad K_2=Q_0^nQ_1^n$$

$$J_1=Q_2^n,\quad K_1=\overline{Q_2^n}$$

$$J_0=Q_1^n,\quad K_0=\overline{Q_1^n}$$

(6) 画逻辑图。

根据时钟方程、输出方程和驱动方程，画出时序电路，如图 7.3.16 所示，它是 Moore 型同步时序电路。

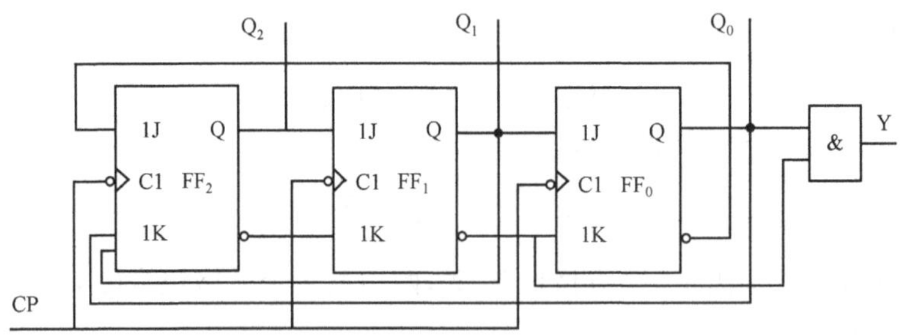

图 7.3.16　同步 6 进制计数器

例 7.6　设计一个异步 5 进制计数器。

解　本例的主要目的是阐明异步时序电路的设计方法。

(1) 画出原始状态图。

原始状态图如图 7.3.17 所示。该图没有进位输入信号，只能用于五进制计数器的最低有效位的计数。

(2) 状态化简。

原始状态图已是最简的。

(3) 状态编码。

采用自然二进制编码的状态图如图 7.3.18 所示。注意未用的编码是 101、110 和 111，作为无关项。

选用 3 个下降沿触发的 JK 触发器。

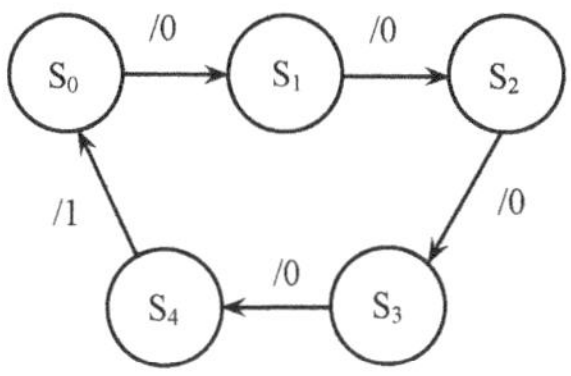

图 7.3.17　例 7.6 的原始状态图

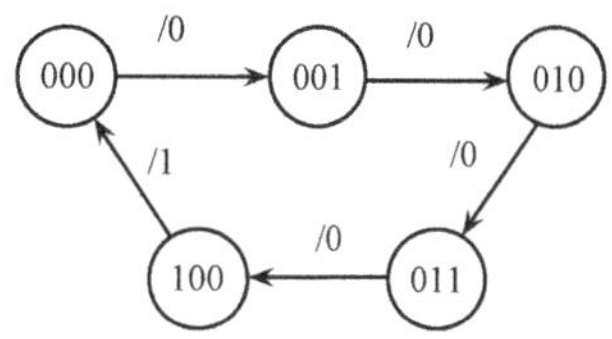

图 7.3.18　例 7.6 的二进制状态图

(4) 求时钟方程、输出方程、状态方程和驱动方程。

由选用触发器的触发特性和状态图 7.3.18 可画出一个工作周期内的时序图，如图 7.3.19 所示。从状态图的初态开始，一个"→"对应一个 CP 脉冲的下降沿，按状态图的状态转换顺序画出时序图。

根据时序图选择触发器的时钟，原则是

① 触发器每一次变化都需要一个时钟脉冲；

② 为了使驱动方程简单，在满足①的条件下一个工作周期内的时钟脉冲数越少越好。

按前述原则选择的时钟方程为

$$CP_0 = CP$$
$$CP_1 = Q_0$$
$$CP_2 = CP$$

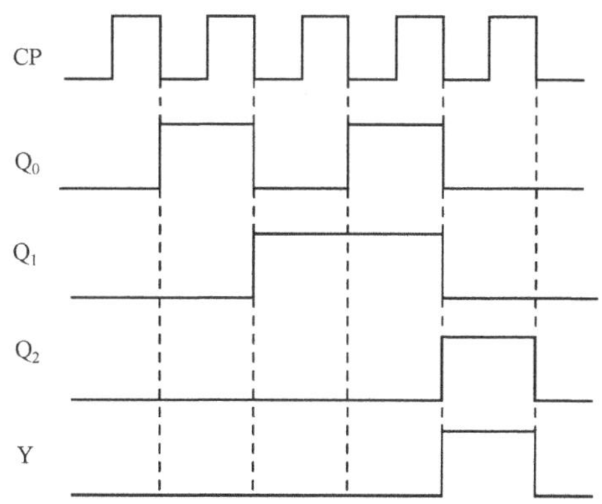

图 7.3.19　例 7.6 的时序图

由状态图(图 7.3.18)填写输出卡诺图和触发器次态的卡诺图，然后根据时钟方程做修正，得到最终的卡诺图，如图 7.3.20 所示。由于只有触发器 Q_1 的时钟不是 CP，而是 Q_1^{n+1} 的卡诺图需要做修正。Q_1^{n+1} 的卡诺图修正方法是：参考时序图，在 CP 的下降沿，如果 Q_0 不产生下降沿，则 CP 下降沿前瞬的状态修正为 Q_1^{n+1} 的无关项。例如，当电路处于 000 状态时，CP 第一个脉冲的下降沿不使 Q_0 产生下降沿，故 Q_1^{n+1} 的卡诺图中 000 对应的方格修正为无关项。类似的还有 010 和 100 修正为无关项。

后续的设计过程与同步电路相同，简述如下：

输出方程为

$$Y = Q_2^n$$

状态方程为

$$Q_2^{n+1} = \overline{Q_2^n} Q_1^n Q_0^n$$
$$Q_1^{n+1} = \overline{Q_1^n}$$
$$Q_0^{n+1} = \overline{Q_2^n} \cdot \overline{Q_0^n}$$

驱动方程为

$$J_2 = Q_1^n Q_0^n, \quad K_2 = 1$$

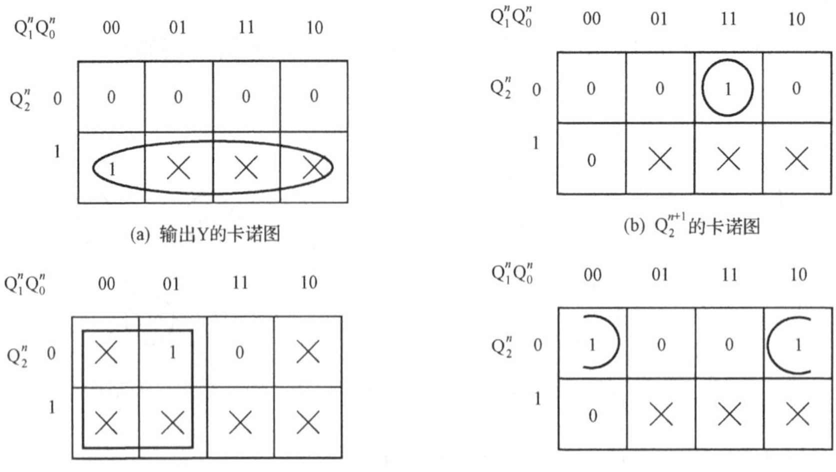

(a) 输出Y的卡诺图　(b) Q_2^{n+1}的卡诺图　(c) Q_1^{n+1}的卡诺图　(d) Q_0^{n+1}的卡诺图

图 7.3.20　例 7.6 的输出卡诺图和触发器次态卡诺图

$$J_1 = K_1 = 1$$

$$J_0 = \overline{Q_2^n}, \quad K_0 = 1$$

(5) 检查自启动。

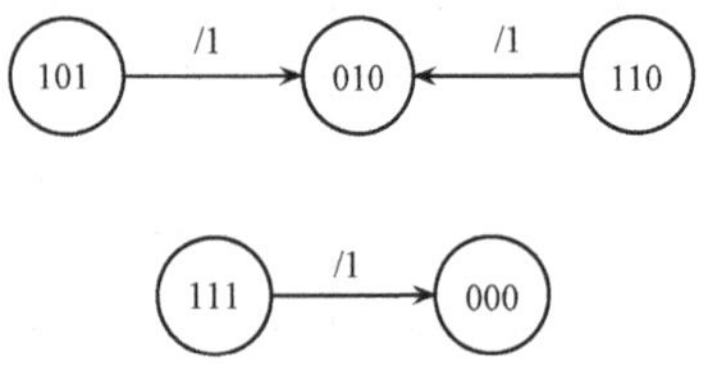

图 7.3.21　例 7.5 的无效状态转换图

将无效状态 101、110 和 111 代入状态方程计算，画出无效状态转换图7.3.21。无效状态不形成循环，设计的电路能自启动。

(6) 画逻辑图。

根据时钟方程、输出方程和驱动方程，画出时序电路，如图 7.3.22 所示，它是 Moore 型异步时序电路。

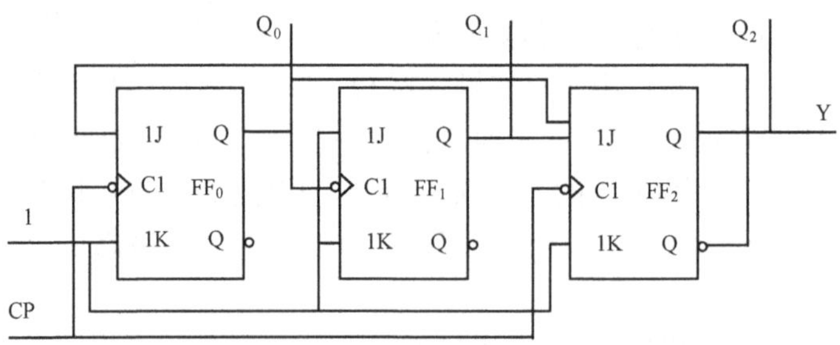

图 7.3.22　异步 5 进制计数器

习　题

7.1　说明时序逻辑电路和组合逻辑电路在逻辑功能上和电路结构上有何不同?

7.2　试画出题图 7.2 所示电路在一系列 CP 信号作用下 Q_1 、Q_2 、Q_3 的输出电压波形。设各触发器的初始状态为 0。

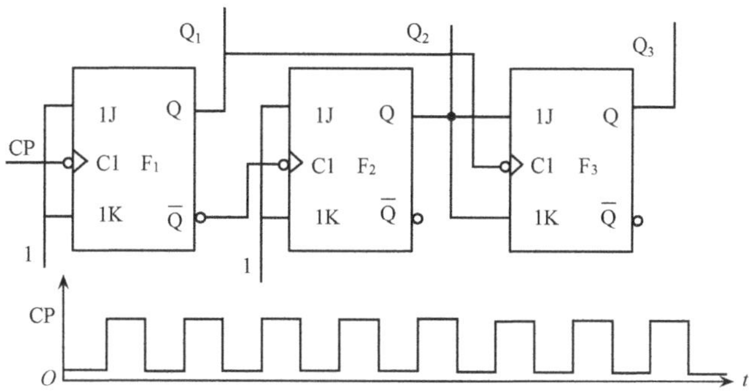

题图 7.2

7.3 分析题图 7.3 所示电路，写出驱动方程、状态方程；画出状态转换图；说明电路的逻辑功能，并判断电路能否自启动。

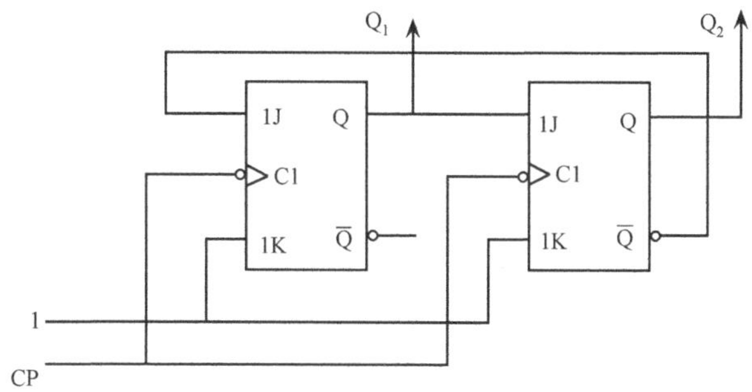

题图 7.3

7.4 分析题图 7.4 所示电路，写出各触发器的驱动方程、状态方程；画出状态转换图；当 X=1 和 X=0 时，电路分别完成什么逻辑功能？

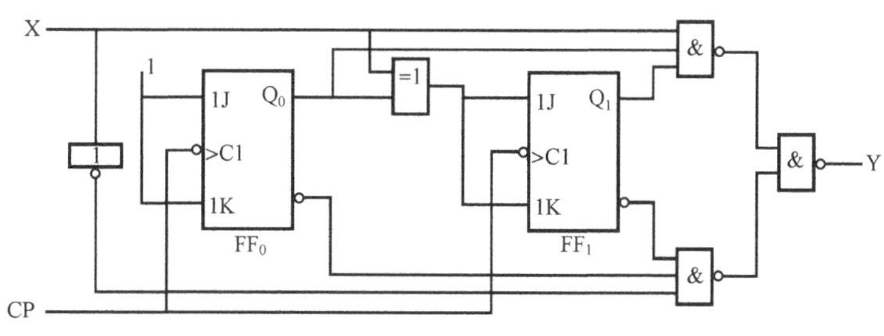

题图 7.4

7.5 分析题图 7.5 所示时序逻辑电路，写出电路的驱动方程和状态方程，画出状态转换图，说明电路的功能。

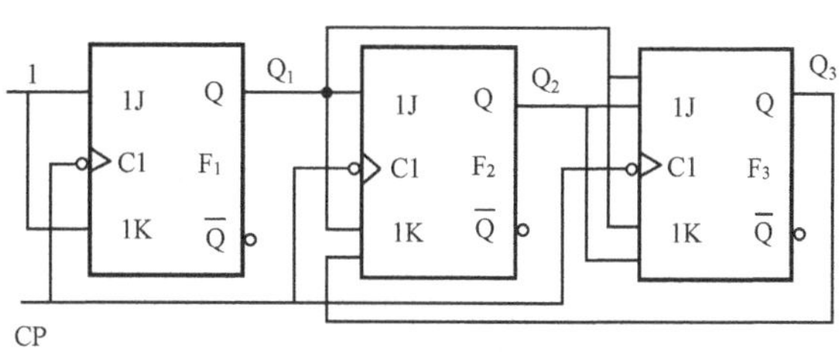

题图 7.5

7.6 试画出题图 7.6 所示电路输出端 Y 的电压波形。已知输入 A 和 CP 脉冲波形，假定各触发器的初始状态为 0。

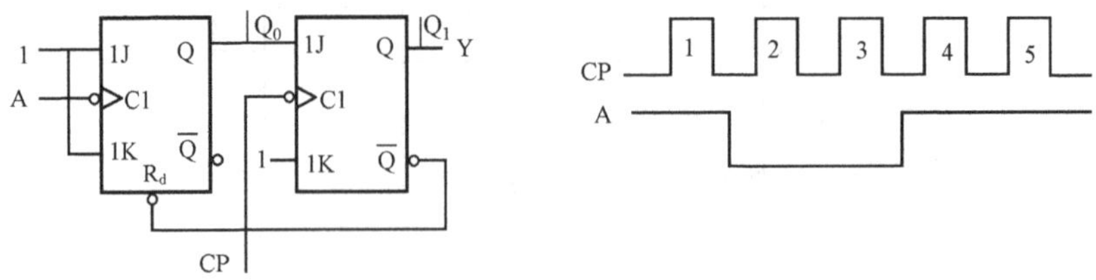

题图 7.6

7.7 分析题图 7.7 所示时序逻辑电路，写出驱动方程、状态方程、输出方程，画出状态图，说明电路的逻辑功能，检查能否自启动。

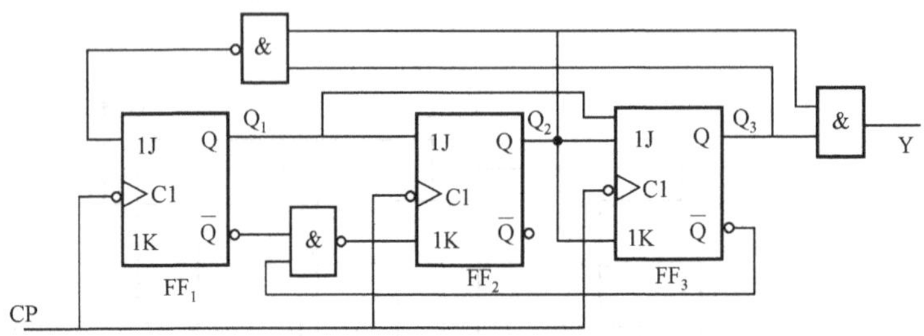

题图 7.7

7.8 已知时序电路如题图 7.8 所示，假设触发器的初始状态均为 0。

(1) 写出电路的状态方程和输出方程。

(2) 分别列出 X=0 和 X=1 两种情况下的状态转换表，说明其逻辑功能。

(3) 画出 X=1 时，在 CP 脉冲作用下的 Q_1 、Q_0 和输出 Y 的波形。

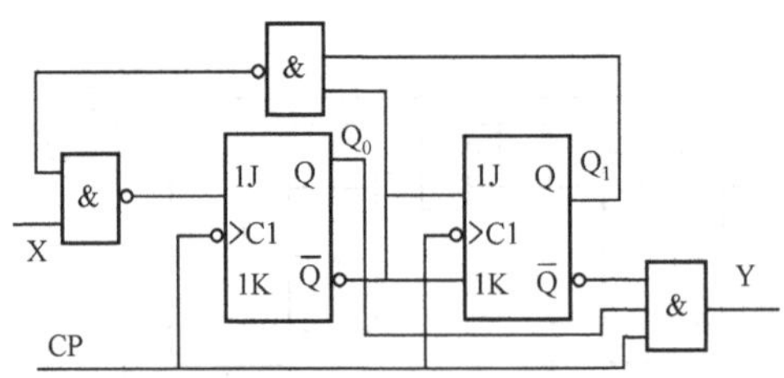

题图 7.8

7.9 分析题图 7.9 所示电路，画出状态图，说明电路的逻辑功能，检查电路能否自启动。

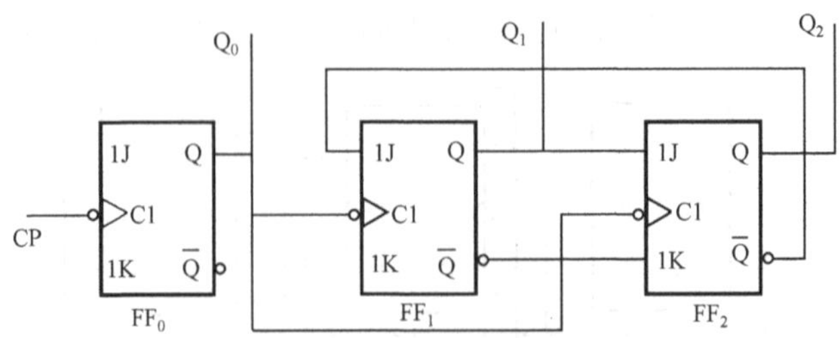

题图 7.9

7.10　分析题图 7.10 所示电路，写出驱动方程、状态方程；画出状态转换图；说明电路的逻辑功能，并判断电路能否自启动。

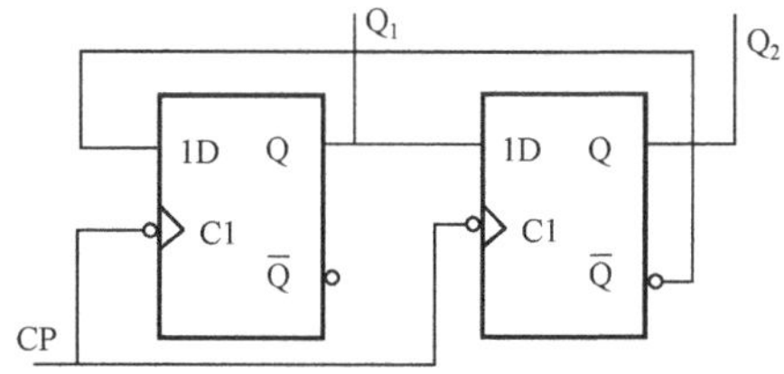

题图 7.10

7.11　分析题图 7.11 所示电路，已知 A、B 的波形，画出输出 Q_1 、Q_2 的波形。设触发器的初始状态为 0。

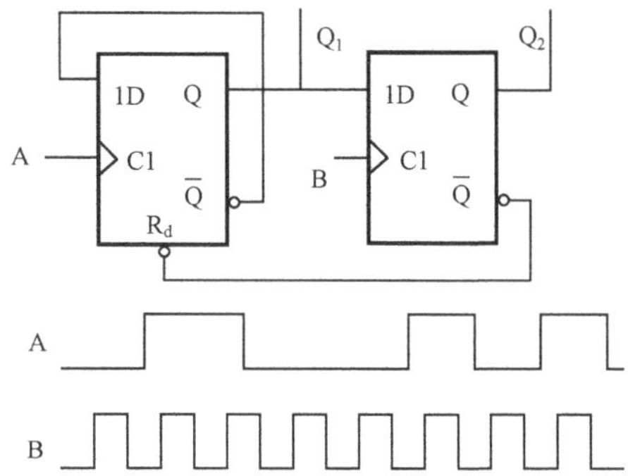

题图 7.11

7.12　分析题图 7.12 所示电路，说明电路的逻辑功能。

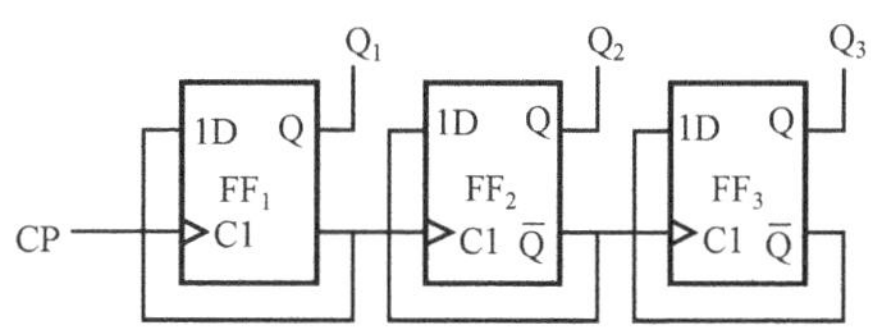

题图 7.12

7.13　电路如题图 7.13 所示。设触发器初态为 0，画出在输入 X 及 CP 脉冲作用下各触发器的 Q 端波形。

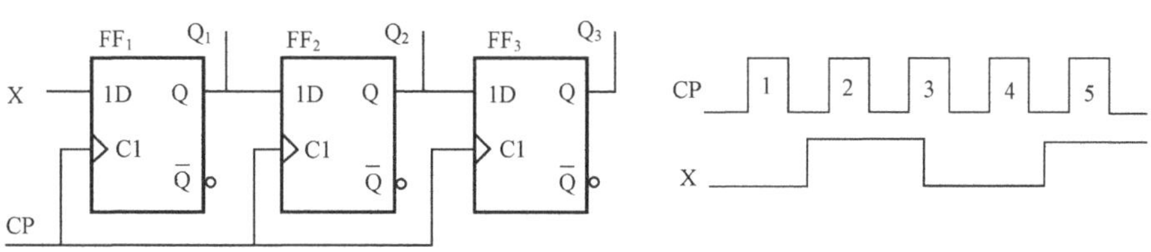

题图 7.13

7.14　在题图 7.14 所示电路中，已知输入 v_I 和 CP 脉冲波形，试画出输出电压 v_O 的波形，假定各触发器的初始状态为 0。

7.15　分析题图 7.15 所示时序电路的逻辑功能，写出电路的驱动方程、状态方程和输出方程，画出电路的状态图，并说明该电路是否能自启动。

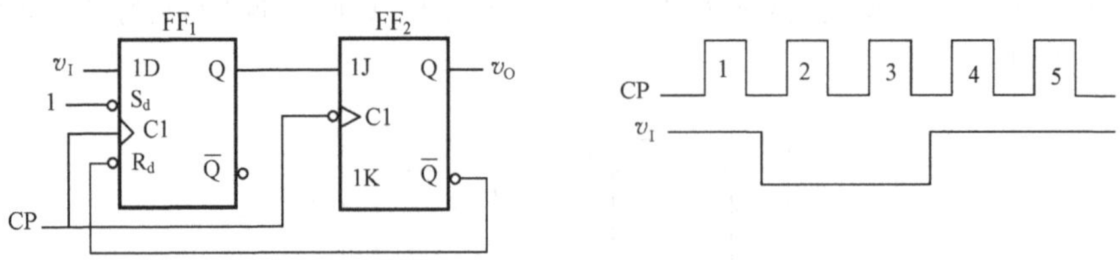

题图 7.14

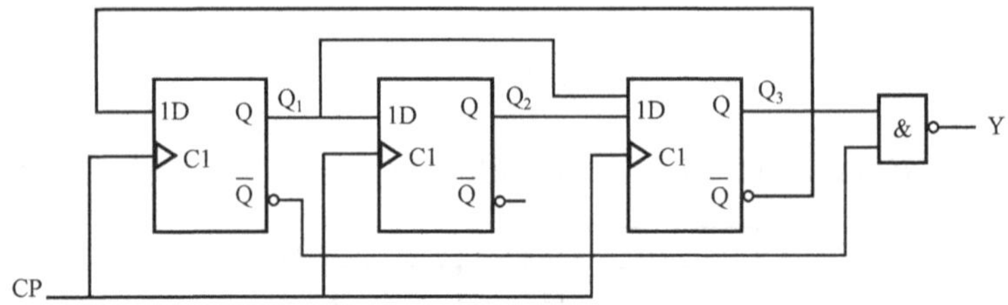

题图 7.15

7.16 分析题图 7.16 所示时序逻辑电路，写出电路的驱动方程和状态方程，画出状态转换图，说明电路的功能。

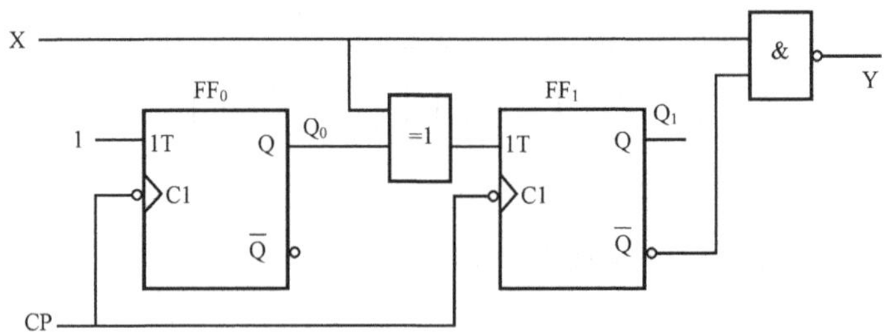

题图 7.16

7.17 用 D 触发器设计一个同步 5 进制计数器。

7.18 用 JK 触发器设计一个同步 6 进制计数器。

7.19 用 D 触发器设计一个异步 7 进制计数器。

7.20 用 JK 触发器设计一个异步 9 进制计数器。

7.21 设计一个串行数据检测器。当输入连续信号 110 时输出为 1，否则输出为 0。

第 8 章　典型时序逻辑电路

学习本章后,读者将了解:

- 计数器的功能和分类;
- 二进制计数器和十进制计数器的功能和典型中规模集成器件;
- 计数器的主要应用:计数、分频和定时;
- 用中规模集成计数器设计 N 进制计数器;
- 顺序脉冲发生器的功能、组成原理和电路;
- 数据寄存器的功能和中规模集成器件。

在掌握时序电路的分析和设计方法后,本章学习典型的计数器、顺序脉冲发生器和寄存器等时序逻辑电路。

8.1 计　数　器

在第 7 章中以计数器为例介绍了时序电路的分析方法和设计方法,本节详细介绍计数器的分类和典型计数器的结构、工作原理、功能及其应用。

8.1.1 计数器的概念和分类

实现对输入脉冲计数的时序逻辑电路称为计数器,在计数器中用触发器记忆计数值。

计数器的分类如表 8.1.1 所示,分类方式反映了计数器的工作特点。

表 8.1.1　计数器分类表

分类方式	触发器状态改变方式	计数体制	计数值增减
类别	1. 同步计数器 2. 异步计数器	1. 二进制计数器 2. 十进制(二-十进制)计数器 3. N 进制计数器 (如 5 进制、60 进制、24 进制等)	1. 加法计数器 2. 减法计数器 3. 可逆计数器

按触发器的状态改变方式,分为同步计数器和异步计数器。同步计数器的所有触发器共用一个输入脉冲源,对已输入的脉冲进行计数。异步计数器则不同,一些触发器作用输入脉冲,而另外一些触发器则把其他触发器的输出作时钟脉冲,但异步计数器的计数值仍然是已输入的脉冲数。

按计数体制,分为二进制计数器、十进制计数器和 N 进制计数器。假设计数器有 n 个触发器,用于计数功能的有效状态数为 N(称为计数长度)。如果 $N=2^n$,则称为二进制计数器,其计数值通常采用自然二进制数。如果 $N=10$,则称为十进制计数器,其计数值采用二-十进制编码,即 BCD 码。非二进制和十进制的计数器统称为 N 进制计数器,如 5 进制、24 进制、60 进制等。同样,这些计数体制的数码仍然用二进制代码表示。

按计数值的增减,分为加法计数器、减法计数器和可逆计数器。随着计数脉冲的输入,计数值递增的计数器称为加法计数器,计数值递减的计数器称为减法计数器,即可增又可减的计数器称为可逆计数器。

计数器的名称是分类方式的组合,反映了计数器的工作特点。例如,同步二进制加法计数器。

由于计数器种类繁多,不可能也没有必要介绍全部计数器。下面以计数体制为主线介绍几种典型的计数器的结构、工作原理、功能和应用。

8.1.2 二进制计数器

1. 异步二进制加法计数器

1）电路组成

图 8.1.1 所示为一个 3 位异步二进制加法计数器。电路由 3 个下降沿触发的JK触发器组成,CP 作为计数脉冲输入,触发器的输出端组合成 3 位二进制数$Q_2Q_1Q_0$,记忆对脉冲的计数值。JK 触发器的特性方程为

$$Q_i^{n+1}=J_i\overline{Q_i^n}+\overline{K_i}Q_i^n,\quad i=0,1,2$$

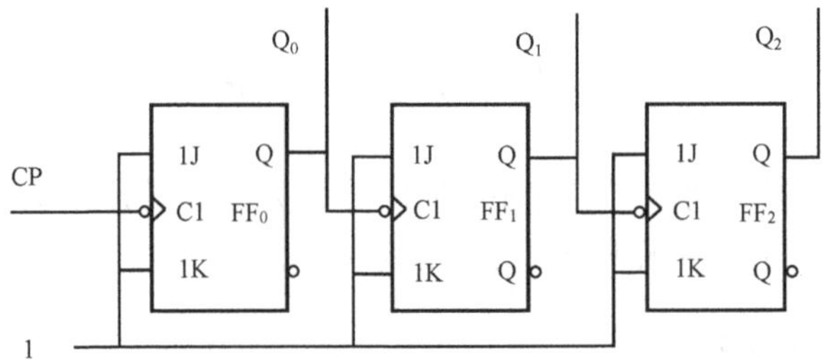

图 8.1.1 3 位异步二进制加法计数器

2）工作原理

由电路得时钟方程

$$CP_0=CP,\quad CP_1=Q_0,\quad CP_2=Q_1$$

输出方程:触发器的输出端组合成 3 位二进制数 $Q_2Q_1Q_0$ 作为计数值直接输出。

驱动方程

$$J_0=K_0=1$$
$$J_1=K_1=1$$
$$J_2=K_2=1$$

触发器的时钟不相同,故为异步计数器。将驱动方程代入 JK 触发器的特性方程中,得状态方程

$$Q_0^{n+1}=\overline{Q_0^n}$$
$$Q_1^{n+1}=\overline{Q_1^n}$$
$$Q_2^{n+1}=\overline{Q_2^n}$$

即每个触发器都等效为 T′触发器。由状态方程和时钟方程可知,每个计数脉冲 CP 的下降沿到使触发器 FF_0 状态翻转,而 FF_1 在 Q_0 的下降沿到才翻转,FF_2 在 Q_1 的下降沿到才翻转。据此并考虑触发器的传输延迟时间 t_f 绘出电路的时序图,如图 8.1.2 所示。

由时序图看出,触发器输出端 $Q_2Q_1Q_0$ 组成二进制数,其值正是输入脉冲 CP 作用后的脉冲个数,实现了对输入脉冲 CP 的加 1 计数(CP 可以是非周期的脉冲),计数值低位向高位的

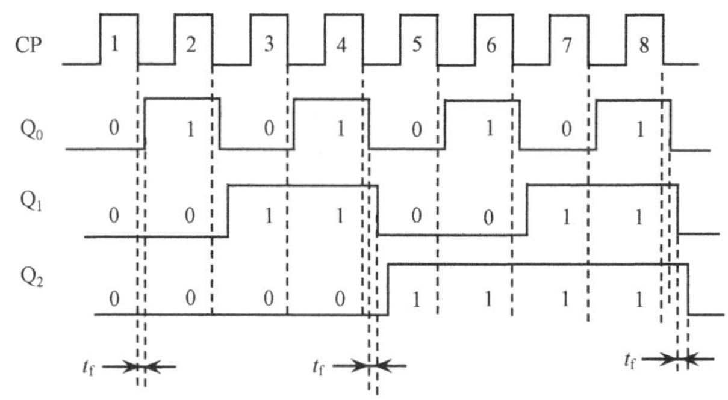

图 8.1.2　3 位异步二进制加法计数器的时序图

进位是通过低位触发器输出的变化沿驱动相邻高位触发器的时钟输入端实现的。其次，如果 CP 是周期可变的脉冲，则 Q_0 的频率是 CP 频率的 1/2，Q_1 的频率是 CP 频率的 1/4，Q_2 的频率是 CP 频率的 1/8。即频率逐级减小，称为分频。更进一步，如果 CP 是周期(T_{CP})固定的脉冲，则在初态为 0 的情况下，计数器的数值 M 可以反映从第一个脉冲作用后逝去的时间 T，即 $T=(M-1)T_{CP}$，这种情况称为定时。所以，计数器主要有计数、分频和定时三类应用。

再由时序图看出，由于触发器的传输延时 t_f，触发器状态不是同时变化的。例如，在第 4 个 CP 脉冲的下降沿后，Q_0 相对于 CP 延时 t_f，Q_1 相对于 Q_0 的下降沿延时 t_f，Q_2 相对于 Q_1 的下降沿延时 t_f。电路最大的延迟时间为 $3t_f$(纳秒级)，最高工作频率为 $1/(3t_f)$(几十兆赫)。当 t_f 远小于 CP 脉冲的周期时，可忽略 t_f。忽略器件的延迟时间的电路分析或电路设计称为功能分析或电路设计，如第 4 章的组合逻辑电路以及第 7 章的时序逻辑电路的分析或设计就是功能分析或功能设计。若无特别说明，数字电路的分析通常是功能分析或功能设计。

由本例推广到一般，n 位异步二进制加法计数器由 n 个 T′触发器组成，最低位触发器的时钟端与计数脉冲 CP 相连；如果触发器的时钟是下降沿有效，则高位触发器的时钟端与相邻低位触发器的 Q 输出端相连(图 8.1.1)；如果是上升沿有效，则与 $\overline{Q}$ 输出端相连(请读者验证)。计数值低位向高位的进位是通过低位触发器输出的变化沿驱动相邻高位触发器的时钟输入端实现的。n 位异步二进制加法计数器的最高工作频率小于 $1/(nt_f)$。

2. 异步二进制减法计数器

1) 电路组成

图 8.1.3 所示为一个 3 位异步二进制减法计数器。电路由 3 个上升沿触发的 D 触发器组成，CP 作为计数脉冲输入，触发器的输出端组合成 3 位二进制数 $Q_2Q_1Q_0$，记忆脉冲计数值。D 触发器的特性方程为

$$Q_i^{n+1}=D_i,\quad i=0,1,2$$

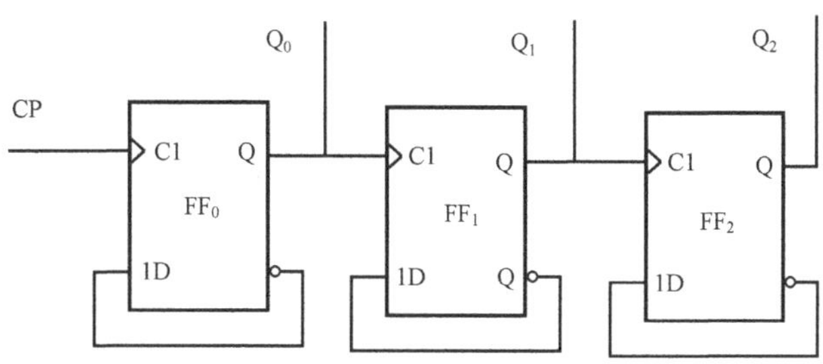

图 8.1.3　3 位异步二进制减法计数器

2）工作原理

由电路得时钟方程

$$CP_0 = CP,\quad CP_1 = Q_0,\quad CP_2 = Q_1$$

输出方程：触发器的输出端组合成 3 位二进制数 $Q_2Q_1Q_0$ 作为计数值直接输出。

驱动方程

$$D_0 = \overline{Q_0^n}$$
$$D_1 = \overline{Q_1^n}$$
$$D_2 = \overline{Q_2^n}$$

触发器的时钟不相同，故为异步计数器。将驱动方程代入 D 触发器的特性方程中，得状态方程

$$Q_0^{n+1} = \overline{Q_0^n}$$
$$Q_1^{n+1} = \overline{Q_1^n}$$
$$Q_2^{n+1} = \overline{Q_2^n}$$

即每个触发器都等效为 T′触发器。由状态方程和时钟方程可知，每个计数脉冲 CP 的上升沿到使触发器 FF_0 状态翻转，而 FF_1 在 Q_0 的上升沿到才翻转，FF_2 在 Q_1 的上升沿到才翻转。忽略触发器的传输延迟时间 t_f，据此绘出电路的时序图，如图 8.1.4 所示。

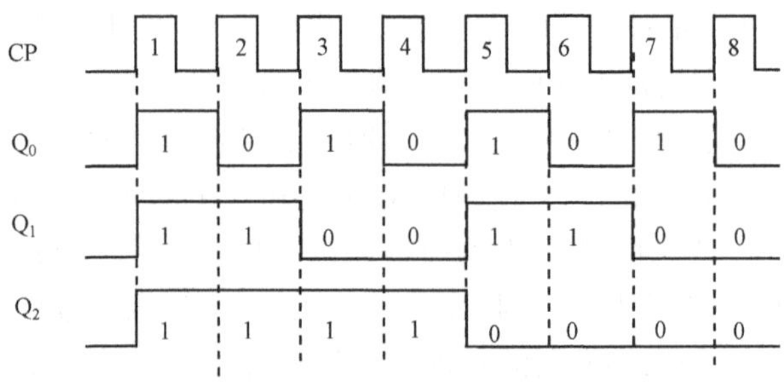

图 8.1.4　3 位异步二进制减法计数器的时序图

由时序图看出，每个输入脉冲 CP 作用后，触发器输出端 $Q_2Q_1Q_0$ 组成的二进制数减 1，实现了对输入脉冲 CP 的减法计数。计数值低位向高位的借位是通过低位触发器输出的变化沿驱动相邻高位触发器的时钟输入端实现的。由于触发器的传输延时，触发器状态不是同时变化的。例如，在第 5 个 CP 脉冲的上升沿后，Q_0 相对于 CP 延时 t_f，Q_1 相对于 Q_0 的上升沿延时 t_f，Q_2 相对于 Q_1 的上升沿延时 t_f。电路最大的延迟时间为 $3t_f$，最高工作频率小于 $1/(3t_f)$。

由本例推广到一般，n 位异步二进制减法计数器由 n 个 T′触发器组成，最低位触发器的时钟端与计数脉冲 CP 相连；如果触发器的时钟是上升沿有效，则高位触发器的时钟端与相邻低位触发器的 Q 输出端相连（图 8.1.3）；如果是下降沿有效，则与 $\overline{Q}$ 输出端相连（请读者验证）。计数值低位向高位的借位是通过低位触发器输出的变化沿驱动相邻高位触发器的时钟输入端实现的。n 位异步二进计数器的最高工作频率小于 $1/(nt_f)$。

为方便应用，将异步二进制计数器的连接方式归纳为表 8.1.2。

表 8.1.2　异步二进制计数器的连接方式

	T′触发器	
触发方式	下降沿触发	上升沿触发
加法计数	$CP_i = Q_{i-1}$	$CP_i = \overline{Q_{i-1}}$
减法计数	$CP_i = \overline{Q_{i-1}}$	$CP_i = Q_{i-1}$

3. 异步二进制可逆计数器

3 位异步二进制可逆计数器如图 8.1.5 所示。

CP 是计数脉冲输入，$Q_2Q_1Q_0$ 是计数值输出，A 是加/减控制输入。

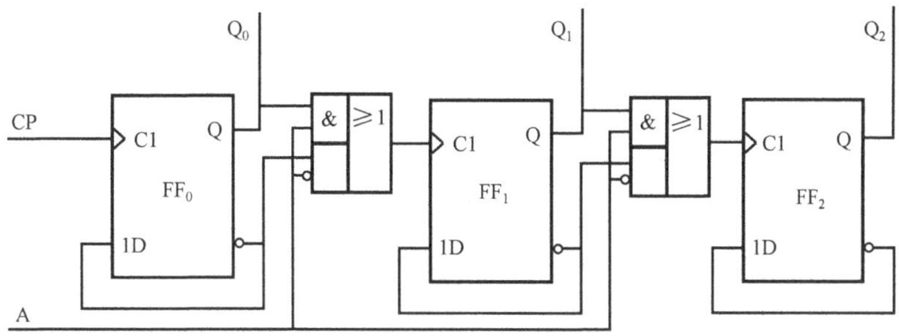

图 8.1.5　3 位异步二进制可逆计数器

由电路，每个上升沿触发的 D 触发器接成 T′触发器，其时钟方程为

$$CP_0 = CP$$
$$CP_1 = AQ_0 + \overline{A} \cdot \overline{Q_0}$$
$$CP_2 = AQ_1 + \overline{A} \cdot \overline{Q_1}$$

当 A=0 时

$$CP_0 = CP$$
$$CP_1 = \overline{Q_0}$$
$$CP_2 = \overline{Q_1}$$

查表 8.1.2 知，电路是一个 3 位异步二进制加法计数器。

当 A=1 时

$$CP_0 = CP$$
$$CP_1 = Q_0$$
$$CP_2 = Q_1$$

查表 8.1.2 知，电路是一个 3 位异步二进制减法计数器。

4. 同步二进制加法计数器

1）电路组成

图 8.1.6 所示为一个 3 位同步二进制加法计数器。电路由 3 个 JK 触发器及两个与门组成，CP 作计数脉冲输入，触发器的输出端组合成 3 位二进制数 $Q_2Q_1Q_0$，记忆对脉冲的计数值，C_3 为进位控制输出。JK 触发器的特性方程为

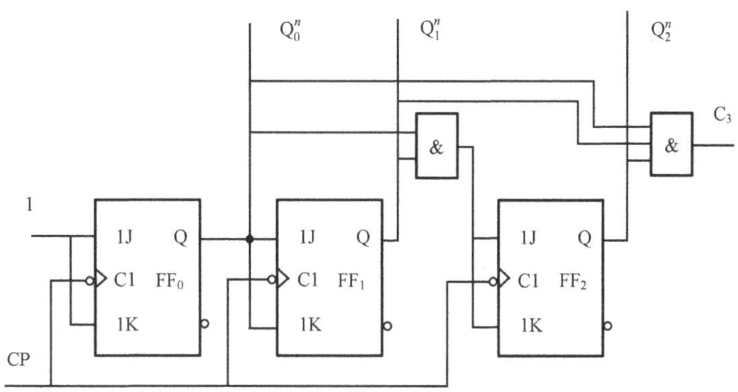

图 8.1.6　3 位同步二进制加法计数器

$$Q_i^{n+1}=J_i\overline{Q_i^n}+\overline{K_i}Q_i^n\quad i=0,1,2$$

2）工作原理

由电路得，时钟方程

$$CP_0=CP_1=CP_2=CP$$

输出方程：触发器的输出端组合成 3 位二进制数 $Q_2Q_1Q_0$ 作为计数值直接输出。

$$C_3=Q_2^nQ_1^nQ_0^n$$

驱动方程

$$J_0=K_0=T_0=1$$
$$J_1=K_1=T_1=Q_0^n$$
$$J_2=K_2=T_2=Q_1^nQ_0^n$$

全部触发器的时钟方程相同（计数脉冲 CP），故为同步计数器。将驱动方程代入 JK 触发器的特性方程中，得状态方程

$$Q_0^{n+1}=J_0\overline{Q_0^n}+\overline{K_0}Q_0^n=T_0\oplus Q_0^n=\overline{Q_0^n}$$
$$Q_1^{n+1}=T_1\oplus Q_1^n=Q_0^n\oplus Q_1^n$$
$$Q_2^{n+1}=T_2\oplus Q_2^n=(Q_1^nQ_0^n)\oplus Q_2^n$$

由状态方程可知，每个计数脉冲 CP 的下降沿使触发器 FF_0 状态翻转，而 FF_1 仅当 $Q_0^n=1$ 和 CP 的下降沿到才翻转，FF_2 仅当 $Q_1^nQ_0^n=1$ 和 CP 的下降沿到才翻转。据此，考虑触发器的传输延时 t_f，绘出时序图，如图 8.1.7 所示。

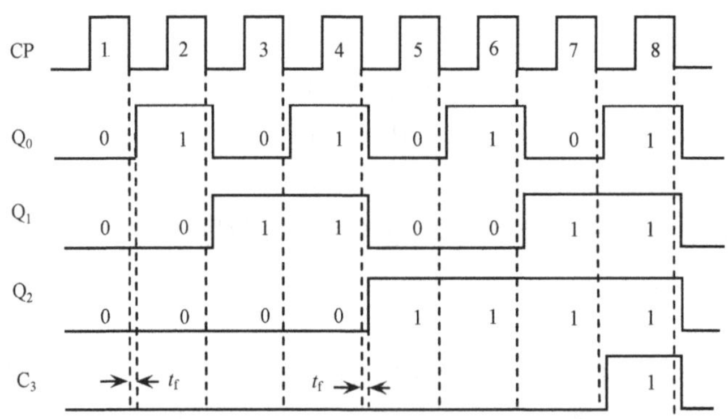

图 8.1.7　3 位同步二进制加法计数器的时序图

由时序图看出，触发器输出端 $Q_2Q_1Q_0$ 组成二进制数，其值正是输入脉冲 CP 作用后的脉冲个数，实现了对输入脉冲 CP 的加 1 计数。输出 C_3 则是进位控制信号，仅当 $Q_2Q_1Q_0=1$ 时才为 1，允许高位触发器进位加 1。增加 1 个触发器和与门可组成 4 位二进制计数器，如图 8.1.8 所示。图中还标出了低位触发器向高位触发器的进位控制信号。所以，计数值低位向高位的进位是通过低位触发器的状态组合（与门）控制相邻高位触发器的数据输入端（J 和 K）实现的，与异步计数器进位的实现方式不同。

再由时序图看出，全部触发器相对时钟 CP 延时 t_f 同步改变状态，再经过 1 个与门的传输延时，触发器的驱动信号（J、K）稳定，后续脉冲即可作用。故同步计数器的最高工作频率小于 $1/(t_f+t_{pd})$，与触发器的个数无关，高于异步计数器的最高工作频率。

由上述分析推广到一般情况：用 T 触发器组成 k 位同步二进制加法计数器，其进位控制

信号和驱动方程为

$$C_k = Q_{k-1}^n \cdots Q_0^n = \prod_{j=0}^{k-1} Q_j^n$$

$$T_0 = 1$$

$$T_i = Q_{i-1}^n \cdots Q_0^n = \prod_{j=0}^{i-1} Q_j^n \quad i = 1,2,\cdots,k-1$$

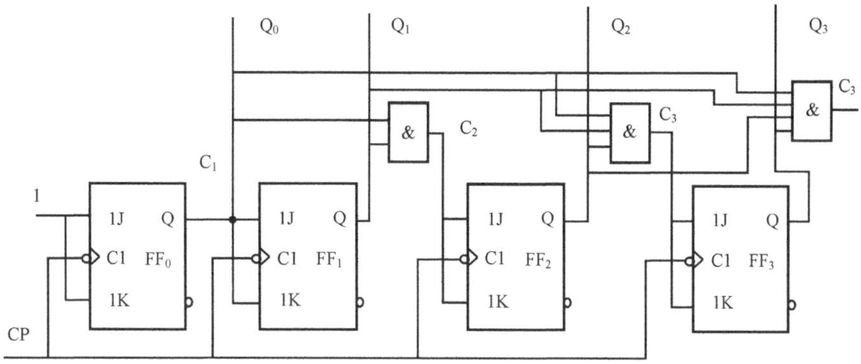

图 8.1.8　4 位同步二进制加法计数器

同样,用 T 触发器可组成 k 位同步二进制减法计数器,其借位控制信号 B_k 和驱动方程为

$$B_k = \overline{Q}_{k-1}^n \cdots \overline{Q}_0^n = \prod_{j=0}^{k-1} \overline{Q}_j^n$$

$$T_0 = 1$$

$$T_i = \overline{Q}_{i-1}^n \cdots \overline{Q}_0^n = \prod_{j=0}^{i-1} \overline{Q}_j^n, \quad i = 1,2,\cdots,k-1$$

5. 集成同步二进制加法计数器

由于计数器应用广泛,集成电路生产厂商开发了许多具有实际应用功能的集成计数器。例如,4 位同步二进制加法计数器 74LS161,单时钟 4 位同步二进制可逆计数器 74LS191,双时钟 4 位同步二进制可逆计数器 74LS193。下面以 74LS161 为例介绍集成计数器的功能和应用。图 8.1.9 所示为 74LS161 的电路原理图。

1) 74LS161 的功能

电路主要由带复位端的 4 个 JK 触发器组成。时钟方程为

$$CP_i = \overline{CP} \qquad i=0,1,2,3$$

JK 触发器本身是下降沿触发,所以 CP 的上升沿触发 JK 触发器。

(1) 清零功能:由电路知,无论有无计数脉冲 CP 或其他输入信号为何值,只要复位端(Reset)R=0,触发器就全部清零,即 R=0(低电平有效)是异步清零,作用的优先级别最高。在其他功能时,R=1。

(2) 置数功能:由电路得

$$J_i = \overline{\overline{D_i \cdot \overline{LD}} \cdot \overline{LD}} \cdot (T_i + \overline{LD}) = D_i \cdot \overline{LD} + T_i \cdot LD$$

$$K_i = \overline{D_i \cdot \overline{LD}} \cdot (T_i + \overline{LD}) = \overline{D_i} \cdot \overline{LD} + T_i \cdot LD, \quad i = 0,1,2,3$$

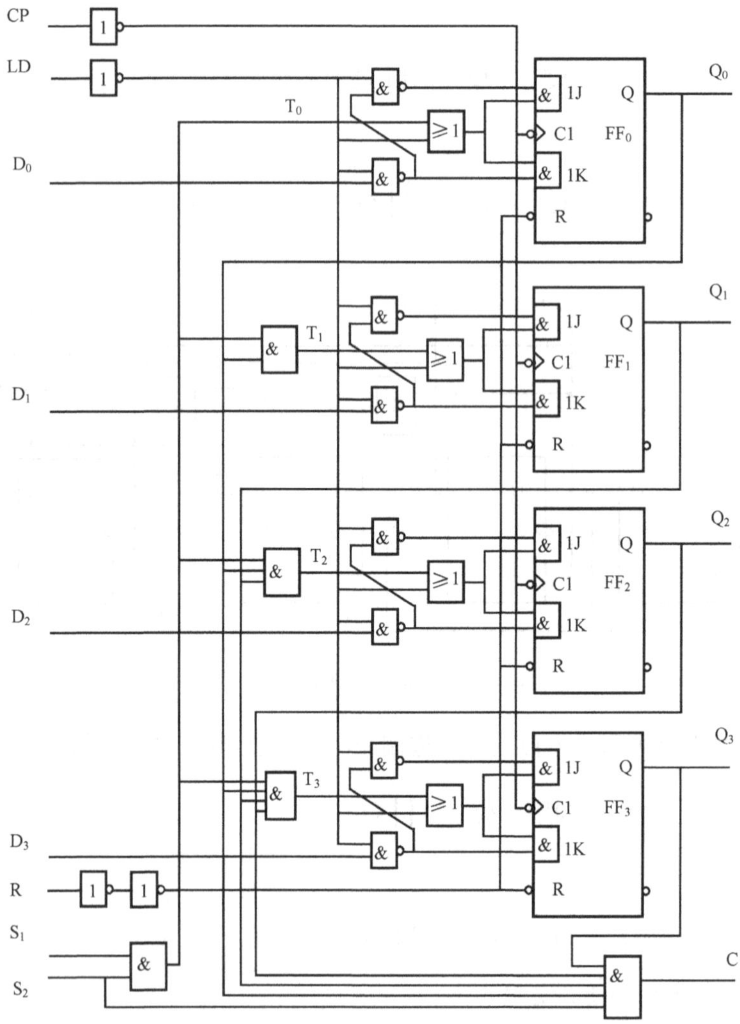

图 8.1.9　4 位集成同步二进制加法计数器 74LS161

$$Q_i^{n+1} = (D_i \cdot \overline{LD} + T_i \cdot LD) \cdot \overline{Q_i^n} + \overline{\overline{D_i} \cdot \overline{LD} + T_i \cdot LD} \cdot Q_i^n \tag{8.1.1}$$

当装载端(Load)LD=0 时,代入式(8.1.1)的状态方程,得

$$Q_i^{n+1} = D_i, \quad i = 0,1,2,3$$

即在 CP 的上升沿将输入数据置入计数器中,称为同步置数功能,LD 是低电平有效。

(3) 计数功能和保持功能:当 LD=1 时,代入式(8.1.1)的状态方程,得

$$Q_i^{n+1} = T_i \oplus Q_i^n, \quad i = 0,1,2,3$$

即每个 JK 触发器变换为 T 触发器,又根据电路得

$$T_0 = (S_1 S_2)$$

$$T_i = (S_1 S_2) Q_{i-1}^n \cdots Q_0^n, \quad i = 1,2,3$$

$$C = S_2 Q_3^n Q_2^n Q_1^n Q_0^n$$

如果 $S_1S_2=0$,则 $T_i=0$,触发器状态不变,即保持功能。如果 $S_1S_2=1$,电路组成 4 位同步二进制加法计数器,对 CP 脉冲做加法计数,实现计数功能。

综上所述,74LS161 的功能如表 8.1.3 所示。R、LD 是电平有效,计数控制 S_1S_2 是高电平有效。

表 8.1.3　74LS161 的功能

R	LD	S_1S_2	CP	D_3	D_2	D_1	D_0	Q_3	Q_2	Q_1	Q_0	C	说　明
0	×	×	×	×	×	×	×	0	0	0	0	0	清零
1	0	×	↑	D_3	D_2	D_1	D_0	D_3	D_2	D_1	D_0		置数
1	1	1	↑	×	×	×	×	4 位同步二进制加法计数				进位	计数
1	1	0	↑	×	×	×	×	Q_3	Q_2	Q_1	Q_0		保持

注：×表示任意值，↑表示 CP 脉冲的上升沿。

2) 74LS161 的位数扩展

任何实用的计数器必须有足够的计数长度，即要求计数器有足够的位数。有两种位数扩展方式：并行扩展和串行扩展。图 8.1.10 所示为这两种扩展方式。

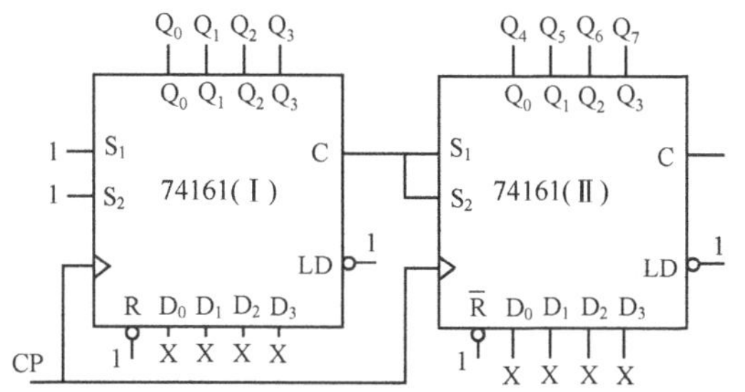

(a) 8位同步二进制计数器

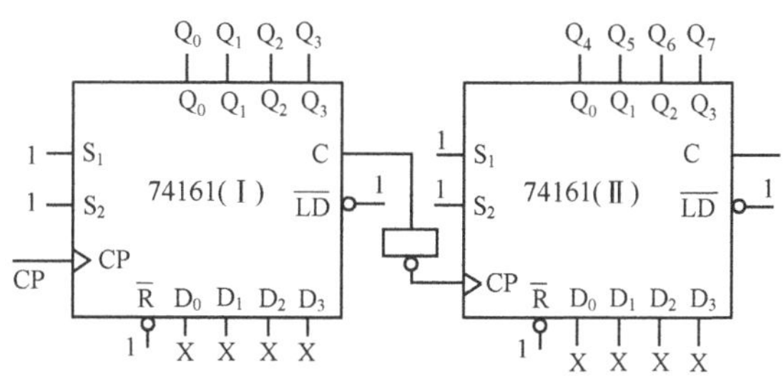

(b) 8位异步二进制计数器

图 8.1.10　集成计数器的位数扩展

图 8.1.10(a)是并行扩展，计数脉冲 CP 同时作用到 2 个 74LS161 的时钟输入端，组成 8 位同步二进制加法计数器，第 1 个芯片的 Q 端是低 4 位，第 2 个芯片的 Q 端是高 4 位。由电路知，2 个芯片的 R=1、LD=1，第 1 个芯片的 $S_1S_2=1$、第 2 个芯片的计数控制端与第 1 个芯片的进位端相连($S_1S_2=C$)，利用低 4 位的进位输出 C 控制高 4 位的计数/保持功能。假设计数器的初态为 0，则第 1 个芯片的进位 C=0，第 2 个芯片保持，而第 1 个芯片对 CP 进行加法计数。直到第 15 个 CP 脉冲后，第 1 个芯片的进位 C=1，第 16 个 CP 脉冲使第 1 个芯片归 0、第 2 个芯片计数加 1。所以每 16 个计数脉冲使高 4 位计数器加 1，实现 8 位同步二进制加法计数。

图 8.1.10(b)是串行扩展，2 个芯片联结成计数状态，即 R=1、LD=1、$S_1S_2=1$，与数据端 D_i 无关。计数脉冲 CP 只作用到第 1 个芯片的时钟输入端，实现低 4 位的加法计数，其进位取反后驱动第 2 个芯片的 CP 端，低 4 位计数的进位 C 的下降沿使第 2 个芯片计数加 1，即高 4 位对低 4 位计数的进位脉冲计数，所以串行扩展是 8 位异步二进制加法计数。从 0 开始，在第 15 个计数脉冲后，C=1，在第 16 个计数脉冲到来后，C 跳变为 0，产生下降沿，取反后变成上升

沿，驱动第二个 74LS161 计数。每 16 个计数脉冲高 4 位计数器加 1，两个 74LS161 共同实现 8 位异步二进制计数。

8.1.3 二-十进制计数器

1. 同步二-十进制计数器

十进制计数是人们习惯的计数方式。用数字电路实现多位十进制计数器，必须首先实现一个十进制位的计数，然后通过十进制位扩展可实现多位十进制计数。实现一个十进制位计数的时序电路称为二-十进制计数器，简称十进制计数器。

图 8.1.11所示为一个同步二-十进制计数器。图中 CP 是计数脉冲，触发器输出端 $Q_3Q_2Q_1Q_0$ 组成 8421BCD 码，构成十进制数码输出，C 是进位控制信号。JK 触发器的特性方程为

$$Q_i^{n+1}=J_i\overline{Q_i^n}+\overline{K_i}Q_i^n \quad i=0,1,2,3$$

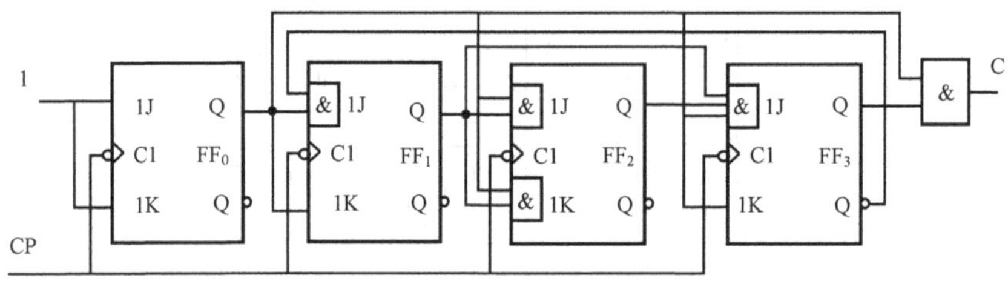

图 8.1.11 同步二-十进制加法计数器

由电路得触发器的驱动方程

$$\begin{aligned}
J_0 &= K_0 = 1\\
J_1 &= Q_0^n\overline{Q_3^n}\\
K_1 &= Q_0^n\\
J_2 &= K_2 = Q_0^nQ_1^n\\
J_3 &= Q_0^nQ_1^nQ_2^n\\
K_3 &= Q_0^n
\end{aligned}$$

代入触发器的特性方程，得电路的状态方程为

$$\begin{aligned}
Q_0^{n+1} &= \overline{Q_0^n}\\
Q_1^{n+1} &= Q_0^n\overline{Q_3^n}\cdot\overline{Q_1^n}+\overline{Q_0^n}Q_1^n\\
Q_2^{n+1} &= (Q_0^nQ_1^n)\oplus Q_2^n\\
Q_3^{n+1} &= Q_0^nQ_1^nQ_2^n\overline{Q_3^n}+\overline{Q_0^n}Q_3^n
\end{aligned}$$

电路的输出方程是

$$C = Q_3^nQ_0^n$$

从初始状态 $Q_3^nQ_2^nQ_1^nQ_0^n=0000$ 开始，计算状态方程和输出方程，并画出状态图，如图 8.1.12所示。因此，图 8.1.11 所示电路是一个二-十进制计数器，十进制数码(0，1，…，9)的编码是 8421BCD 码，电路能够自启动。

2. 集成同步二-十进制计数器

74160 和 74LS190 是集成同步二-十进制计数器，74LS290 是异步二-五-十进制计数器。这里仅介绍 74160，图 8.1.13 所示为 74160 的电路原理图，电路结构与 74LS161 相似。

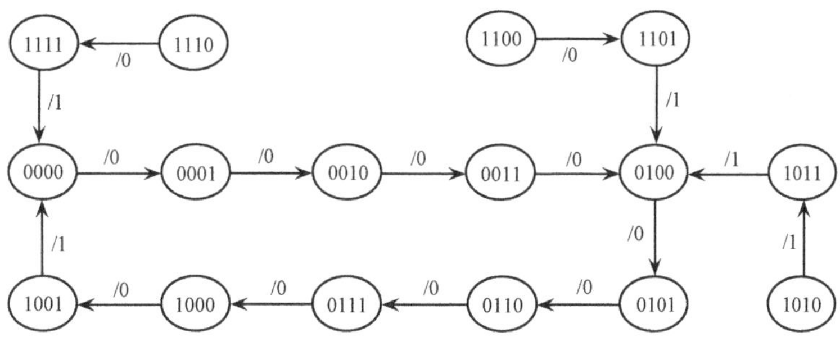

图 8.1.12　同步二-十进制加法计数器

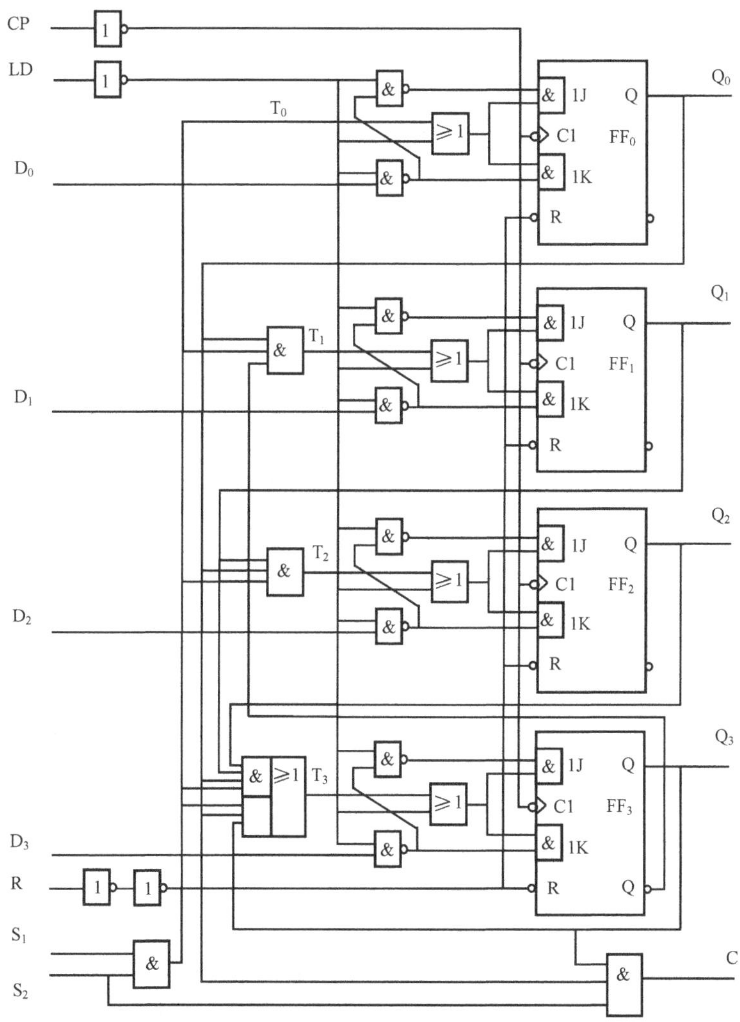

图 8.1.13　集成同步二-十进制加法计数器 74LS160

电路主要由带复位端的 4 个 JK 触发器组成。时钟方程为

$$CP_i = \overline{CP} \qquad i = 0,1,2,3$$

JK 触发器本身是下降沿触发，所以 CP 的上升沿触发 JK 触发器。

1）74160 的功能

（1）清零功能：由电路知，无论有无计数脉冲 CP 或其他输入为何值，只要 R=0，触发器就全部清零，即 R=0 是异步清零，作用的优先级别最高。在其他功能时，R=1。

（2）置数功能：由电路得

$$J_{\mathrm{i}}=\overline{D_{\mathrm{i}} \cdot \overline{\overline{LD}} \cdot \overline{LD}} \cdot (T_{\mathrm{i}}+\overline{LD})=D_{\mathrm{i}} \cdot \overline{LD}+X_{\mathrm{i}} \cdot LD$$

$$K_{\mathrm{i}}=\overline{D_{\mathrm{i}} \cdot \overline{\overline{LD}}} \cdot (T_{\mathrm{i}}+\overline{LD})=\overline{D_{\mathrm{i}}} \cdot \overline{LD}+T_{\mathrm{i}} \cdot LD, \quad \mathrm{i}=0,1,2,3$$

$$Q_{\mathrm{i}}^{\mathrm{n}+1}=(D_{\mathrm{i}} \cdot \overline{LD}+T_{\mathrm{i}} \cdot LD) \cdot \overline{Q_{\mathrm{i}}^{\mathrm{n}}}+\overline{\overline{D_{\mathrm{i}}} \cdot \overline{LD}+T_{\mathrm{i}} \cdot LD} \cdot Q_{\mathrm{i}}^{\mathrm{n}} \tag{8.1.2}$$

当 LD=0 时，代入式(8.1.2)的状态方程，得

$$Q_i^{n+1} = D_i, \quad i = 0,1,2,3$$

即在 CP 的上升沿将输入数据置入计数器中，称为同步置数功能。

（3）计数功能和保持功能：当 LD=1 时，代入式(8.1.2)的状态方程，得

$$Q_i^{n+1} = T_i \oplus Q_i^n, \quad i = 0,1,2,3$$

即每个 JK 触发器变换为 T 触发器。又根据电路得

$$T_0 = (S_1 S_2)$$

$$T_1 = (S_1 S_2)\,\overline{Q_3^n}Q_0^n$$

$$T_2 = (S_1 S_2)Q_0^n Q_1^n$$

$$T_3 = (S_1 S_2)(Q_0^n Q_1^n Q_2^n + Q_0^n Q_3^n)$$

$$C = S_2 Q_3^n Q_0^n$$

如果 $S_1S_2=0$，则 $T_i=0$，触发器状态不变，即保持功能。如果 $S_1S_2=1$，电路组成同步二-十进制加法计数器，对 CP 脉冲做十进制加法计数，实现计数功能。

综上所述，74LS160 的功能如表 8.1.4 所示。R、LD 是电平有效，计数控制 S_1S_2 是高电平有效。

表 8.1.4　74LS160 的功能

R	LD	S_1S_2	CP	D_3	D_2	D_1	D_0	Q_3	Q_2	Q_1	Q_0	C	说　明
0	×	×	×	×	×	×	×	0	0	0	0	0	清零
1	0	×	↑	D_3	D_2	D_1	D_0	D_3	D_2	D_1	D_0		置数
1	1	1	↑	×	×	×	×	同步二-十进制加法计数				进位	计数
1	1	0	↑	×	×	×	×	Q_3	Q_2	Q_1	Q_0		保持

注：×表示任意值，↑表示 CP 脉冲的上升沿。

2）74160 的位数扩展

74160 的位数扩展与 74LS161 相同，可进行并行扩展和串行扩展。图 8.1.14 所示为 2 位同步十进制数计数器，采用并行扩展实现十进制计数。优点是 74160 的计数值可以直接译码显示，计数值符合人的习惯。

8.1.4　用集成计数器设计 *N* 进制计数器

1. 用集成计数器设计 *N* 进制计数器的原理

设有一个 *M* 进制计数器，它的 *M* 个有效状态形成计数循环，如图 8.1.15 中实线所示。

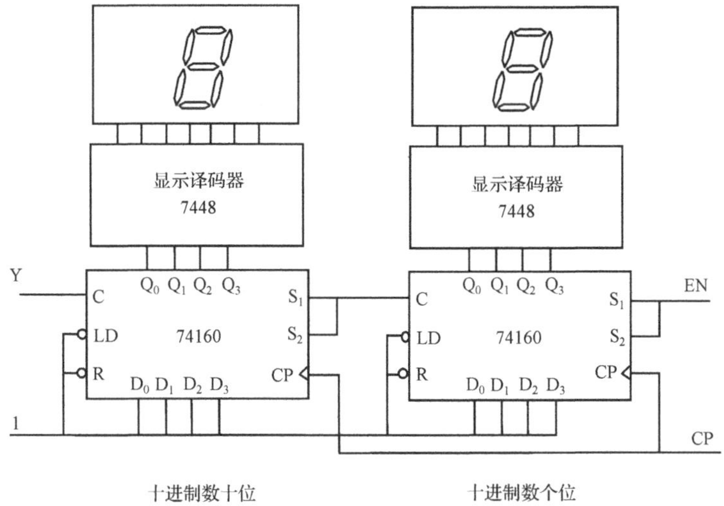

图 8.1.14　2 位同步二-十进制数计数器

如果利用状态 S_{k+N-1} 反馈到 M 进制计数器的某些输入端，强制计数器从状态 S_{k+N-1} 返回到状态 S_k（虚线所示），则可以形成 N 个有效状态 S_k，…，S_{k+N-1} 的 N 进制计数器。为叙述方便，称 S_{k+N-1} 为反馈状态，S_k 为回归状态。

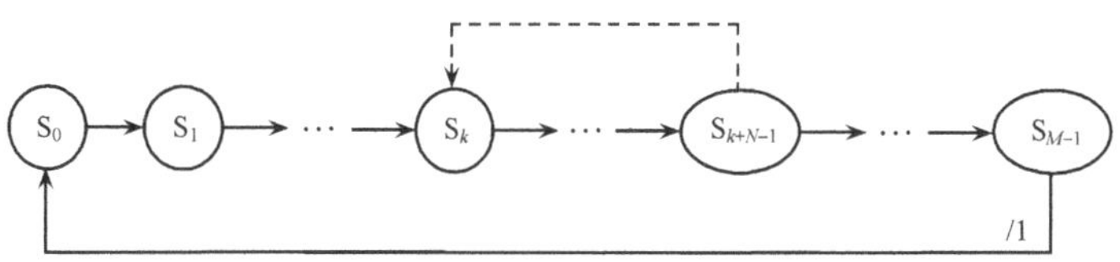

图 8.1.15　用 M 进制计数器设计 N 进制计数器的原理

用这种方案实现 N 进制计数器的条件是：

(1) $M \geqslant N$；

(2) 适当的反馈输入端，当其有效时能强迫计数器不按正常顺序进行状态转换。

第一个条件是容易满足的，因为可以通过位扩展使集成计数器的计数长度 M 足够大。对于第二个条件，集成计数器通常有复位 R 和置数 LD 输入端，当它们有效时可以改变计数器的正常状态转换顺序。以 74LS161 为例，R 是异步复位输入端，当其有效时（R=0）计数器从任何状态复位到 0 状态（不需要计数脉冲）。而 LD 是同步置数输入端，当其有效时（LD=0）在计数脉冲作用下将数据输入端的数值置入计数器中，即从任何状态转换为数据输入端设置的状态。

下面以 74LS161 为例介绍具体电路。74LS161 是 4 位二进制加法计数器，$M=16$。它的状态编码采用自然二进制码，即 S_0，S_1，…，S_{M-1} 的状态编码是 0000，0001，…，1111。

2. 用置数端 LD 设计 N 进制计数器

用置数端 LD 设计 N 进制计数器的思路是：用回归状态的编码值作数据输入（$D_3D_2D_1D_0=S_k$），用反馈状态（S_{k+N-1}）控制置数端 LD；当计数器在反馈状态时 LD=0（低电平有效），计数脉冲的下一个有效沿将回归状态（S_k）置入计数器。由图8.1.15看出，当 k 选定后，就选择了 N 进制计数器的 N 个有效状态 S_k，…，S_{k+N-1}。因此，用置数端 LD 设计 N 进制计数器十分灵活。下面介绍 $k=0$ 和 $k=M-N$ 两种情况。

表 8.1.5　LD 与计数器状态的关系

状　态	LD	说　明
$S_0,\cdots,S_{N-2}$	1	计数
S_{N-1}	0	置数有效
$S_N,\cdots,S_{M-1}$	×	无关项

$k=0$ 选择前 N 个状态 S_0、…、S_{N-1}，回归状态 $S_k=S_0$，反馈状态 $S_{k+N-1}=S_{N-1}$。因此，数据端设置为回归状态的二进制代码 $S_k=S_0=D_3D_2D_1D_0$，置数端 LD 与计数器状态的关系为：当计数器状态为 S_0，…，S_{N-2}时，LD=1，计数器设置为计数；当计数器状态为反馈状态 S_{N-1}时，LD=0 置数有效，计数器在下一个有效时钟沿将回归状态的二进制码 $D_3D_2D_1D_0=S_0$置入计数器中；状态 S_N、…、S_{M-1}未使用，可作为无关项，以利于化简 LD 反馈表达式。因此，在 k=0 情况下 LD 与计数器状态的关系归纳为表 8.1.4。

$k=M-N$ 选择后 N 个状态 S_{M-N}，…，S_{M-1}。对于不同 N 值的计数器，回归状态（$S_k=S_{M-N}$）不同，反馈状态（$S_{k+N-1}=S_{M-1}$）相同。在 S_{M-N}，…，S_{M-2}状态，M 进制计数器的进位 C=0，取 LD=$\bar{C}$=1，计数器设置为计数；在反馈状态 S_{M-1}，M 进制计数器的进位 C=1，LD=$\bar{C}$=0，计数器设置为置数，在下一个有效时钟沿将回归状态的二进制码（$D_3D_2D_1D_0=S_k=S_{M-N}$）置入计数器中。

例 8.1　试用 74LS161 设计一个 12 进制计数器，使用置数端。

解　74LS161 是 4 位二进制加法计数器，$M=16$。它的状态编码采用自然二进制码，即 $S_0,S_1,\cdots,S_{M-1}$的状态编码是 0000，0001，…，1111，与状态位（Q_3^n,Q_2^n,Q_1^n,Q_0^n）组成的最小项对应

$$S_k \leftarrow m_k(Q_3^n,Q_2^n,Q_1^n,Q_0^n)$$

解法一　选择 $k=0$，则 $D_3D_2D_1D_0=S_0=0000$。由表 8.1.5 画出 LD 的卡诺图，如图8.1.16所示，最简反馈表达式为

$$\mathrm{LD}=\overline{Q_3^nQ_1^nQ_0^n}$$

$Q_3^nQ_2^n$ \ $Q_1^nQ_0^n$	00	01	11	10
00	1	1	1	1
01	1	1	1	1
11	×	×	×	×
10	1	1	0	1

图 8.1.16　置数端 LD 的卡诺图

由于 $N-1=(11)_{10}=1011$，反馈表达式正好对应于 $N-1$ 转换为二进制数，取值为 1 的状态位之积的反。

由 74LS161 构成的 12 进制计数器如图 8.1.17 所示。图中 $D_3D_2D_1D_0=S_0=0000$，LD=$\overline{Q_3^nQ_1^nQ_0^n}$，R=1，计数控制端为 1。

由本例推广，对于自然二进制编码的集成计数器，$k=0$ 情况下 LD 的反馈表达式求取步骤是：

(1) 将 $N-1$ 转换为自然二进制数；

(2) 取二进制数为 1 的状态位之积的反。

解法二　选择 $k=M-N=16-12=4$，则 $D_3D_2D_1D_0=S_k=S_4=0100$。反馈状态是（$S_{k+N-1}$）=（$S_{M-1}$）=（$S_{15}$），与之对应的计数器进位 C=1，将其取反作为 LD 的反馈信号。

按解法二设计的 12 进制计数器如图 8.1.18 所示。图中 $D_3D_2D_1D_0=S_4=0100$，LD=$\bar{C}$，R=1，计数控制端为 1。

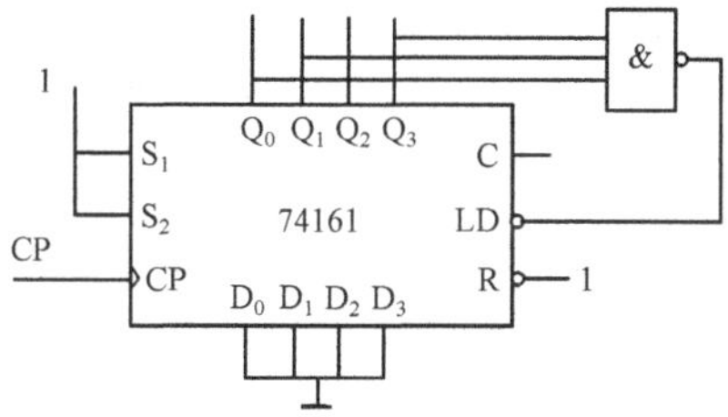

图 8.1.17　12 进制计数器(一)

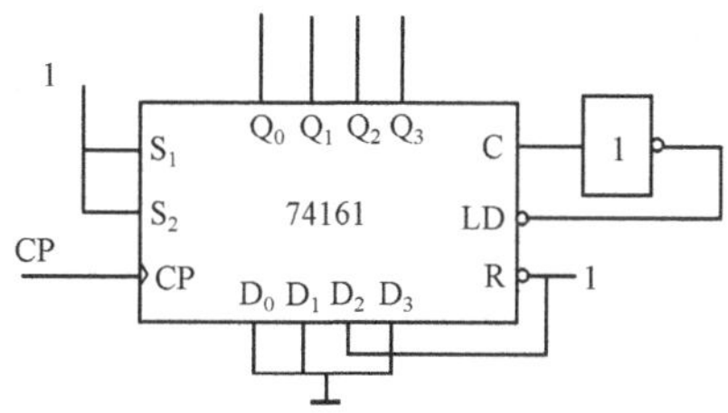

图 8.1.18　12 进制计数器(二)

请注意图 8.1.17 和图 8.1.18 的区别。虽然它们功能相同，计数状态却不同，电路结构也有差别。

3. 用复位端 R 设计 N 进制计数器

由于 74LS161 的复位端 R 是异步复位，当 R 为低电平时立即使计数器复位到初始状态 S_0($k=0$ 的回归状态)，因此，用复位端 R 设计 N 进制计数器所使用的状态是前 N 个状态 S_0、…、S_{N-1}，但是，如果反馈状态 S_{N-1} 使 R=0，则立刻使计数器归零(不需要时钟脉冲)，反馈状态 S_{N-1} 和回归状态 S_0 将同时出现在一个时钟周期内，使有效状态少一个。以状态 S_N 作为反馈状态则可解决这一问题。

表 8.1.6　R 与计数器状态的关系

状　　态	R	说　　明
S_0，…，S_{N-1}	1	计数
S_N	0	复位有效
S_{N+1}，…，S_{M-1}	×	无关项

由上述分析，复位端 R 与计数器状态的关系如表 8.1.6 所示。由此表，可求出 R 的最简表达式。

例 8.2　试用 74LS161 设计一个 5 进制计数器，使用复位端。

解　由表 8.1.6 得复位端 R 的卡诺图(图 8.1.19)，最简反馈表达式为

$$R=\overline{Q_2^n Q_0^n}$$

由于 $N=5=0101$，反馈表达式正好对应于 N 转换为二进制数，取值为 1 的状态位之积的反。

由本例推广，用自然二进制编码的集成计数器构成 N 进制计数器，R 的反馈表达式求取步骤是：

(1) 将 N 转换为自然二进制数；

(2) 取二进制数为 1 的状态位之积的反。

图 8.1.20 所示为 5 进制计数器的逻辑图。因为数据端不影响计数器的复位，所以数据端可以为任意逻辑电平。图中 $D_3D_2D_1D_0$=××××，LD=1，$R=\overline{Q_2^n Q_0^n}$，计数控制端为 1。

$Q_3^nQ_2^n$ \ $Q_1^nQ_0^n$	00	01	11	10
00	1	1	1	1
01	1	0	×	×
11	×	×	×	×
10	×	×	×	×

图 8.1.19　复位端 R 的卡诺图

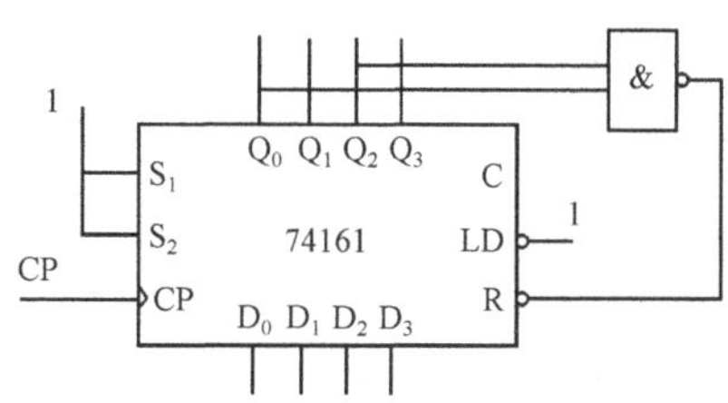

图 8.1.20　5 进制计数器

图 8.1.21 所示为 5 进制计数器的时序图。假设计数器的初态为 0000，则 $R=\overline{Q_2^n Q_0^n}=1$，计数器对 CP 的正脉冲计数，直到第 5 个脉冲的上升沿，计数器状态变为 0101，$R=\overline{Q_2^n Q_0^n}=0$，复位有效使计数器归零。从时序图看出，由于集成计数器内的触发器对复位信号的传输时间

很小(纳秒级),状态 S_N=0101(见图 8.1.21 中 R 的负脉冲)存在时间很短,故称 S_N 为过渡状态。反馈状态 S_N 和回归状态 S_0 将同时出现在一个时钟周期内,S_N 快速过渡到 S_0。

当触发器对复位信号的传输时间不一致时,传输时间小的触发器率先复 0,使 R 的复位脉冲消失,传输时间大的触发器则不能可靠复位,可能导致计数出错。由于先进的集成电路工艺技术,这种情况出现的概率极小。如果出现,可更换器件,或者展宽复位脉冲。可用基本 RS 触发器或者单稳态触发器展宽复位脉冲(见第 6 章)。

插入基本 RS 触发器展宽复位脉冲宽度的 5 进制计数器如图 8.1.22 所示。参考图 8.1.21,开始时,CP=0,使基本 RS 触发器的输出 R=1,计数器从 0000 开始计数,$R'=\overline{Q_2^n Q_0^n}=1$。直到第 5 个 CP 脉冲的上升沿,计数器状态变为 0101,$R'=\overline{Q_2^n Q_0^n}=0$,使基本 RS 触发器的输出 R=0,计数器复位。等到第 5 个 CP 脉冲的下降沿才使基本 RS 触发器的输出 R=1。R=0 的时间宽度等于第 5 个 CP 脉冲周期 CP=1 的时间宽度,保证计数器可靠复位。

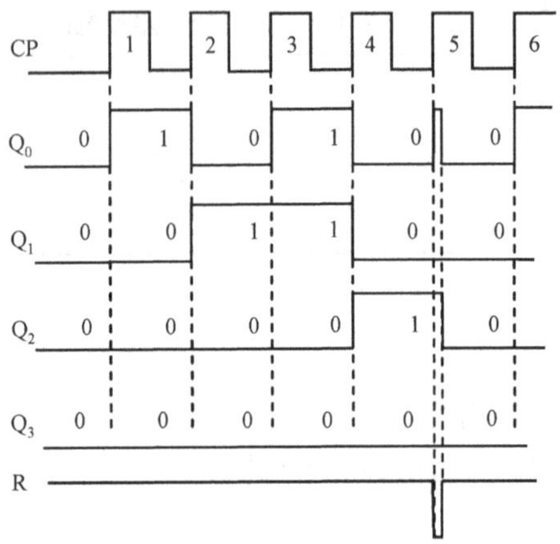

图 8.1.21　5 进制计数器的时序图

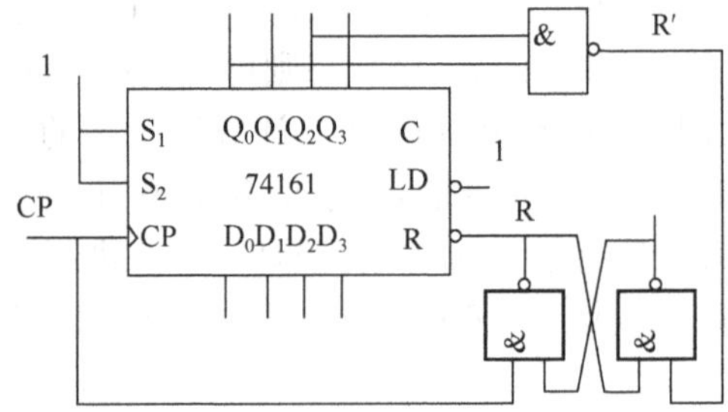

图 8.1.22　展宽复位脉冲宽度的 5 进制计数器

8.2　顺序脉冲发生器

按时间顺序依次出现的一组脉冲信号称为顺序脉冲。产生顺序脉冲的电路,叫做顺序脉冲发生器,或节拍脉冲发生器。通常,顺序脉冲发生器属于数字系统的控制部分。在顺序脉冲控制下,系统的各个功能部件就能按脉冲的顺序操作,实现程序控制。

计数器的状态是按一定顺序出现的,对计数状态进行译码,就能产生一组顺序脉冲。所以,顺序脉冲发生器一般由计数器和译码器组成。图 8.2.1 所示为一个产生 4 个顺序脉冲的顺序脉冲发生器。两个 JK 触发器组成异步二进制加法计数器,4 个与非门组成输出低电平有效的译码器。在时钟脉冲作用下,译码器把计数器的状态,译成输出线上的顺序负脉冲,如图 8.2.2所示。

由于异步计数器在时钟脉冲作用下,各个触发器不能同时翻转,而是依次滞后 t_f(触发器的传输时间),使译码电路的输入信号出现竞争,进而产生冒险。例如,在 CP 的第 2 个脉冲后 Y_0 产生窄脉冲。

顺序脉冲发生器即使采用同步计数器,由于各触发器的性能、负载大小以及布线情况不可能完全相同,各触发器也不可能绝对同时翻转,输出仍可能产生窄脉冲。

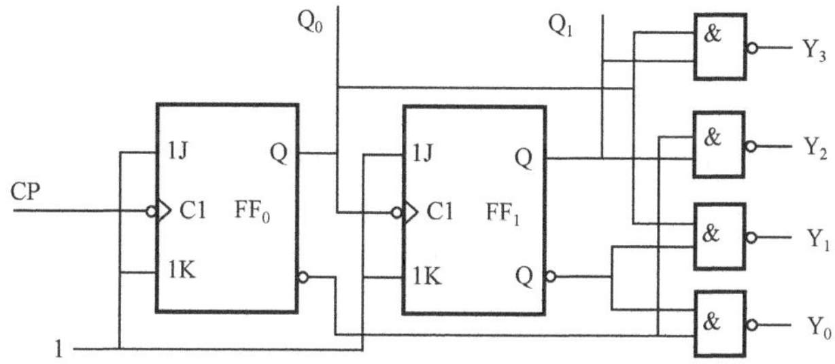

图 8.2.1　顺序脉冲发生器

消除窄脉冲主要有以下方法：

(1) 采用两相邻状态仅有一个状态位变化的计数器，消除译码器输入信号的竞争。或者设计直接产生顺序脉冲的计数器，不用译码器。

(2) 选择具有控制端的译码器，当计数状态稳定后才允许译码输出。

(3) 顺序脉冲发生器输出端并联小电容。此法简单，但电容使信号的边沿陡度变差。

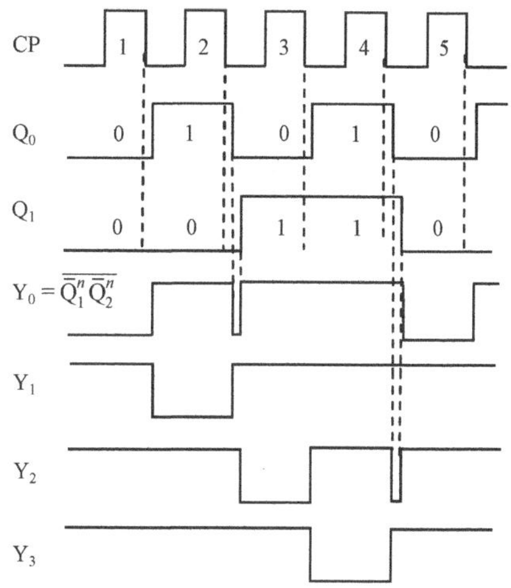

图 8.2.2　顺序脉冲发生器的时序图

图 8.2.3 所示为用集成计数器 74161 和集成译码器 74138 组成的 8 输出顺序脉冲发生器。由图看出，每个 CP 的上升沿使 74161 计数，到每个 CP 的下降沿 74161 的输出状态已经稳定，74138 才对 74161 的输出状态译码，输出没有窄脉冲的顺序负脉冲。本例正是选通控制消除竞争冒险的实例(见 4.5.3 节)。

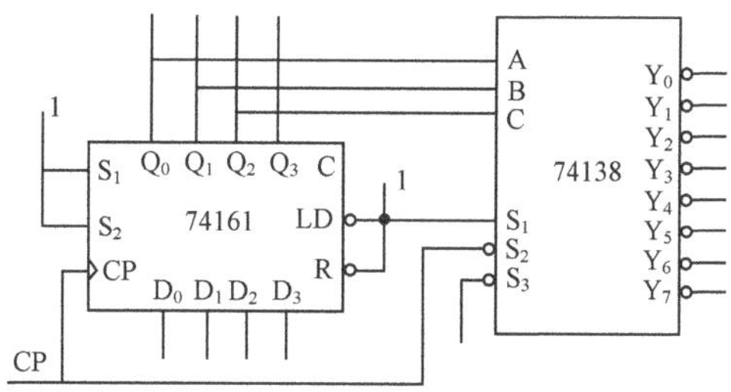

图 8.2.3　8 输出顺序脉冲发生器

8.3　寄　存　器

存储二进制代码的时序电路称为寄存器，是数字系统中广泛使用的一种逻辑部件。寄存器的主要电路元件是触发器，一个触发器只能存储 1 位二进制代码，存储 n 位二进制代码需要 n 个触发器。n 位二进制代码存入寄存器的方式有并行输入和串行输入。在并行输入中，n 位二进制代码通过 n 条信号线同时存入寄存器。而串行输入则是通过一条信号线分时将 n 位二进制代码存入寄存器。与输入方式对应，输出也有并行方式和串行方式。

8.3.1 并行输入寄存器

图 8.3.1 所示为集成 4 位并行输入寄存器 74LS175 的电路原理图。在清零端 R=0(低电平)时，4 个 D 触发器全部被清零。在时钟 CP 的上升沿，将输入 4 位二进制代码 $D_3D_2D_1D_0$（称为数据输入端）分别存入 4 个 D 触发器中，即

$$Q_i^{n+1} = D_i, \quad i = 0,1,2,3$$

数据从触发器的 Q 端并行输出(原码)，也可以从 $\overline{Q}$ 端并行输出(反码)。

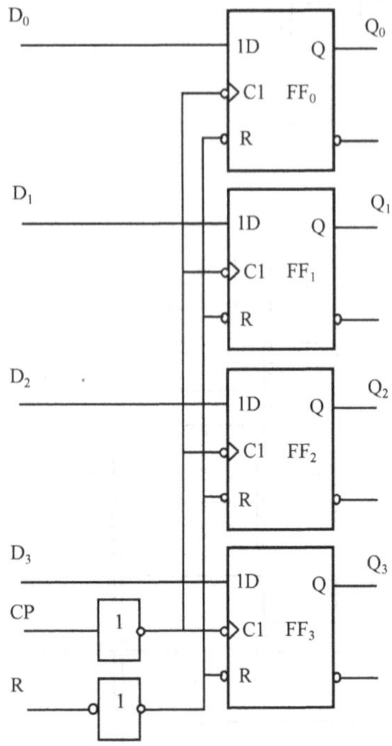

图 8.3.1 4 位并行输入寄存器 74LS175

8.3.2 移位寄存器

串行输入要求寄存器具有移位功能，即某位触发器存储的位代码可以移动到相邻的低位或高位触发器中。具有移位功能的寄存器称为移位寄存器。

1. *移位寄存器的原理*

图 8.3.2 所示为右移移位寄存器的电路原理图。电路由 4 个 D 触发器组成。高位触发器的 Q 端与相邻低位触发器的 D 端相连，最高位触发器的 D 端作右移输入 D_{SR}，最低位触发器的 Q 端作右移输出 D_{OR}。电路的状态方程为

$$Q_3^{n+1} = D_{SR}$$

$$Q_i^{n+1} = Q_{i+1}^n, \quad i = 0,1,2$$

$$D_{OR} = Q_0^n$$

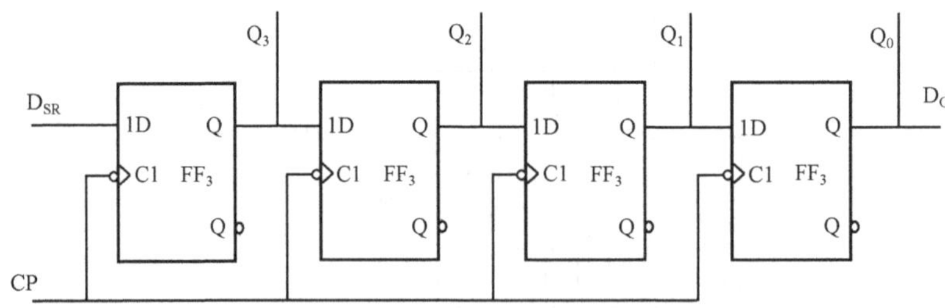

图 8.3.2 右移移位寄存器原理

串行数据传输是以一条信号线(D_{SR})分时传输二进制代码的位。方法是以时钟信号为时间轴，一个单位时间内(时钟的周期)输入 1 位二进制码。图 8.3.3 所示为右移移位寄存器串行输入二进制代码 1101 的时序图。串行输入二进制代码的时间顺序是低位在前、高位在后。经 4 个脉冲后，数据存入寄存器。寄存的数据可从触发器的 Q 端并行输出。如欲串行输出数据，再作用 4 个时钟脉冲，数据从 D_{OR} 串行输出，输出顺序仍然是低位在前、高位在后。输出后原存储的数据丢失。若希望保留原数据，可将输出反馈到输入，即 D_{OR} 与 D_{SR} 相连，形成循环移位。这样，在串行输出的同时进行串行输入。

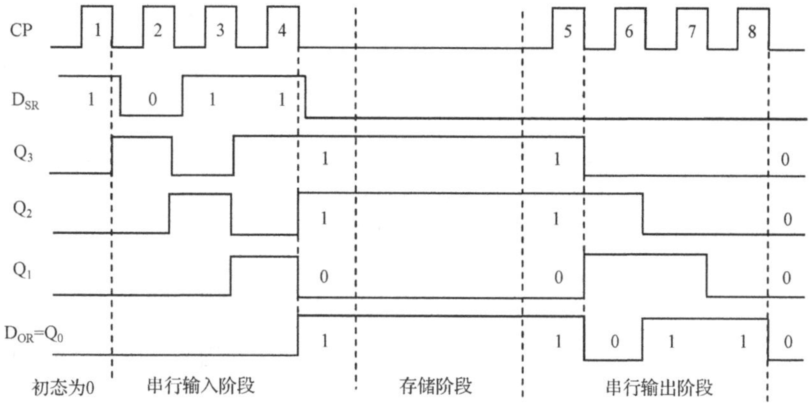

图 8.3.3 右移移位寄存器的时序图

如果将低位 D 触发器的 Q 端与相邻高位的 D 端相连，最低位触发器的 D 端作左移输入 D_{SL}，最高位触发器的 Q 端作左移输出 D_{OL}，可组成左移寄存器(读者可画出电路)。左移寄存器的状态方程为

$$Q_0^{n+1}=D_{SL}$$

$$Q_i^{n+1}=Q_{i-1}^n,\quad i=1,2,3$$

$$D_{OL}=Q_3^n$$

2. 集成双向移位寄存器

图 8.3.4 所示为集成 4 位双向移位寄存器 74194。它除了具有异步清零功能以外，还有 4 种工作模式。

1) 清零功能

当清零输入端 R=0 时，4 个带异步清零的同步 RS 触发器被异步清零(不需要时钟脉冲)。

2) 4 种工作模式

在清零输入端无效(R=1)时，74194 有 4 种工作模式。每个下降沿触发的 RS 触发器和它的输入与或非门组成一个工作单元，4 个单元的工作模式相同。下面以触发器 FF_2 的工作单元为例分析 74194 的 4 种工作模式。

由电路得时钟方程和驱动方程

$$CP_2=\overline{CP+\overline{M_1}\cdot\overline{M_0}}$$

$$S_2=\overline{R_2}=Q_3^n\,\overline{M_1}+D_2M_1M_0+Q_1^n\,\overline{M_0}$$

将驱动方程代入同步 RS 触发器的特性方程中，得状态方程

$$Q_2^{n+1}=S_2+\overline{R_2}Q_2^n=\overline{R_2}=Q_3^n\,\overline{M_1}+D_2M_1M_0+Q_1^n\,\overline{M_0}$$

由时钟方程和状态方程可分析 74194 的 4 种工作模式。

模式 0：当 $M_1M_0=00$ 时，$CP_2=0$，同步 RS 触发器没有时钟脉冲，保持不变。

模式 1：当 $M_1M_0=01$ 时，$CP_2=\overline{CP}$。在 CP 的上升沿触发同步 RS 触发器按状态方程改变。由前述状态方程得

$$Q_2^{n+1}=Q_3^n\,\overline{M_1}+D_2M_1M_0+Q_1^n\,\overline{M_0}=Q_3^n$$

相邻高位移入本位，寄存器右移。寄存器的右移输入端是 D_{SR}，右移输出端是 Q_0。

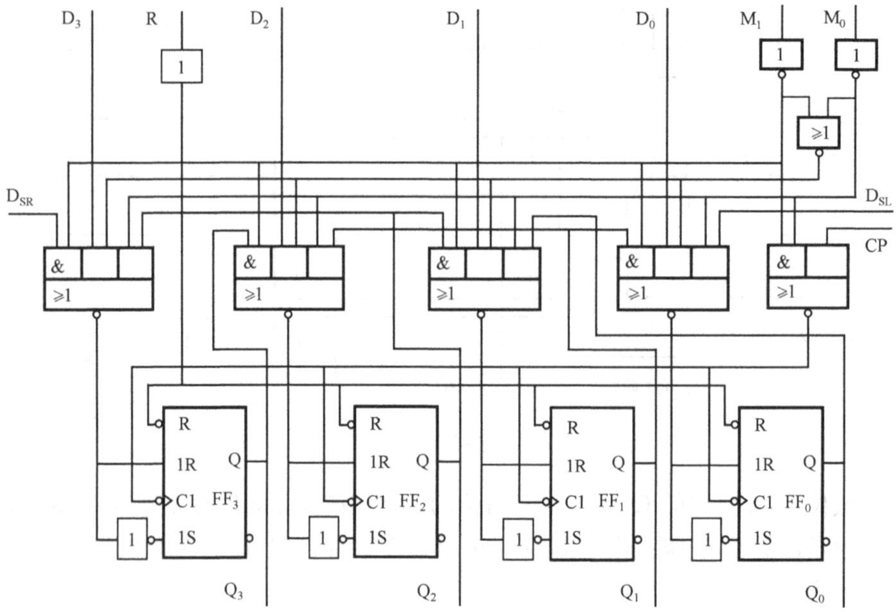

图 8.3.4 集成 4 位双向移位寄存器 74194

模式 2：当 $M_1M_0=10$ 时，$CP_2=\overline{CP}$。在 CP 的上升沿触发 RS 触发器按状态方程改变。由前述状态方程得

$$Q_2^{n+1}=Q_3^n\overline{M_1}+D_2M_1M_0+Q_1^n\overline{M_0}=Q_1^n$$

相邻低位移入本位，寄存器左移。寄存器的左移输入端是 D_{SL}，左移输出端是 Q_3。

模式 3：当 $M_1M_0=11$ 时，$CP_2=\overline{CP}$。在 CP 的上升沿触发 RS 触发器按状态方程改变。由前述状态方程得

$$Q_2^{n+1}=Q_3^n\overline{M_1}+D_2M_1M_0+Q_1^n\overline{M_0}=D_2$$

将数据 D_2 置入本位，寄存器并行输入数据 $D_3D_2D_1D_0$。并行输出数据是 $Q_3Q_2Q_1Q_0$。

将上述分析归纳如表 8.3.1 所示。

表 8.3.1 74194 的功能表

清零输入	时钟	工作模式		串行输入		并行输入				并行输出				说明
R	CP	M_1	M_0	D_{SR}	D_{SL}	D_3	D_2	D_1	D_0	Q_3	Q_2	Q_1	Q_0	
0	×	×	×	×	×	×	×	×	×	0	0	0	0	清零
1	×	0	0	×	×	×	×	×	×	Q_3	Q_2	Q_1	Q_0	保持
1	↑	0	1	D_{SR}	×	×	×	×	×	D_{SR}	Q_3	Q_2	Q_1	右移
1	↑	1	0	×	D_{SL}	×	×	×	×	Q_2	Q_1	Q_0	D_{SL}	左移
1	↑	1	1	×	×	D_3	D_2	D_1	D_0	D_3	D_2	D_1	D_0	并行输入

注：↑表示时钟的上升沿，×表示无关项。

习　题

8.1 指出下列各种类型的触发器中哪些能组成移位寄存器，哪些不能组成移位寄存器。如果能够，请在（ ）

内打√,否则打×:

① 基本 RS 触发器( );② 同步 RS 触发器( );③ 维持阻塞 O 触发器( );

④ 用 CMOS 传输门的边沿触发器( );⑤ 边沿触发器( )。

8.2 具有下列触发器个数的二进制异步计数器,它们各有多少种状态?

(1) 8 个; (2) 12 个; (3) 16 个。

8.3 什么是能自启动的计数器和不能自启动的计数器?

8.4 一个 10 位二进制加法计数器在 0.002s 内选通,假定初始状态为 0,若计数脉冲频率为 250Hz,在选通脉冲终止时,计数器的输出是什么?

8.5 分析题图 8.5 所示电路为几进制计数器?画出电路的状态图。

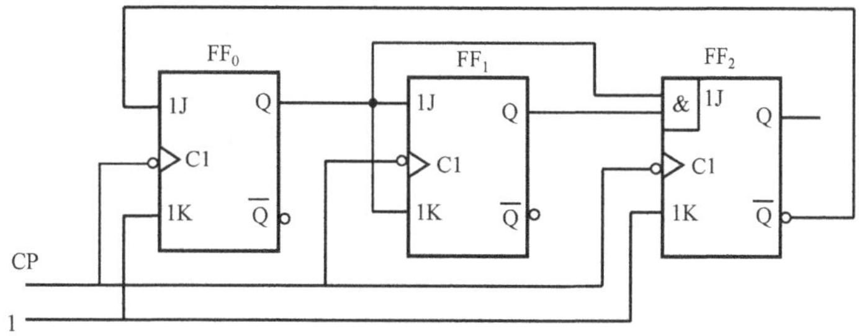

题图 8.5

8.6 分析题图 8.6 所示计数器电路,画出状态转换图,说明电路的逻辑功能,检查电路能否自启动?

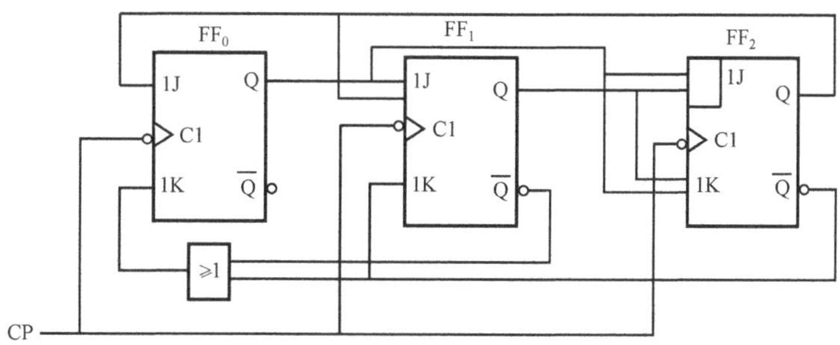

题图 8.6

8.7 分析题图 8.7 所示电路的逻辑功能,画出电路的状态转换图和时序图。说明电路能否自启动。

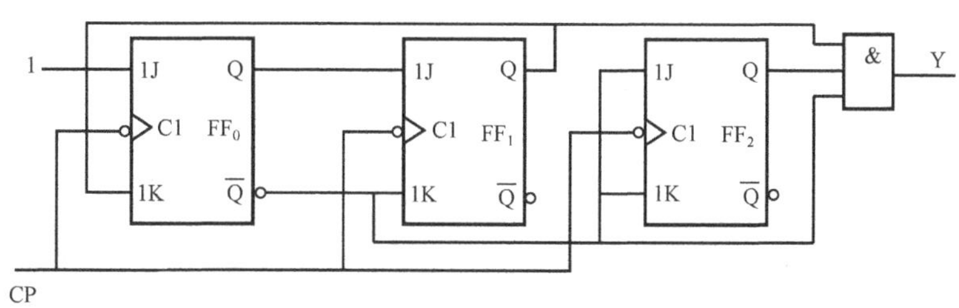

题图 8.7

8.8 分析题图 8.8 所示同步计数电路,画出电路的状态转换图。

8.9 电路如题图 8.9 所示,分析该电路的逻辑功能,画出电路的状态转换图。

8.10 电路如题图 8.10 所示,试分析由 FF_1 和 FF_0 构成的是几进制计数器;分析整个电路为几进制计数器。

8.11 分析题图 8.11 所示电路为几进制计数器?画出电路的状态图。

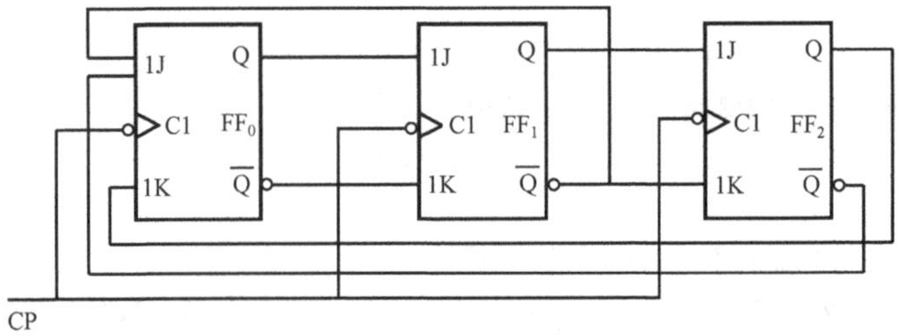

题图 8.8

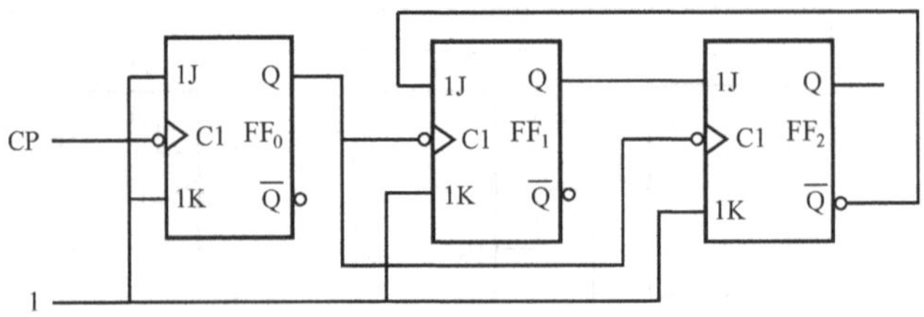

题图 8.9

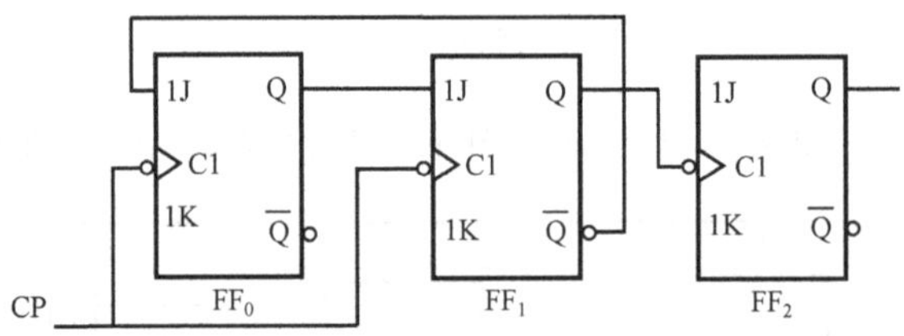

题图 8.10

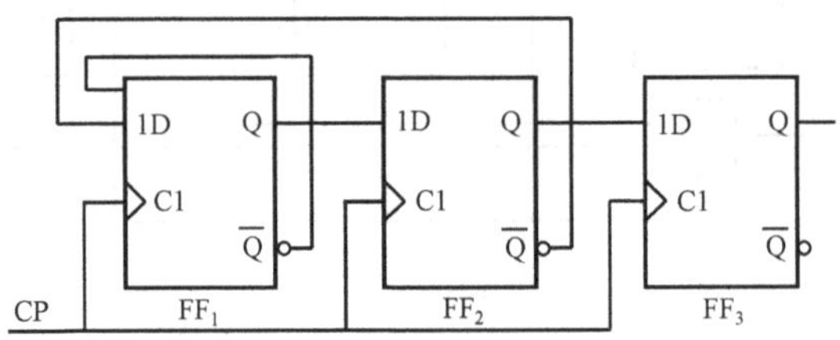

题图 8.11

8.12　题图 8.12 所示为用 JK 触发器组成的数码寄存器，试分析电路的工作原理。

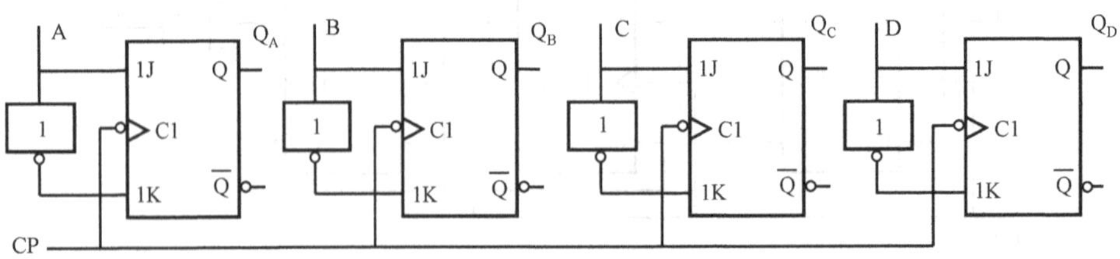

题图 8.12

8.13　最大长度移位寄存器型计数器如题图 8.13 所示，画出电路的状态转换图，计数长度是多少？说明电路能否自启动？

8.14　在题图 8.14 所示电路中，若两个移位寄存器中的原始数据分别为 $A_3A_2A_1A_0=1001$，$B_3B_2B_1B_0=0011$，试问经过 4 个 CP 信号作用后两个寄存器中的数据如何？这个电路完成什么功能？

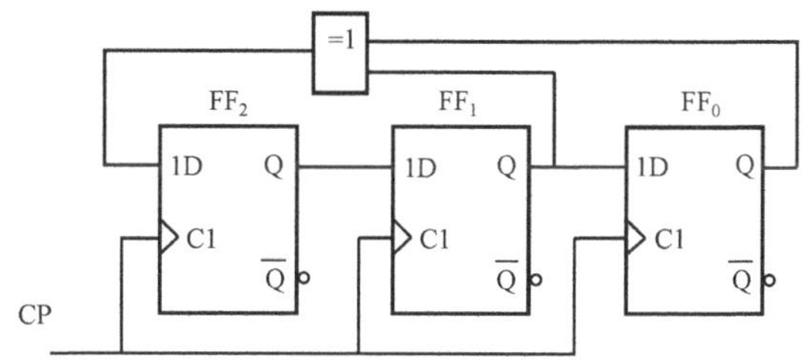

题图 8.13

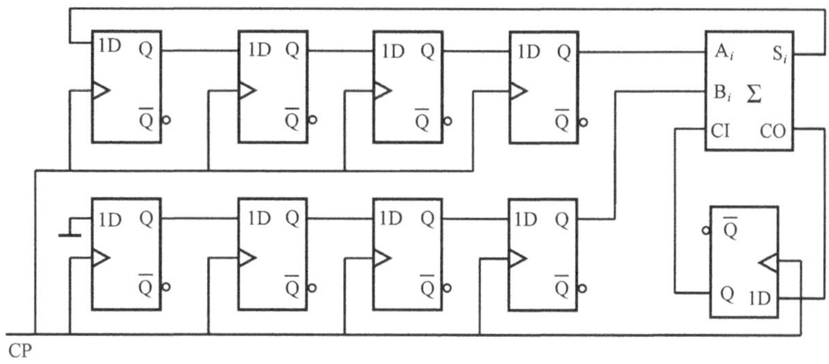

题图 8.14

8.15 用 74160 构成的计数器如题图 8.15(a)、(b)所示，试画出电路的状态图，指出这是几进制计数器。

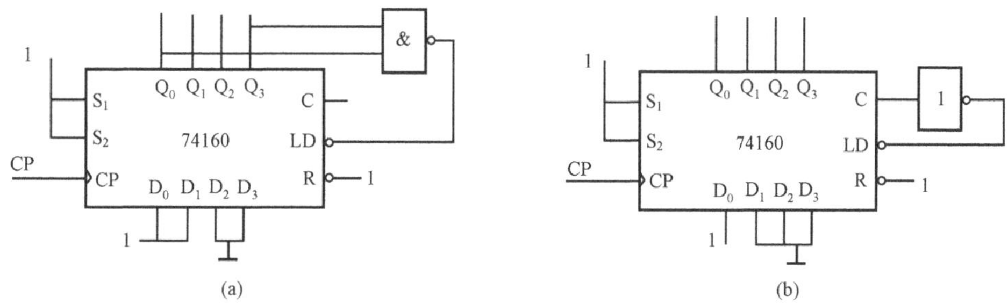

题图 8.15

8.16 用 74161 构成的计数器如题图 8.16(a)、(b)所示，试画出电路的状态图，指出这是几进制计数器。

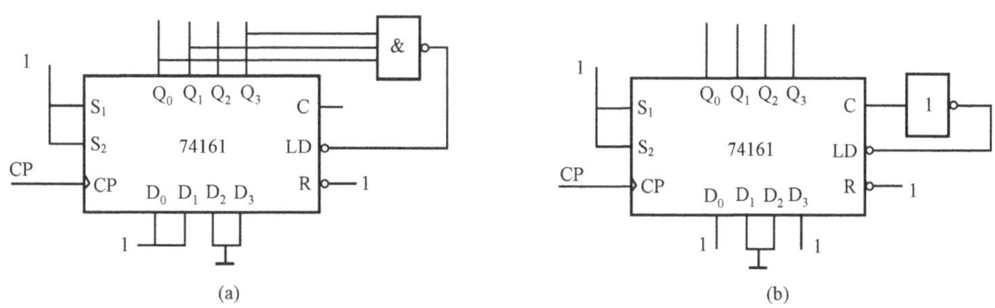

题图 8.16

8.17 试分析题图 8.17(a)、(b)所示电路是几进制计数器，并画出其完整的状态图。说明电路能否自启动。

8.18 试分析题图 8.18(a)、(b)所示电路的计数长度为多少，画出状态转换图。说明电路能否自启动。

8.19 分析题图 8.19 所示电路中 74161(Ⅰ)和 74161(Ⅱ)各自电路的计数长度及整个电路的计数长度；并画出

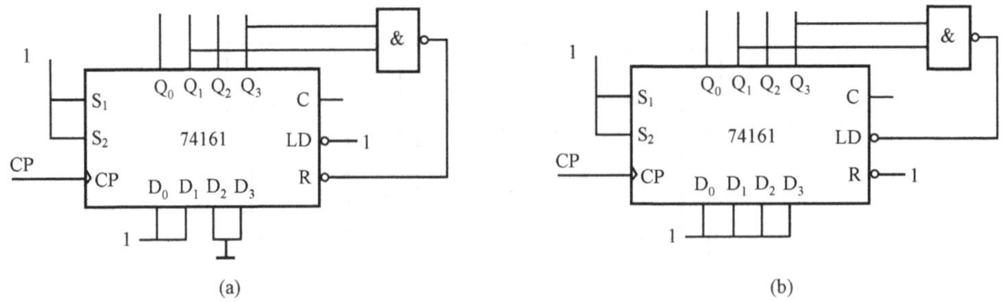

题图 8.17

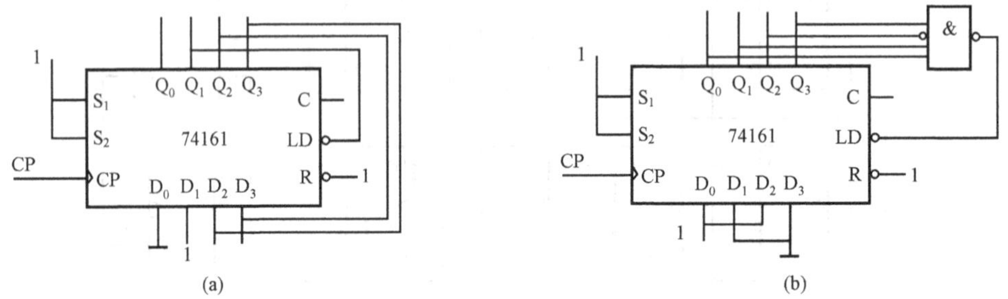

题图 8.18

完整的状态转换图。

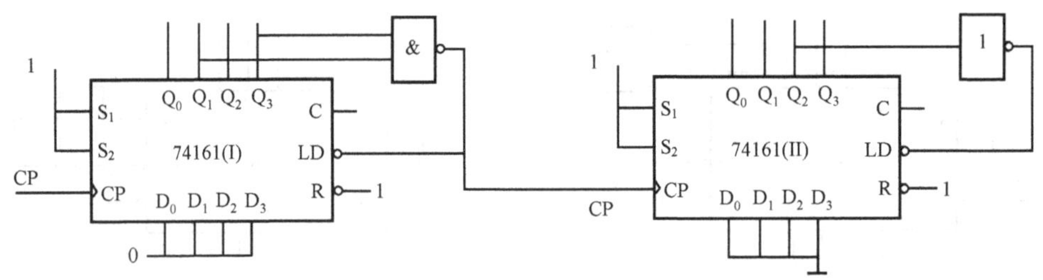

题图 8.19

8.20 分析题图 8.20 所示电路,试画出状态转换图,指出是几进制计数器。设(1)为高位电,(2)为低位电。

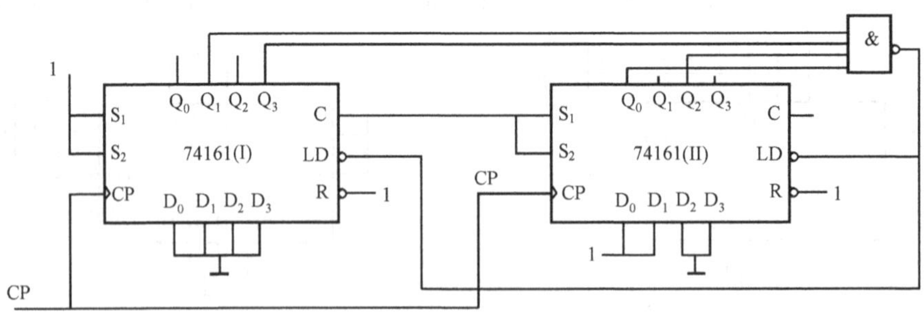

题图 8.20

8.21 题图 8.21 所示为一个可变进制计数器。其中 74LS138 为 3 线/8 线译码器,74LS153 为四选一数据选择器。试问当 MN 为各种不同输入时,可组成几种不同进制的计数器?分别是几进制?简述理由。

8.22 用 74160 构成有效状态为 0000~1000 的计数器,要求可靠复位。

8.23 用 74161 构成有效状态为 0110~1110 的计数器。

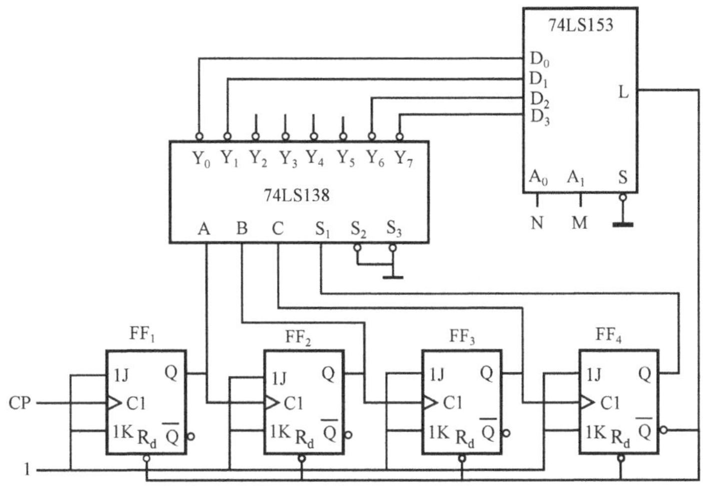

题图 8.21

8.24 用 74161 构成一个 13 进制计数器。

8.25 用 74160 构成一个 7 进制计数器。

8.26 用 74160 构成计数器：

(1) 利用 R 端构成 9 进制计数器；

(2) 利用 LD 端构成 6 进制计数器。

8.27 用 74161 构成计数器。

(1) 利用 LD 端构成 7 进制计数器；

(2) 利用 R 端构成 13 进制计数器。

8.28 用 74161 构成 56 进制计数器。

8.29 试用 74161 和数据选择器设计一个 01110011 序列信号发生器。

第 9 章　半导体存储器

学习本章后，读者将了解：

- 半导体存储器的结构：存储阵列、寻址电路和读写电路；
- 半导体存储器的基本操作：读操作和写操作；
- 静态随机存取存储器和动态随机存取存储器的工作原理；
- 只读存储器和闪存的工作原理和可编程存储单元；
- 存储器实现组合逻辑函数；
- 存储器容量的扩展。

半导体存储器(简称存储器)是存储大量二进制数据的逻辑部件。它是数字系统，特别是计算机，不可缺少的组成部分。存储器的容量越大，计算机的处理能力越强，工作速度越快。因此，存储器采用先进的大规模集成电路技术制造，尽可能地提高存储器的容量。

本章介绍常用的半导体存储器的结构、工作原理和使用方法。

9.1　半导体存储器基础

9.1.1　半导体存储器的结构框图

图 9.1.1 所示为半导体存储器的结构框图。存储器由寻址电路、存储阵列和读写电路组成。

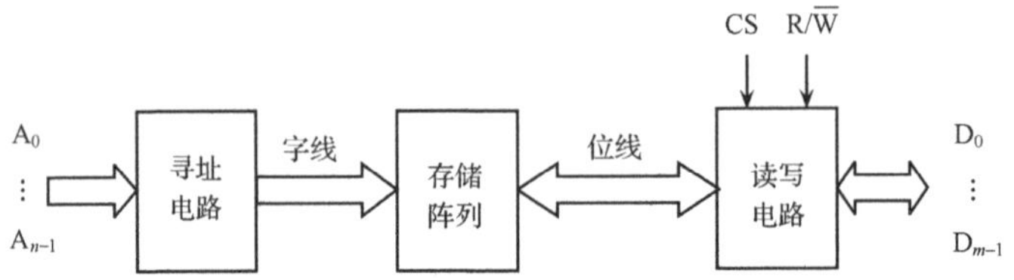

图 9.1.1　半导体存储器结构框图

存储 1 或 0 的电路称为存储单元，存储单元的集合形成存储阵列(通常按行列排成方阵)。

二进制数据以信息单位(简称字)存储在存储阵列中。最小的信息单位是 1 位(bit)，8 位二进制信息称为 1 个字节(byte)，4 位二进制信息则称为 1 个半字节(nibble)。为便于对每个信息单位(字)进行必要的操作，存储阵列按字组织成直观的存储结构图。例如，图 9.1.2 所示为一个 64 位存储阵列分别按 8 位、4 位和 1 位字组织的存储结构图和存储的示例数据。每个存储单元的位置由行序号和列序号唯一确定。每个字的位置(行序号)称为它的地址，用二进制码表示($A_{n-1}\cdots A_1A_0$)；列序号表示二进制位在每个字中的位置。例如，按 4 位组织的、地址为 14 的字存储单元的信息是 1110。

存储单元的总数定义为存储器的容量，它等于存储器的字数和每字位数之积。例如，10 位地址码，每字 8 位，则存储容量为 2^{10} B=1024B=1KB=8Kbit。存储器的容量单位还有 1MB=2^{20}B 或 1GB=2^{30}B 等。

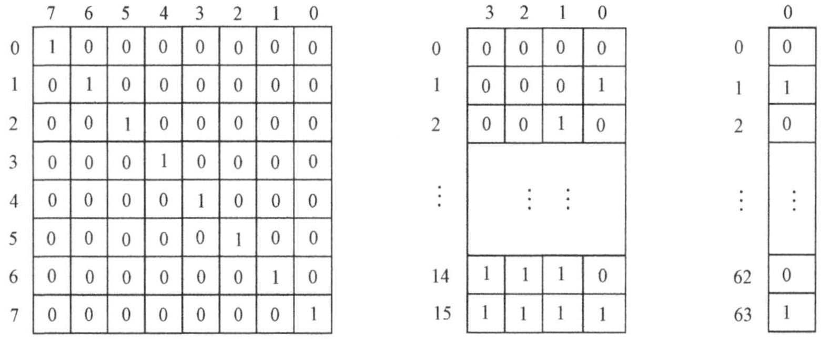

(a) 8字×8位　　(b) 16字×4位　　(c) 64字×1位

图 9.1.2　64 位存储阵列分别按 8 位、4 位和 1 位字组织的存储结构图

存储器具有两种基本的操作：写操作和读操作。

写操作（亦称存数操作）：输入地址码 $A_{n-1}\cdots A_1A_0$，寻址电路（通常是译码器）将地址转换成字线上的有效电平选中字存储单元。在片选信号 CS 有效（通常是低电平）和读写信号 $R/\overline{W}$为低电平时，读写电路通过存储阵列的位线将数据总线上的 m 位数据 $D_{m-1}\cdots D_1D_0$ 写入选中的字存储单元中保存（设存储阵列按每字 m 位组织）。

读操作（亦称取数操作）：输入地址码 $A_{n-1}\cdots A_1A_0$，寻址电路（通常是译码器）将地址码转换成字线上的有效电平选中字存储单元。在片选信号 CS 有效（通常是低电平）和读写信号 $R/\overline{W}$为高电平时，读写电路通过存储阵列的位线，将选中的字存储单元的 m 位数据输出到数据总线上 $D_{m-1}\cdots D_1D_0$（设存储阵列按每字 m 位组织）。

在复杂的数字系统（如数字计算机）中，多个功能电路间利用一组公共的信号线（导线或其他传导介质）实现互连，并分时传输信息，这样的一组信号线称为总线。对于存储器，数据总线 $D_{m-1}\cdots D_1D_0$ 是双向总线（输入/输出，常用表示$I/O_{m-1},\cdots,I/O_1,I/O_0$），而地址总线 $A_{n-1}\cdots A_1A_0$ 和控制总线（CS，$R/\overline{W}$）则是单向总线（输入）。在存储器内部，属于同一位的存储单元共用位线，阵列中的存储单元通过位线与读写电路交换数据。

9.1.2　半导体存储器的分类

按功能，存储器分为只读存储器、随机读写存储器（或称为存取存储器）和闪存。

工作时只能快速地读取已存储的数据，而不能快速地随时写入新数据的存储器称为只读存储器（read only memory，ROM）。即只读存储器的写操作时间（毫秒级）远比读操作时间（纳秒级）长，数据必须在工作前写入存储器，上电工作后只能从存储器中读出数据，才不影响数字系统的工作速度。

随机读写存储器的写操作时间和读操作时间相当（都是纳秒级），工作时能够随时快速地读出或写入数据。即工作时读写存储器具有存入和取出数据两种功能。

闪速存储器（flash memory，简称闪存）工作时可以进行读或写操作，但闪存的每个存储单元写操作时间长，不能随机写入数据，适合对众多存储单元批量地写入数据。

按寻址方式，存储器分为顺序寻址存储器和随机寻址存储器。

顺序寻址存储器是按地址顺序存入或读出数据，其存储阵列的存储单元连接成移位寄存器。有先进先出（first in first out，FIFO）和先进后出（first in last out，FILO）两种顺序寻址存储器。先进先出是指先存入（写入）存储器的数据先被取出（读出）。先进后出则是指先存入

(写入)存储器的数据后被取出(读出)。

可以随时从任何一个指定地址写入或读出数据的存储器称为随机寻址存储器。随机寻址存储器的寻址电路通常采用一两个译码器(称为地址译码器,见9.2节)。

采用随机寻址方式的随机读写存储器称为随机存取存储器(random access memory,RAM)。只读存储器(ROM)和闪存也采用随机寻址方式。

存储器还可分为易失型存储器和非易失型存储器。如果掉电(停电)后数据丢失,则是易失型存储器;否则,是非易失型存储器。RAM是易失型存储器,而ROM和闪存是非易失型存储器。

部分存储器的寻址方式和功能归纳见表9.1.1。

表9.1.1 存储器的寻址方式和功能

存 储 器	功 能	寻址方式	掉 电 后	说 明
随机存取存储器	读、写	随机寻址	数据丢失	
只读存储器	读	随机寻址	数据不丢失	工作前写入数据
闪存	读、写	随机寻址	数据不丢失	
先进先出存储器	读、写	顺序寻址	数据丢失	
先进后出存储器	读、写	顺序寻址	数据丢失	

由于随机寻址灵活、方便、电路简单,随机存取存储器成为存储器的主流产品。限于篇幅,下面仅介绍RAM、ROM和闪存。

9.2 随机存取存储器(RAM)

存储单元是存储器的核心。根据存储单元记忆0或1的原理,随机存取存储器分为静态随机存储器(static RAM,SRAM)和动态随机存取存储器(dynamic RAM,DRAM)。按所用元件的不同,分双极型和MOS型两种。鉴于MOS电路具有功耗低、集成度高的优点,目前大容量的存储器都是MOS型存储器。

9.2.1 静态随机存取存储器(SRAM)

1. *SRAM的静态存储单元*

SRAM的存储单元是用基本RS触发器记忆0或1的静态存储单元。图9.2.1所示为六管CMOS静态存储单元和读写电路。

存储单元由T_1~T_6组成。T_1和T_2、T_3和T_4分别组成2个CMOS反相器,2个反相器交叉反馈形成基本RS触发器,存储0或1。存储单元按行列排成方阵,一列的存储单元通过公共位线与读写电路交换信息,故每个存储单元必须具有三态输入/输出能力。T_5和T_6是行字线X_i选通基本RS触发器的NMOS开关管,实现基本RS触发器的三态输入/输出,即开关管导通时传递0或1,截止时为高阻态,与位线隔离。T_7和T_8则是列字线Y_j选通控制的NMOS开关管,控制位线与读写电路的连接。所以,T_7、T_8和读写电路也是一列共用的部分(如图9.2.2所示存储器结构图)。由于NMOS开关管T_5、T_6、T_7和T_8的P型衬底接地,它们的源极和漏极可以互换使用(见第3章的图3.3.1)。

当$X_i=Y_j=1$时,T_5~T_8导通,将基本RS触发器与读/写电路相连。如果$CS=0$,$R/\overline{W}=1$,则三态门缓冲器G_1和G_2为高阻态,而G_3为工作态。基本RS触发器的状态输出到数据总线上，即 $D_k=Q$，实现读操作。如果 $CS=0$，$R/\overline{W}=0$，则三态门缓冲器 G_1 和 G_2 为工作态，而 G_3 为高阻态。输入电路强制基本 RS 触发器的状态与输入数据 D_k 一致，即 $Q=D_k$，实现写操作。例如，如果 $D_k=0$，则 G_1 的输出为高电平，G_2 的输出为低电平，强制存储单元的 $Q=0$，$\bar{Q}=1$，实现 0 的写入操作。

当 $CS=1$ 时，三态门缓冲器 G_1、G_2 和 G_3 为高阻态，数据总线 D_k 为高阻态。基本 RS 触发器既不能输出，也不能接受数据。

当 $X_i=0$ 时，T_5 和 T_6 截止，基本 RS 触发器不能与读/写电路相连，其状态保持不变，存储单元未被选中。本存储单元不影响同列的其他存储单向向位线交换数据。当 $Y_j=0$ 时，T_7 和 T_8 截止，基本 RS 触发器同样不能与读/写电路相连，其状态保持不变，存储单元同样未被选中。

显然，当掉电时基本 RS 触发器的数据丢失，所以，SRAM 是挥发型存储器。

其他形式的静态存储单元，请参考文献(阎石，1998)。

2. 基本 SRAM 的结构

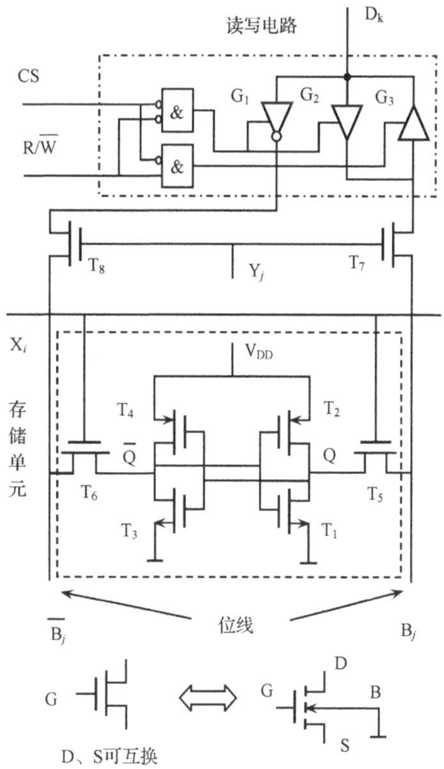

图 9.2.1 六管 CMOS 静态存储单元和读写电路

根据 SRAM 存储单元的工作原理，选中存储单元需要行字线 X_i 和列字线 Y_j 同时为高电平。因此，将地址码 $A_{n-1}\cdots A_1A_0$ 分成两组，分别译码输出行字线 X_i 和列字线 Y_j。图 9.2.2 所示为双地址译码器 RAM 的结构框图。两个地址译码器分别称为行地址译码器和列地址译码

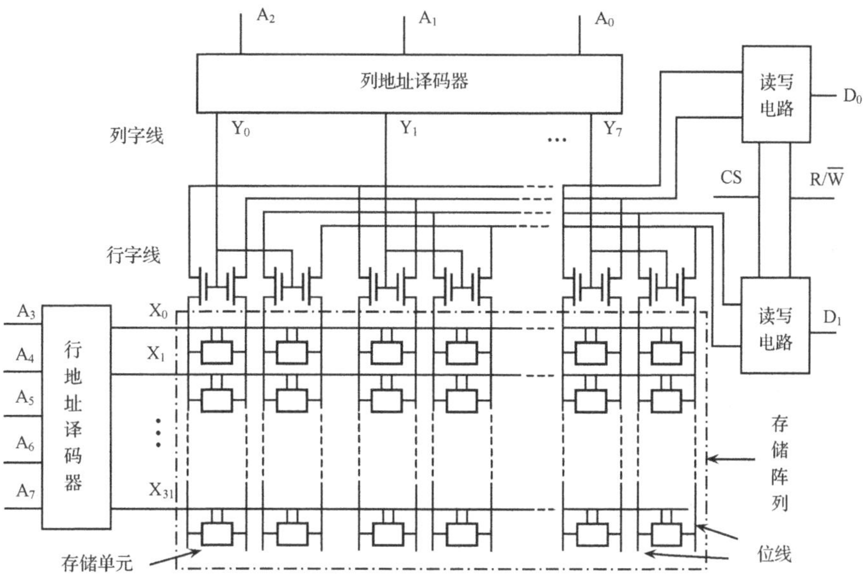

图 9.2.2 双地址译码器 RAM 的结构框图(256 字×2 位)

器，输出高电平有效。设存储单元是图 9.2.1所示的六管 CMOS 静态存储单元，排列成图 32 行×16 列的存储阵列，组成 256 字×2 位的存储结构。

行地址译码器将地址码 $A_7A_6A_5A_4A_3$ 译成行字线 $X_i(i=0,1,\cdots,31)$的高或低电平，高电平的行字线选中一行的 16 个存储单元，其他行存储单元未被选中；列地址译码器将地址码 $A_2A_1A_0$ 译成列字线 $Y_j(j=0,1,\cdots,7)$的高或低电平，与列字线为高电平相连的 MOS 管导通，从已选的一行中选出两个存储单元，使其位线与读写电路相连，其他未选中的存储单元与读写电路不相连。在片选信号 CS 和读写信号 $R/\overline{W}$的作用下，读写电路可以对选中的两个存储单元进行读或写操作。

图 9.2.3 所示为 MOTOROLA 公司生产的静态随机存取存储器 MCM6264 的逻辑图。图中 OE 是输出使能，低电平有效；片选信号为 $CS=E1+\overline{E2}$，低电平有效。MCM6264 的存储容量是 8KB=8K×8bit=65536bit，其功能如表 9.2.1 所示。

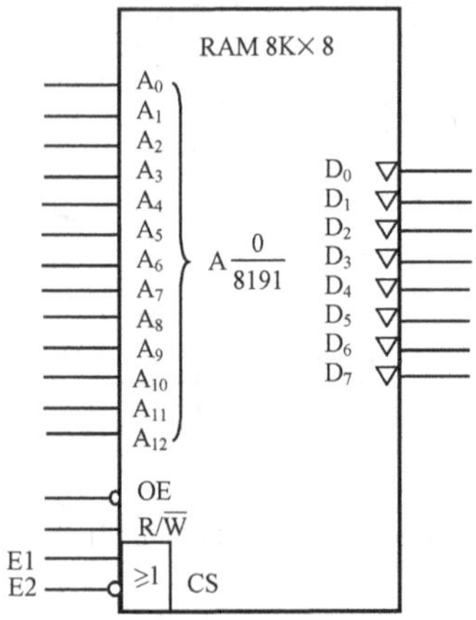

图 9.2.3 MCM6264 的逻辑图

表 9.2.1 MCM6264 的功能

E1	E2	OE	$R/\overline{W}$	$A_{12}\cdots A_0$	$D_7\cdots D_0$	方式
1	×	×	×	×	Z	未选中
×	0	×	×	×	Z	未选中
0	1	1	1	$A_{12}\cdots A_0$	Z	输出禁止
0	1	0	1	$A_{12}\cdots A_0$	O	读
0	1	×	0	$A_{12}\cdots A_0$	I	写

注：Z 表示高阻态，O 表示数据输出，I 表示数据输入。

3. SRAM 的操作定时

为了保证存储器准确无误地工作，作用到存储器的地址、数据和控制信号必须遵守一定的时间顺序，即操作定时。

1）读周期

读操作要求指定字存储单元的地址、片选信号和输出使能有效，读写信号为高电平（$R/\overline{W}=1$）。信号间的定时关系如图 9.2.4 所示。信号作用顺序是：

（1）指定字存储单元的地址有效；

（2）片选信号和输出使能有效，即由高变低；

（3）经过一定时间后，指定字存储单元的数据输出到数据总线上。

主要的时间参数有：

（1）地址存取时间 t_{AQ}：从地址有效开始到输出数据开始有效的时间。

（2）片选使能时间 t_{CSQ}：从片选有效开始到输出数据开始有效的时间。

（3）输出使能时间 t_{OEQ}：从输出使能有效开始到输出数据开始有效的时间。

（4）读周期(read cycle)t_{RC}：相邻 2 次读操作所需的最小时间间隔。

实际工作时间应大于或等于上述时间。

2）写周期

写操作要求指定字存储单元的地址、片选信号和读写信号（$R/\overline{W}$）有效。信号间的定时关系如图 9.2.5 所示。

(1) 指定字存储单元的地址有效；

(2) 片选信号有效，即由高变低；

(3) 待写入的数据有效；

(4) 读写信号有效，即由高变低；在 $R/\overline{W}=0$ 期间，数据写入到指定的字存储单元。

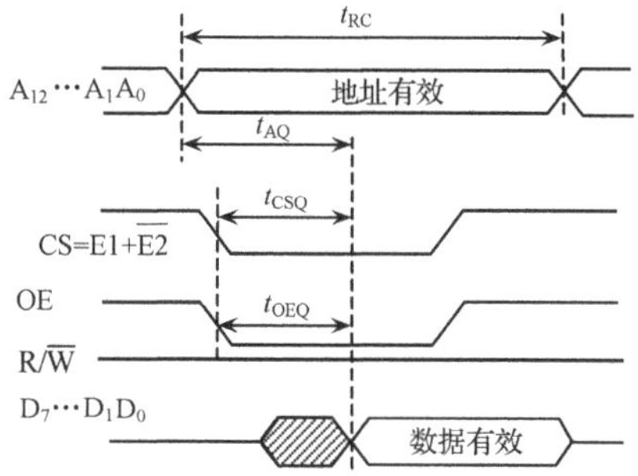

图 9.2.4　SRAM 的读周期

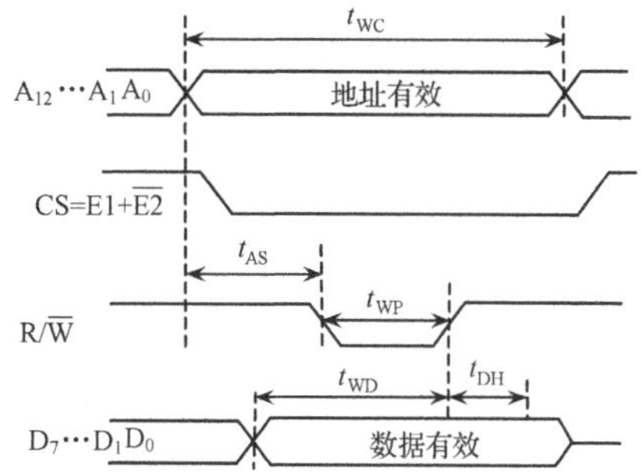

图 9.2.5　SRAM 的写周期

主要的时间参数有：

(1) 地址建立时间 t_{AS}：从地址有效开始到读写信号的下降沿的时间。

(2) 写脉冲宽度 t_{WP}：$R/\overline{W}=0$ 的最小持续时间。

(3) 数据建立时间 t_{WD}：从数据有效开始到读写信号的上升沿的时间。

(4) 数据保持时间 t_{DH}：在读写信号的上升沿后数据应保持的时间。

(5) 写周期(write cycle)t_{WC}：相邻两次写操作所需的最小时间间隔。

实际工作时间应大于或等于上述时间。

对于大多数的 SRAM，读周期和写周期相近，一般为几十纳秒。

4. 同步 SRAM 和异步 SRAM

在计算机中，SRAM 存储中央处理器(CPU)需要的程序和数据。因为 SRAM 的工作速度远低于 CPU 的速度，二者交换信息时 CPU 必须等待，使计算机达不到理想的工作速度。解决的办法是：SRAM 与 CPU 共用系统时钟，CPU 在时钟的有效沿前给出 SRAM 需要的地址、数据、片选、输出使能和读写信号，时钟有效沿到则将它们存于 SRAM 的寄存器中；CPU 不必等待，可以执行其他指令，直到 SRAM 完成 CPU 要求的读或写操作，通知 CPU 做相应的处理。之后，CPU 与 SRAM 又可以进行下一次信息交换。在数字系统中，多个功能部件同时运行(称为并行处理)是提高整个系统工速度的重要方法。这样，具有信号同步寄存器的 SRAM 称为同步 SRAM，否则，称为异步 SRAM。同步 SRAM 可以帮助 CPU 高速执行指令，即提高计算机的工作速度。

同步 SRAM 框图如图 9.2.6 所示，图中粗实线表示总线，其包含的信号线数由旁边的数字指明。同步 SRAM 的核心是异步 SRAM(地址译码器和存储阵列)；同步 SRAM 与器件外部连接的地址、数据、片选、输出使能和读写信号均在时钟 CP 的上升沿锁存于寄存器中，供 SRAM 完成读或写操作。

为了加速 CPU 与 SRAM 的信息交流，同步 SRAM 通常具有地址爆发特征。即输入一个地址码，同步 SRAM 可以读或写相邻的多个地址单元。图 9.2.7 所示为同步 SRAM 的爆发逻辑电路。设计数器实现 2 位二进制加法计数，初态为 00。在爆发控制(burst control)BC=1

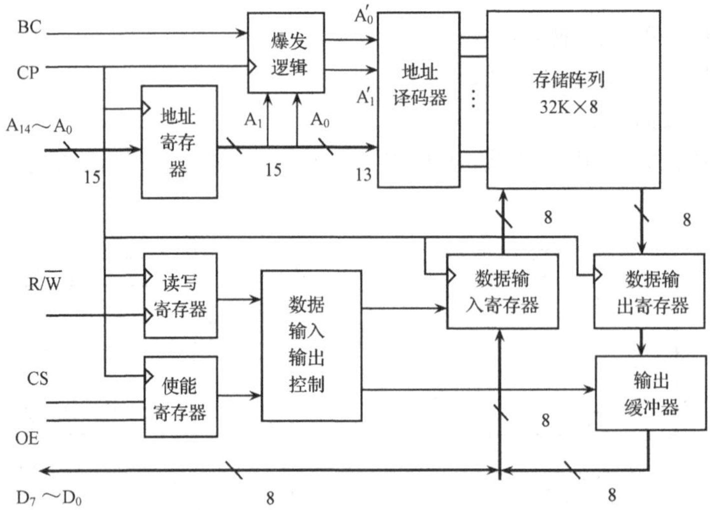

图 9.2.6　同步 SRAM 框图

时，爆发逻辑电路的输出如表 9.2.2 所示。因此，可获得 4 个相邻的址码，供 SRAM 进行读或写操作。

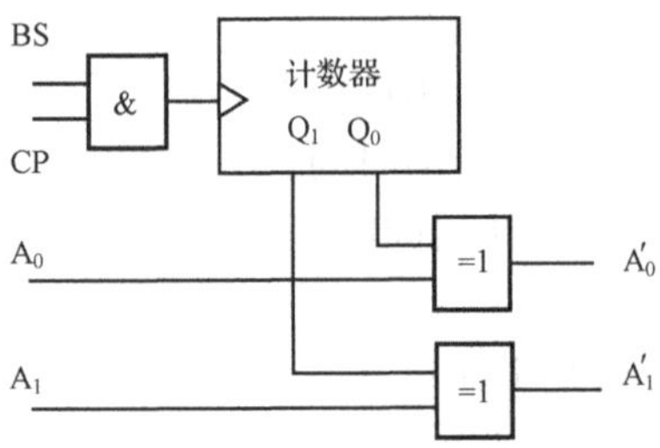

图 9.2.7　同步 SRAM 的爆发逻辑电路

表 9.2.2　爆发逻辑功能表

BC	Q_1	Q_0	A'_1	A'_0
1	0	0	A_1	A_0
1	0	1	A_1	$\overline{A_0}$
1	1	0	$\overline{A_1}$	A_0
1	1	1	$\overline{A_1}$	$\overline{A_0}$

9.2.2　动态随机存取存储器(DRAM)

1. DRAM 的动态 MOS 存储单元

DRAM 的存储单元是用电容上的电荷有无记忆 0 或 1 的动态存储单元，单管动态存储单元如图 9.2.8 所示。NMOS 管 T 和存储电容 C_S 组成动态存储单元。当电容存储有足够的电荷时，电容电压为高电平，存储 1；当电容没有存储电荷时，电容电压为低电平，存储 0。与 SRAM 比较，动态存储单元的优点是电路元件少，使 DRAM 的存储容量大，位成本低。缺点是电容不能长期保持其电荷，必须定期(8～16ms)补充电荷(称为刷新操作)，比 SRAM 操作复杂。

在图 9.2.8 中，NMOS 管 T 和存储电容 C_S 组成动态存储单元。而读写和刷新电路是存储阵列的公共电路，C_W 则是位线的分布电容。由于 DRAM 存储容量大，导致位线长，分布电容容量远大于存储电容容量。

单管动态存储单元的工作原理如下。

1) 写操作

当 $X_i=1$，Refresh=0 和 R/$\overline{W}$=0 时，缓冲器 G_1 处于工作态、灵敏放大缓冲器 G_2 和缓冲

器 G_3 处于高阻态，NMOS 管 T 导通。如果 $D_{in}=1$，则存储电容 C_S 充电，获得足够的电荷，实现写 1 操作；如果 $D_{in}=0$，则存储电容 C_S 放电，电荷消失，实现写 0 操作。

2）读操作

在读出数据之前必须对位线分布电容电压 V_W 预冲到高低逻辑电平的平均值。当 $X_i=1$、Refreh=1 和 $R/\overline{W}=1$ 时，缓冲器 G_1 处于高阻态、灵敏放大缓冲器 G_2 和缓冲器 G_3 处于工作态，NMOS 管 T 导通。如果存储电容 C_S 有电荷，存储电容电压 V_S 等于高电平，则通过 T 向位线的分布电容 C_W 放电，位线电压增加，经灵敏放大缓冲器 G_2 输出 1（$D_{out}=1$），实现读 1 操作；如果存储电容 C_S 没有电荷，存储电容电压 V_S 等于低电平，则位线的分布电容 C_W 向存储电容 C_S 放电，位线电压减小，灵敏放大缓冲器 G_2 输出 0（$D_{out}=0$），实现读 0 操作。

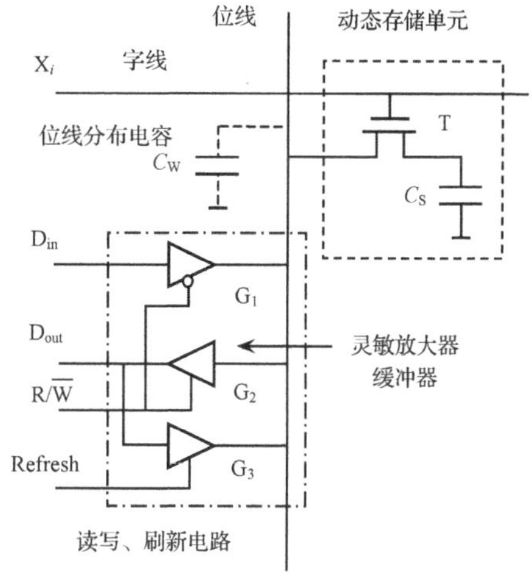

图 9.2.8 单管动态存储单元和读写、刷新电路

假设 V_W 和 V_S 分别是 NMOS 管 T 导通之前的位线电压和存储电容电压，ΔV_W 是 NMOS 管 T 导通后的位线电压的变化量。由电荷守恒定律，NMOS 管 T 导通前后 2 个电容存储的电荷量相等，得

$$C_S V_S + C_W V_W = (V_W + \Delta V_W)(C_S + C_W)$$

$$\Delta V_W = \frac{C_S}{C_S + C_W}(V_S - V_W)$$

由于分布电容 C_W 远大于存储电容 C_S，位线电压变化量 ΔV_W 很小。

在读出数据之前必须对位线分布电容电压 V_W 预冲到高低电平的平均值。如果 C_S 存储 1，则 $V_S > V_W$，ΔV_W 增加；如果 C_S 存储 0（C_S 无电荷），则 $V_S=0$，ΔV_W 减少。由于 ΔV_W 很小，故需要高灵敏、高输入电阻的电荷放大器 G_2 将 ΔV_W 放大到逻辑电平。若 ΔV_W 增加，则 G_2 输出则高电平，读出 1；若 ΔV_W 减小，则 G_2 输出则低电平，读出 0。读出数据后，存储电容电压 V_S 近似等于高低电平的平均值，故破坏了存储数据。因此，必须通过刷新操作恢复存储电容 C_S 的状态。在读操作时，因为 Refresh=1 使 G_3 工作，读出的数据通过 G_3 又写入到存储电容中，实现读出操作的刷新。

3）刷新操作

由于电容不能长期保持电荷，必须对存储电容定期刷新。如前所述，读操作自动刷新选定的存储单元。但是，读操作是随机的，所以，在 DRAM 中必须设置刷新定时电路，定时启动刷新周期，如图 9.2.9 所示。在刷新周期中，为了提高刷新速度，通常以行为单位对存储阵列进行不输出数据的读操作实现刷新。

其他形式的动态存储单元，请参考文献（阎石，1998）。

2. 基本 DRAM 的结构

图 9.2.9(a)所示为 1Mbit 的动态随机存取存储器（DRAM），其存储单元是图 9.2.8所示的单管动态存储单元，排列成 1024 行×1024 列的存储阵列。

由于存储容量大（先进的 DRAM 达 10^9 位），DRAM 的地址位数多，通常采用时分复用输入地址。图 9.2.9(a)中 20 位地址码通过 10 条地址信号线分两次输入 DRAM，输入过程如

图 9.2.9(b)所示。高 10 位地址码 $A_{19}\cdots A_{10}$ 首先输入到 10 条地址信号线上,在行地址选通信号 RAS 由高变低时,高 10 位地址码存入行地址寄存器。在 RAS 无效(由低变高)后,低 10 位地址码 $A_9\cdots A_0$ 输入到 10 条地址信号线上,在列地址选通信号 CAS 由高变低时,低 10 位地址码存入列地址寄存器,随后 CAS 无效。如此,分两次完成 20 位地址码输入到 DRAM 内。

在读周期或写周期中,数据选择器选择行地址码送行地址译码器,选中存储阵列的一行存单元,通过位线送到输入/输出缓冲及灵敏放大器阵列,列地址译码器选中一组输入/输出缓冲及灵敏放大器对一个存储单元进行读(D_{out}有效)或写(D_{in}有效)操作。所以,存储器容量为 $2^{20}\times 1\text{bit}=1\text{Mbit}$。

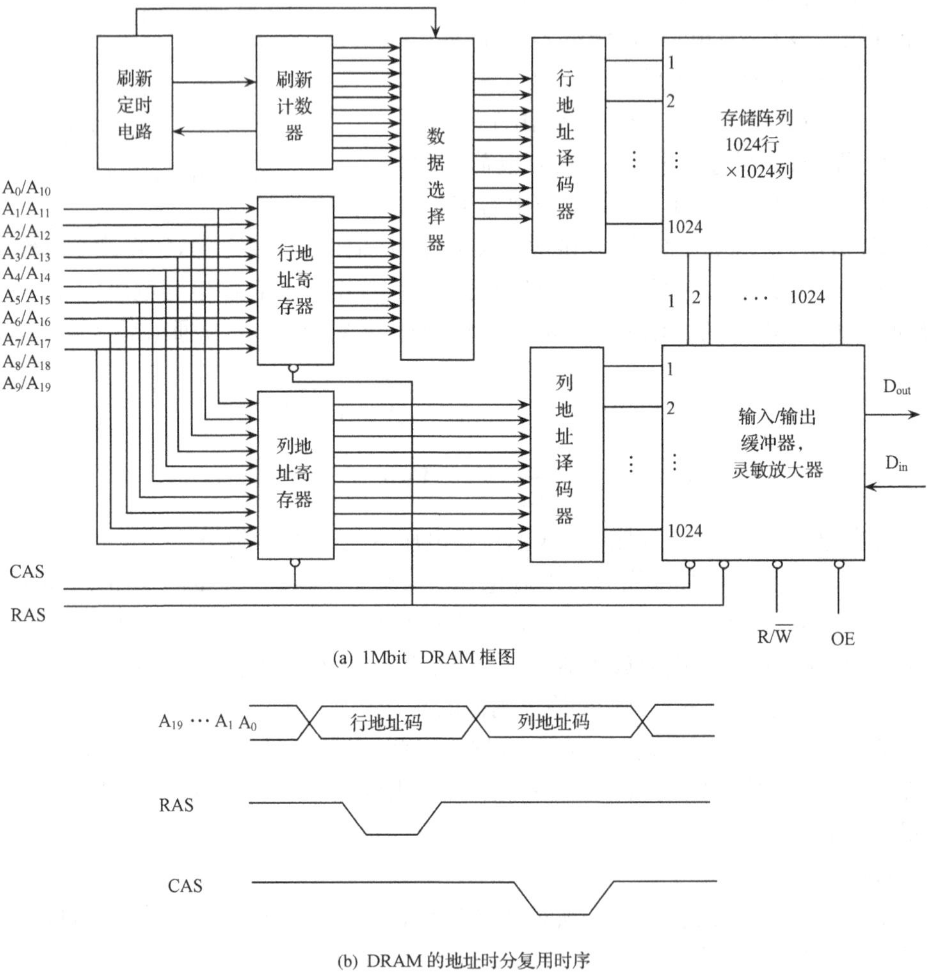

图 9.2.9 1Mbit DRAM 框图和地址时分复用时序

在刷新周期中,数据选择器选择 10 位刷新计数器的输出送行地址译码器,选择存储阵列的一行存储单元,并通过输入/输出缓冲及灵敏放大器阵列对该行进行刷新。刷新定时电路启动刷新周期,刷新计数器从 0 到 1023 计数,从而对存储阵列进行逐行刷新。这种刷新方式称为爆发式刷新,即启动一次刷新周期就连续刷新全部存储单元。缺点是读或写操作必须等待刷新周期结束才能进行延迟存储器的读写操作;另一种刷新方式是分布式刷新,即在没有读或写操作时,启动一行的刷新,刷新计数器记住当前刷新的行,下一次刷新该行的后一行。这样,读或写操作等时间短，提高了信息交换建设。

3. 基本 DRAM 的读写周期

与 SRAM 一样，作用到 DRAM 的地址、数据和控制信号必须遵守一定的时间顺序，即操作定时。

从读或写周期开始，RAS 和 CAS 依次变低将行地址和列地址顺序送入 DRAM 并译码。随后，在读周期中，$R/\overline{W}=1$，有效数据输出到 D_{out}；在写周期中，$R/\overline{W}=0$，输入数据通过 D_{in} 写入到指定单元中保存。读写周期如图 9.2.10 所示。

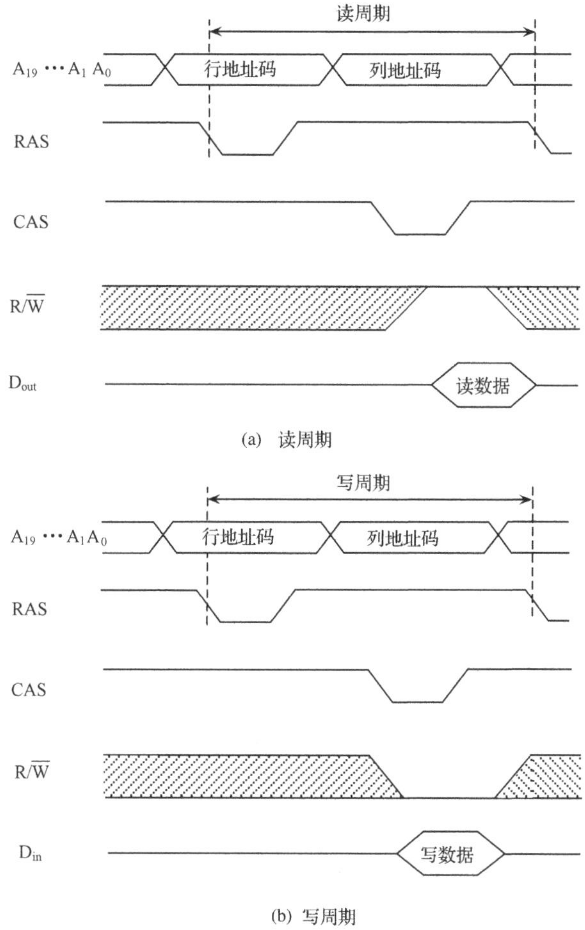

图 9.2.10 DRAM 的读写周期时序

4. DRAM 的类型

除前述的基本 DRAM 外，为了提高 DRAM 的访问速度，出现了快速页模式 DRAM(fast page mode DRAM，FPM DRAM)、扩展数据输出 DRAM (extended data output DRAM，EDO DRAM)、爆发式扩展数据输出 DRAM(burst extended data output DRAM，BEDO DRAM)和同步 DRAM (synchronous DRAM，SDRAM)。

DRAM 的地址由行地址和列地址组成。在基本 DRAM 中，地址输入按行地址、列地址交替模式输入 DRAM。在快速页模式 DRAM(FPM DRAM)中，地址按页模式输入 DRAM。所谓“页”是指由具有相同行地址的全部地址单元组成一页。对于 FPM DRAM，输入一个行地址，其后可输入多个列地址，它们和行地址分别组成全地址，选中字存储单元并进行读或写操作。以读操作为例，操作时序如图9.2.11所示。注意，在 FPM DRAM 中，当列地址选通信号 CAS 无效时，没有输出数据，见图 9.2.11 中的倒数第二行波形。

在计算机中，由于程序和数据通常是集中存放的，快速页模式可以提高 DRAM 的有效访问速度。

扩展数据输出 DRAM(EDO DRAM)可以扩展输出数据的有效时间，直到 CAS 再次有效为止，见图 9.2.11 中的最后一行波形。EDO DRAM 可以提高列地址的输入速率，进而提高 DRAM 的访问速度。

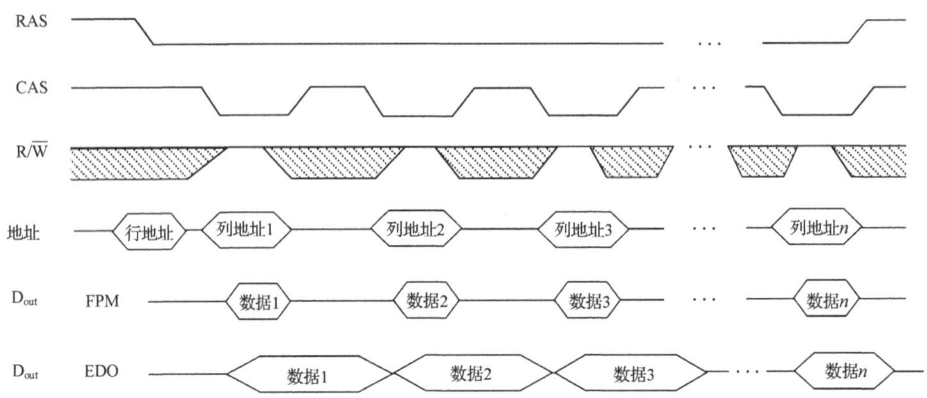

图 9.2.11 FPM DRAM 和 EDO DRAM 的读操作时序

爆发式扩展数据输出 DRAM(BEDO DRAM)则是在 EDO DRAM 的基础上增加地址爆发逻辑，即外部输入一个地址，BEDO DRAM 内部自动产生相邻的数个地址。

与同步 SRAM 一样(见 9.2.1 节)，同步 DRAM (SDRAM)用计算机的系统时钟锁存 DRAM 需要的地址、数据和控制信息。在获得这些信息后，SDRAM 进行相应的操作，CPU (或其他组件)可以继续执行其他的指令，二者并行工作，从而提高计算机系统的工速度。

9.3 只读存储器

只读存储器存储(ROM)的数据是通过特殊方式写入的，工作时只能快速地读取已存储的数据，而不能快速地随时写入新数据。ROM 最突出的特征是掉电后数据不丢失，用于存储数字系统中固定不变的数据和程序，如计算机的启动程序(BIOS)。

ROM 分为掩模 ROM 和可编程 ROM(programmable ROM，PROM)。Mask ROM 的数据是制造过程中写入的，可永久保存，但使用者不能改写。PROM 的数据则是由使用者通过编程工具写入的。

ROM 的寻址方式与 RAM 相同，采用随机寻址，即用地址译码器选择字存储单元。

ROM 可以用双极型或单极型(MOS)元件实现，下面仅介绍 MOS 型 ROM。

9.3.1 掩模只读存储器

1. 掩模只读存储器的存储单元

掩模只读存储器(Mask ROM)的存储单元用半导体元件的有或无表示 1 或 0，如图 9.3.1 所示。图中虚线框内的 NMOS 管 T 是存储元件，反相输出缓冲器 G 和 NMOS 管 T_W(有源负载)是一列共用的元件。在图 9.3.1(a)中，T 的栅极与字线 X_i 相连。当 $X_i=1$、OE=0 时，T 导通，位线为低电平，G 为工作态，$D_{out}=1$，存储单元记忆 1。在图 9.3.1(b)中，T 的栅极与字线 X_i 不相连。当 $X_i=1$，OE=0 时，T 不导通，位线为高电平，G 为工作态，$D_{out}=0$，存储单元记忆 0。在掩模只读存储器的制造过程中，存储 1 的单元必须制作 NMOS 管，而存储 0 的单元没有制作 NMOS 管。

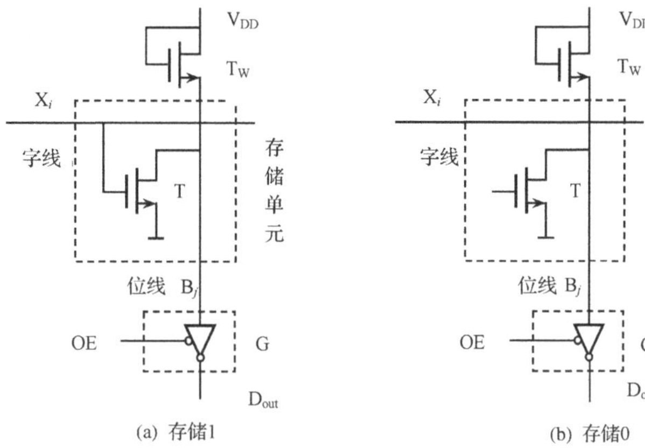

图 9.3.1 掩模 ROM 的存储单元

掩模 ROM 的存储单元用半导体元件的有或无表示 1 或 0，掉电后，数据不丢失，是非易失型存储器。有元件表示 1 或是 0，与电路的构成形式有关。例如，将图 9.3.1 中的反相缓冲器 G 改为同相缓冲器，则读出的数据与前述相反。为了叙述一致，在后面的描述中，采用有元件表示存储 1，无元件表示存储 0。

2. 掩模只读存储器的结构

4×4 掩模 ROM 示例电路如图 9.3.2 所示。图中地址译码器输出高电平有效。在存储

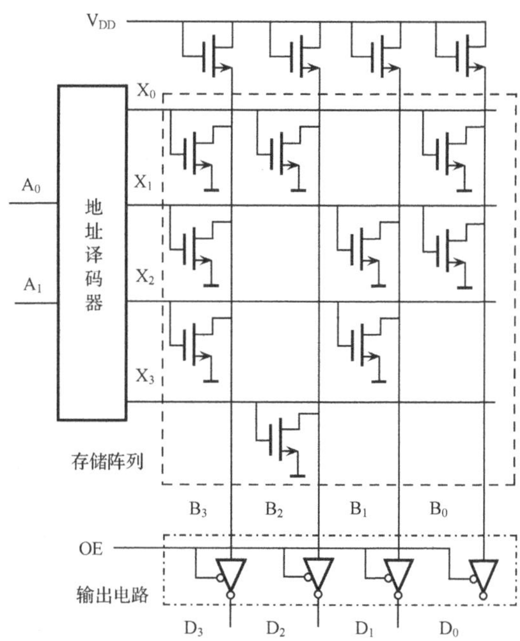

图 9.3.2 4×4 掩模 ROM 示例电路

阵列中，字线与位线的交叉处是存储单元，有元件为1，无元件为0，存储的数据见表9.3.1。

由表9.3.1得

$$D_3 = \overline{A_1 A_0} = \overline{A}_1\overline{A}_0 + \overline{A}_1 A_0 + A_1\overline{A}_0 = X_0 + X_1 + X_2$$
$$D_2 = \overline{A_1 \oplus A_0} = \overline{A}_1\overline{A}_0 + A_1 A_0 = X_0 + X_3$$
$$D_1 = A_1 \oplus A_0 = \overline{A}_1 A_0 + A_1\overline{A}_0 = X_1 + X_2$$
$$D_0 = \overline{A}_1 = \overline{A}_1\overline{A}_0 + \overline{A}_1 A_0 = X_0 + X_1$$

表9.3.1 图9.3.2存储数据表

A_1	A_0	D_3	D_2	D_1	D_0
0	0	1	1	0	1
0	1	1	0	1	1
1	0	1	0	1	0
1	1	0	1	0	0

上述方程组说明：

(1) 存储器的数据变量是地址变量的某种逻辑函数，例如，图9.3.2分别实现了与非门、同或门、异或门和反相器。

(2) 存储器的数据输出变量是数据为1所对应的地址变量组成的最小项的逻辑和。译码器实现地址变量的最小项，因此，称为与阵列；存储阵列和输出电路实现最小项的逻辑和，因此称为或阵列。

推广到一般情况，无论ROM或RAM，只要存储有确定的数据，存储器可用于实现多输入多输出的组合逻辑函数。方法是计算多输出函数的真值表，把函数变量与存储器的地址变量由低位到高位顺序相连，将真值表的数据写入存储器中，数据输出端就是实现的组合逻辑函数。

利用存储器实现逻辑函数是可编逻辑器件(PLD)的设计方法之一(见第10章)。

存储器实现逻辑函数是设计目前广泛使用的可编程逻辑器件(PLD)的方法之一(见第10章)。

此外，与RAM相同，大容量的ROM采用双地址译码器，即用行地址译码器选中存储阵列的一行存储单元输出电路；列地址译码器控制输出电路，从该行中选出若干单元输出，组成一个字。

9.3.2 可编程只读存储器

掩模ROM的存储数据由制造商在生产过程中写入，对于已成熟的程序或数据，利用掩模ROM存储，成本低可靠性高。例如，计算机操作系统的基本输入输出系统(BIOS)存储于BIOS芯片中，上电时首先执行BIOS芯片中程序，对计算机系统进行初始设置并从硬盘调入操作系统，然后由操作系统管理计算机。

但是，由于掩模ROM不能由用户直接写入数据，对系统设计者开发新产品很不方便。因此，出现了由用户写入数据的可编程只读存储器(PROM)。从原理上，PROM与掩模ROM相同，只是存储单元必须由用户改写。可编程ROM分为可改写一次的PROM(沿用PROM的名称)和可反复改写的EPROM(erasable programmable ROM)。改写EPROM数据的过程是先擦除数据后写入数据。目前主要有两种方法擦除数据。用紫外光擦除的EPROM记为UV EPROM(ultraviolet EPROM，常简记为EPROM)，用电方法擦除的EPROM记为EEPROM或E^2PROM(electrical EPROM)。

由于原理与掩模ROM相同，下面仅介绍PROM、UV EPROM和E^2PROM的存储单元。

1. PROM的存储单元

PROM的存储单元由一个NMOS管和一个熔丝组成，如图9.3.3所示。在编程过程中，编程器产生足够大的电流注入欲写0的单元，烧断熔丝；写1单元则不注入电流。正常工作时，熔丝不会被烧断，因此，保留熔丝的单元存储 1，烧断熔丝的单元存储 0。由于烧断的熔丝不能修复，PROM 只能编程一次。

熔丝有三种：镍铬铁合金、多晶硅和两个背靠背的 PN 结。镍铬铁合金和多晶硅等效为熔丝型导线，可熔断为开路。这两类 PROM 出厂时全部存储单元为 1。两个背靠背的 PN 结(图 9.3.3)类型的 PROM 出厂时全部存储单元为 0。编程器使承受反向电压的二极管雪崩击穿，造成永久短路，写入 1。

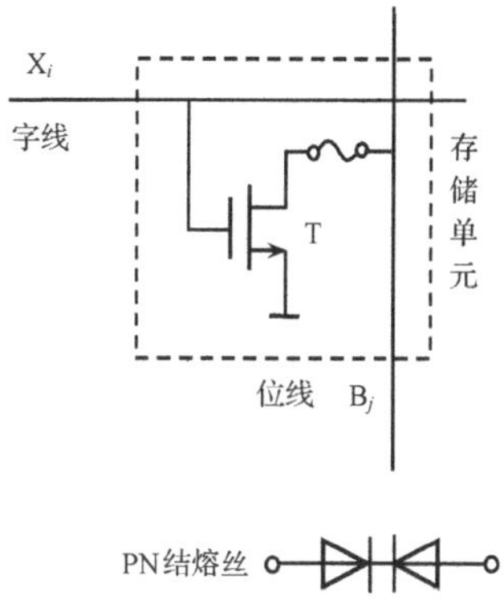

图 9.3.3 PROM 的存储单元

2. UV EPROM 的存储单元

可多次编程的 EPROM 必须采用可修复的元件。UV EPROM 使用的可修复的元件是叠栅雪崩注入 MOS 管(stacked-gate avalanche injection MOS，SIMOS)，如图 9.3.4 所示。

除了有两个栅极外，SIMOS 与普通的 NMOS 管相同。一个栅极埋置于绝缘材料 SiO_2 中，不引出电极，称为浮栅；另一个叠于浮栅之上引出电极，称为控制栅极。浮栅上未注入负电荷前，SIMOS 管的开启电压低，正常的栅源电压可使 SIMOS 管导通。在浮栅上注入足够的负电荷后，开启电压增加，正常的栅源电压则不能使 SIMOS 管导通。

图 9.3.5 所示是用 SIMOS 管做存储单元。浮栅上无电荷时，字线高电平使SIMOS导通，等效为存储单元有元件，存储 1；反之，浮栅上有电荷时，字线高电平不能使 SIMOS 导通，等效为存储单元无元件，存储 0。因此，SIMOS 管是用浮栅上是否有负电荷来存储二值数据的。

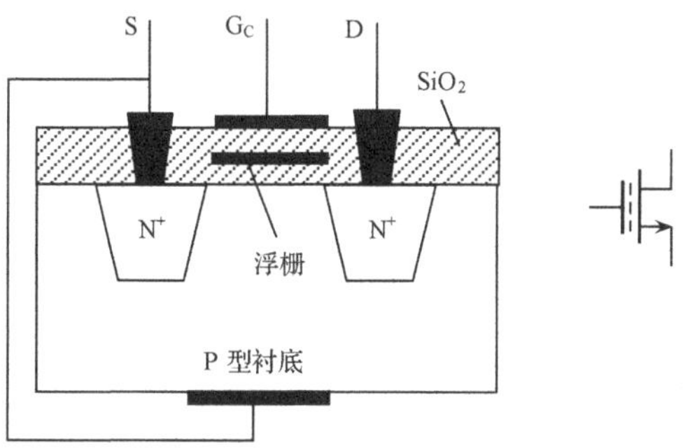

图 9.3.4 叠栅注入 MOS 管的结构和符号

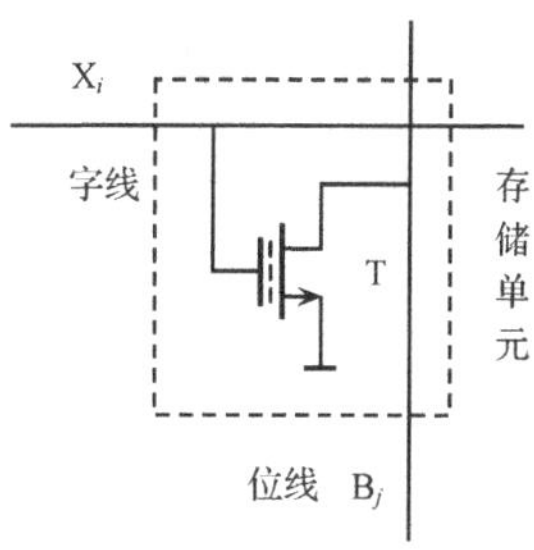

图 9.3.5 UV EPROM 的存储单

UV EPROM 出厂时浮栅上无电荷。为了在浮栅上注入电荷，控制栅极和漏极对源极同时作用比正常电源电压高许多的电压(约 25V)，漏源电压使漏极与衬底间的 PN 结雪崩击穿，一些高速运动的电子在栅源电压的吸引下穿过 SiO_2 到达浮栅上。电压取消后，电子被绝缘的 SiO_2 困在浮栅上。在没有外部作用的情况下，电子保存时间可达几十年。用专用的编程器，可对指定单元进行电子注入。

上述过程只能进行电子注入浮栅，如何驱赶电子脱离浮栅呢？这就是所谓的“擦除”。UV EPROM 的封装顶部有一个石英窗，紫外光可透过石英窗直接照射到 SIMOS 管上，照射 15～20min 后，浮栅上的电子获得足够的能量，穿过 SiO_2 回到衬底中。因此，编程后的 UV EPROM 必须用封条封住石英窗。

UV EPROM 的电子注入和擦除是分开进行的，为了存储正确的数据，UV EPROM 的数据改写必须先擦除后注入（写入）电子。因此，UV EPROM 写入新数据的时间长，工作时只能快速读出数据，而不能写入新数据。

3. E^2PROM 的存储单元

E^2PROM 也是利用浮栅上是否有负电荷来存储二值数据的。只是注入和擦除浮栅上的电子的方式不同。E^2PROM 的存储元件是隧道 MOS 管，其结构如图 9.3.6所示。与 SIMOS 管的区别是，隧道 MOS 管的漏区与浮栅之间有一个极薄的 SiO_2 交叠区，厚度约 80Å（埃）。当漏极接地，控制栅加足够大的电压时，交叠区产生很强的电场，在交叠区的薄层 SiO_2 形成隧道，电子穿过交叠区到达浮栅（注入电子），这种现象称为隧道效应。隧道效应是双向的，即漏栅间加前述相反的电压，则电子离开浮栅（擦除电子）。所以，隧道 MOS 管的电子注入和擦除是在漏极与控制栅极之间利用隧道机理进行的，这个特点和存储单元的结构决定了 E^2PROM 只能以字为单位改写数据。

隧道 MOS 管的擦除较快（毫秒级），但交叠区易损坏。为保护隧道 MOS 管，用 1 只普通 MOS 管与其串联组成存储单元，如图 9.3.7 所示。工作时，隧道 MOS 管的控制栅接 3V 固定电压。如果浮栅上无电荷，则隧道 MOS 管导通，将普通 MOS 管的源极接地，存储 1。如果浮栅上有负电荷，则隧道 MOS 管截止，普通 MOS 管源极浮空，普通 MOS 管不能导通，存储 0。

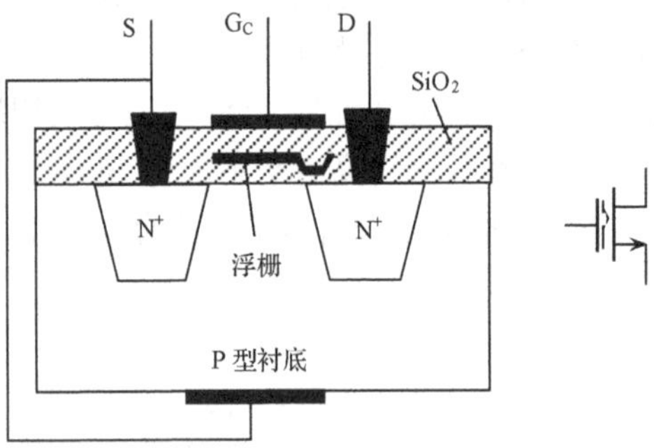

图 9.3.6　隧道 MOS 管的结构和符号

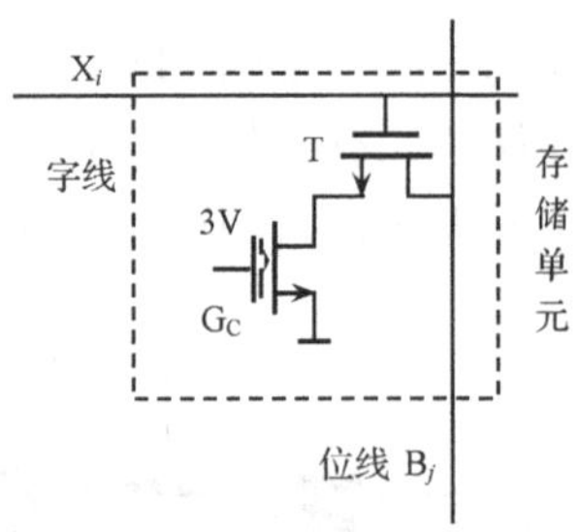

图 9.3.7　E^2PROM 的存储单元

目前，大多数 E^2PROM 芯片内部备有升压电路，作用正常电源电压便可进行读和改写（先擦除后写入）操作。虽然 E^2PROM 的改写是以字为单位进行的（这与 RAM 相似），但是，改写时间是几十毫秒，比读操作慢很多，故只能用作只读存储器。

9.4　闪　　存

闪存（flash memory）亦是利用浮栅上有无负电荷存储二值数据的，存储器结构也和 ROM 相同，因此，传统上归类于 ROM。但是，闪存具有较强的在系统读写入能力（工作时能读写），其优势是传统 ROM 不可比的。下面介绍闪存的存储单元和特点。

9.4.1　闪存的存储单元

闪存 MOS 管的结构和符号如图 9.4.1 所示。闪存 MOS 管的结构与 SIMOS 相似，但有两点不同，一是浮栅与衬底间的 SiO_2 厚度不同，SIMOS 厚（30～40nm），闪存 MOS 管薄（10～15nm）；二是闪存 MOS 管的源极和漏极的 N^+ 区不对称，漏区小，源区大；浮栅与源区交叠，形成比 EEPROM 的隧道 MOS 管更小的隧道区。因此，浮栅与源极间的电容 Cs 远小于浮栅与控制栅极间的电容 Cg，在源极与控制栅极间加较小的电压，Cs 获得较大的电压，可在交叠区产生隧道效应。

由于上述特点，闪存的擦除和注入电压小。电子注入浮栅的方法与 SIMOS 管相同，即在控制栅极和漏极对源极加电压(约 12V)，漏极与衬底间的 PN 结雪崩击穿，一些高速电子受控制栅极电压的吸引穿过很薄的 SiO_2 到达浮栅。电压消失后，电子被绝缘的 SiO_2 困在浮栅上。电子注入的时间为微秒级。电子擦除的方法与隧道 MOS 管相同，即在源极(+)与控制栅极(−)加电压(约 12V)，交叠区产生隧道效应，浮栅上的电子被吸引到源区，擦除浮栅上的电子。电子擦除的时间为毫秒级。

由于擦除和注入电压小和隧道效区发生在源区与栅极的交叠区，闪存 MOS 管的隧道区不易损坏。闪存 MOS 管可以单独构成存储单元，如图 9.4.2 所示，使闪存的容量比 E^2PROM 大。浮栅上无电荷时，字线高电平使闪存 MOS 管导通，等效为存储单元有元件，存储 1；反之，浮栅上有电荷时，字线高电平不能使闪存 MOS 管导通，等效为存储单元无元件，存储 0。

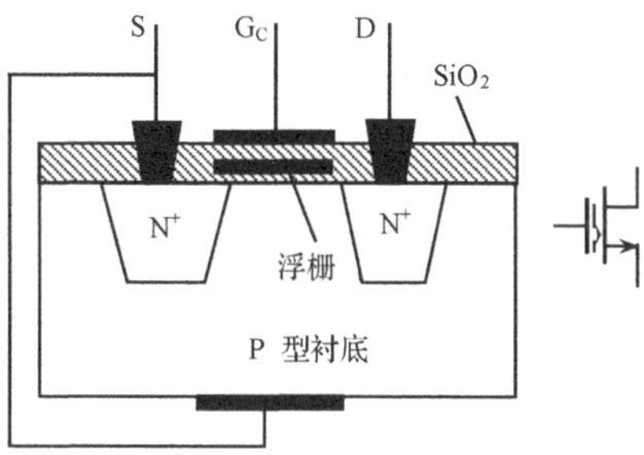

图 9.4.1 闪存的叠栅 MOS 管结构和符号

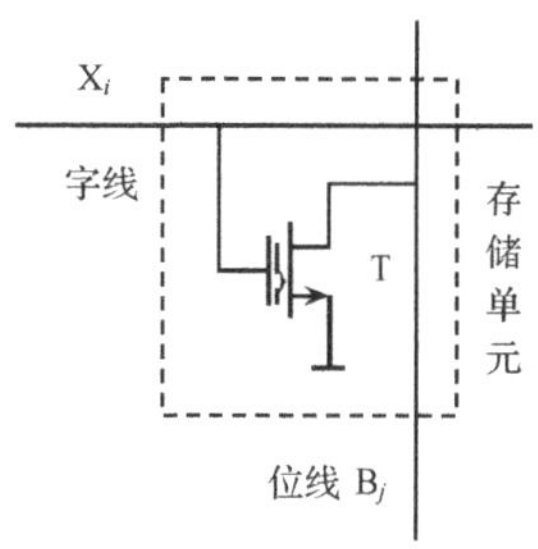

图 9.4.2 UV EPROM 的存储单

需要注意的是，在闪存中源极受编程电路的控制。读写时源极接地；擦除时源极接较高电压。由于闪存 MOS 管的源极全部连接在一起，利用隧道效应可以实现众多存储单元的批量擦除。闪存的数据改写同样遵循先擦除后写入的原则。通常先批量擦除欲改写的众多存储单元，然后以字为单位写入数据。每个字写入的时间是微秒级。虽然，单个存储单元的擦除时间与E^2PROM相近(毫秒级)，但批量擦除使每个存储单元的平均擦除时间小。这正是闪存可以在系统读写的原因。

EPROM、EEPROM 和闪存的编程方式归纳见表 9.4.1。

表 9.4.1 EPROM、EEPROM 和闪存的编程方式

可编程 ROM	编程元件	电子注入浮栅(存储 0)	电子擦出浮栅(存储 1)
EPROM	叠栅 MOS	漏极 PN 结雪崩击穿	紫外光照射
EEPROM	隧道 MOS	漏极区 SiO_2隧道效应	漏极区 SiO_2隧道效应
闪存	闪存 MOS	漏极 PN 结雪崩击穿	源极区 SiO_2隧道效应

9.4.2 闪存的特点和应用

理想的存储器具有大容量、非易失、在系统读写能力、较高的操作速度和低成本等特点。ROM、PROM、UV EPROM、E^2PROM、SRAM 和 DRAM，在前述的某些方面各具有一定优势，只有闪存综合具有理想存储器的特点，只是在写入速度方面比 SRAM 和 DRAM 差。半导体存储器性能比较见表 9.4.2。

表 9.4.2 半导体存储器性能比较表

存 储 器	非 易 失	高 密 度	单管存储单元	在系统写入	写 速 度*
闪存	YES	YES	YES	YES	较快
SRAM	NO	NO	NO	YES	最快
DRAM	NO	YES	YES	YES	快
MASK ROM	YES	YES	YES	NO	
PROM	YES	YES	YES	NO	
UV EPROM	YES	YES	YES	NO	
E^2PROM	YES	NO	NO	YES	最慢

注：* 表示结果是写速度与 SRAM 比较而得的。

闪存的出现使计算机的软盘寿终正寝，大有取代硬盘之势。此外，闪存在掌上电脑、手机、数字照相机等消费电子设备中应用广泛。

9.5 存储器容量的扩展

尽管大规模集成电路技术可以制造大容量的存储器芯片，但仍然不能满足某些应用的要求。必须利用现有芯片进行容量扩展，即用多个存储器芯片扩大存储器的容量。存储器容量的扩展方式有位扩展、字扩展和字位同时扩展。

如前所述，存储器有 3 类总线：数据总线、地址总线和控制总线。对于不同的存储器，数据总线和地址总线功能相同，但控制总线约有不同。例如，RAM 通过读写信号（$R/\overline{W}$）控制存储器的读/写，ROM 用输出使能（OE）允许读出数据；大多数的 DRAM 用行选信号 RAS 作片选信号。由于 RAM 的控制总线（CS 和 $R/\overline{W}$）通常涵盖了其他存储器的功能，下面以 RAM 为例介绍存储器容量的扩展方法，读者可以类推到其他存储器的扩展。

9.5.1 存储器的位扩展

存储器的字数不变、增加每字的位数称为位扩展。位扩展的特点是地址总线位数不变、数据总线的位数增加。连线方法是芯片地址总线和控制总线并联，芯片的数据总线独立引出。

例 9.1 试用 1024 字×4 位的 RAM 芯片组成 1024 字×8 位的存储器。

解 使用芯片的数目 N 为

$$N=\frac{\text{存储器容量}}{\text{芯片容量}}=\frac{1024\times 8}{1024\times 4}=2$$

位扩展电路如图 9.5.1(a)所示。芯片地址总线和控制总线并联，每个芯片的数据总线独立引出。总线并联是指同名信号线并联，如 U1 的 A0 和 U2 的 A0 并联，U1 的 CS 和 U2 的 CS 并联，U1 的 $R/\overline{W}$ 和 U2 的 $R/\overline{W}$ 并联。在片选端 CS=0 时，输入一个地址码，两个芯片各选中 4 个存储单元，同时选中 8 个存储单元。在 $R/\overline{W}$的控制下进行读或写操作。由于数据总线和地址总线位数多，在绘电路图时常用总线表示它们，如图 9.5.1(b)所示，总线用粗实线表示，附属的数字指明总线的信号线数。

9.5.2 存储器的字扩展

存储器的字数增加，而每字的位数不变称为字扩展。字扩展的特点是地址总线位数增加、

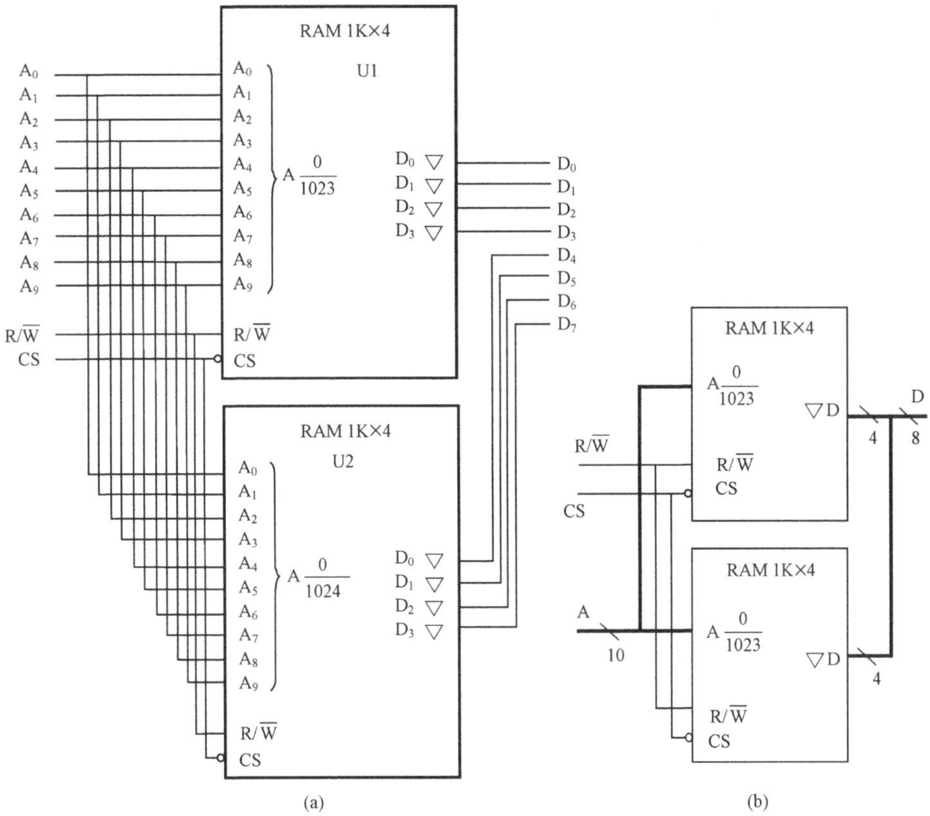

图 9.5.1　存储器的位扩展示例

数据总线的位数不变。由于地址码比芯片需要的地址码多，多出的部分是高位地址码。高位地址码用输出低电平有效的译码器控制芯片的片选端。然后，芯片的其他引线并联。

例 9.2　试用 1024 字×4 位的 RAM 芯片组成 2048 字×4 位的存储器。

解　使用芯片的数目 N 为

$$N=\frac{存储器容量}{芯片容量}=\frac{2048\times 4}{1024\times 4}=2$$

由于地址码仅增加 1 位，高位地址译码器仅用一个反向器即可。字扩展电路如图 9.5.2(a)所示，高位地址码 A10 和$\overline{A10}$既是高位地址译码器的输出，分别控制 2 个芯片的片选端 CS；低位地址码、控制总线和数据总线并联。输入一个地址码，当 $A_{10}=0$ 时，芯片 U2 未选中，其数据总线为高阻态，芯片 U1 被选中，可进行读或写操作；当 $A_{10}=1$ 时，则选中芯片 U2，芯片 U1 未选中，对芯片 U2 进行读或写操作。图 9.5.2(b)所示是用总线的字扩展电路图。

9.5.3　存储器的字位扩展

在需要时也可进行字位同时扩展。方法是：先将需要的芯片分组，每组含位扩展需要的芯片数；对每组进行位扩展，组成位扩展电路，形成等价的大芯片；最后对大芯片进行字扩展。

例 9.3　试用 1024 字×4 位的 RAM 芯片组成 2048 字×8 位的存储器。

解　使用芯片的数目 N 为

$$N=\frac{存储器容量}{芯片容量}=\frac{2048\times 8}{1024\times 4}=4$$

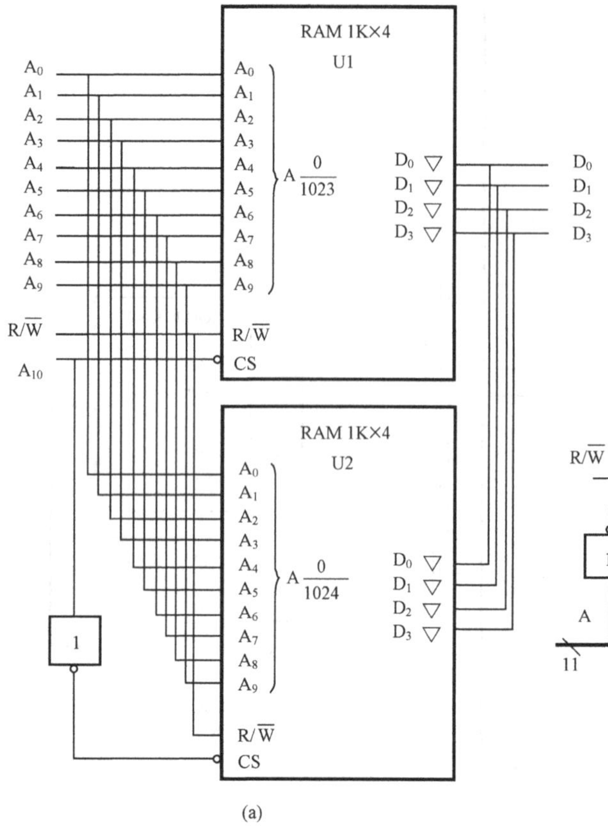

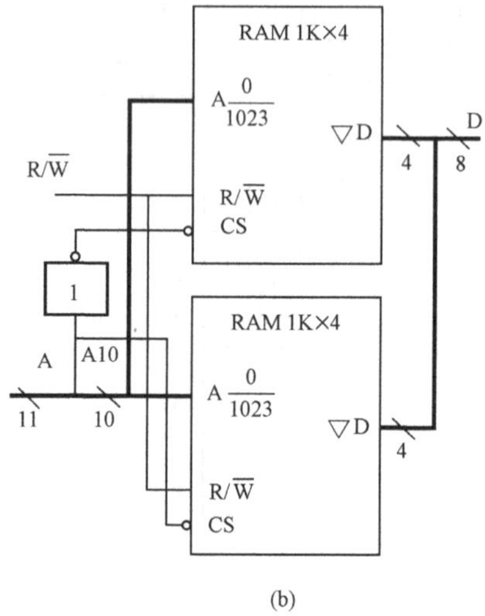

图 9.5.2　存储器的字扩展示例

位扩展需要的芯片数为 2(=8 位/4 位)，故将 4 个芯片分成两组：芯片 U1 和 U2 组成一组，芯片 U3 和 U4 组成另一组。在组内(虚线框内)做位扩展，组间(虚线框之间)做字扩展，如图 9.5.3所示。

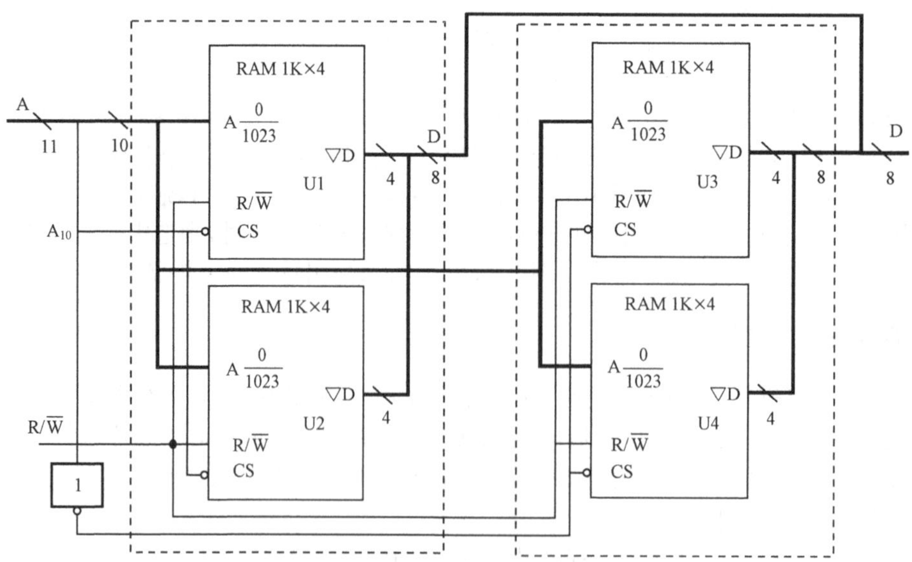

图 9.5.3　存储器的字位扩展示例

习　题

9.1　RAM 主要由哪几部分组成？各有什么作用？

9.2　静态 RAM 和动态 RAM 有哪些区别？

9.3　画出 4 字×4 位 RAM 的单地址结构图。

9.4　画出 16 字×1 位 RAM 的双地址结构图。

9.5　画出由 512 字×1 位 RAM 构成 1024 字×4 位的存储体。

9.6　画出由 512 字×4 位 RAM 构成的 1024 字×8 位的存储体。

9.7　ROM 有哪几种主要类型？它们之间有何异同点？

9.8　RAM 和 ROM 在电路结构和工作原理上有何不同？它们各适用于什么场合？

9.9　试比较 ROM、PROM 和 EPROM 及 E^2PROM 有哪些异同？

9.10　PROM、EPROM 和 E^2PROM 在使用上有哪些优缺点？

9.11　只读存储器 ROM 在运行时具有______功能。

A. 读/无写　B. 无读/写　C. 读/写　D. 无读/无写

9.12　只读存储器 ROM 中的内容，当电源断掉后又接通，存储器中的内容______。

A. 全部改变　B. 全部为 0　C. 不可预料　D. 保持不变

9.13　随机存取存储器 RAM 中的内容，当电源断掉后又接通，存储器中的内容______。

A. 全部改变　B. 全部为 1　C. 不确定　D. 保持不变

9.14　二极管 ROM 电路如题图 9.14 所示。已知 A_1A_0 取值为 00、01、10、11 时，地址译码器输出 W_0～W_3 分别出现高电平。根据电路结构，说明内存单元 0～3 中的内容是什么？图中"·"表示如虚线框所示的二极管连接。

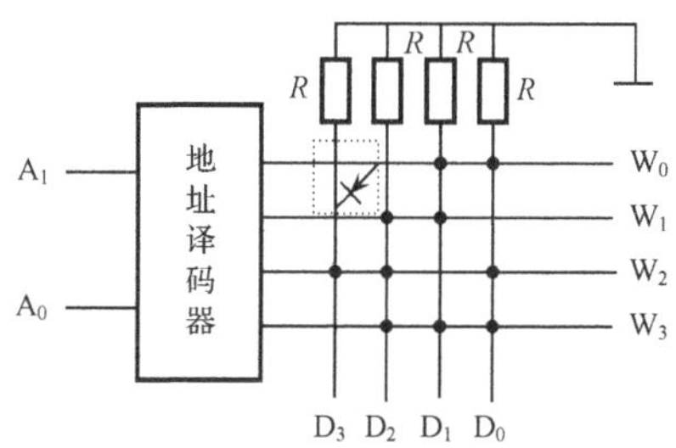

题图 9.14

9.15　题图 9.15 所示为一个 8×4 位 ROM，$A_2A_1A_0$ 为地址输入，$D_3D_2D_1D_0$ 是数据输出，试分别写出 D_3、D_2、D_1、D_0 和 A_2、A_1、A_0 之间的逻辑函数式。图中"·"表示存储单元有元件。

9.16　题图 9.16 所示为用 16×4 位 ROM 和同步 4 位二进制进制加法计数器 74LS161 组成的脉冲分频电路，ROM 的点阵图如题图 9.15 所示。设 74LS161 的输出初态为 $Q_3Q_2Q_1Q_0=0000$，(1)分析 74LS161 电路的功能，说明电路的计数长度 M 为多少？(2)写出输出 D_3、D_2、D_1 和 D_0 的逻辑表达式，并画出在 CP 信号连续作用下 D_3、D_2、D_1 和 D_0 的输出电压波形，说明它们和时钟信号 CP 的频率之比。

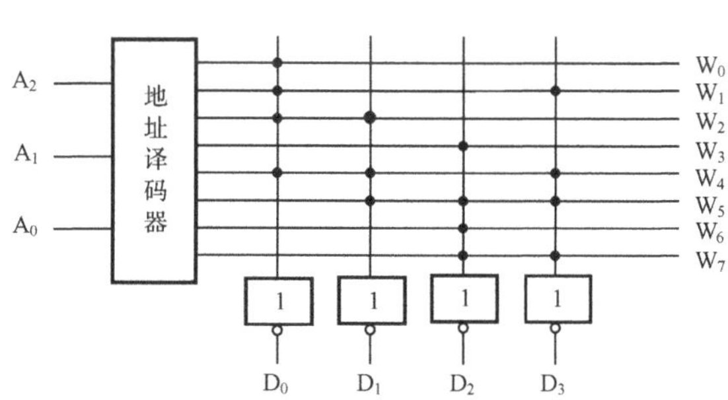

题图 9.15

9.17　用 3 片 RAM2114(1K×4)组成题图 9.17 所示电路。

(1) 分析图示电路存储器的容量是多少？

(2) 写出每一片 RAM 2114 的地址范围(用十六进制表示)；

(3) 图示电路是对 RAM2114 进行字扩展？还是位扩展？或者是字位同时进行扩展？

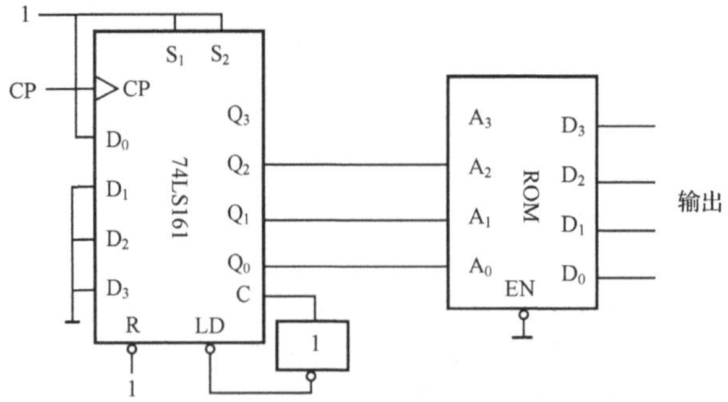

题图 9.16

(4) 若要实现 2K×8 的存储器,需要多少片 2114 芯片?

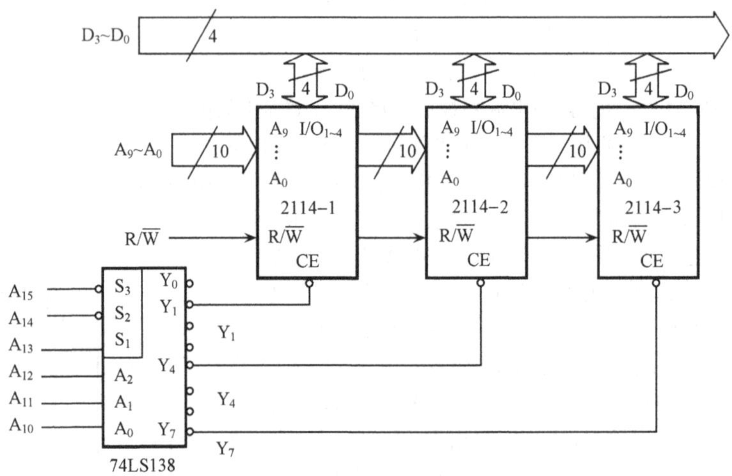

题图 9.17

9.18 试回答下列问题。

(1) 将一个包含有 32768 个基本存储单元的电路设计成 4096 个字节的 RAM。

① 该 RAM 有几根数据线?

② 该 RAM 有几根地址码输入线?

(2) 将一个包含有 16384 个基本存储单元的存储电路设计成 4096 个字节的 RAM。

① 该 RAM 有多少个地址?

② 该 RAM 有多少个数据读出线?

(3) 有一个容量为 256×4 位的 RAM。

① 该 RAM 有多少个基本存储单元?

② 该 RAM 每次访问几个基本存储单元?

③ 该 RAM 有多少地址引线?

(4) 容量为 16K×8 的 RAM。

① 该 RAM 有多少个基本存储单元?

② 该 RAM 有多少根数据引线?

③ 该 RAM 有多少根地址引线?

9.19 用若干 RAM 实现位扩展时,其方法是将____相应的并联在一起。

A. 地址线　B. 数据线　C. 片选信号线　D. 读/写线

9.20 试用 256×4 位的 RAM 扩展成 1024×8 位存储器。

9.21 试用 4×2 位的 RAM 扩展成 16×2 位存储器。

第 10 章　可编程逻辑器件和硬件描述语言

学习本章后，读者将了解：

➢ 与或阵列型可编逻辑器件(GAL 和 CPLD 等)的工作原理和内部资源；

➢ 查找表型可编逻辑器件的工作原理和内部资源；

➢ 可编逻辑器件的设计流程；

➢ 硬件描述语言。

数字逻辑器件可分为三类：

(1) 标准产品。器件的逻辑功能是由制造商确定的，如 TTL、CMOS 等中小规模集成器件。常见的标准产品有译码器、数据选择器、计数器等。用标准产品构成数字系统需要较多的元件、体积大、功耗大、成本较高。

(2) 由软件组态的大规模集成器件。例如，微处理器及其可编程外围器件。用微处理器构成的系统可通过执行不同的软件实现不同的逻辑功能。因此，微处理器系统具有很强的灵活性。

(3) 专用集成电路(application specific integrated circuit，ASIC)。专用集成电路的逻辑功能是由用户定义或者由用户编程确定的，通常是利用电路的硬件结构实现逻辑功能，而不是执行软件。可编程逻辑器件(programmable logic device，PLD)是一种专用大规模集成电路器件。

用可编程逻辑器件构成的数字系统不仅所用元件少、体积小、功耗低、可靠性高、成本小，而且使用灵活、速度快。

按电路结构，PLD 可分为与或阵列型 PLD 和查找表型 PLD。本章介绍它们的结构、工作原理及其设计流程。

10.1　与或阵列型 PLD

10.1.1　与或阵列型 PLD 的原理

由逻辑代数知，任何逻辑函数都可表示为输入变量的与或表达式。因此，与或阵列型 PLD 以可编程的与门阵列和或门阵列为核心组成逻辑功能块，实现任意逻辑函数。图 10.1.1 所示为与或型 PLD 的逻辑功能块原理框图。

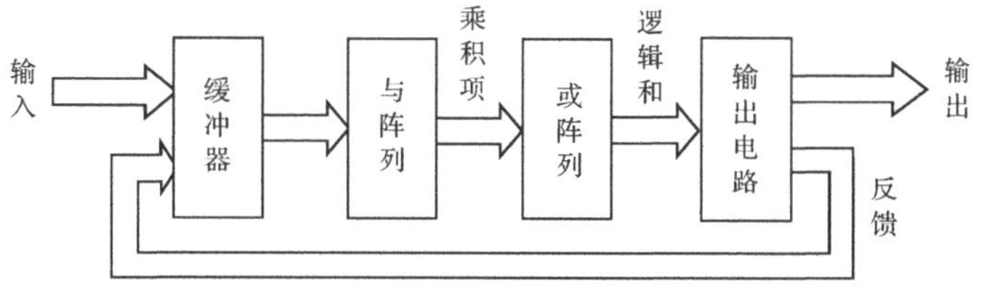

图 10.1.1　与或型 PLD 的逻辑功能块原理框图

缓冲器通常提供输入变量和反馈变量的原和反；由与阵列产生这些变量的乘积项；由或阵

列求乘积项的逻辑和;为了满足不同应用的要求,输出电路可包含 OC 输出、三态输出、寄存器输出等。用户可对两个阵列(或其中之一)和输出电路进行编程,编程元件通常类似于第 9 章中介绍的可编程只读存储器的元件,即熔丝元件、叠栅 MOS 管、隧道 MOS 管和闪存 MOS 管。

与或阵列型 PLD 有可编程只读存储器(PROM)、可编逻辑阵列(programmable logic array,PLA)、可编阵列逻辑(programmable array logic,PAL)、通用阵列逻辑(generic array logic,GAL)和复杂 PLD(complex PLD,CPLD)。CPLD 是多个逻辑功能块组成的可编程逻辑器件,芯片内部集成 1000 个以上的等效逻辑门,所以称为高密度可编程逻辑器件(high density programmable logic device,HDPLD),其他为低密度 PLD。与或阵列型 PLD 的结构特点见表 10.1.1。

表 10.1.1　与或阵列型 PLD 的结构特点

PLD	阵　列		输入/输出
	与	或	
PROM	固定	可编程	输出:TS(三态)、OC
PLA	可编程	可编程	输出:TS、OC、H、L
PAL	可编程	固定	输出:TS、OC、寄存器、互补
GAL	可编程	固定	输入/输出:用户定义五种模式
CPLD	可编程	固定	多个逻辑阵列块和可编程 I/O 块

PLD 采用先进的集成电路技术制造,内部结构复杂。包含许多逻辑门、缓冲器、存储器、编程元件等。为了简化逻辑图,常用图 10.1.2 所示的逻辑符号表示逻辑关系。以逻辑与为例,行线与列线的连接方式有:不相连,固定连接"・"(用户不可改变),可编程连接"×"(用熔丝或浮栅管等相连)。"・"和"×"表示相应的输入项是乘积项的因子,不相连的输入项则不是乘积项的因子。

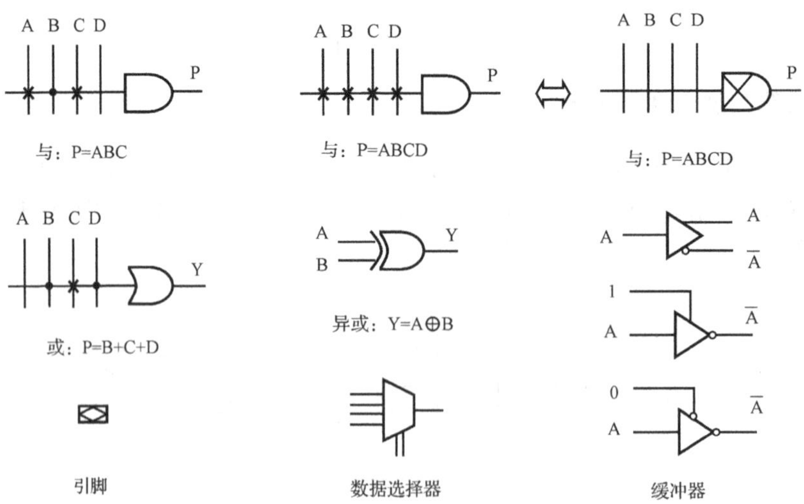

图 10.1.2　PLD 的常用逻辑符号

图 10.1.3(a)所示为一个 3×3 PROM 的结构示意图。PROM 的与阵列不可编程(固定),实现输入变量的最小项;或阵列可编程,实现最小项的逻辑和。图 10.1.3(b)所示为编程后实现的一位全加器

$$S_i = m_1 + m_2 + m_4 + m_7 = A_i \oplus B_i \oplus C_{i-1}$$

$$C_i = m_3 + m_5 + m_6 + m_7 = A_iB_i + A_iC_{i-1} + B_iC_{i-1}$$

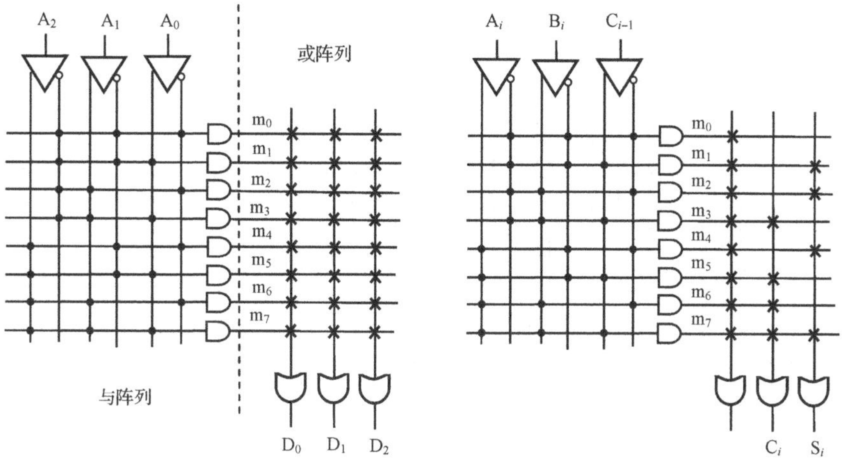

(a) 3×3PROM的结构示意图　　(b) 3×3PROM实现全加器

图 10.1.3

实际上,逻辑函数可化简为最简与或式,其乘积项简单,并且每个输出包含的乘积项较少。为了节省资源,与或阵列型 PLD 通常采用与阵列可编程、或阵列固定的形式。下面介绍的通用阵列逻辑(GAL)和复杂可编程逻辑器件(CPLD)基本上都是与阵列可编程、或阵列固定的形式。

10.1.2 通用阵列逻辑

图 10.1.4 所示为通用阵列逻辑(GAL)器件 GAL16V8 的逻辑图。

1. 基本结构

(1) 有 8 个输入缓冲器(第 2~9 管脚)和 8 个反馈缓冲器,它们的输出作为与阵列的输入,那与阵列的 32 条列线。注意第 2~9 管脚只能作输入。

(2) 与阵列有 64 个乘积项输出 PT0~PT63(标有数字的行线),64 行×32 列=2048 个可编程单元构成与阵列。行号(0~63)和列号(0~31)共同确定一个唯一的编程单元。

(3) 有 8 个输出逻辑宏单元(第 12~19 管脚),以管脚编号并分为两组:OLMC(12)~1OLMC(15)组和 OLMC(19)~OLMC(16)组。特别指出:OLMC 中有 8 输入或门,作为固定的或阵列。通过对 OLMC 编程,第 12~19 管脚即可以作输入,也可作输出,记为 I/O(n)端,n=12,13,…,19。

(4) 1 个时钟输入端(第 1 脚)和 1 个三态使能输入端 OE(第 11 脚),它们也可作为数据输入端。

(5) 5V 电源端(第 20 脚)和接地端(第 10 脚),图中未画出。

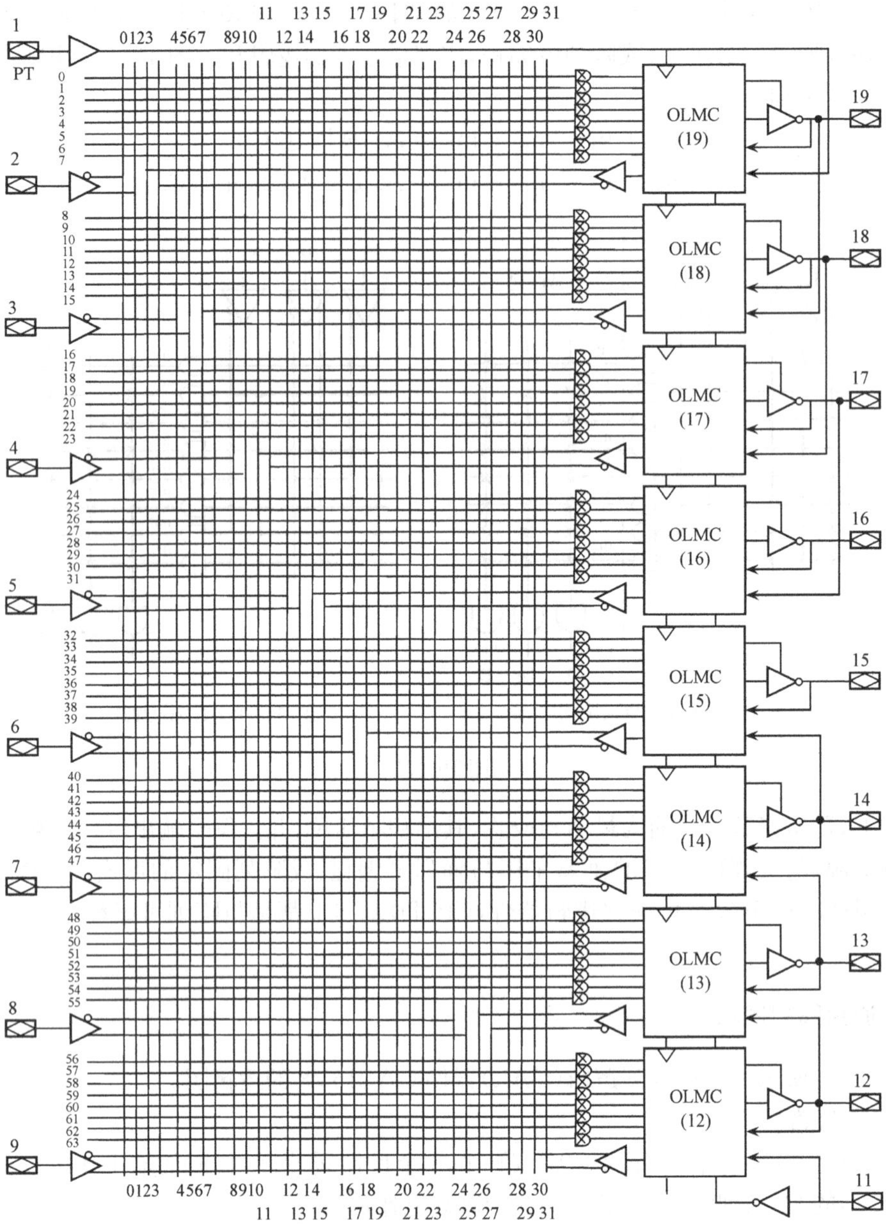

图 10.1.4　通用阵列逻辑

2. 结构控制字

GAL16V8 的结构控制字配置其片内资源。结构控制字如图 10.1.5 所示。8 个 OLMC 有两个公共的结构控制字单元 AC0 和 SYN，每个 OLMC 还各有两个可编程的结构控制单元

82 位

32 位 乘积项禁止	4 位 XOR(n)	1 位 SYN	8 位 AC1(n)	1 位 AC0	4 位 XOR(n)	32 位 乘积项禁止
PT63~PT32	XOR(12~15)		AC1(12~19)		XOR(16~19)	PT31~PT0

图 10.1.5　GAL16V8 的结构控制字

AC1(n)和 XOR(n)(n=12～19)。PT0～PT63 位分别控制与阵列的 64 个乘积项是否使用。

3. 输出逻辑宏单元(OLMC)及其工作模式

OLMC 的电路如图 10.1.6 所示。

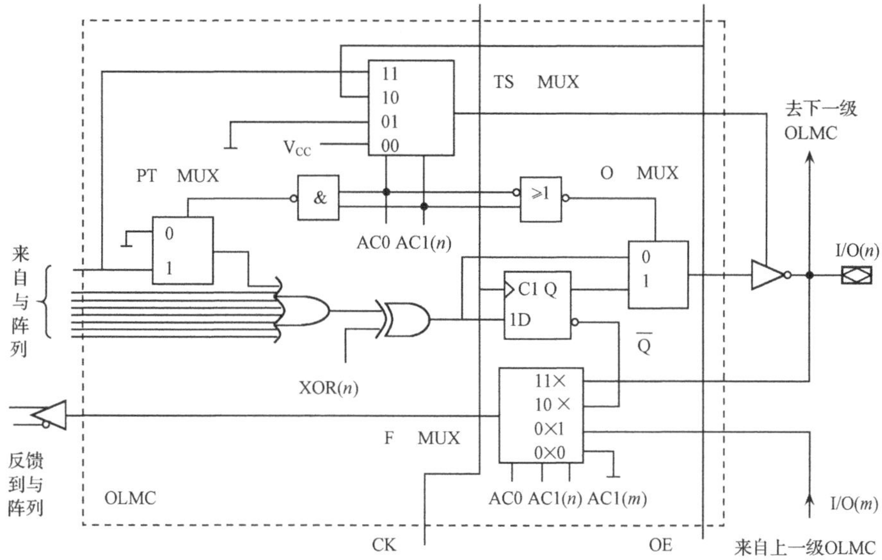

图 10.1.6 输出逻辑宏单元 OLMC

(1) 在图 10.1.6 中,数据选择器 MUX 的地址变量 AC0、AC1(n)、AC1(m)来自结构控制字,n=12～19,表示引脚 12～19 对应的输出宏模块(OLMC),m 表示相邻宏模块。时钟信号 CK 与引脚 1 相连,输出允许信号 OE 与引脚 11 相连。每个 OLMC(n)[n=12～19]的引脚 I/O(n)被引到组内相邻下级 OLMC, I/O(m)来自组内相邻上级 OLMC 的引脚;AC1(n)是属于本级 OLMC 的结构控制位,AC1(m)是属于相邻上级的结构控制位。对于 OLMC(12)和 OLMC(19),I/O(m)分别是第 11 脚和第 1 脚(见图 10.1.4),它们对应的 AC0 和 AC1(m)分别改为$\overline{\text{SYN}}$和 SYN。

(2) 8 输入或门构成固定的或阵列,输入来自可编程的与阵列。其中一个乘积项受乘积项数据选择器 PT MUX 的控制,可以是或门的输入(AC0 · AC1(n)=0)或者不是或门的输入(AC0 · AC1(n)=1)。该乘积项还是三态数据选择器 TS MUX 的一个输入。

(3) 异或门控制或门的输出极性。当 XOR(n)=1 时,异或门输出或门的反;当 XOR(n)=0 时,异或门输出或门的原。XOR(n)来自结构控制字。

(4) D 触发器在时钟 CK 的上升沿寄存与或阵列的逻辑结果。输出数据选择器(OUT MUX)可选择有无寄存器输出。当$\overline{\text{AC0}+\text{AC1}(n)}=0$ 时,不通过寄存器输出,称为寄存器旁路;当$\overline{\text{AC0}+\text{AC1}(n)}=1$ 时,通过寄存器输出。

(5) 三态数据选择器 TS MUX 选择输出缓冲器的使能信号。当 AC0=0、AC1(n)=0 时,输出使能(输出缓冲器为工作态);当 AC0=0、AC1(n)=1 时,输出禁止(输出缓冲器为高阻态);当 AC0=1、AC1(n)=0 时,选择 OE 信号作输出缓冲器的使能信号;当 AC0=1、AC1(n)=1 时,选择来自与阵列的乘积项作输出缓冲器的使能信号。

(6) 反馈数据选择器 F MUX 选择回馈到与阵列的反馈项:当 AC0=0、AC1(m)=0 时,选择逻辑 0 作回馈到与阵列的反馈项，等效为没有回馈到与阵列的反馈项；当 AC0＝0、AC1(m)＝1 时，选择邻级 I/O 端作回馈到与阵列的反馈项，等效为邻级的 I/O 引脚作输入；当 AC0＝1、AC1(n)＝0 时，选择 D 触发器的 $\overline{Q}$ 作回馈到与阵列的反馈项；当 AC0＝1、AC1(n)＝1 时，选择本级 I/O 端作回馈到与阵列的反馈项。

终上所述，输出宏模块 OLMC 中有 4 个多路选择器 MUX，它们的输出与结构控制字中的 AC0、AC1(n)和 AC(m)有关，可以控制 OLMC 的硬件结构。对硬件结构的影响归纳如表 10.1.2 所示。

表 10.1.2　OLMC 的配置表

AC0	AC1(n)	AC(m)	PT MUX	OUT MUX	TS MUX-输出缓冲器控制	F MUX
0	0	×	PT	寄存器旁路	1(V_{cc})输出允许	
0	1	×	PT	寄存器旁路	0(0V)输出禁止	
1	0	×	PT	寄存器输出 Q	OE	
1	1	×	0(0V)	寄存器旁路	PT	
0	×	0				0-无反馈
0	×	1				I/O(m)
1	0	×				触发器的 $\overline{Q}$
1	1	×				I/O(n)

注：×表示无关，PT 来自与阵列的乘积项，寄存器旁路是异或门的输出

根据结构控制字中 SYN、AC0、AC1(n)和 XOR(n)的数据，可以将 OLMC 配置成 5 种工作模式之一，见表 10.1.3。注意：当 SYN＝1 时，用于实现组合逻辑电路，第 1 和第 11 管脚作为数据输入端；当 SYN＝0 时，用于实现时序逻辑电路，第 1 管脚作时钟输入 CK，第 11 管脚作输出使能 OE。与 5 种工作模式对应的电路见图 10.1.7。注意电路图[图 10.1.7(c)、(d)]，引脚即可作输入，也可作输出。

表 10.1.3　OLMC 的工作模式

SYN	AC0	AC1(n)	工作模式	备　注
1	0	1	专用输入	实现组合逻辑电路。 第 1 和第 11 管脚作为数据输入端
1	0	0	专用组合输出	
1	1	1	反馈组合输出	
0	1	1	时序组合输出	实现时序逻辑电路。 第 1 和第 11 管脚分别是 CK 和 OE
0	1	0	寄存器输出	

例如，将输出宏模块 OLMC(12)配置成专用输入，则控制字中相应的控制位(见表 10.1.3)：AC1(n)＝AC1(12)＝1，SYN＝1。对 OLMC(12)，AC0＝$\overline{\text{SYN}}$＝0，AC1(m)＝SYN＝1，I/O(m)为引脚 11，I/O(n)为引脚 12。根据这些数据查表 10.1.2(第 2 和 6 行数据)，确定 OLMC(12)中多路选择器 MUX 的配置，绘出电路如图 10.1.7(a)所示。

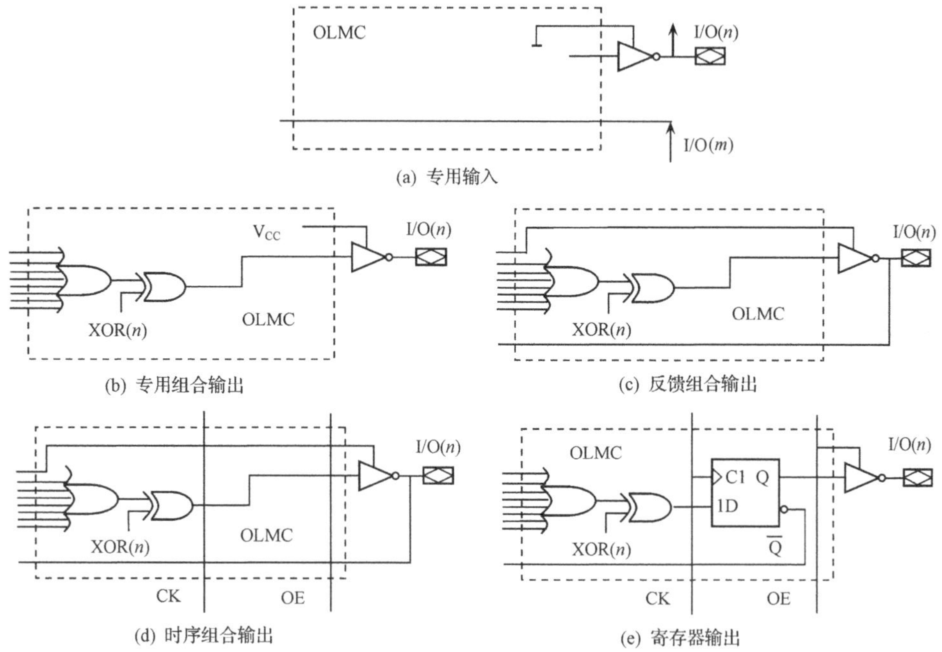

图 10.1.7　OLMC 的 5 种工作模式

再例如，将输出宏模块 OLMC(19)配置成寄存器输出，则控制字中相应的控制为(见表 10.1.3)：AC1(n)=AC1(19)=0，SYN=0。对 OLMC(19)，AC0=$\overline{\text{SYN}}$=1，AC1(m)=SYN=0，I/O(m)为引脚 1，I/O(n)为引脚 19，引脚 1 接时钟 CK，引脚 11 接输出允许 OE。根据这些数据查表 10.1.2(第 3 和 7 行数据)，确定 OLMC(19)中多路选择器 MUX 的配置，绘出电路如图 10.1.7(e)所示。

GAL 的编程数据(包括与阵列和输出宏模块等的数据)由逻辑设计软件产生，并通过专门的编程器写入 GAL，不需要设计者手工设计。所以，GAL 的设计和使用比较方便。

10.1.3　复杂可编程逻辑器件

复杂可编程逻辑器件(CPLD)器件内部集成了多个比 GAL 功能更完善的通用逻辑块(generic logic block，GLB)，可以实现较复杂的数字系统。图 10.1.8 所示为LATTICE公司生产的在系统可编程大规模集成逻辑器件 ispLSI 1016 的功能框图。

器件主要包含 32 个 I/O 单元、16 个 GLB、互连布线区和时钟分配网络。8 个 GLB A_0～A_7 与 16 个 I/O 单元 I/O0～I/O15 组成一个宏模块。余下的组成另一个宏模块。通过输入布线区将 I/O 单元的输入信号引到全局布线区，任何一个 GLB 可从全局布线区选择输入信号作为其输入。输出布线区可将 GLB 的输出灵活地与宏模块内的任何 4 个 I/O 单元相连。I/O 单元则是内部逻辑和器件引脚的互连电路，可设置为输入、输出和双向模式。

可以将 CPLD 想象为一个在印制电路板上制作的数字系统，I/O 单元和通用逻辑块 GLB 等模块相当于印制电路板上的集成器件完成一定的功能，通过互连布线区将它们互连组成一个复杂的电路系统。

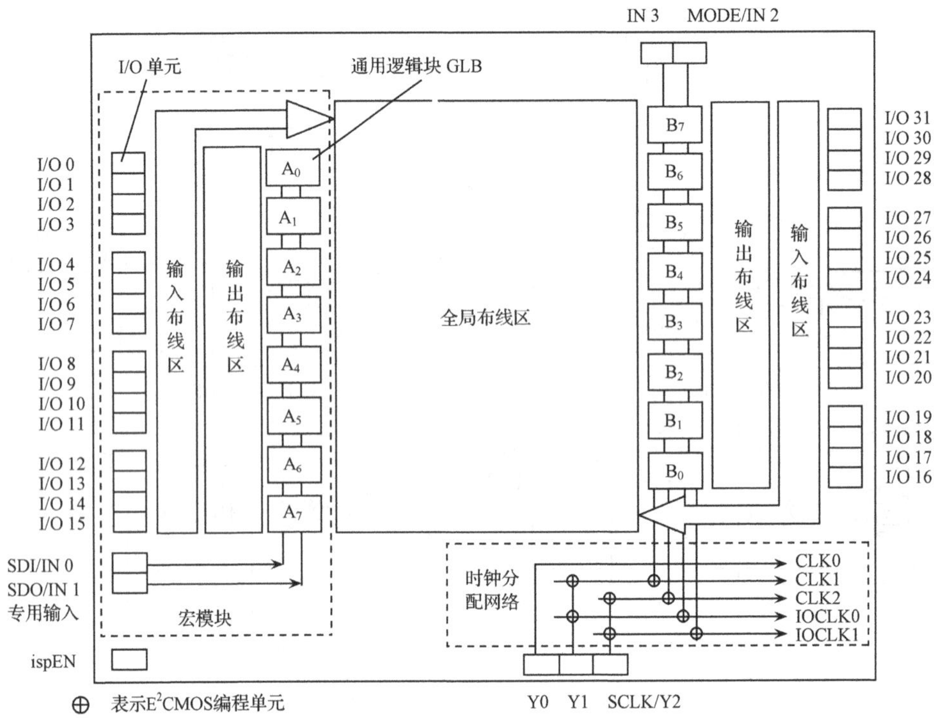

图 10.1.8 ispLSI 1016 功能框图

1. 时钟分配网络

由图 10.1.8 可知，CLK0 是由引脚 Y0 输入的外部时钟。而 CLK1、CLK2、IOCLK0和 IOCLK1 可由 GLB B_0 产生或者由外部输入（Y1、Y2）。CLK0、CLK1 和 CLK2用于 GLB 中的触发器，而 IOCLK0 和 IOCLK1 则用于 I/O 单元中的触发器。Y1 还可作为全局复位输入(global reset)，其作用由逻辑设计开发软件确定。

2. 通用逻辑块(GLB)

图 10.1.9 是 ispLSI 1016 的 GLB。GLB 有 18 个输入，产生 4 个输出(O0～O3)。

来自全局布线区的 16 个信号和两个专用输入信号（IN0、IN1 或者 IN2、IN3，见图 10.1.8)作与阵列的输入，产生 20 个乘积项 PT0～PT19。乘积项共享阵列可灵活分配乘积项。例如，按 4、4、5、7 分配给 4 个或门，然后通过共享阵列分配给任何一个触发器，可用的乘积项最多可达 20 个；也可以将共享阵列旁路，直接将或门输出送触发器。可让乘积项 PT12 作触发器的时钟(clk)/复位(reset)信号，或者让乘积项 PT19 作 I/O 单元的输出允许(OE)/复位(reset)信号。参见控制功能框。

可重配置的触发器由 4 个 D 触发器和异或门（图 10.1.9 中未画出）组成，可以灵活地配置成可复位的 D、JK 和 T 触发器。异或门还可以配置为对乘积项(PT0、PT4、PT8、PT13)和或门输出作异或运算。输出数据选择器 MUX 可以选择 GLB 有无寄存器输出。

GLB 的控制功能电路选择触发器的时钟和复位信号。时钟信号 CLK0、CLK1 和 CLK2 来自时钟分配网络，PT Clock 来自与阵列(PT12)。复位信号可以是乘积项(PT19)或全局复位信号 Y1(低电平有效)。PT OE 来自与阵列(PT19)，送输出使能数据选择器 OE MUX (图 10.1.10)。

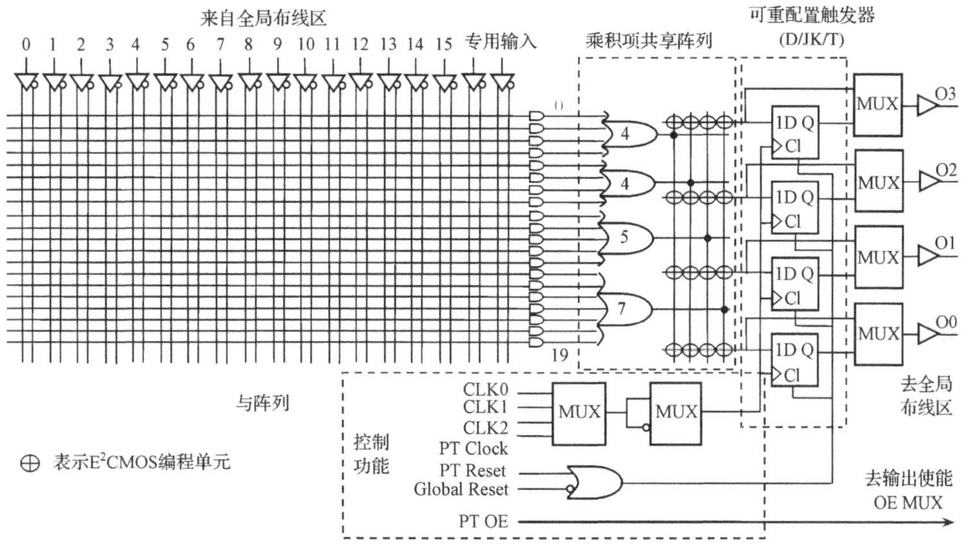

图 10.1.9 ispLSI 1016 的 GLB

3. I/O 单元和输出使能数据选择器 OE MUX

I/O 单元是内部逻辑和器件引脚的互连电路，如图 10.1.10 所示。主要由 6 个数据选择器 MUX、3 个缓冲器和 1 个触发器组成。当 R/L＝1 时，触发器配置为边沿触发；当 R/L＝0 触发器配置为锁存器。OE MUX 选择来自 8 个 GLB 的乘积项之一，可控制 I/O 单元的输出缓冲器。

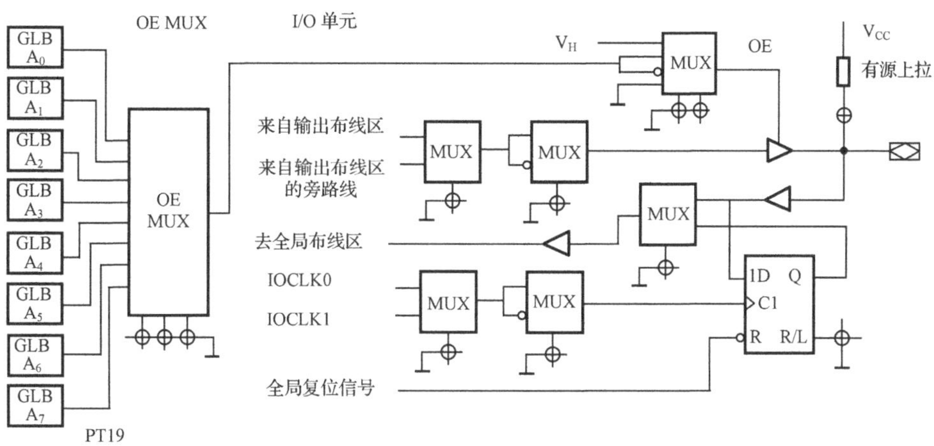

图 10.1.10 ispLSI 1016 的 I/O 单元和 OE MUX

为了保证器件使用的灵活性，CPLD 的引脚大多数可设置为输入、输出和双向单元，如图 10.1.11 所示。

输入单元将引脚输入信号传递到输入布线区和全局布线区。全局布线区为 GLB 提供输入信号。引脚信号可以是缓冲输入、锁存输入或寄存器输入。

输出单元将 GLB 的输出送到引脚上。GLB 的输出可以经过输出布线区并缓冲输出到引脚上。可编程的输出布线区可以将 GLB 的每个输出送到宏模块的任何 4 个 I/O 单元，增加了使用的灵活性。也可以旁路输出布线区，GLB 的输出直接缓冲输出到引脚上，实现高速输出。

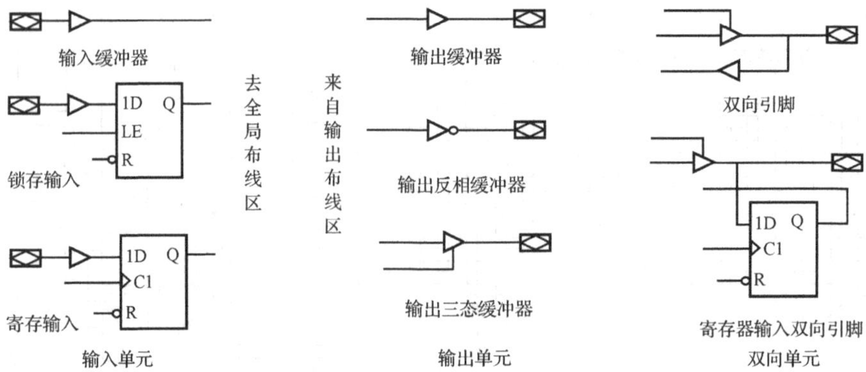

图 10.1.11　ispLSI 1016 的 I/O 单元配置形式

双向单元使引脚具有输入/输出的功能。注意：输入、输出是分时进行的。为了避免信号冲突，必须有输出三态缓冲器。

4. *在系统编程*

将设计数据写入 PLD 的可编程单元中称为 PLD 的编程。编程后的 PLD 实现用户设计的逻辑功能。

编程元件（叠栅 MOS 管、隧道 MOS 管和闪存 MOS 管）的擦除和写入需要比器件正常工作电压高的编程电压。早期的 PLD（如 PAL、GAL 等）内部没有编程电压发生器，故必须通过专门的编程器对其进行编程。所以，编程时，必须把 PLD 器件从系统中拔出并置于编程器中。

对于在系统编程（in system programmable，ISP）器件，其内部集成了编程电压发生器、编程状态机和接口电路。编程电压发生器由正常的工作电压（5V）产生编程电压（高于 5V），编程状态机控制数据的输入、输出和编程单元的改写，接口电路实现编程数据的输入和输出。通常，PLD 的全部可编程单元组织成一定的存储结构，设计数据按存储结构组织，通过接口电路输入编程数据。从 PLD 读出的数据用于校验写入数据的正确性。

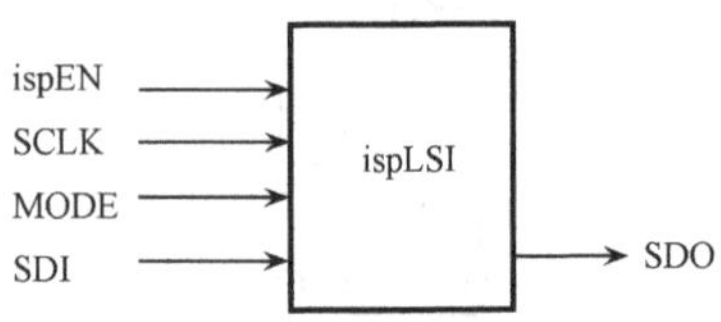

图 10.1.12　ispLSI 的编程接口信号

ispLSI 器件的编程接口信号如图10.1.12所示。当 ispEN＝0 时，器件处于编程状态。除编程接口引脚外，PLD 的其余引脚全部为高阻态，对外部元件无影响，故可实现在系统编程。输入信号 MODE、SCLK、SDI 和 SDO 配合，实现数据的串行输入和串行输出。SDI 和 SDO 分别是数据串行输入和输出端，SCLK 是时钟输入端，MODE 是模式输入端。先输入数据，后读出数据。校验正确后，对编程单元进行改写。当 ispEN＝1 时，器件处于正常工作状态，执行用户设计的逻辑功能。

与 GAL 一样，编程数据由逻辑设计软件产生，通过计算机的并口或专用编程器写入 CPLD。

10.2　查找表型 PLD

10.2.1　查找表型 PLD 的原理

任何一个逻辑函数可用真值表表示。因此，将逻辑函数值存储在存储单元中，然后用函数变量作数据选择器的地址变量，选择存储单元的数据作输出，就可以实现任意的逻辑函数 F($A_0, A_1, \cdots, A_{n-1}$)，如图 10.2.1 所示。存储单元构成数据查找表 LUT(look up table)，改变数据表的数据则可实现不同的逻辑函数。因此，按这种原理工作的 PLD 称为查找表型 PLD。

图 10.2.2 是实现 2 变量同或逻辑函数的示例。存储单元的数据表为 1、0、0、1，NMOS 开关管和输入缓冲器组成 4 选 1 数据选择器。当 $A_1A_0=00$ 时，T_0 和 T_1 同时导通，而其他支路上的 NMOS 管不能同时导通，F=1；当 $A_1A_0=01$ 时，T_2 和 T_3 同时导通，而其他支路上的 NMOS 管不能同时导通，F=0；当 $A_1A_0=10$ 时，T_4 和 T_5 同时导通，而其他支路上的 NMOS 管不能同时导通，F=0；当 $A_1A_0=11$ 时，T_6 和 T_7 同时导通，而其他支路上的 NMOS 管不能同时导通，F=1。所以，$F=A_1 \odot A_0$。如果改变数据表，则可改变输出逻辑函数。

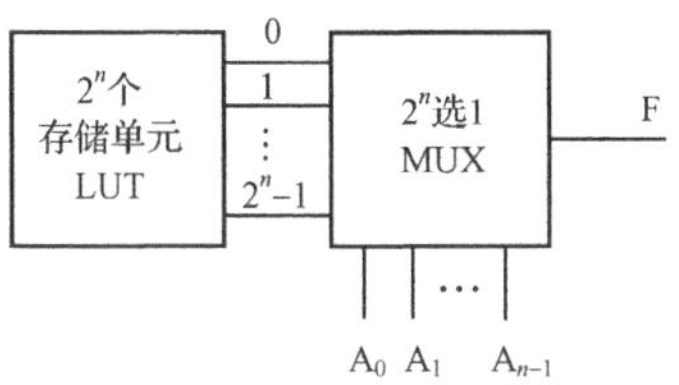

图 10.2.1　查找表型 PLD 的原理框图

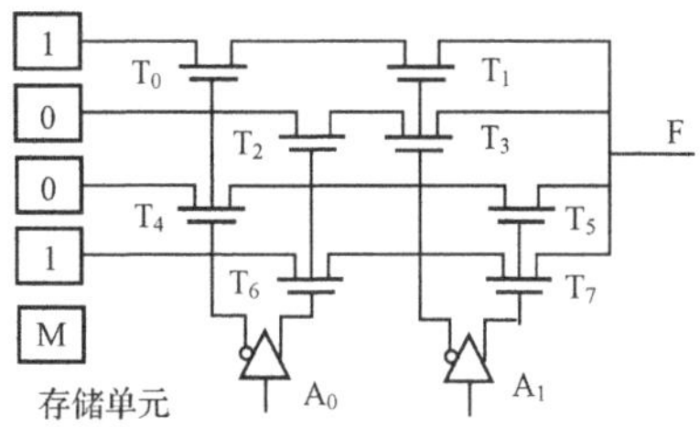

图 10.2.2　查找表实现异或逻辑

存储单元通常采用图 10.2.3 所示的静态存储单元。两个反相器组成基本 RS 触发器保存配置数据。

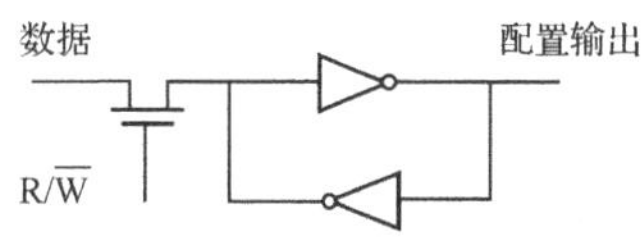

图 10.2.3　配置单元

在查找表的基础上，增加触发器等元件，可构成实现时序逻辑功能的基本逻辑块。大量的基本逻辑块均匀分布在芯片上，形成类似于门阵列的专用集成电路。所以，以查找表为核心的 PLD 称为现场可编程门阵列(field programmable gate array，FPGA)。FPGA 通常是高密度可编程逻辑器件(HDPLD)。FPGA 的逻辑块之间有分段互连和快速互连两种互连方式。

10.2.2　分段互连 FPGA

图 10.2.4 所示为 Xilinx 公司生产的 FPGA 的结构示意图。由可配置的逻辑块(configurable logic block，CLB)、输入/输出块 IOB 和可编程的互连资源组成。CLB 实现基本逻辑功能，大量 CLB 通过可编程的互连导线互连实现复杂的逻辑功能，IOB 则是引脚与芯片内部逻辑的接口电路。

1. 可配置逻辑块

图 10.2.5 所示为 Xilinx 公司 XC2064 CLB 的电路原理图。由 1 个 4 变量 LUT、1 个可异步复位和置位的 D 触发器、6 个数据选择器组成。LUT 可以产生 4 变量逻辑函数(G、F 相同)，也可分裂产生两个 3 变量逻辑函数(G、F 不同)。通过数据选择器(MOX)，触发器可以由变量置位(A)或复位(D)，也可以由函数置位(F)和复位(G)；触发器的时钟可以是变量 C，也可以是时钟 clk 或函数 G；触发器的 Q 端可以反馈到 LUT。最后，CLB 的两个输出可以是 G 或 F 或 Q。GLB 的输入信号 A、B、C 和 D 来自互连导线，CLB 的输出信号也与另一些互连导线相连。

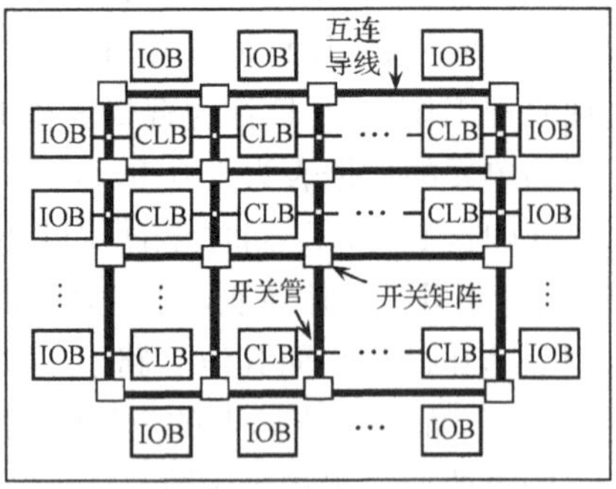

图 10.2.4　Xilinx 公司 EPGA 的结构示意图

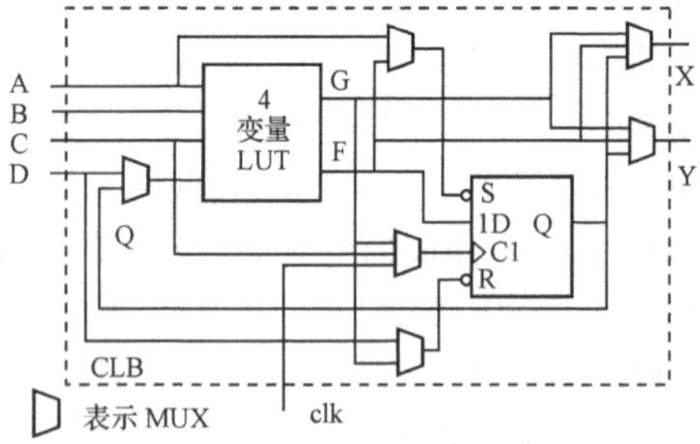

图 10.2.5　Xilinx 公司 XC2064 的 CLB

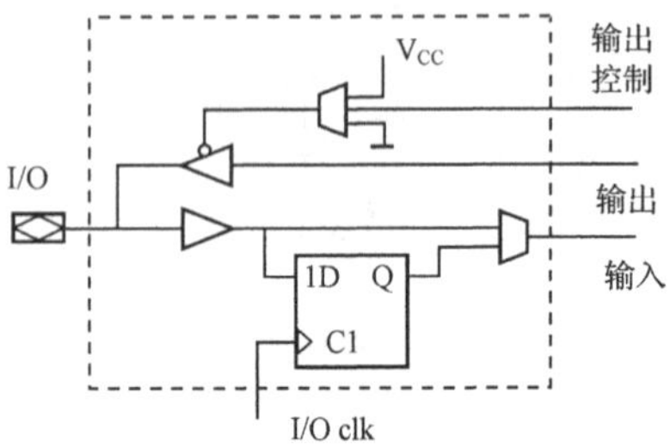

图 10.2.6　XC2064 的 IOB

2. 输入/输出块(IOB)

电路如图 10.2.6 所示。引脚上的输入/输出信号通过输入缓冲器与芯片内部逻辑相连,可以通过 D 触发器输入或直接输入到适当的互连线。全部 IOB 电路公用相同的时钟 I/O clk。输出三态缓冲器的控制信号可由片内逻辑产生,亦可以禁止输出或只作输出。

3. 分段互连资源

如图 10.2.4 所示,互连资源由开关矩阵、开关管和互连导线组成,可实现不同距离的 CLB、IOB 之间的可编程互连。互连导线分为直接连线、通用连线、长线和全局连线(图中只画出了部分连线)。位于 CLB 或 IOB 之间的短导线称为直接连线,直接连接邻近的 CLB 或 IOB 的输入/输出。位于开关矩阵之间的短导线称为通用导线,通用导线与直接连线的交叉点是可编程的开关管,实现两者之间的编程连接。而开关矩阵等效为可编程的多触点开关,可以实现左、右、上、下通用导线间的连接。因此,通过开关矩阵和通用连线可以实现任意 CLB 或 IOB 间的可编程互连。为了减少信号传输时间,还设置了跨越开关矩阵的长线,实现长距离和多分支信号的传送。对于时钟、复位等公共信号,设置了贯穿整个芯片的全局连线。CLB 或 IOB 都可与长线和全局连线编程连接。

分段互连的优点是连线灵活,缺点是连线的信号传输延时不易估计。因为即使是同一设计的两次布线也不会相同。故信号的传输路径不同,传输延时也不同。如果希望估计信号的传输延时,可采用快速互连的 FPGA。

10.2.3　快速互连 FPGA

图 10.2.7 所示为 Altera 公司的 FLEX 10K 的结构示意图。将位置邻近的 8 个逻辑单元 LE 局部互连形成较强功能的逻辑阵列块 LAB,然后用贯穿整个芯片的行、列导线编程连接 LAB 和输入/输出单元 IOE,实现复杂的逻辑功能。贯穿整个芯片的行、列可编程导线称为快速互连线。以器件 FLEX 10K10 为例,它有 3 个行快速互连带,每个带有 144 条导线;24 个列快速互连带,每个带有 24 条导线;共有 72 个逻辑阵列块 LAB,576 个逻辑单元 LE;3 个嵌入阵列块 EAB。

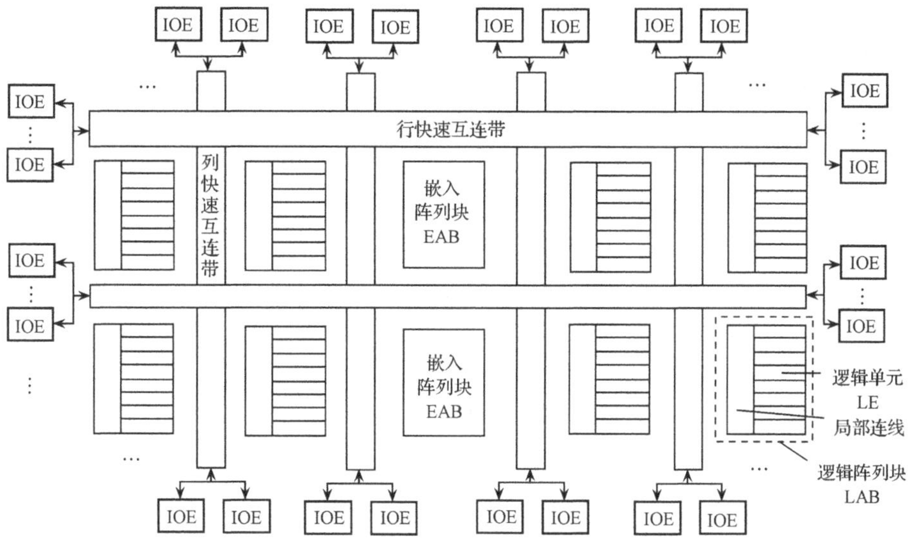

图 10.2.7　FLEX 10K 的结构示意图

1. 逻辑单元 LE

FLEX 10K 的逻辑单元 LE 如图 10.2.8 所示，由查找表、进位链、级连链、触发器、触发器的清除/置位逻辑和时钟选择等组成。

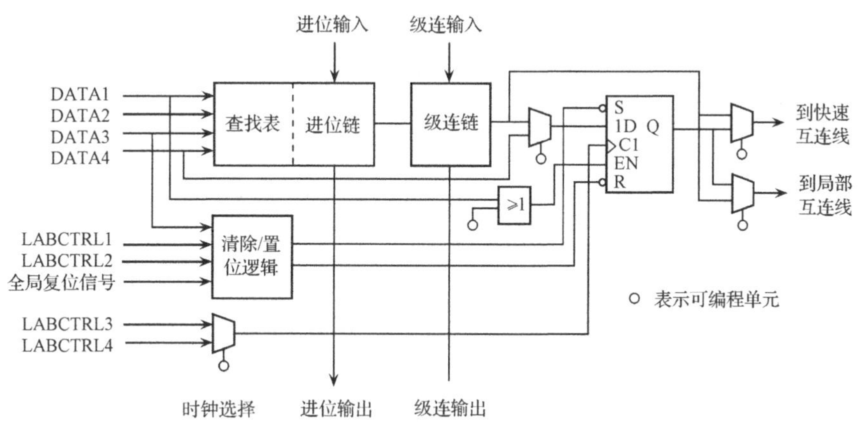

图 10.2.8　FLEX 10K 的逻辑单元 LE

LE 可配置成正常模式、运算模式、加减计数模式和可清除计数模式。

正常模式适合于一般的逻辑应用，如译码等。4 输入查找表产生 4 变量逻辑函数，通过级连链把相邻 LE 的逻辑函数组合成多于 4 个变量的逻辑函数。

在运算模式、加/减计数模式和可清除计数模式中，4 输入查找表被分裂成两个 3 输入查找表，一个产生 3 变量逻辑函数，一个生成进位链，用于实现加法和计数器的快速进位。运算模式适合于加法器、累加器和比较器等功能。

加减计数模式和可清除计数模式适合于完成计数功能。

清楚/置位逻辑可使触发器异步清除、置位和预加载。

2. 逻辑阵列块 LAB

8 个位置邻近的逻辑单元通过局部互连线形成较强功能的逻辑阵列块 LAB，可以实现较复杂的逻辑功能，如8位加法器、计数器、比较器等。

图10.2.9所示为FLEX 10K10的逻辑阵列块LAB。144条行快速互连线提供22条局部互连线，8个LE的输出提供8个反馈信号局部互连线。局部互连线为LE提供数据信号(DATA1～4)和控制信号(LABCTRL1～4)。通过数据选择器，8条专用输入和全局信号也可以作为LE的控制信号。全局信号是指时钟、复位和输出允许等整个芯片范围内的信号。每个LE的输出可以驱动行快速互连线(最多两条)和列快速互连线(最多两条)。

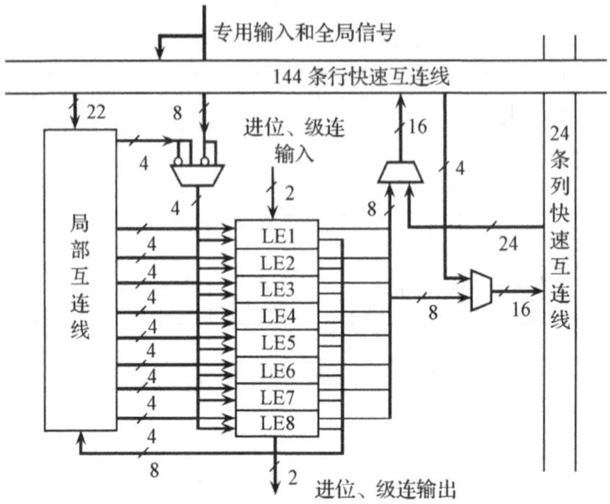

图10.2.9　FLEX 10K10的逻辑阵列块LAB

3. 输入/输出单元IOE

图10.2.10所示为FLEX 10K的输入/输出单元IOE，包含一个I/O缓冲器、D触发器(具有异步复位和时钟使能控制)和8个数据选择器等。

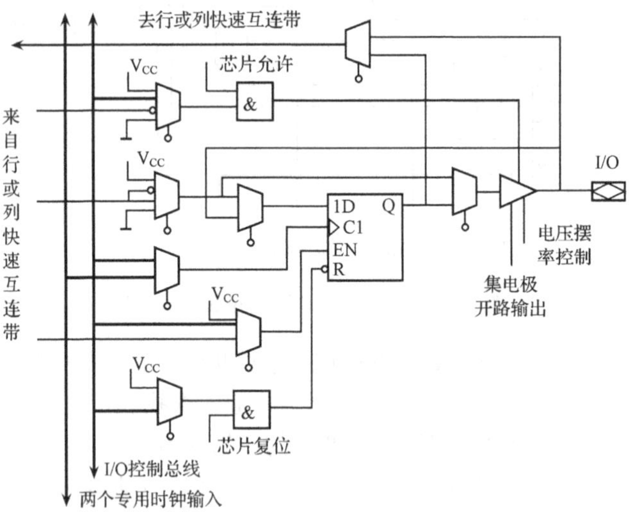

图10.2.10　FLEX 10K的输入/输出块IOE

I/O引脚可以配置成直接输入和寄存器输入，输入信号被传递到行或列快速互连带。I/O引脚亦可以配置成直接输出或寄存器输出，输出缓冲器可以配置成集电极开路输出，还可以调节输出电压上升率。在内部逻辑和I/O控制总线的控制下，可实现输入/输出双向信号传递。

I/O 控制信号由芯片内部的 I/O 控制网络产生，提供 8 个输出使能信号、6 个时钟使能信号、2 个时钟信号和 2 个清除信号。

4. 嵌入阵列块 EAB

嵌入阵列块 EAB 是一个具有 2048 位、可配置的 RAM，其数据输入、数据输出、地址输入和读写控制都配有寄存器。EAB 可以实现 FIFO、ROM、RAM 和双口 RAM。如果将 EAB 当作 2048 位的查找表，则可用于实现较复杂的逻辑功能，如算术逻辑单元，数字滤波器、微控制器等。

10.3 PLD 的设计流程

PLD 是大规模集成电路，包含有成千上万个编程单元。将其设计成特定的逻辑功能，只能借助于专门的开发软件实现。开发软件通常是一个集成软件，包含设计输入、设计处理、设计校验和器件编程。通过开发软件在计算机上进行逻辑设计，生成 PLD 的编程数据，然后，在通过计算机的并口或专门的编辑器对 PLD 进行编程。图 10.3.1所示为 Altera 公司的开发软件 MUX+PLUS II 的设计流程。

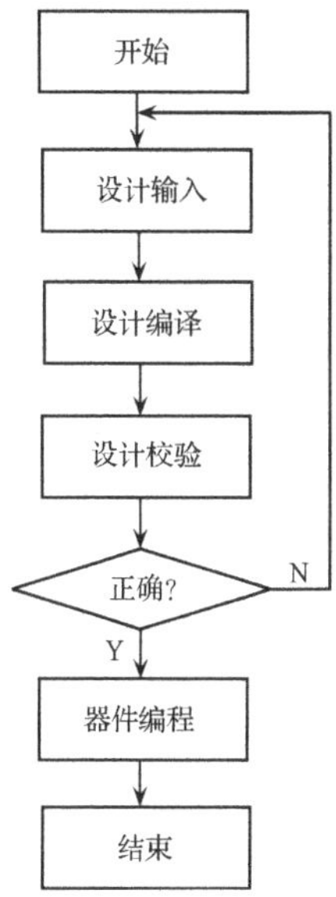

图 10.3.1 MUX+PLUS II 的设计流程

1. 设计输入

将所设计的逻辑电路或系统以一定形式输入计算机。MUX+PLUS II 支持原理图输入、硬件描述语言输入和波形输入。

原理图输入：用 MUX+PLUS II 的原理图编辑器输入电路原理图。

硬件描述语言输入：用 MUX+PLUS II 的文本编辑器输入硬件描述语言程序。这是一种高效、功能强的输入方式。所谓硬件描述语言是指可以描述硬件电路的功能、信号连接关系及定时关系的语言。一个硬件描述语言程序就是一个反映逻辑电路功能的仿真模型或设计模型。

波形输入：用 MUX+PLUS II 的波形编辑器输入反映逻辑电路功能的输入信号、输出信号波形图。设计软件将其自动转换为输入输出逻辑关系。

2. 设计编译

用 MUX+PLUS II 的编译程序对设计输入自动进行语法和设计规则检查、逻辑优化和综合、逻辑分割和适配、生成编成数据文件和仿真网表文件。

如果逻辑综合表明所需资源超过所选器件的资源，则必须用多个器件实现，因此，需要做适当的逻辑分割。适配则是指将分割后的逻辑综合模拟装入所选器件中，并生成编程数据文件和仿真网表文件。

3. 设计校验

根据网表文件和输入激励，MUX+PLUS II 可以完成功能仿真、时序仿真和时序分析，以校验设计的正确性。

4. 器件编程

对于在系统编程器件，用编程电缆连接计算机的并口和器件的编程接口(图 10.1.12)。调用器件编程程序，将编成数据文件写入器件中。

10.4 硬件描述语言

由于超大规模集成电路和软件技术的快速发展，使数字系统集成到单片集成电路内成为可能。Altera、Xilinx、AMD 等公司为此推出了非常好的 CPLD 和 FPGA 产品，并为这些产品的设计配备了相应的设计和下载软件。这些软件除了支持用图形方式设计数字系统外，还支持用硬件描述语言设计数字系统。硬件描述语言(Handware Description Language，HDL)用文本形式描述硬件电路的逻辑功能及连接关系，它能比电原理图更有效、更方便和简洁地表达硬件电路的特征。随着 EDA(electronic design automation)技术的发展，使用硬件语言设计 CPLD/FPGA 成为一种趋势。

目前，有很多种形式的硬件描述语言，但是，只有 VHDL 和 Verilog HDL 被 IEEE 标准化组织定为标准的 HDL。VHDL 发展得较早，语法严格，是由美国国防部在 1980 年研究制定的，经修改完善后于 1993 年被 IEEE 标准化组织定为 ANSI/IEEE STD 1076—1993 标准。而 Verilog HDL 是在 C 语言的基础上发展起来的一种硬件描述语言，语法较自由，它是由 GDA 公司在 1983 年首先推出的，经修改完善后于 1999 年被 IEEE 定为 IEEE STD 1364—1999 标准。

本节仅对国内普遍使用的 VHDL 做简要介绍，有兴趣的读者请参阅相关的 VHDL 教材。

10.4.1 VHDL 的基本结构

1. VHDL 的基本组成

一个数字系统的 VHDL 设计通常由若干个 VHDL 文件组成，每个文件主要包含以下部分中的一个或全部：

(1) 实体 (entity) 说明。实体说明用于描述所设计的实体的名称及外部输入/输出端口信号。实体说明对应于器件的逻辑符号，例如，译码器、加法器、计数器和寄存器等功能符号。

(2) 结构体(architecture)。结构体定义一个基本设计单元(设计实体)的实现，即定义了设计单元的逻辑结构(即逻辑功能)，建立输入和输出之间的关系。结构体等价于电路原理图(逻辑器件的连接关系)。

(3) 配置(configuration)。配置语句描述设计中不同层次之间的连接关系以及实体与结构体之间的连接关系，利用配置语句可以安装具体元件到实体—结构体对，配置可以被看做设计的零件清单。

(4) 程序包(package)。声明在各个设计模块或实体中将用到的数据类型及常数、元件和子程序等。

(5) 库(library)。库是经编译后的数据集合，库中存放的是各种程序包、实体定义，结构体定义以及配置说明等，库可以使设计者共享已经编译过的设计成果及数据。

2. VHDL 语言程序的基本结构

VHDL 语言的基本设计单元就是一个设计实体(design entity)，对应于一个数字电路。每一个设计实体都包含实体说明和结构体两个基本部分，如图 10.4.1 所示。实体说明规定设计实体(数字电路)的输入、输出端口,是设计实体与外界的一个通信界面。而结构体则用于描述设计实体输入、输出端口间的逻辑关系。

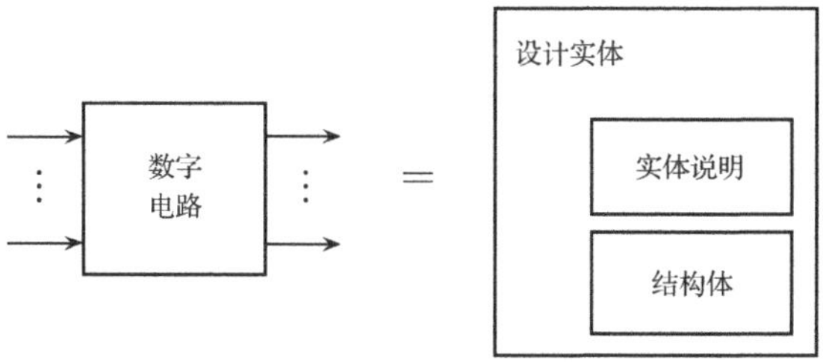

图 10.4.1 VHDL 的设计实体

设计实体对应的数字电路可以简单到器件,如与门、或门,也可以复杂至中大规模集成电路,如加法器、编码器、译码器、计数器、寄存器等,甚至可以是一个微处理器或一个系统。

1) 实体说明语句

实体说明语句规定设计实体的名称和输入、输出端口。语句结构是

```
ENTITY  实体名  IS
[端口说明]
END  实体名;
```

“ENTITY、IS 和 END ”称为关键字,是语句的骨架;“实体名”是由设计者命名的设计实体的标识符,等价于数字器件的名称;“;”表示语句结束或分隔。VHDL 语言中不区分大小写,但是习惯用大写字母来表示关键字或专用字,用小写字母来表示标识符。

实体的输入、输出端口用端口说明语句描述,语句结构是

```
PORT(端口名{,端口名}:方向 数据类型名;
                  ⋮
     端口名{,端口名}:方向 数据类型名);
```

端口名是赋予每个外部引脚的标示符,一般用一个或几个英文字母组成,或者用英文字母加数字命名,如 add、sel、in、out、d0、d1 等。

端口方向是定义引脚为输入还是输出,见表 10.4.1。

表 10.4.1 端口方向说明

方　向	说　明
IN	流入到实体
OUT	从实体流出
INOUT	双向端口:既可流入,也可流出
BUFFER	也是双向端口,但限定该端口只有一个源
LINKAGE	不指定方向

常用的端口数据类型有两种:BIT 和 BIT_VECTOR,当端口被说明为 BIT 时,只能取值“1”或“0”,当端口被说明为 BIT_VECTOR 时,它可能是一组二进制数。即 BIT 对应于一条信号线,BIT_VECTOR 对应于多条信号线(信号总线)。

例 10.1 example_1 is a four bit equality comparator

```
LIBRARY IEEE;                          --库;每行结尾用";","--"后面为注释
USE IEEE.STD_LOGIC_1164.ALL;           --程序包
ENTITY example_1 IS                    --实体名 example_1,必须与每一个设计
                                         实体所存的文件名一致
PORT(a, b:in STD_LOGIC _VECTOR(3 downto 0);    --端口说明
  equal:out STD_LOGIC);
END example_1;                         --关键字 END 后跟实体名
ARCHITECTURE dataflow OF  example_1 IS --结构体
BEGIN                                  --关键词 BEGIN
  equal <= '1' WHEN a = b ELSE '0';    --<=表示信号赋值
End dataflow;                          --关键词 END 后跟结构体名
```

STD_LOGIC 和 STD_LOGIC _VECTOR 分别是程序包 STD_LOGIC_1164.ALL 中定义的 BIT 和 BIT_VECTOR。上述程序实现的是 4 位相等比较,如图 10.4.2 所示。

2) 结构体语句

结构体用于描述设计实体输入和输出端口间的逻辑关系。结构体语句格式如下:

ARCHITECTURE 结构体名 OF 实体名 IS
[定义语句] 内部信号,常数,数据类型,函数等的定义
BEGIN
[并行处理语句]
END 结构体名;

其中,实体名必须是所在设计实体的名字,而结构体名可以由设计者选择。因为数字电路的逻辑函数可以有多种表达方式,所以一个设计实体就可以包含多个结构体。当一个实体具有多个结构体时,结构体的取名不能重复。

例 10.2 用 VHDL 语言描述图 10.4.3 所示的 2 输入与非门电路。

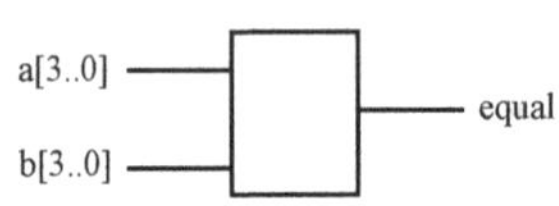

图 10.4.2 例 10.1 图

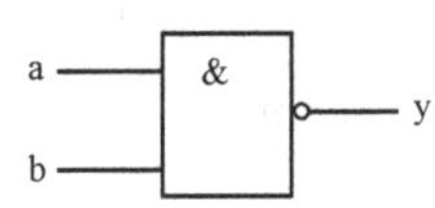

图 10.4.3 例 10.2 图

```
LIBRARY IEEE;
USE IEEE.std_logic_1164.all;
ENTITY nand2 IS                    --实体名 nand2,2 输入与非门
PORT(a,b: in STD_LOGIC;
        y: out STD_LOGIC);
END nand2;
ARCHITECTURE nand2_1 OF nand2 IS   --结构体名 nand2_1
BEGIN
  y<= a nand b;                    --nand 是 VHDL 的与非运算操作符
END nand2_1;
```

结构体中定义语句位于 ARCHITECTURE 和 BEGIN 之间,用于对结构体内部所使用的

信号、常数、数据类型、函数等进行定义。

结构体中并行处理语句位于 BEGIN 和 END 之间，这些语句具体地描述了结构体的行为，即定义了实体所具体实现的逻辑功能。

3）配置语句

逻辑关系的实现可以有多种方式，例如，计数器可以用 D 触发器实现，也可以用 JK 触发器实现。所以，一个实体可以对应于多个结构体，可以放在各自不同的库中。用配置语句为实体选择一个结构体。配置语句描述了层与层之间的连接关系，以及实体与结构体之间的连接关系。配置语句的基本格式如下：

```
CONFIGURATION  配置名  OF 实体名 IS
[说明语句]
END  配置名；
```

配置语句根据不同的情况，其说明语句可以简单，有的要复杂一些。最简单的配置语句格式为

```
CONFIGURATION  配置名  OF 实体名 IS
FOR 被选结构体名
END FOR；
END  配置名；
```

例 10.3 写出用两种不同的结构实现的 RS 触发器的 VHDL 语言程序。

```
LIBRARY IEEE;
USE IEEE.std_logic_1164.all;
ENTITY rs IS
PORT(set,reset:IN BIT;
         q,qb: BUFFER BIT);
END rs;

ARCHITECTURE rsff1 OF rs IS
    COMPONENT nand2    --参见 10.4.3 节结构体的功能化描述方式
    PORT(a,b: IN BIT;
       c:  OUT BIT);
    END COMPONENT;
BEGIN
    U1:nand2 PORT MAP(a=>set, b=>qb, c=>q)   --参见 10.4.3 节结构体的
                                              功能化描述方式
    U2:nand2 PORT MAP(a=>reset, b=>q, c=>qb)
END rsff1;

  ARCHITECTURE rsff2 OF rs IS
  BEGIN
       q<=NOT(qb AND set);
       qb<=NOT(q AND reset);
  END rsff2
```

上面 VHDL 程序中有两个结构体，可以用配置语句进行设置，即

```
CONFIGRATION rscon OF rs IS //选择结构体 rsff1
FOR rsff1
END FOR;
END rscon;
```

4）程序包和 USE 语句

像 C 语言中的 include 语句一样，程序包（package）说明用来罗列 VHDL 中用到的信号定义、常数定义、数据类型、元件语句、函数定义和过程定义。它是一个可编译的设计单元，也是库结构中的一个层次，使用包时可以用 USE 语句说明。例如

USE IEEE. STD_LOGIC_1164. ALL

该语句表示在 VHDL 程序中要使用名为 STD_LOGIC_1164 的程序包中的所有定义或说明项。

程序包分为程序包标题（包头）和程序包体（包体），包结构的格式如下：

```
PACKAGE 程序包名 IS    ┐
[说明语句];            ├程序包标题
END  程序包名;         ┘
PACKAGE BODY 程序包名 IS ┐
[说明语句]               ├程序包体
END 程序包名;            ┘
```

程序包体是可选项，也就是说，一个程序包可以只有程序包标题。一般程序包标题列出所有项的名称，而程序包体给出各项的细节。

例 10.4

```
  LIBRARY STD;                                                        ┐
  USE STD.STD_LOGIC.ALL;                                              │
PACKAGE logic IS                                                      │
    TYPE three_level_logic IS ('0','1','z'); --类型项目                ├程序包标题
    CONSTANT unknown_value : three_level_logic := '0' --常数项目       │
    FUNCTION invert (input: three_level_logic);     --函数项目         │
    RETURN three_level_logic;                                         │
 END logic;                                                           ┘

 PACKAGE BODY logic IS                                          ┐
 FUNCTION invert (input: three_level_logic); --函数项目描述      │
 BEGIN                                                          │
 CASE input IS                                                  │
     WHEN '0' => RETURN '1';                                    ├程序包体
     WHEN '1' => RETURN '0';                                    │
     WHEN 'Z' => RETURN 'Z';                                    │
 END CASE;                                                      │
 END invert;                                                    │
 END logic;                                                     ┘
```

5）库语句

（1）库是经编译后的数据的集合，它存放包定义、实体定义、构造定义和配置定义。

在设计单元内的语句可以使用库中的结果，所以，库的好处就是设计者可以共享已经编译的设计结果，在 VHDL 中有很多不同的库，但它们相互之间是独立的，不能互相嵌套。常用的库是 IEEE 库和 STD 库。在 IEEE 库中有一个 STD_LOGIC 的程序包，它是 IEEE 正式认可的标准程序包。STD 库是 VHDL 的标准库，在库中有名为 STANDARD 的程序包，还有 TEXTIO 程序包。若使用 STANDARD 包中的数据可以不按标准格式说明，但是若使用 TEXTIO 程序包，则需要按照如下格式说明：

```
LIBRARY STD；
USE STD. TEXTIO. ALL；
```

另外还有 ASIC 库、WORK 库和用户自定义库等。

(2) 库的使用：在使用库之前，一定要进行库说明和程序包说明，库和程序包的说明总是放在设计单元的前面

```
LIBRARY  库名；
USE LIBRARY name. package. name. ITEM. name
```

例如

```
LIBRARY IEEE；
USE IEEE. STD_LOGIC_1164. ALL
```

该例说明要使用 IEEE 库中的 1164 包中所有项目。

库的作用范围从一个实体说明开始到它所属的结构体、配置为止，当有两个实体时，第二个实体前要另加库和包的说明。

10.4.2 VHDL 的数据对象类型及运算操作符

1. VHDL 中使用的数据对象类型

数据对象是指 VHDL 语言中可以赋予一个值的对象，也称为客体(object)。一个对象只能有一种类型，施加于该对象的操作必须与其类型相匹配。VHDL 中四类数据对象：CONSTANT(常量)、VARIABLE(变量)、SIGNAL(信号)和 FILE(文件)，VHDL 可以像其他高级语言一样定义数据类型，还可以由用户自己定义数据类型。

1) 常数

常数是一个固定的值，常数的一般格式如下：

```
CONSTANT 常数名:数据类型:=表达式
```

例如

```
CONSTANT Vcc：REAL：=5.0；
CONSTANT DALY：TIME：=100ns；
```

常数一旦被赋值就不能再改变。

2) 变量

变量只能在进程语句、函数语句和过程语句中使用，一旦赋值立即生效。变量的一般格式如下：

```
VARIABLE  变量名:数据类型 约束条件:=表达式
```

例如

```
VARIABLE  x，y：INTEGER；
VARIABLE  count：INTEGER RANGE 0 TO 255：=10；
```

3）信号

信号是电子电路内部硬件连接的抽象，它除了没有数据流动的方向概念以外，其他性质几乎和端口概念一致。信号的一般格式如下：

SIGNAL　信号名:数据类型 约束条件:＝表达式

SIGNAL sys_clk：BIT：＝′0′；

SIGNAL ground：BIT：＝′0′；

在程序中，信号值代入其他信号时采用代入符“＜＝”，而不是像变量赋值符“：＝”，而且信号代入时可以附加延时。例如，如果 s1 和 s2 都是信号，且 s2 的值经 10ns 延时以后才能被代入 s1，此时信号传送语句可写为

s1＜＝s2 AFTER 10ns

2. VHDL 中使用的标准数据类型

1）整数（INTEGER）

范围：－2147483547～2147483646。

2）实数（REAL）

范围：－1.0E38～1.0E38；书写时一定要有小数。

3）位（BIT）

在数字系统中，信号值经常用位来表示，位的值用带单引号的‘0’或‘1’来表示，位与整数中的 0 和 1 不同，位‘0’和‘1’仅仅表示一个位的两种取值，有时也可以用显式说明，如，BIT（‘1’）。

4）位矢量（BIT_VECTOR）

位矢量是用双引号括起来的一组位数据，如“010110”。

5）布尔量（BOOLEAN）

布尔量只有“真”和“假”两种状态，可以进行关系运算。它和位不同，布尔量没有数值的含义，不能进行算术运算。

6）字符（CHARACTER）

字符量通常用单引号括起来，一般情况下 VHDL 对大小写敏感，但是对字符量中的大、小写字符则认为是不一样的，如‘A’不同于‘a’。

当要明确说明 1 是字符时，则可写为：CHARACTER（‘1’）。

7）字符串（STRING）

字符串是双引号括起来的一串字符，也称为字符矢量或字符串数组，如“Chongqing university”。

8）时间（TIME）

时间是一个物理量数据，完整的时间量数据应当包含整数和单位两部分，而且整数数值和单位之间至少应留一个空格的位置。

时间的单位是 fs，ps，ns，us，ms，sec，min，hr，如 10ns，2sec。

9）错误等级（SEVERITY LEVEL）

用来表示系统的状态，它共有 4 种：NOTE（注意）、WARNING（警告）、ERROR（错误）、FAILURE（失败）。

10）大于等于零的整数(NATURAL)、正整数(POSITIVE)

在 VHDL 语言中，有上述 10 种标准数据类型，但在逻辑电路设计中，只用到两种：BIT 和 BIT_VECTOR。

VHDL 的数据类型除了上述 10 种标准数据类型以外，还可以使用由用户自己定义的数据类型。用户定义的数据类型的一般格式

    TYPE 数据类型名 {，数据类型名} 数据类型定义；

不完整的数据类型格式

    TYPE 数据类型名 {，数据类型名}；

例如，

```
TYPE week IS(Sun,Mon,Tue,wed,Thu,Fri,Sat);
TYPE  digit IS INTEGER RANGE 0 TO 9;
TYPE  current IS REAL RANGE -1E4 TO 1E4 ;
```

3. VHDL 语言的运算操作符

在 VHDL 语言中一共有 4 类操作符，可以分别进行逻辑运算(logical)、关系运算(relational)、算术运算(arithmetic)和并置(concatenation)运算。需要注意的是，被操作符操作的对象是操作数，且操作数的类型应该和操作符所要求的类型一致，另外，运算操作符是有优先级的，如逻辑运算 NOT，在所有操作符中其优先级是最高的。表 10.4.2 示出了所有操作符列表，表 10.4.3 示出了所有操作符的优先次序。

表 10.4.2 操作符列表

类 型	操作符	说 明	类 型	操作符	说 明
逻辑运算符	AND	与	算术运算符	+	加
	OR	或		-	减
	NOT	非		*	乘
	NAND	与非		/	除
	NOR	或非		MOD	取模
	XOR	异或		REM	取余
关系运算符	=	相等		**	指数
	/=	不相等		ABS	取绝对值
	<	小于		+	正
	>	大于		-	负
	<=	小于等于		SLL	逻辑左移
	>=	大于等于		SRL	逻辑右移
并置运算符	&	并置		SLA	算术左移
				SRA	算术右移
				ROL	逻辑循环左移
				ROR	逻辑循环右移

表 10.4.3 VHDL 操作符优先级

运算符	
NOT,ABS,**	最高优先级
*,/,MOD,REM	↑
+(正号),-(负号)	↑
+,-,&	↑
SLL,SLA,SRL,SRA,ROL,ROR	↑
=,/=,<,<=,>,>=	↑
AND,OR,NAND,NOR,XOR,XNOR	最低优先级

10.4.3 VHDL 语言的功能描述方式

VHDL 中主要由结构体来描述所设计单元的内部特性,可以采用下列 3 种描述方式:行为描述方式,数据流描述方式和结构化描述方式,这 3 种描述方式从不同的角度对硬件系统进行行为和功能的描述。目前,采用数据流描述方式和结构化描述方式的 VHDL 语言程序可以进行逻辑综合,而采用行为描述方式的 VHDL 语言程序,大部分只用于系统仿真,少数的也可以进行逻辑综合。下面分别介绍以上三种不同风格的描述方式。

1. 结构体的行为描述方式

行为描述方式:描述该设计单元的功能,主要使用函数、过程和进程语句,以算法形式描述数据的变换和传送,行为描述的抽象力最强。因为在行为描述方式的程序中大量采用算术运算、关系运算、惯性延时、传输延时等难以进行逻辑综合和不能进行逻辑综合的 VHDL 语句,所以行为描述方式主要用于系统模型的仿真和系统工作原理的研究。

在 VHDL 语言中有一些专门用于描述系统行为的语句,它们是 VHDL 语言之所以能在高层次上对系统硬件进行行为描述的原因所在,这些语句与一般的高级语言的语句还是有较大的差别。下面介绍几种常用的行为描述方式的语句。

1) 代入语句

代入语句是 VHDL 语言中进行行为描述的最基本的语句,例如

a<=b

该语句的功能是 a 得到 b 的值。代入语句最普遍的格式为

信号量<=敏感信号量表达式;

例如, z<=a NOR(b NAND c);

该例中有三个敏感量,无论哪一个发生变化都可以使 z 变化。

具有时间延迟的代入语句格式为

a<=b AFTER 10ns

表示当 b 发生变化 10ns 后 a 才变化。

一个 2 输入的与门电路,如图 10.4.4 所示,由于与门的固有延时,当输入端发生变化以后,与门输出端的新的输出总是要比输入端的信号变化延时若干时间,如延时 10ns,与门的这种输出特性就可以用具有延时时间的代入语句来描述。

例 10.5 用 VHDL 语言描述图 10.4.4 所示的 2 输入与门电路。

```
ENTITY and2 IS
```

```
  PORT(a,b  : IN BIT;
       y    : OUT BIT);
  END and2;
ARCHITECTURE and2_behave OF and2 IS
 BEGIN
 y<= a AND b;
 END and2_behave;
```

例 10.6 用 VHDL 语言描述图 10.4.5 所示的 4 选 1 选择器电路。

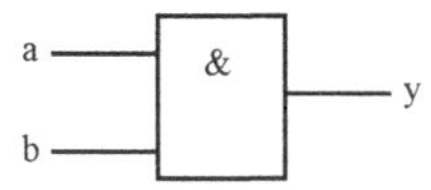

图 10.4.4 例 10.5 图

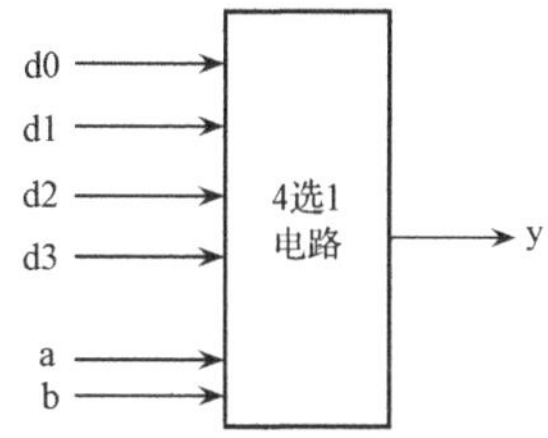

图 10.4.5 例 10.6 图

```
LIBRARY ieee;
USE ieee.std_logic_1164.all;
USE ieee.std_logic_unsigned.all;
ENTITY mux4 IS
      PORT (d0,d1,d2,d3,a,b : IN STD_LOGIC;
                          y: out STD_LOGIC)
  END mux4;
 ARCHITECTURE behav OF mux4 IS
 SIGNAL sel: integer range 0 to 4;
 BEGIN
 WITH sel SELECT
   y<= d0 AFTER 10ns WHEN 0,
        d1 AFTER 10ns WHEN 1,
        d2 AFTER 10ns WHEN 2,
        d3 AFTER 10ns WHEN 3,
        'X' AFTER 10ns WHEN others;
  sel<= 0 WHEN a='0' AND b='0' ELSE
        1  WHEN a='1' AND b='0' ELSE
        2  WHEN a='0' AND b='1' ELSE
        3  WHEN a='1' AND b='1' ELSE
        4;
  END behav;
```

2）延时语句

VHDL 中有两种延时语句：惯性延时和传输延时。这两种延时常用于 VHDL 语言的行为描述方式。

(1) 惯性延时。

在 VHDL 语言中，惯性延时是缺省的，即如果在语句中不作特别说明，产生的延时一定是惯性延时，这是因为大多数器件在行为仿真时都会呈现惯性延时。在惯性模型中，器件或系统的输出要发生变化必须有一段时间的延时，这段延时时间称为惯性延时。惯性延时有一个重要的特点，即当一个器件或系统的输入信号变化周期小于惯性延时时，其输出将保持不变。如图 10.4.6(a)所示，有一个门电路，若其惯性延时时间为 20ns，当该门电路的输入端 a 输入一个 10ns 的脉冲信号时，其输出端 y 的输出仍维持低电平不变。对于惯性延时等于 20ns 的门电路，为使其实现正常的逻辑功能，输入信号的变化周期一定要大于 20ns。如果输入信号时间若小于 20ns，则输出信号将不跟随输入信号的变化。

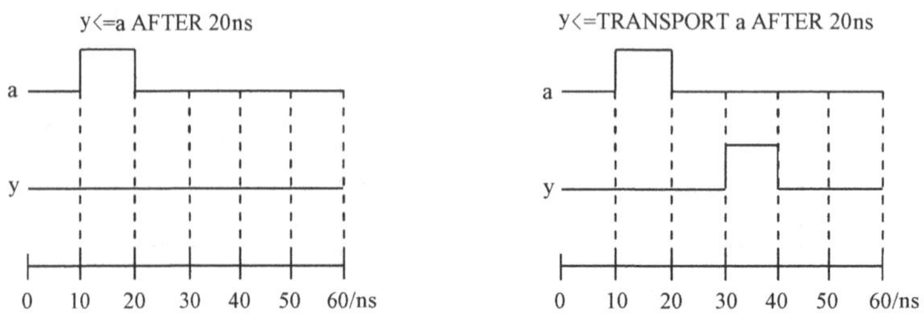

(a) 惯性延时　　(b) 传输延时

图 10.4.6　惯性延时和传输延时

几乎所有的器件都存在惯性延时，因此为了使得延迟时间更逼真实际电路，在代入语句中总要加上惯性时间，例如，

y<=a AFTER 10ns;

惯性延时说明只在行为仿真时有意义，逻辑综合时将被忽略，或者在逻辑综合前必须去掉延时说明。

(2) 传输延时。

在 VHDL 语句中，传输延时不是缺省的，必须在语句中明确说明，传输延时常用于表示总线、连接线及芯片的路径延迟时间。

具有传输延时的语句如下：

y<=TRANSPORT a AFTER 20ns;

语句中“TRANSPORT”是专门用于说明传输延时的前置词。

如果图 10.4.6(a)所示门电路的惯性延时用传输延时来代替，就可以得到如图 10.4.6(b)所示的波形。

2. 结构体的数据流描述方式

数据流描述方式也称为寄存器传输(rtl)描述方式，是一种可以进行逻辑综合的描述方式，由于要进行逻辑综合所以对使用的语句有一定的限制，VHDL 中的每一个命令和语句都对逻辑综合能力进行了定义，要进行逻辑综合的设计实体就要使用有逻辑综合能力的命令和语句。

例 10.7　用 VHDL 数据流描述方式描述图 10.4.5 所示的 4 选 1 选择器电路。

```
LIBRARY IEEE;
USE IEEE.STD_LOGIC_1164.ALL;
USE IEEE.STD_LOGIC_UNSIGNED.ALL;
```

```
ENTITY mux4 IS
PORT(input: IN STD_LOGIC_VECTOR(3 DOWNTO 0);
       Sel : IN STD_LOGIC_VECTOR(1 DOWNTO 0);
          y : OUT STD_LOGIC);
END mux4;
ARCHITECTURE rtl OF mux4 IS
BEGIN
    y<= input(0) WHEN sel = 0 ELSE
    input(1) WHEN sel = 1 ELSE
    input(2) WHEN sel = 2 ELSE
    input(3);
END rtl;
```

3. 结构体的结构描述方式

所谓结构体的结构描述方式，就是在多层次的设计中，高层次的设计模块调用低层次的设计模块，或者直接用门电路设计单元来构成一个复杂的逻辑电路的描述方式。结构描述方式最能提高设计效率，它可以将已有的设计成果方便的用到新的设计中去，用已有的设计单元经过简单的连接就可以构成新的设计电路。例如，如果某一个逻辑电路是由 AND 门和 OR 门实现，且 AND 门和 OR 门都已有现成的设计单元，那么就可以用这些现成的设计单元（AND 的 ENTITY 和 OR 的 ENTITY）经适当连接来构成新的设计电路的 ENTITY。

注重调用已有的元件或门级电路之间的连线是结构描述的特点，结构描述可以提高设计效率。在结构体的结构描述方式中，主要有下面两种语句。

1）元件声明语句（COMPONENT 语句）

在结构体的结构描述方式中，COMPONENT 语句是基本的描述语句。该语句指定了本结构体中调用的是哪一个现成的逻辑功能模块（或元件），这些模块（或元件）可能在库中，也可能是预先编写的元件实体描述。COMPONENT 语句的基本格式如下：

```
COMPONENT 元件名
PORT 说明;      --端口说明
END COMPONENT;
```

元件声明语句可以在 ARCHITECTURE、PACKAGE 和 BLOCK 的说明部分。

2）元件调用语句

元件调用语句是结构化描述方式中不可缺少的一个基本语句，该语句将现成元件的端口信号映射成高层次设计中的信号。元件调用语句的书写格式如下：

```
标号名:元件名 PORT MAP(信号,…);
```

下一层元件的端口信号与实际连接的信号用 PORT MAP 的映射关系连接起来，映射方法有两种：位置映射和名称映射。

所谓位置映射方法就是在下一层的元件端口说明中信号书写位置和 PORT MAP() 中指定的实际信号书写顺序位置一一对应。

例如，有一元件的端口说明为

```
PORT (a,b: in bit;
         c: out bit);
```

调用该元件时：

U2：元件名 PORT MAP(n1,n2,m)；

这里 n1 对应 a,n2 对应 b,m 对应 c。

所谓名称映射方法就是将库中已有模块的端口名称赋予设计中模块的信号名,即

U2：元件名 PORT MAP(a=>n1,b=>n2,c=>m)；

10.4.4 VHDL 语言的主要描述语句

在 VHDL 语言中,主要有三种描述语句:顺序描述语句、进程语句及并行语句。

1. 顺序描述语句

顺序描述语句只能用在进程和子程序中,它和其他高级语言一样,其语句是按照语句的出现的顺序加以执行的。VHDL 提供了 WAIT 语句、IF 语句、CASE 语句、LOOP 语句、赋值语句和过程调用语句等顺序描述语句。

1) WAIT 语句

进程在仿真运行过程中总是处于两种状态:执行或挂起,进程的状态变化受等待语句的控制,当进程执行到等待语句时就将被挂起,并等待再次执行进程。WAIT 语句可以设置 4 种不同的条件:WAIT(无限等待)、WAIT ON(等待敏感信号变化)、WAIT UNTIL(等待直到条件满足)、WAIT FOR(等待时间到)。

等待语句的格式。

(1) WAIT 无限等待,实际进程是不用的。

(2) WAIT ON 等待敏感信号变化,WAIT ON 格式如下:

WAIT ON 信号[,信号]

例 10.8
```
PROCESS(a,b)
    BEGIN
    y<=a AND b;
END PROCESS;
```

该例中的进程与下例中进程相同:

例 10.9
```
PROCESS
    BEGIN
  y<=a AND b;
  WAIT ON a,b;
END PROCESS;
```

(3) WAIT UNTIL 等待直到条件满足,WAIT UNTIL 格式如下:

WAIT UNTIL 布尔表达式

当进程执行到该语句时,被挂起;若布尔表达式为真时,进程将被启动。

例 10.10 WAIT UNTIL ((x*10)<100)

(4) WAIT FOR 等待时间到,WAIT FOR 格式如下:

WAIT FOR 时间表达式

当进程执行到该语句时,被挂起;等待一定的时间后,进程将被启动。

例 10.11 WAIT FOR 20ns

(5) 多条件 WAIT 语句。

例 10.12 WAIT ON nmi,interrupt UNTIL ((nmi=TRUE) OR (interrupt=TRUE))

FOR 5 us

该等待有三个条件：

第一，信号 nmi 和 interrupt 任何一个有一次刷新动作；

第二，信号 nmi 和 interrupt 任何一个为“真”；

第三，该语句已等待 5 μs。

只要上述三个条件中的一个或一个以上的条件满足时，进程就被启动，继续执行 WAIT 语句后面的语句。

2）IF 语句

IF 语句用于两路分支判断语句，用 IF-THEN-ELSE 语句则可以实现多路分支判断，IF 语句的一般格式如下：

格式一

```
IF 条件 THEN
  顺序执行语句
END IF;
```

例 10.13

```
IF (a='1') THEN
  c<=b;
END IF;
```

格式二

```
IF 条件 THEN
顺序执行语句
ELSE
顺序执行语句
END IF;
```

3）CASE-WHEN 语句

CASE-WHEN 语句适用于两路或多路分支判断结构，虽然 IF 语句也有类似的功能，但是 CASE 语句的可读性比 IF 语句要强得多，程序的阅读者很容易找出条件式和动作的对应关系。CASE 语句的一般格式如下：

```
CASE 表达式  IS
WHEN 条件表达式值 1=>顺序处理语句 1;
[WHEN 条件表达式值 2=>顺序处理语句 2;]
[WHEN OTHERS=>顺序处理语句 3;]
END  CASE;
```

例 10.14

```
LIBRARY IEEE;
USE IEEE.STD_LOGIC_1164.ALL;
ENTITY mux43 IS
  PORT(a,b,i0,i1,i2,i3:IN STD_LOGIC;
                      q: OUT STD_LOGIC);
END mux43;

ARCHITECTURE mux4_behave OF mux43 IS
```

```
      SIGNAL sel: INTEGER RANGE 0 TO 3;
  BEGIN
      nn: PROCESS(a,b,i0,i1,i2,i3)
      BEGIN
          sel<=0;
       IF (a='1') THEN
        sel<=sel+1;
        END IF;
       IF (b='1') THEN
       sel<=sel+2;
       END IF;
       CASE sel IS
       WHEN 0 =>q<=i0;
       WHEN 1 =>q<=i1;
       WHEN 2 =>q<=i2;
       WHEN 3 =>q<=i3;
       END CASE;
       END PROCESS nn;
  END mux4_behave;
```

4）LOOP 语句

LOOP 语句用于实现循环，即重复执行，重复模式有 WHILE 和 FOR 两种，分别类似于程序设计中的 WHILE 和 FOR 循环。若无重复模式，则为无限循环。

LOOP 语句的一般格式如下：

格式一（FOR 重复模式）

```
[标号]：FOR 循环变量 IN  离散范围  LOOP
        顺序处理语句；
        END LOOP [标号]；
```

例如，

```
ASUM：FOR i IN 1 TO 9 LOOP
      sum=1+sum；
      END LOOP ASUM；
```

格式二（WHILE 重复模式）

```
[标号]：WHILE 条件 LOOP
        顺序处理语句；
        END LOOP [标号]；
```

在该语句中，如果条件为真，则进行循环，否则结束循环。

例 10.15

```
  sum:=0
abcd: WHILE (I<10) LOOP
  sum:=I+sum;
     I:=I+1;
  END LOOP abcd;
```

5）断言语句(ASSERT)

ASSERT语句主要用于程序仿真、调试中的人机对话，用以判断某一条件是否成立，若不成立则报告一串信息给设计者。

ASSERT语句的一般格式如下：

ASSERT 条件 [REPORT 输出信息][SEVERITY 级别]

程序执行到断言语句时，就会判断条件是否成立，若条件满足就继续执行，否则输出文字串和错误级别信息。

例 10.16
```
ASSERT (tiaojian = '1')
REPORT "some thing wrong";
SEVERITY ERROR;
```

6）赋值语句

赋值语句的功能就是将一个值或一个表达式的运算结果传递给某一数据对象，如信号或变量，或由此组成的数组。VHDL设计实体内的数据传递以及对端口界面外部数据的读写都必须通过赋值语句的运行来实现。

赋值语句有两种，即信号赋值语句和变量赋值语句。

变量赋值语句格式

目的变量名:=表达式;

信号赋值语句格式

目的信号名<=表达式;

变量赋值与信号赋值的区别在于，变量具有局部特征，它的有效性只局限于所定义的一个进程/子程序中，它是一个局部的，暂时性数据对象(在某些情况下)。对于它的赋值是立即发生的(假设进程已启动)。信号则不同，信号具有全局性特征，它不但可以作为一个设计实体内部各单元之间数据传送的载体，而且可通过信号与其他的实体进行通信(端口本质上也是一种信号)。信号的赋值并不是立即发生的，它发生在一个进程结束时。赋值过程总是有某些延时的，它反映了硬件系统的重要特性，综合后可以找到与信号对应的硬件结构。

2. *并发描述语句*

在VHDL中能进行并发处理的语句有：进程(PROCESS)语句、并发信号代入语句、条件信号代入语句、并发过程调用语句和块(BLOCK)语句。本节直接介绍进程(PROCESS)语句。PROCESS语句是一种并发处理语句，在一个结构体中多个PROCESS语句可以同时并发运行，PROCESS语句是VHDL语言中描述硬件系统并发行为的最基本的语句。

PROCESS语句用于结构体中描述一个进程内部是顺序执行的操作过程，其语句格式如下：

```
[进程标号:]PROCESS[(敏感信号表)][IS]
          [说明部分];
          BEGIN
         [顺序语句];
          END PROCESS[进程标号];
```

敏感信号用来协调各并行进程的关系，实现同步或异步操作，仅当敏感信号表中的信号发生变化时，该进程才被激活(执行)。例如，D触发器的敏感信号为时钟clk，设仅当clk变化且变化后的值为1时(即响应clk的上升沿)，D触发器才被激发，则其功能的进程描述如下：

```
LIBRARY IEEE;
 USE IEEE.STD_LOGIC_1164.ALL;
ENTITY d_ff IS
PORT(d,clk: IN STD_LOGIC;
      q,nq: out STD_LOGIC);
END d_ff;
ARCHITECTURE a1 OF d_ff IS
BEGIN
p1:PROCESS(clk)
   BEGIN
        IF clk='1' THEN
            q<='d' AFTER 10ns;
            nq<=NOT d AFTER 10ns;
        END IF
   END  PROCESS p1;
END a1;
```

10.4.5 VHDL 设计举例

1. 组合逻辑电路设计

例 10.17 用 VHDL 语言描述 2 输入或非门电路。

```
LIBRARY IEEE;
USE IEEE.STD_LOGIC_1164.ALL;
ENTITY nor2 IS
PORT(a,b: in STD_LOGIC;
      y: out STD_LOGIC);
END nor2;
ARCHITECTURE nor_behave OF nor2 IS
BEGIN
  y<=a nor b;
END nor_behave;
```

例 10.18 用 VHDL 语言描述 2 输入异或门电路。

```
LIBRARY IEEE;
USE IEEE.STD_LOGIC_1164.ALL;
ENTITY xor2 IS
  PORT(a,b: in STD_LOGIC;
        y: out STD_LOGIC);
END xor2;
ARCHITECTURE xor_behave OF xor2 IS
BEGIN
  y<=a xor b;
END xor_behave;
```

例 10.19 用 VHDL 语言描述 3 线-8 线译码器。

```
LIBRARY IEEE;
```

```
USE IEEE.STD_LOGIC_1164.ALL;
ENTITY decoder38 IS
  PORT(a,b,c,g1,g2a,g2b: in STD_LOGIC;
       y: out STD_LOGIC_VECTOR(7 downto 0));
END decoder38;
ARCHITECTURE behave38 OF decoder38 IS
SIGNAL indata: STD_LOGIC_VECTOR(2 downto 0);
BEGIN
  indata<=c&b&a;
  PROCESS(indata,g1,g2a,g2b)
    BEGIN
      IF(g1='1' AND g2a='0' AND g2b='0') THEN
      CASE indata IS
          WHEN "000"=>y<="11111110";
          WHEN "001"=>y<="11111101";
          WHEN "010"=>y<="11111011";
          WHEN "011"=>y<="11110111";
          WHEN "100"=>y<="11101111";
          WHEN "101"=>y<="11011111";
          WHEN "110"=>y<="10111111";
          WHEN "111"=>y<="01111111";
          WHEN others=>y<="XXXXXXXX";
        END CASE;
      ELSE
        y<="11111111";
      END IF;
    END PROCESS;
END behave38;
```

2. 时序电路设计

例 10.20 用 VHDL 语言描述具有异步复位/置位功能的 JK 触发器。端口引脚定义：

set	异步置位信号,低电平有效
reset	异步复位信号,低电平有效
j,k	同步 j、k 输入信号
clk	时钟
q	触发器正相输出
qb	触发器反相输出

```
LIBRARY IEEE;
USE IEEE.STD_LOGIC_1164.ALL;
ENTITY jk IS
PORT(clk,j,k,reset,set: in STD_LOGIC;
    q,qb: out STD_LOGIC);
END jk;
```

```
ARCHITECTURE jk_behave OF jk IS
SIGNAL q_s,qb_s: STD_LOGIC;
BEGIN
  PROCESS(clk,reset,set,j,k)
    BEGIN
     IF (set='0')AND (reset='1') THEN
      q_s<='1';
      qb_s<='0';
     ELSIF (set='1')AND (reset='0') THEN
      q_s<='0';
      qb_s<='1';
     ELSIF (clk'event AND clk='1') THEN
      IF (j='0') AND (k='1') THEN
        q_s<='0';
        qb_s<='1';
      ELSIF (j='1') AND (k='0') THEN
        q_s<='1';
        qb_s<='0';
      ELSIF (j='1') AND (k='1') THEN
        q_s<=not q_s;
        qb_s<=not qb_s;
      END IF;
    END IF;
    q<=q_s;
    qb<=qb_s;
  END PROCESS;
END jk_behave;
```

例 10.21 用 VHDL 语言描述十二进制同步计数器。端口引脚定义：

reset	复位信号,低电平有效
en	计数控制
clk	时钟
qa,qb,qc,qd	计数器输出

```
LIBRARY IEEE;
USE IEEE.STD_LOGIC_1164.ALL;
USE IEEE.STD_LOGIC_UNSIGNED.ALL;
ENTITY count12 IS
PORT(clk,reset,en: in STD_LOGIC;
     qa,qb,qc,qd: out STD_LOGIC);
END count12;

ARCHITECTURE behave OF count12 IS
SIGNAL count_4: STD_LOGIC_VECTOR(3 downto 0);
```

```
BEGIN
   qa<=count_4(0);
   qb<=count_4(1);
   qc<=count_4(2);
   qd<=count_4(3);
  PROCESS(clk,reset)
    BEGIN
      IF (reset='0') THEN
         count_4<="0000";
      ELSIF(clk'event AND clk='1') THEN
         IF(en='1') THEN
           IF(count_4="1011") THEN
             count_4<="0000";
           ELSE
             count_4<=count_4+'1';
           END IF;
          END IF;
       END IF;
   END PROCESS;
END behave;
```

例 10.22 用 VHDL 语言描述可预置数的六十进制计数器。端口引脚管脚定义：

clk	时钟
bcd1wr	个位预置数控制
bcd10wr	十位预置数控制
datain	预置数据
cin	进位输入(计数脉冲)
co	进位输出
bcd1p	个位数据输出
bcd10p	十位数据输出

```
LIBRARY IEEE;
USE IEEE.STD_LOGIC_1164.ALL;
USE IEEE.STD_LOGIC_UNSIGNED.ALL;
ENTITY count60 IS
PORT(clk,bcd1wr,bcd10wr,cin: in STD_LOGIC;
     co: out STD_LOGIC;
     datain: in STD_LOGIC_VECTOR(3 downto 0);
     bcd1p: out STD_LOGIC_VECTOR(3 downto 0);
    bcd10p: out STD_LOGIC_VECTOR(2 downto 0));
END count60;

ARCHITECTURE behave OF count60 IS
SIGNAL bcd1n: STD_LOGIC_VECTOR(3 downto 0);
SIGNAL bcd10n: STD_LOGIC_VECTOR(2 downto 0);
```

```
BEGIN
    bcd1p<=bcd1n;
    bcd10p<=bcd10n;
kk1:  PROCESS(clk,bcd1wr)
     BEGIN
       IF (bcd1wr='1') THEN
          bcd1n<=datain;
       ELSIF(clk'event AND clk='1') THEN
            IF (cin='1') THEN
                IF(bcd1n="1001" ) THEN
                   bcd1n<="0000";
                ELSE
                   bcd1n<=bcd1n+'1';
                END IF;
            END IF;
         END IF;
    END PROCESS kk1;

  kk2:  PROCESS(clk,bcd10wr)
     BEGIN
       IF (bcd10wr='1') THEN
          bcd10n<=datain(2 downto 0);
       ELSIF(clk'event AND clk='1') THEN
             IF(cin='1') AND (bcd1n="1001") THEN
                IF(bcd10n="101") THEN
                   bcd10n<="000";
                ELSE
                   bcd10n<=bcd10n+'1';
                END IF;
             END IF;
         END IF;
    END PROCESS kk2;

 kk3: PROCESS(bcd10n,bcd1n,cin)
   BEGIN
     IF(cin='1' AND bcd1n="1001" AND bcd10n="101") THEN
       co<='1';
     ELSE
       co<='0';
     END IF;
   END PROCESS kk3;
 END behave;
```

习　　题

10.1　简述与或阵列型可编逻辑器件的原理、结构特点。

10.2　利用 PROM 器件实现下列逻辑函数,并画出编程阵列图。

(1) $F_1 = \sum m(3,4,6,7,12,14)$;

(2) $F_2 = \sum m(0,2,3,4,7,8,12)$;

(3) $F_3 = \sum m(1,3,7,9,11,15)$。

10.3　用 PROM 实现下列逻辑函数:

$$F_1 = \overline{A}\overline{B}C + A\overline{C} + \overline{A}BC, \quad F_2 = \overline{A}BC + AC + BCD + \overline{ABC + BD}$$

10.4　试用 PROM 器件设计一个 4 位二进制同步加法计数器。

10.5　用 PLA(与、或阵列均可编程的可编程逻辑器件)实现的组合逻辑电路如题图 10.5 所示,分析电路的逻辑功能 。

10.6　用 PLA(与、或阵列均可编程的可编程逻辑器件)实现的显示译码电路如题图 10.6 所示。

(1) 根据 PLA 结构写出函数 a、b、c、d、e、f、g 的逻辑表达式。

(2) 分析电路功能,说明当输入变量 ABCD 从 0000 变化到 1111 时,abcdefg 后接的七段 LED 数码管显示的相应字形。

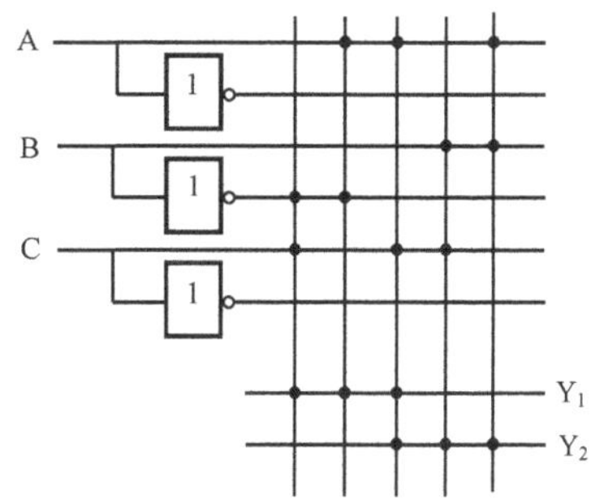

题图 10.5

10.7　试说明 GAL 和 PROM 在电路结构上有何不同。

10.8　试配置 GAL OLMC(12)的五种工作模式,画出电路图。

10.9　试用 GAL16V8 器件实现一个 3 线-8 线译码器。

10.10　试用 GAL16V8 器件设计一个十进制同步加法计数器。

10.11　简述 ispLSI 1016 的组成,各部分的功能。

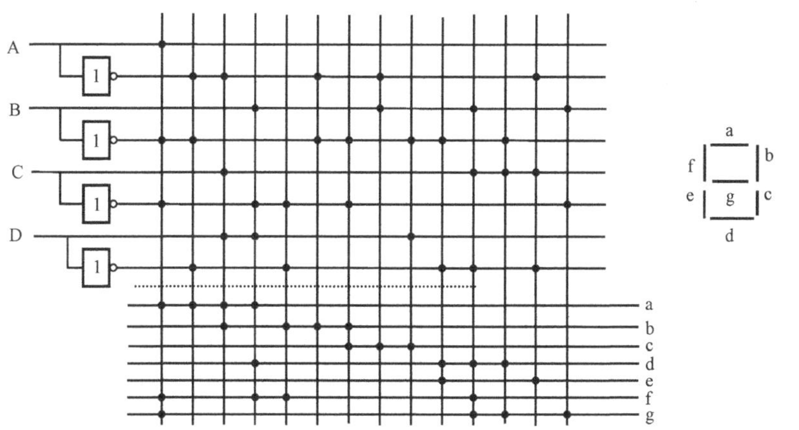

题图 10.6

10.12　解释在系统编程的含义。为什么 ispLSI 1016 可以在系统编程?

10.13　PROM 、PLA、PAL、GAL、CPLD 、FPGA 中,哪些是高密度 PLD? 哪些是低密度 PLD?

10.14　简述 FPGA 的工作原理。

10.15　比较快速互连 FPGA 和分段互连 FPGA 的特点。

10.16　分别说明可编程逻辑器件 PROM、PLA、PAL、GAL、CPLD 及 FPGA 各自的特点。

10.17　在下列应用场合,选用哪类 PLD 最为适合。

(1) 小批量定型的产品中的中小规模逻辑电路。

(2) 产品研制过程中需要不断修改的中小规模逻辑电路。

(3) 要求能以遥控方式改变其逻辑功能的逻辑电路。

10.18 常用的在系统可编程逻辑器件有哪些？各有什么特点？其与 RAM 有什么区别？

10.19 用 MUX+PLUS II(或其替代软件 QUARTUS II)设计一个一位全加器电路，并进行仿真分析。

10.20 简述 VHDL 的功能和基本结构。

10.21 用 VHDL 语言描述一个 2 输入同或门电路。

10.22 用 VHDL 语言描述 8 线-3 线优先编码器。

10.23 用 VHDL 语言描述具有异步复位/置位功能的 D 触发器。

10.24 用 VHDL 语言描述一个 5 进制加法计数器。

10.25 分析下面的 VHDL 语言程序，说明该程序描述的是什么逻辑功能的电路。

端口引脚定义： reset ——复位

en ——计数控制

clk ——时钟

qa,qb,qc,qd ——计数器输出

```
LIBRARY ieee;
use ieee.std_logic_1164.all;
use ieee.std_logic_unsigned.all;
entity count12 is
port(clk,reset,en: in std_logic;
     qa,qb,qc,qd: out std_logic);
end count12;
architecture behave of count12 is
signal count_4: std_logic_vector(3 downto 0);
begin
   qa<=count_4(0);
   qb<=count_4(1);
   qc<=count_4(2);
   qd<=count_4(3);
 process(clk,reset)
     begin
       if (reset='0') then
          count_4<="0000";
       elsif(clk'event and clk='1') then
          if(en='1') then
             if(count_4="1011") then
               count_4<="0000";
             else
               count_4<=count_4+'1';
             end if;
          end if;
       end if;
   end process;
end behave;
```

第 11 章　数模与模数转换器

学习本章后，读者将了解：

- 数模和模数转换的作用；
- 倒 T 型数模转换器和权电流型数模转换器；
- 模数转换原理：采样、保持、量化和编码；
- 采样定理；
- 并行比较模数转换器、逐次比较模数转换器和双积分模数转换器；
- 数模和模数转换器的主要技术指标。

将数字信号转换为模拟信号的电路称为数模转换器(digital to analog converter，DAC)，而将模拟信号转换为数字信号的电路则称为模数转换器(analog to digital converter，ADC)。它们是利用数字系统处理模拟信号所必需的电路。本章介绍 DAC 和 ADC 的电路原理、常用集成器件和应用。

11.1　数模和模数转换的作用

通过前面章节的学习知道，数字系统信息处理能力强、精度高；稳定可靠，抗噪声和抗干扰能力强；具有灵活的可编程性。在国防、工业和文化生活中得到广泛的应用，成为现代电子技术应用的主流。

图 11.1.1 所示为一个工业控制系统框图。输入信息是生产过程中的各种物理量，如电压、电流、功率以及压力、流量、速度、温度、转角等模拟电量，通常还有频率、开关状态和其他数据源的数字量。变换器将电量变换为适当大小的电量，传感器则将非电量转换为电量。经低通滤波器消除高频干扰和噪声后，送模数转换器转换为数字量。数字处理子系统根据生产过

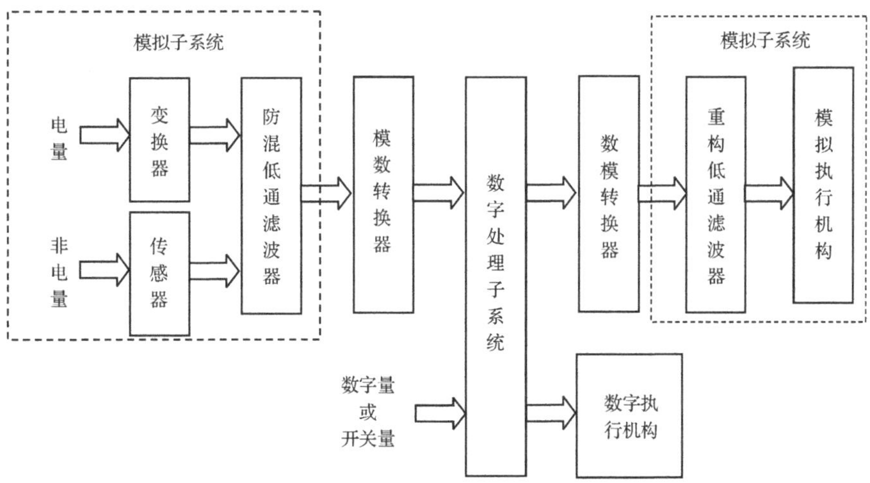

图 11.1.1　工业控制系统框图示例

程的要求，采取适当的控制策略对各种输入量进行适当的数学运算和逻辑运算，输出满足控制要求的数字量，直接控制数字执行机构，或者通过数模转换器转换成模拟量，经重构低通滤波器平滑滤波后控制模拟执行机构。执行机构调整生产过程的物理量，形成闭环控制系统（当然也可以是开环系统），满足生产要求。数字处理子系统可以是工业控制计算机（IPC）、单片机、数字信号处理器和可编逻辑控制器，甚至可以扩展到计算机网络。除了执行控制策略外，数字处理子系统还有各种物理量的显示（测量）、手动控制和报警等功能。

综上所述，数模、模数转换器是模拟系统与数字系统的桥梁，称为接口电路。它们是用数字系统处理模拟信号所必需的电子电路。

为了保证控制系统的准确性和快速性，DAC 和 ADC 必须有足够的转换精度和足够快的转换速度。因此，转换精度和转换速度是评价 DAC 和 ADC 性能的主要技术指标。

11.2　数模转换器

数模转换器（DAC）的输入是二进制数字量，其输出是与输入数字量成比例的模拟电压或电流。DAC 框图如图 11.2.1 所示。n 位输入数字量被锁存于寄存器中，分别控制 n 个模拟电子开关（开关网络）的通断；对每一次确定的数字量输入，解码网络和开关网络组成相应的线性电路，输出与对应数字量和基准电压成正比的电压或电流。基准电源电路保证基准电压稳定为常数，从而实现数字量到模拟量的转换。

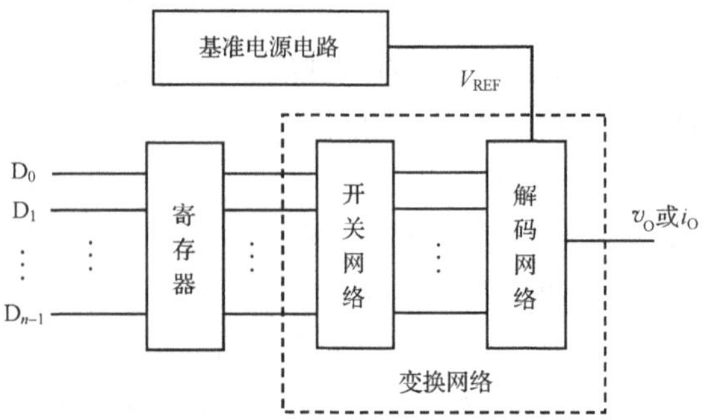

图 11.2.1　DAC 框图

DAC 电路的核心是由开关网络和解码网络组成的变换网络。根据变换网络的结构，DAC 分为倒 T 形电阻网络 DAC、权电流型 DAC、T 形电阻网络 DAC、权电阻网络 DAC、权电容网络 DAC 和开关树型 DAC。本节介绍倒 T 形电阻网络 DAC 和权电流型 DAC。

11.2.1　倒 T 形电阻网络 DAC

1. 工作原理

4 位倒 T 形电阻网络 DAC 电路如图 11.2.2 所示。输入数字量控制单刀双置开关（模拟电子开关 S_i）。如果 $D_i=1$，开关的定端“O”与运放的反相输入端 N 相连；如果 $D_i=0$，开关的定端与运放的同相输入端 P 相连。由于运放为深度负反馈，其反相输入端为虚地，开关的 3 个触点电位近似为 0。解码网络是电阻 R 和 $2R$ 组成的倒 T 形电阻网络，其每个节点（1、2、3、4）对地的并联支路等效电阻为 R。基准电压 V_{REF} 输出电流为 $I=V_{REF}/R$，并在电阻 $2R$ 上产生按 2^{-n} 递减的权电流：$I/2$、$I/4$、$I/8$、$I/16$ 和 $I/16$（终端电流）。通过单刀双置开关将并联电阻上

的电流引导到运放的反相输入端，产生输出电压，即

$$I=\frac{V_{REF}}{R}$$

$$I_{O1}=D_3\frac{I}{2}+D_2\frac{I}{4}+D_1\frac{I}{8}+D_0\frac{I}{16}$$

$$=\frac{I}{2^4}(2^3D_3+2^2D_2+2^1D_1+2^0D_0)=\frac{I}{2^4}\sum_{i=0}^{4-1}2^iD_i$$

$$v_O=-R_fI_{O1}=-\frac{R_f}{R}\cdot\frac{V_{REF}}{2^4}\sum_{i=0}^{4-1}2^iD_i$$

所以，输出电压与输入自然二进制数成正比，实现数模转换。注意，如果模拟电子开关可双向传递电流，则倒 T 形电阻网络 DAC 的基准电压 V_{REF} 可正可负。

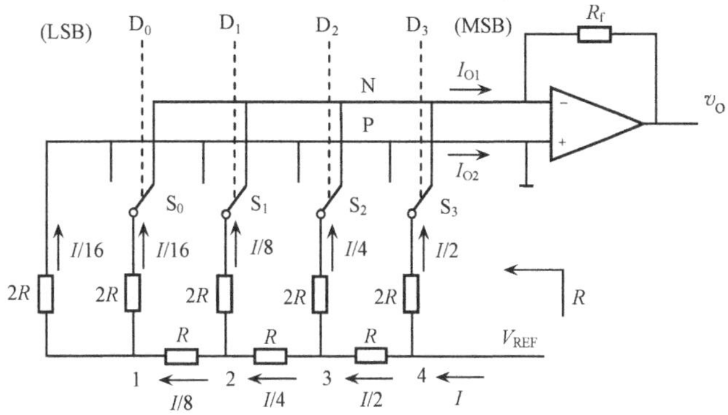

图 11.2.2　4 位倒 T 形电阻网络 DAC

推广到一般情况，n 位倒 T 形电阻网络 DAC 的输出电压为

$$v_O=-\frac{R_f}{R}\cdot\frac{V_{REF}}{2^n}\sum_{i=0}^{n-1}2^iD_i=-KB_Z \tag{11.2.1a}$$

$$B_Z=\sum_{i=0}^{n-1}2^iD_i \tag{11.2.1b}$$

$$K=\frac{R_f}{R}\cdot\frac{V_{REF}}{2^n} \tag{11.2.1c}$$

B_Z 是 n 位自然二进制数，K 是 1 个单位数字量对应的输出电压的绝对值，称为单位电压，常记为 LSB。二进制位数越多，单位电压越小，逼近模拟信号的精度越高。

单刀双置开关可以用双极型晶体管或 MOS 管实现。图 11.2.3 示出 CMOS 模拟电子开关，它由一个 CMOS 反相器和两个 NMOS 开关管组成。数字量 D_i 控制 NMOS 开关管 T_{N1} 和 T_{N2}。如果 $D_i=1$，T_{N1} 导通，T_{N2} 截止，固定端 A 与 N(运放的反相端)相连；如果 $D_i=0$，T_{N1} 截止，T_{N2} 导通，固定端 A 与 P(运放的同相端)相连。

2. 单片集成 DAC

单片集成倒 T 形电阻网络 DAC 芯片有 AD7520(10 位 DAC)、DAC1210H(12 位 DAC)和 AK7546(16 位 DAC)等。AD7520 内部集成 10 位倒 T 形电阻网络 DAC 和 CMOS 模拟开关网络，外部只需连接 1 个运放即可构成 10 位数模转换器，如图 11.2.4 所示。图中是按管脚顺序绘出 AD7520 的。

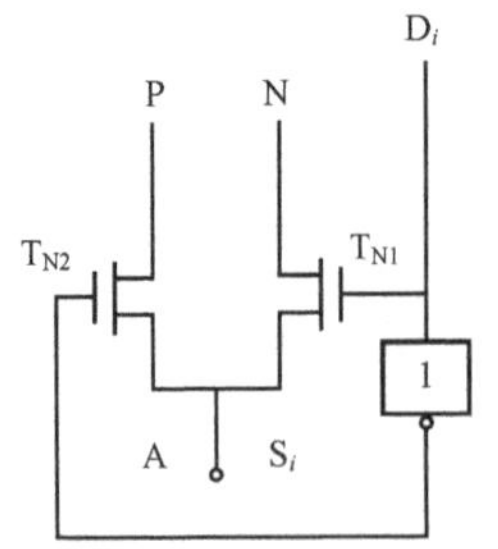

图 11.2.3　CMOS 模拟开关

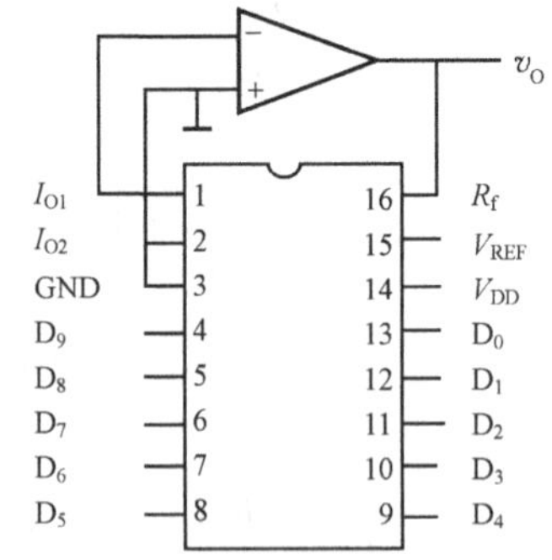

图 11.2.4　AD7520 的管脚图

AD7520 的反馈电阻 R_f 与倒 T 形电阻网络的 R 相等，因此，输出电压为

$$v_O = -\frac{V_{REF}}{2^{10}}\sum_{i=0}^{10-1}2^i D_i = -\frac{V_{REF}}{1024}\sum_{i=0}^{9}2^i D_i$$

与输入 10 位自然二进制数成正比。基准电压 V_{REF} 可正可负。如果用另一个 DAC 的输出替换 V_{REF}，则可实现两个数字量之积的数模转换。

DAC 的应用很广泛，图 11.2.5(a)所示为斜坡发生器框图。10 位二进制计数器对周期脉冲 CP 计数，输出自然二进制码，DAC 将其转换为阶梯电压，近似线性电压输出，如图 11.2.5(b)所示。阶梯高度为单位电压 LSB

$$\text{LSB} = \frac{|V_{REF}|}{2^{10}} = \frac{5}{2^{10}} = 4.88(\text{mV})$$

单位电压越小，阶梯电压近似线性电压的精度越高。为了消除阶梯跳变，DAC 输出可增加低通滤波器(称为重构低通滤波器)。

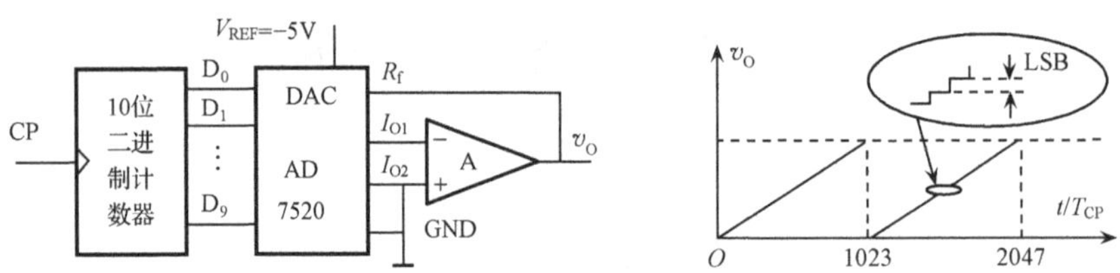

(a) 原理框图　　(b) 波形

图 11.2.5　斜坡电压发生器

11.2.2　权电流型 DAC

在倒 T 形电阻网络 DAC 中，由于模拟电子开关的导通电阻不等，使得电阻网络不能准确地按 R-$2R$ 构成，导致并联电阻的电流偏离权电流值($I/2$，$I/4$，$I/8$，$I/16$，…)，使输出产生误差。为克服这一缺点，用多路电流源产生准确的权电流，形成权电流型 DAC，如图 11.2.6 所示。

由电路可知，晶体管 T_R、T_3、T_2、T_1、T_0 和 T_C 的射极电位相等(V_E)，忽略静态偏置电流 I_{B0}，它们的射极到负电源($-V_{EE}$)间的等效电阻依次为 R、$2R$、$4R$、$8R$、$16R$(按 2^n 递增的电阻称为权电阻)和 $16R$。例如，计算 T_2 的射极到负电源($-V_{EE}$)间的等效电阻的电路如图 11.2.7 所示。等效电阻为

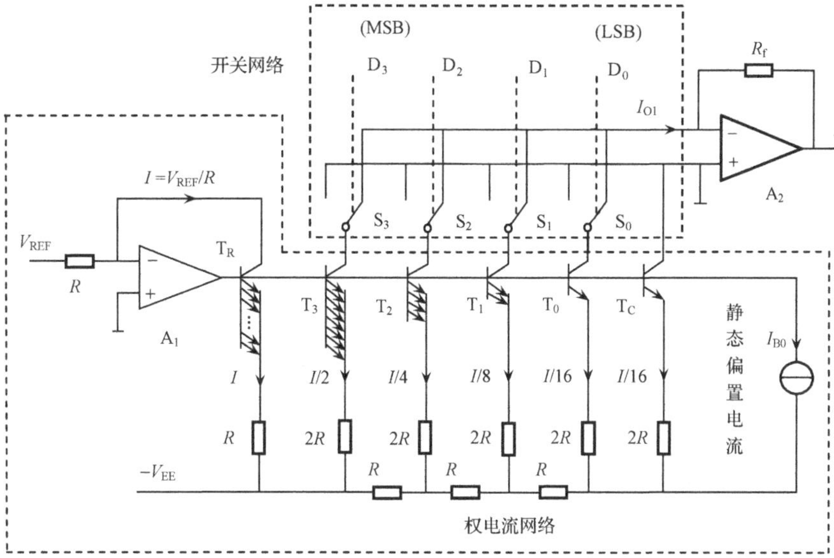

图 11.2.6　4 位权电流型 DAC

$$R_{E2}=\frac{V_E-(-V_{EE})}{I_E}=\frac{2RI_E+R\cdot 2I_E}{I_E}=4R$$

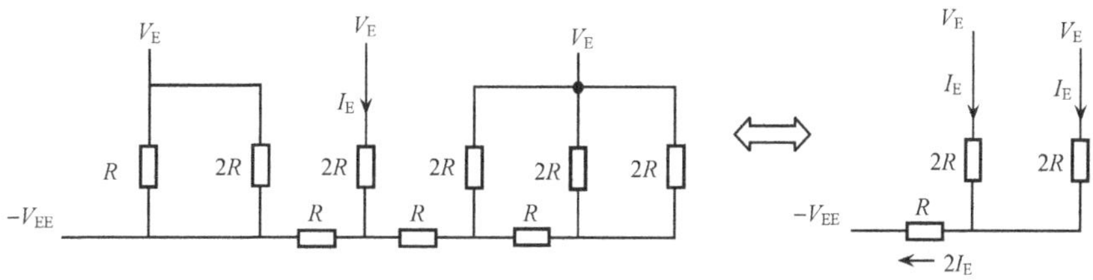

图 11.2.7　计算 T_2 射极到负电源间的等效电阻

由于晶体管 T_R、T_3、T_2、T_1、和 T_0 的射极到负电源间的等效电阻按权电阻增加，它们的射极电流分别为 I、$I/2$、$I/4$、$I/8$、和 $I/16$。T_C 的射极电流等于 T_0 的射极电流($I/16$)。其中 I 为 T_k 的射极电流

$$I=\frac{V_{REF}}{R}$$

采用多发射极晶体管保证每个晶体管的发射结电位相等。当 T_R、T_3、T_2、T_1、T_0 和 T_C 的单位发射结数依次为 16、8、4、2、1 和 1 时，每个发射结通过的电流相等，故结压降相同。

权电流网络输出到开关网络的权电流为 I、$I/2$、$I/4$、$I/8$。所以，输出电压为

$$I_{O1}=-\left(D_3\frac{I}{2}+D_2\frac{I}{4}+D_1\frac{I}{8}+D_0\frac{I}{16}\right)$$

$$=-\frac{I}{2^4}(2^3D_3+2^2D_2+2^1D_1+2^0D_0)=-\frac{I}{2^4}\sum_{i=0}^{4-1}2^iD_i$$

$$v_O=-R_fI_{O1}=\frac{R_f}{R}\cdot\frac{V_{REF}}{2^4}\sum_{i=0}^{4-1}2^iD_i$$

即输出电压与输入自然二进制数成正比，实现数模转换。注意，由于多路电流源输出电流是单

向的，权电流型 DAC 的基准电压 V_{REF} 只能为正。

推广到一般情况，n 位权电流型 DAC 的输出电压为

$$v_O = \frac{R_f}{R} \cdot \frac{V_{REF}}{2^n} \sum_{i=0}^{n-1} 2^i D_i = KB_Z \tag{11.2.2a}$$

$$B_Z = \sum_{i=0}^{n-1} 2^i D_i \tag{11.2.2b}$$

$$K = \frac{R_f}{R} \cdot \frac{V_{REF}}{2^n} \tag{11.2.2c}$$

B_Z 是 n 位自然二进制数，K 是 1 个单位数字量对应的输出电压，称为单位电压，常记为 LSB。

单片集成权电流型 DAC 的芯片有 AD1408、DAC0806 和 DAC0808 等。

11.2.3 DAC 的双极性输出

因为 n 位自然二进制数 B_Z 的值域是 $[0, 2^n - 1]$，所以，前述的 DAC 的输出电压都是单极性的。如果单极性输出电压减去 B_Z 的中值 B_{ZZ} 对应的输出电压值，则变为双极性输出电压。以权电流型 DAC 为例，输出电压减去中值 B_{ZZ} 对应的输出电压值为

$$v_O = KB_Z - KB_{ZZ} = KB_Z - K\frac{2^n}{2} = K(B_Z - 2^{n-1}) = KB_P$$

$$B_P = B_Z - 2^{n-1}$$

B_P 称为偏移二进制码，其值域为 $[-2^{n-1}, 2^{n-1}-1]$，故输出变为双极性电压。偏移二进制码 B_P 是一种有符号二进制数，其最高位是符号位(1 表示正，0 表示负)。实现将偏移二进制码转换为模拟量的 4 位权电流型双极性 DAC 电路如图 11.2.8所示。与图 11.2.6 比较，除了在基准电压 V_{REF} 到运放 A_2 的反相端之间增加一个电阻 $2R$ 外，其他不变。输出电流和电压为

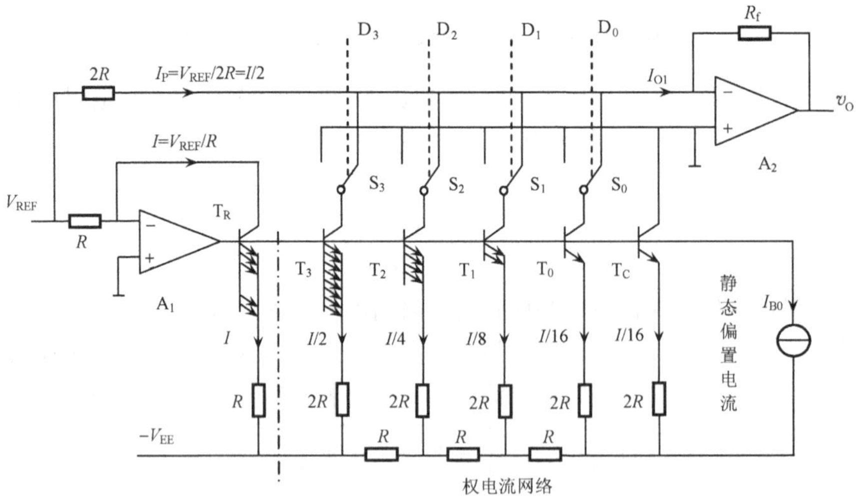

图 11.2.8　4 位权电流型双极性 DAC(偏移二进制码)

$$I_{O1} = -\left(D_3\frac{I}{2} + D_2\frac{I}{4} + D_1\frac{I}{8} + D_0\frac{I}{16}\right) + \frac{I}{2}$$

$$=-\frac{I}{2^4}\left(\sum_{i=0}^{4-1}2^i\mathrm{D}_i-2^3\right)=-\frac{V_{\mathrm{REF}}}{2^4R}\left(\sum_{i=0}^{4-1}2^i\mathrm{D}_i-2^3\right)$$

$$v_{\mathrm{O}}=-R_{\mathrm{f}}I_{\mathrm{O1}}=\frac{R_{\mathrm{f}}}{R}\cdot\frac{V_{\mathrm{REF}}}{2^4}\left(\sum_{i=0}^{4-1}2^i\mathrm{D}_i-2^3\right)$$

$$=\frac{R_{\mathrm{f}}}{R}\cdot\frac{V_{\mathrm{REF}}}{2^4}(B_{\mathrm{Z}}-2^{4-1})$$

$$=\frac{R_{\mathrm{f}}}{R}\cdot\frac{V_{\mathrm{REF}}}{2^4}B_{\mathrm{P}}$$

如此，电路将输入自然二进制码转变为偏移二进制码，输出为双极性电压。

有符号二进制数常用的编码是补码。n 位补码的最高位是符号位，值域也是$[-2^{n-1},2^{n-1}-1]$。比较补码与偏移二进制码发现，二者只有符号位（最高位）不同，并且互为反相关系。因此，在偏移二进制码的双极性 DAC 电路中，增加一个反相器将最高有效位取反，就实现了输入为补码的双极性 DAC。例如，在图11.2.8中，D_3 的输入增加 1 个反相器，电路变为输入为补码的权电流型双极性 DAC。

如果集成 DAC 是单极性的，在芯片外部增加一个减法器，减去 DAC 输出电压范围的中值，可实现双极性输出。

11.2.4 DAC 的主要技术指标

评价 DAC 性能的主要技术指标是转换精度和转换速度。

1. 转换精度

通常用分辨率和转换误差描述 DAC 的转换精度。

输出电压范围可能被等分的数目定义为 DAC 的分辨率。参考式（11.2.1a）～式（11.2.1c）或式（11.2.2a）～式（11.2.2c），一个 n 位二进制码 DAC 理论上可将输出电压范围分为 2^n-1 等份，故分辨率为 2^n-1，简述为 n 位分辨率。

分辨率还可定义为最小输出电压变化量与输出电压变化幅度之比的绝对值。参考式（11.2.1a）～式（11.2.1c）或式（11.2.2a）～式（11.2.2c），一个 n 位二进制码 DAC 的输出电压变化幅度与输入数字量的变化幅度（2^n-1）成正比，最小输出电压变化量与输入数字量变化 1 个单位成正比。所以，分辨率也可表达为

$$\text{分辨率}=\left|\frac{\text{最小输出电压变化量}}{\text{输出电压变化幅度}}\right|=\frac{1}{2^n-1}$$

分辨率表示 DAC 在理论上可能达到的精度。实际的精度与 DAC 的电路结构和工作环境有关。它们是基准电压、电阻、模拟开关、运放的特性和工作温度等。这些元件的非理想性使输出电压偏离理论值，产生转换误差。

比例系数误差反映基准电压 V_{REF} 偏离理论值，使 DAC 的比例系数 K 产生误差。参考式（11.2.1a）～式（11.2.1c）或式（11.2.2a）～式（11.2.2c），K 与 V_{REF} 是线性关系，所以，比例系数误差是线性误差。

非线性误差则主要是电阻网络、电流源和模拟开关等引起的，它们通过不同的途径影响 K 的电阻值。由于元件参数偏离理论值，并且元件的电路位置不同，对输出电压的影响是非线性的。通常用输出电压范围内的最大非线性误差描述对 DAC 的影响。

失调误差是由运放的零点漂移引起的，其大小与输入数字量无关，它使输出电压偏移一个微小量。

转换误差是比例系数误差、非线性误差和失调误差的绝对值之和。通常，DAC 的转换误差的绝对值小于 $\frac{1}{2}$LSB。

综上所述，选择高稳定度的基准电压和低漂移的运放，与分辨率高、误差小的 DAC 芯片配合，才能组成转换精度高的数模转换器。

2. 转换速度

DAC 的转换速度是指完成一次数模转换所需的时间。常用建立时间和转换速率描述。

建立时间 t_s 定义为从输入数字量突变开始到输出达到稳定值规定的误差带之内所需的最大时间。规定的误差带一般为±1/2 LSB，输入数字量突变通常是由全 0 变全 1。目前，在不包含运放的单片集成 DAC 中，建立时间最短可达 0.1μs 以内；在包含运放的集成 DAC 中，建立时间最短可达 1.5μs 以内。

转换速率 SR 是指输出电压的最大变化率。在外接运放的 DAC 中，完成一次数模转换的最大时间为

$$T_{TR(max)} = t_s + V_{o(max)}/SR$$

$V_{o(max)}$是输出电压的最大变化幅度。

11.3 模数转换器

11.3.1 模数转换基础

与数模转换器相反，模数转换器(ADC)的输入是时间和幅值均连续的模拟信号，输出则是模拟信号所对应的数字量。因此，模数转换必须完成对模拟量的时间和幅值进行双重离散化的任务。通过取样和保持完成对时间的离散化；通过量化和编码完成对幅值的离散化。

1. 取样和保持

取样和保持在取样保持电路中完成。取样保持电路取出模拟信号(通常是电压信号)的样值，并保持一定时间供量化和编码电路将其转换为数字量。

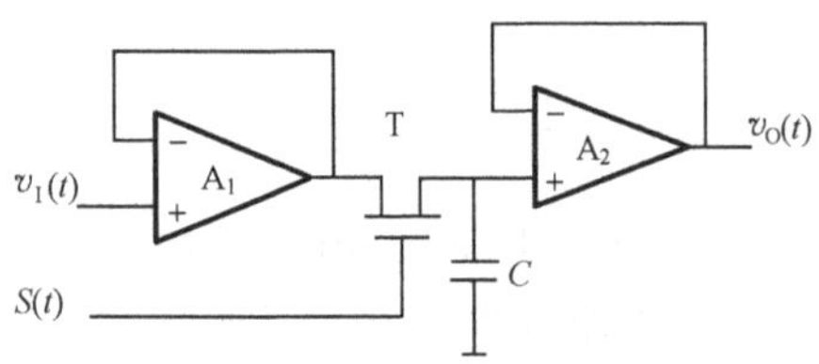

图 11.3.1 取样保持电路

图11.3.1所示为取样保持电路的原理图。通常对模拟信号的时间采用等间隔离散化。周期开关信号$S(t)$控制时间离散化过程：取样和保持。

在开关信号 $S(t)$的一个周期内，当 $S(t)=1$时，NMOS 开关管导通，电容充电。设充电时间常数为 0，则 $v_O(t) = v_I(t)$，实现对模拟输入信号的取样。

当 $S(t)=0$ 时，NMOS 管截止，电容保持取样阶段的终值电压，称为取样电压。在保持期内，$v_O(t) = v_I(nT_S)$。同时，量化和编码电路将取样电压 $v_O(nT_S) = v_I(nT_S)$ 转换为数字量。

图11.3.2所示为取样和保持电路的工作波形。因为量化和编码仅将取样电压转换为数字量，其他数值不予考虑。所以，理论上将采样保持电路的输出等效为离散的取样序列 $v_O(nT_S)$，作为原始的数字信号(见图 11.3.2 的最下面一个波形)。其中T_S 称为取样周期(开关信号 $S(t)$的周期)，$f_S=1/T_S$称为取样频率，nT_S 称为取样时刻。

2. 取样定理

当离散的取样序列与原始的模拟信号包含有相同的有效信息时，取样序列才能真正代表原始的模拟信号。

模拟信号包含的信息是频谱信息。同样，数字信号包含的信息也是频谱信息。如果取样序列包含原始模拟信号的频谱信息，则取样序列可真正代表原始的模拟信号。取样定理描述了取样序列包含原始模拟信号频谱的条件。

取样定理：设原始模拟信号具有频带有限的频谱，即频谱集中在$[-f_{imax}, f_{imax}]$之内，在$[-f_{imax}, f_{imax}]$之外频谱为0。如果取样频率大于等于原始模拟信号最高频率的2倍，则可用取样序列完全恢复原始的模拟信号，即当

$$f_S \geqslant 2f_{imax} \tag{11.3.1}$$

时，取样序列的频谱包含原始模拟信号的频谱。

如前所述，取样周期包含取样和保持，而量化和编码则在保持期内将模拟量转换为数字量。因此，如果取样频率过高，则保持时间短，不利于量化和编码。通常取$f_S=(3\sim5)f_{imax}$可满足工程要求。

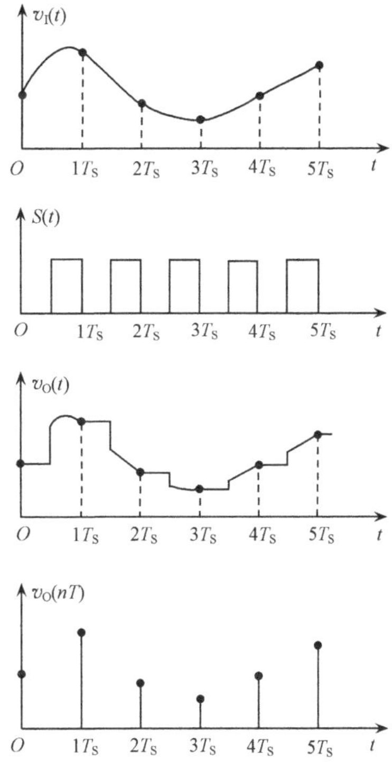

图 11.3.2　取样和保持波形

3. 防混滤波

除有效信号外，原始输入信号通常还包含有噪声和高频干扰信号。有效信号的频谱通常是频带有限的，而噪声信号的频谱则是无限的。根据取样定理，为了从取样序列中恢复有效信号，应对原始输入信号进行低通滤波。理想低通滤波的截止频率是有效信号的最高频率f_{imax}，从而可滤除干扰和噪声的频谱，避免它们混叠在取样序列的频谱中，保证取样序列的频谱主要包含有效信号的频谱。所以，消除频谱混叠的低通滤波称为防混滤波。

通常防混滤波器为二阶滤波器，经模数转换后，数字量仍然可能包含有较弱的噪声和干扰。所幸的是可以通过数字滤波方法抑制噪声和干扰。

4. 量化和编码

量化和编码在取样电压的保持期内进行，实现对模拟信号幅值的离散化，获得数字量。

数字量在其值域内是离散的，是规定的最小数量的整倍数。而模拟电压的幅值在其值域内是连续的，因此，取样电压的幅值也是连续的。为了将取样电压转换为数字量，首先选定适当的单位电压LSB，在取样电压的值域内形成间隔为LSB的离散电压，每个离散电压是LSB的整倍数。然后，将取样电压与离散电压比较，选择与取样电压差值（量化误差）最小的离散电压作为取样电压的近似值，并计算与LSB的倍数。最后，对倍数进行二进制编码（可以是自然二进制码、偏移二进制码和补码等），获得数字量。求得单位电压的倍数的过程称为量化。前述量化中，因离散电压间隔相等而称为均匀量化，如果离散电压的间隔不等则称为非均匀量化。

例 11.1 设模拟电压的值域是[0,1]V,试对其离散为 3 位自然二进制数。

解 选择单位电压为

$$\mathrm{LSB}=\frac{2}{2^{n+1}-1}=\frac{2}{2^{3+1}-1}=\frac{2}{15}(\mathrm{V})$$

在[0,1]V 中插入 $2^n-1=7$ 个离散电平:2/15,4/15,…,14/15。按与离散电平误差最小的原则对模拟量离散化,并按 3 位自然二进制数编码,如图 11.3.3 所示。这种方法的最大量化误差为 LSB/2。

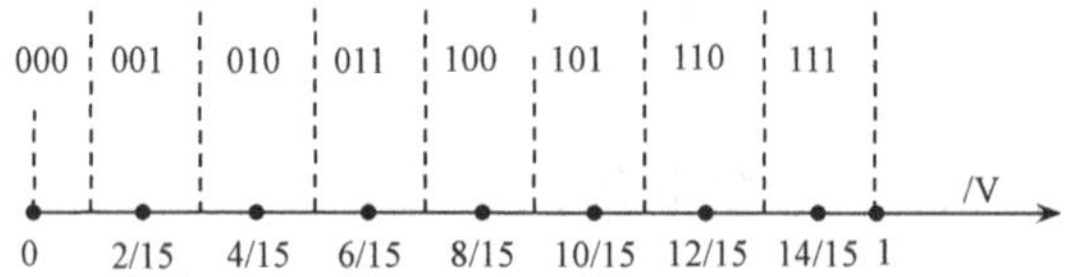

图 11.3.3 [0,1]V 模拟的量化和编码

综上所述,按取样、保持、量化和编码 4 个步骤实现模数转换。在取样保持电路中完成取样和保持,实现模拟量的时间离散化。在保持期内完成量化和编码,实现对模拟量的幅值离散化。量化和编码是模数转换的关键过程,习惯上,称实现量化和编码的电路为模数转换器(ADC)。注意,广义的模数转换器包含取样保持电路和狭义的模数转换器。

5. 模数转换器(ADC)的分类

量化和编码电路(下述为 ADC),按工作原理分为直接型 ADC 和间接型 ADC。直接型 ADC 将模拟信号(通常是电压)直接转换为数字信号,模数转换速度较快。典型电路有并行比较 ADC、逐次比较 ADC 等。而间接型 ADC 则是先将模拟信号转变为中间电量(如时间或频率),然后再将中间电量转换为数字信号,转换速度比直接型 ADC 慢。典型电路有双积分 ADC、电压频率转换 ADC。下面介绍并行比较 ADC、逐次比较 ADC 和双积分 ADC。

11.3.2 并行比较 ADC

并行比较 ADC 直接将取样电压转换为与之对应的数字量,转换速度最快。图 11.3.4 所示为 3 位并行比较 ADC 的电路原理图。电路由电压比较器、寄存器和编码器组成。

输入电压 $v_I(nT_S)$ 作用到 7 个电压比较器的反相输入端,设输入电压的值域是 $[0,V_{FSR}]$V,其中 V_{FSR} 称为满量程电压。取基准电压 $V_{REF}=V_{FSR}$,并用精密电阻对基准电压分压,为 7 个反相电压比较器提供稳定的比较器参考电压,如图 11.3.4 所示。比较器的 7 个参考电压建立了类似于图 11.3.3 中电压轴的 7 个刻度值(长虚线对应处),通过 7 个比较器的输出组合可以确定输入电压 $v_I(nT_S)$ 所处的坐标位置,实现了对输入电压的量化。例如,当 $C_7=C_6=C_5=C_4=C_3=C_2=C_1=0$ 时,表示输入电压在 $\left(\frac{13}{15}V_{REF},\frac{15}{15}V_{REF}\right)$ 内;当 $C_7=1$、$C_6=C_5=C_4=C_3=C_2=C_1=0$ 时,表示输入电压在 $\left(\frac{11}{15}V_{REF},\frac{13}{15}V_{REF}\right)$ 内;……寄存器在时钟的上升沿锁存 7 个电压比较器的结果(即量化结果)。然后,优先编码器 74148 对量化结果进行编码,其输出是自然二进制码的按位取反(称为反码)。

综上所述,输出二进制码与输入电压的关系如表 11.3.1 所示。由表11.3.1得

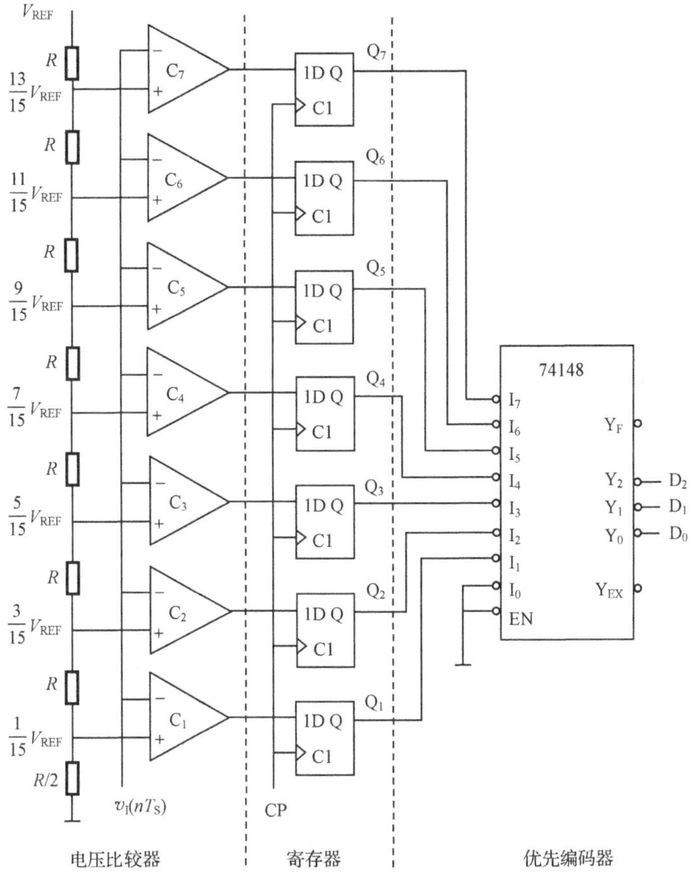

图 11.3.4　3 位并行比较 ADC

表 11.3.1　图 11.3.4 的编码与输入电压的关系

输入电压 $v_I(nT_S)$	比较器和寄存器							优先编码器		
	Q_7	Q_6	Q_5	Q_4	Q_3	Q_2	Q_1	D_2	D_1	D_0
$(0\sim1)\cdot(V_{REF}/15)$	1	1	1	1	1	1	1	1	1	1
$(1\sim3)\cdot(V_{REF}/15)$	1	1	1	1	1	1	0	1	1	0
$(3\sim5)\cdot(V_{REF}/15)$	1	1	1	1	1	0	0	1	0	1
$(5\sim7)\cdot(V_{REF}/15)$	1	1	1	1	0	0	0	1	0	0
$(7\sim9)\cdot(V_{REF}/15)$	1	1	1	0	0	0	0	0	1	1
$(9\sim11)\cdot(V_{REF}/15)$	1	1	0	0	0	0	0	0	1	0
$(11\sim13)\cdot(V_{REF}/15)$	1	0	0	0	0	0	0	0	0	1
$(13\sim15)\cdot(V_{REF}/15)$	0	0	0	0	0	0	0	0	0	0

$$B_F = \bar{D}_2 2^2 + \bar{D}_1 2^1 + \bar{D}_0 2^0 = \left[\frac{v_I(nT_S)}{\frac{2}{15}V_{REF}} + 0.5\right] = \left[\frac{v_I(nT_S)}{LSB} + 0.5\right]$$

式中，B_F 是反码，“[ ]”表示对计算结果取最小整数，$LSB = \frac{2}{15}V_{REF}$ 表示单位电压。输出数字

量表示的取样电压是

$$v_I(nT_S) = \mathrm{LSB}\sum_{i=0}^{n-1}\bar{D}_i 2^i \pm e = \mathrm{LSB}\cdot B_F \pm e \tag{11.3.2a}$$

$$e_{max} = \frac{1}{2}\mathrm{LSB} \tag{11.3.2b}$$

所以,模数转换的最大误差是 $\frac{1}{2}\mathrm{LSB}$。

由于图 11.3.4 中有寄存器,当输入电压使比较器输出稳定后,CP 的上升沿即可锁存比较结果,编码器快速输出二进制码(数字量)。所以,并行比较 ADC 的转换速度很快,并且可以不用取样保持电路,它被寄存器替代。

单片集成并行比较 ADC 的产品有 AD9012(TTL 工艺/8 位)、AD9002(ECL 工艺/8 位)和 AD9020(TTL 工艺/10 位)等。

11.3.3 逐次比较 ADC

逐次比较模数转换原理与天平称量重物的方法类似。图 11.3.5 示出了称量 5.6kg 重物的示意图。重物置于天平的一个盘内;将砝码由重到轻依次试放入另一个盘内(砝码盘),重则取出,轻则保留,直到最小的砝码试放完毕。0 表示取出,1 表示保留,得到一组二进制数,该数乘以单位重量即是物重。在此过程中,砝码试放顺序是关键,即依权重顺序试放。

逐次比较 ADC 原理框图如图 11.3.6 所示。电压比较器相当于天平,取样电压相当于重物。数模转换器 DAC 将寄存器的二进制数转换为权重电压的和(n 倍的单位电压),相当于砝码盘。逐次比较控制逻辑依权重顺序(从最高有效位到最低有效位)和比较结果设置寄存器的二进制数,直到最低有效位比较结束,寄存器保存的数字即是与取样电压对应的数字量。

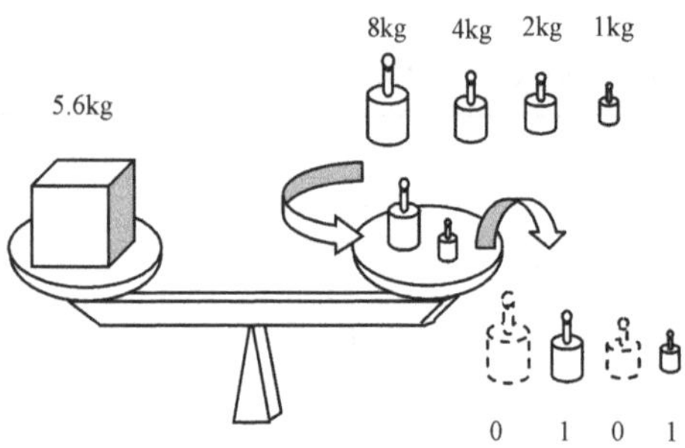

图 11.3.5 天平称量重物

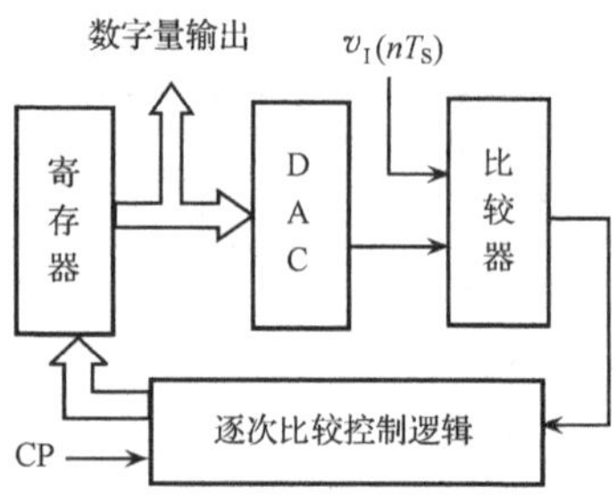

图 11.3.6 逐次比较原理

逐次比较控制逻辑是典型的顺序控制逻辑。第一步设置寄存器的最高有效位 1;第二步根据比较结果取舍比较位,并设置相邻低位为 1;重复第二步,直到最低有效位。因此,逐次比较控制逻辑可以采用顺序脉冲发生器和取舍组合逻辑电路实现。

综上所述,逐次比较 ADC 输出数字量的位数越多,转换时间越长。通常,其输入是取样保持电路输出的取样电压,保持时间大于逐次比较 ADC 的转换时间。即在进行模数转换时,取样电压 $v_I(nT_S)$ 保持不变。

图 11.3.7 所示为一个 4 位逐次比较 ADC 的电路原理图。4 个下降沿触发的 JK 触发器作为寄存器。除寄存器、4 位 DAC 和电压比较器外,其余部分组成逐次比较控制逻辑,由顺序

脉冲发生器和取舍组合逻辑组成。

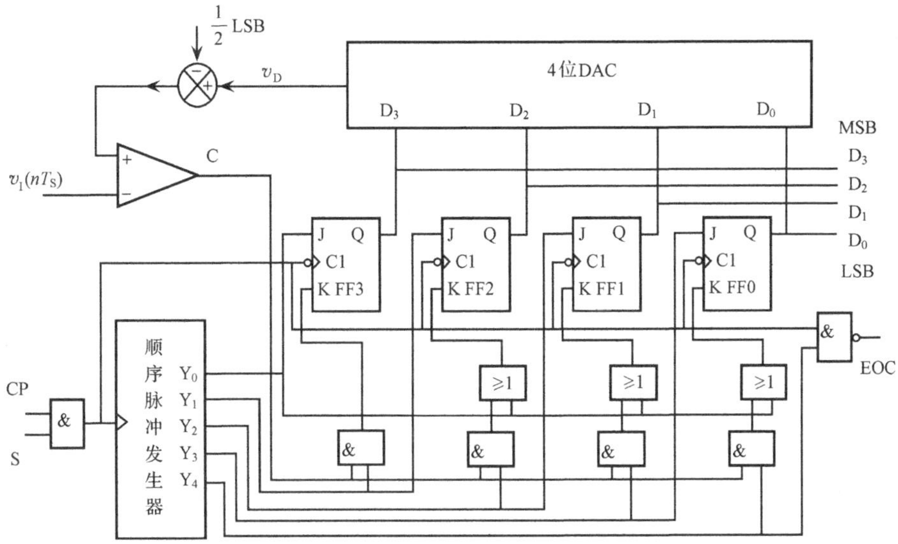

图 11.3.7　4 位逐次比较 ADC

在图 11.3.7 中，触发器驱动方程和状态方程为

$$
\begin{aligned}
&J_3=Y_0 \quad K_3=CY_1 \quad Q_3^{n+1}=Y_0\overline{Q_3^n}+\overline{CY_1}Q_3^n\\
&J_2=Y_1 \quad K_2=CY_2+Y_0 \quad Q_2^{n+1}=Y_1\overline{Q_2^n}+\overline{CY_2+Y_0}Q_2^n\\
&J_1=Y_2 \quad K_2=CY_3+Y_0 \quad Q_1^{n+1}=Y_2\overline{Q_1^n}+\overline{CY_3+Y_0}Q_1^n\\
&J_0=Y_3 \quad K_0=CY_4+Y_0 \quad Q_0^{n+1}=Y_3\overline{Q_0^n}+\overline{CY_4+Y_0}Q_0^n
\end{aligned}
\qquad (11.3.3)
$$

为了更清楚地了解逐次比较 ADC 的工作过程，下面举例说明。

设取样电压的满刻度电压 $V_{FSR}=7.75V$，$v_I(nT_S)=6.2V$。取 DAC 的单位电压 LSB 为

$$\text{LSB}=\frac{2}{2^{n+1}-1}V_{FSR}=\frac{15}{31}=0.5(\text{V})$$

则比较器同相端电压为（参考式(11.2.2a)～式(11.2.2c)）

$$v_P=v_D-\frac{1}{2}\text{LSB}=0.5\times(8D_3+4D_2+2D_1+D_0)-0.25 \qquad (11.3.4)$$

式中，电压偏移量 $-\frac{1}{2}$LSB 是为了减小转换误差而引入的。

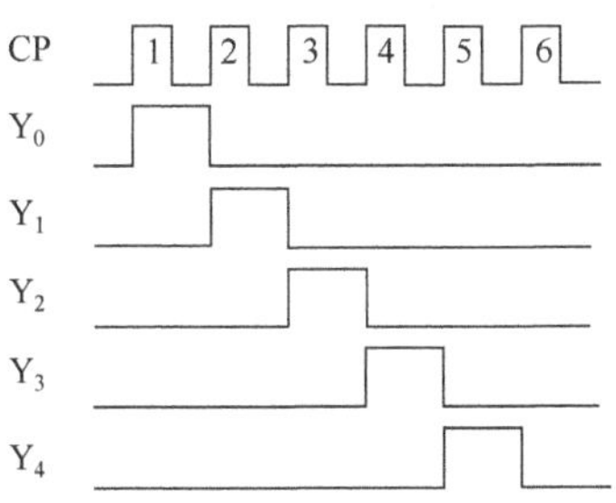

图 11.3.8　顺序脉冲发生器波形

S=1 启动逐次比较 ADC 工作。CP 脉冲的上升沿使顺序脉冲发生器按 Y_0、Y_1、Y_2、Y_3 和 Y_4 顺序输出宽度为一个时钟周期的高电平脉冲。如图 11.3.8 所示。

在顺序脉冲发生器的控制下，ADC 按下述顺序工作。

第一步，（图 11.3.8 中 CP 的第 1 个脉冲周期），$Y_0=1$，$Y_1=Y_2=Y_3=Y_4=0$，代入触发器的状态方程(11.3.3)式，在 CP 脉冲的下降沿使寄存器输出 $Q_3Q_2Q_1Q_0=1000$。4 位 DAC 的输入 $D_3D_2D_1D_0=Q_3Q_2Q_1Q_0$，代入(11.3.4)式，经 DAC 和电压偏移，得比较器同相端电压 $v_P=3.75V$。与取样电压 6.2V 比较，比较器输出 C=0，

说明 Q_3 应保留为 1(在下一步进行)。

第二步，$Y_0=0$，$Y_1=1$，$Y_2=Y_3=Y_4=0$、$C=0$，代入触发器的状态方程(11.3.3)式，在 CP 脉冲的下降沿使 $Q_3Q_2Q_1Q_0=1100$。4 位 DAC 的输入 $D_3D_2D_1D_0=Q_3Q_2Q_1Q_0$，代入(11.3.4)式，比较器同相端电压 $v_P=5.75V$。与取样电压 6.2V 比较，比较器输出 C=0，说明 Q_2 应保留为 1(在下一步进行)。

第三步，$Y_0=Y_1=0$，$Y_2=1$，$Y_3=Y_4=0$、$C=0$，代入触发器的状态方程(11.3.3)式，在 CP 脉冲的下降沿使 $Q_3Q_2Q_1Q_0=1110$。4 位 DAC 的输入 $D_3D_2D_1D_0=Q_3Q_2Q_1Q_0$，代入(11.3.4)式，比较器同相端电压 $v_P=6.75V$。与取样电压 6.2V 比较，比较器输出 C=1，说明 Q_1 应为 0(在下一步进行)。

第四步，$Y_0=Y_1=Y_2=0$，$Y_3=1$，$Y_4=0$、$C=1$，代入触发器的状态方程(11.3.3)式，在 CP 脉冲的下降沿使 $Q_3Q_2Q_1Q_0=1101$。4 位 DAC 的输入 $D_3D_2D_1D_0=Q_3Q_2Q_1Q_0$，代入(11.3.4)式，比较器同相端电压 $v_P=6.25V$。与取样电压 6.2V 比较，比较器输出 C=1，说明 Q_0 应为 0(在下一步进行)。

第五步，$Y_0=Y_1=Y_2=Y_3=0$，$Y_4=1$、$C=1$，代入触发器的状态方程(11.3.3)式，在 CP 脉冲的下降沿使 $Q_3Q_2Q_1Q_0=1100$，输出数字量 $D_3D_2D_1D_0=Q_3Q_2Q_1Q_0=1100$，是自然二进制码。

数字量(1100)与单位电压之积为 12×0.5=6(V)，与取样电压的误差为0.2V。所以，ADC 的输出数字量代表了取样电压。

推广到一般情况，逐次比较 ADC 的输出数字量表示的取样电压是

$$v_I(nT_S)=\mathrm{LSB}\cdot\sum_{i=0}^{n-1}D_i2^i\pm e=\mathrm{LSB}\cdot B_Z\pm e \tag{11.3.5a}$$

$$e_{\max}=\frac{1}{2}\mathrm{LSB} \tag{11.3.5b}$$

式中，e 是误差，$e_{\max}$是最大误差，B_Z 是自然二进制数。

常用的单片集成逐次比较 ADC 有 ADC0808/0809(8 位)、AD575(10 位)和 AD574A(12 位)等。

11.3.4 双积分 ADC

双积分 ADC 是间接型 ADC。它将取样电压转换为与之成正比的时间宽度，在此期间允许计数器对周期脉冲进行计数。计数器的二进制数就是取样电压对应的数字量。

图 11.3.9 所示为双积分 ADC 的电路原理图。电路主要由积分器、比较器、计数器、JK 触发器和控制开关组成。由 JK 触发器的输出 Q_S 控制单刀双置开关选择积分器的输入电压。当 $Q_S=0$ 时，积分器对取样电压 $v_I(nT_S)$ 做定时积分；当$Q_S=1$时，积分器对基准电压$-V_{REF}$做定压积分。$v_I(nT_S)$ 与$-V_{REF}$电压极性相反，这里设取样电压 $v_I(nT_S)$ 为正，则$-V_{REF}$为负。

1. 定时积分

在确定的时间内对取样电压进行积分即是定时积分。

启动信号 S 输入负窄脉冲(S=0)，使计数器、JK 触发器 Q_S 清零，开关 S_1 选择取样电压作积分器输入。同时开关 S_2 短暂闭合，使积分电容放电，$v_O=0$。负脉冲消失后(S=1)，开关 S_2 断开，积分器对取样电压做积分，积分器输出电压下降，$v_O<0$，比较器输出逻辑 1。允许 n 位二进制计数器对周期脉冲 CP 计数。当进位 C=1 时，下一个 CP 脉冲使计数器复零、JK 触发

器 $Q_S=1$，定时积分结束，定压积分开始。

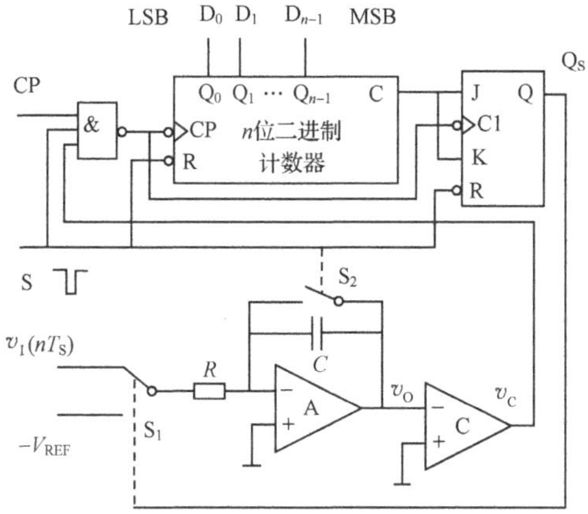

图 11.3.9 双积分 ADC 电路原理图

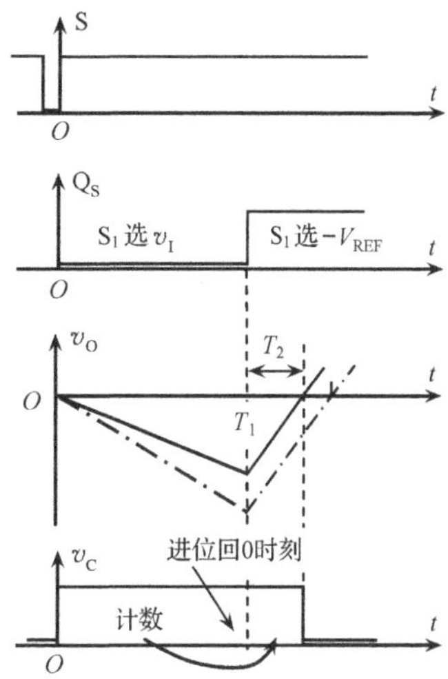

图 11.3.10 双积分 ADC 工作波形

取启动信号 S 的负脉冲刚消失的时刻为时间零点，并设时钟脉冲 CP 的周期为 T_{CP}。则对取样电压的积分时间为

$$T_1 = 2^n T_{CP}$$

是确定不变的。积分器输出电压为

$$v_O(t) = -\frac{1}{RC}\int_0^t v_I(nT_S)\mathrm{d}\tau + v_O(0) = -\frac{v_I(nT_S)}{RC}t$$

积分器输出电压与时间成线性关系，其斜率是负的，与取样电压 $v_I(nT_S)$ 和积分器的时间常数 RC 有关。$v_I(nT_S)$ 越大，负斜率也越大。定时积分的工作波形如图 11.3.9所示，图中绘出了两个取样电压的情况。

定时积分结束时的积分器输出电压为

$$v_O(T_1) = -\frac{v_I(nT_S)}{RC}T_1 = -\frac{2^n T_{CP}}{RC}v_I(nT_S)$$

与取样电压成正比。

2. 定压积分

在定时积分期间，当计数器的进位 C=1 时，下一个 CP 脉冲使计数器复零和 JK 触发器 $Q_S=1$，开关 S_1 选择基准电压 $-V_{REF}$，积分器开始对基准电压 $-V_{REF}$ 做定压积分。由于比较器输出逻辑 1，计数器从 0 继续计数。与此同时，积分器输出电压上升

$$v_O(t) = -\frac{1}{RC}\int_{T_1}^t (-V_{REF})\mathrm{d}\tau + v_O(T_1) = \frac{V_{REF}}{RC}(t-T_1) - \frac{2^n T_{CP}}{RC}v_I(nT_S)$$

积分器输出电压同样与时间成线性关系，其斜率是正常数，与基准电压 V_{REF} 和积分器的时间常数 RC 有关。定压积分的工作波形如图 11.3.9 所示。当 $v_O(t)>0$ 时，比较器输出逻辑 0，计数器停止计数，并保持计数结果 B_Z(通常为自然二进制数)。从定压积分开始到计数器刚停止计数 ($v_O(t)=0$) 的时间 T_2 为

$$T_2 = B_Z T_{CP}$$

并且，在计数器停止计数时刻，积分器输出电压为 0，即

$$v_O(T_1+T_2)=\frac{V_{REF}}{RC}T_2-\frac{2^nT_{CP}}{RC}v_I(nT_S)=0$$

所以

$$T_2=\frac{2^nT_{CP}}{V_{REF}}v_I(nT_S)$$

定压积分时间 T_2 与取样电压成正比。在此期间，计数器从 0 开始对周期脉冲 CP 计数，直到停止并保持计数值 B_Z。所以

$$B_Z=\left[\frac{T_2}{T_{CP}}\right]=\left[\frac{2^n-1}{V_{REF}}v_I(nT_S)\right]$$

“[ ]”表示取最小整数。计数器的二进制数与取样电压成正比，是取样电压对应的数字量。

推广到一般情况，双积分 ADC 的输出数字量表示的取样电压是

$$v_I(nT_S)=\frac{V_{REF}}{2^n-1}\cdot B_Z\pm e=\text{LSB}\cdot B_Z\pm e$$

$$\text{LSB}=\frac{V_{REF}}{2^n-1} \tag{11.3.6}$$

$$e_{max}=\frac{1}{2}\text{LSB}$$

式中，e 是误差，e_{max}是最大误差，B_Z 是自然二进制数。

3. 双积分 ADC 的优缺点

由双积分 ADC 的原理可知，转换过程中有 2 次积分，同时进行 2 次计数。2 次积分相互抵消了同一个积分器的误差，包括时间常数 RC 和运放的误差，它们不影响转换结果。2 次计数的时钟周期相同，周期的大小也不影响转换结果。所以，双积分 ADC 的转换精度高。

此外，如果取样电压包含有平均值为 0 的周期干扰电压，则取定时积分时间 T_1 是其周期的整倍数，可消除周期干扰电压对积分器输出的影响。例如，对于工频(50Hz)干扰电压，取 $T_1=20$ 或 40ms，可消除工频干扰。噪声是平均值为 0 的随机电压，积分器可以极大地抑制噪声的影响。同样，短时脉冲干扰电压对积分器输出影响也极小。因此，双积分 ADC 抗干扰和噪声能力强。

但是双积分 ADC 的模数转换时间长，最大转换时间 T_{TR}等于 2 次计数的最长时间之和

$$T_{TR}=(2^{n+1}-1)T_{CP}+(2^n-1)T_{CP}$$

一般达到几十毫秒以上。

由于有上述特点，双积分 ADC 常用于测量仪器中，如数字万用表中。典型的单片集成产品有 CB7106/7126、CB7107/7127。

11.3.5 ADC 的主要技术指标

与数模转换器(DAC)一样，模数转换器(ADC)的主要技术指标是转换精度和转换速度。

1. 转换精度

通常用分辨率和转换误差描述 ADC 的转换精度。

输入电压范围可能被等分的数目定义为 ADC 的分辨率。参考式(11.3.2)或式(11.3.5)，一个 n 位二进制码 ADC 理论上可将输入电压范围分为 2^n-1 个等份，故分辨率为 2^n-1，

简述为 n 位分辨率。设输入电压的满量程为 V_{FSR}，则每个等份的电压宽度为 $V_{FSR}/(2^n-1)$（1 个 LSB)，即可以区分的最小输入电压为 $V_{FSR}/(2^n-1)$。分辨率也可用十进制数表示。例如，$3\frac{1}{2}$ 分辨率表示可将输入电压分为 2000 等份。如果满量程输入电压是 2V，则最小可分辨的输入电压为 1mV。

分辨率表示 ADC 在理论上可能达到的精度，而实际的精度与 ADC 的电路结构和工作环境参数有关。它们是基准电压、电阻网络、模拟开关、运放的特性和工作温度等。这些元件的非理想性使输出数字量偏离理论值，产生转换误差。通常，ADC 的转换误差的绝对值小于 $\frac{1}{2}$LSB。

综上所述，选择高稳定度的基准电压和低漂移的运放和比较器，与高分辨率、误差小的 ADC 芯片配合，才能组成高转换精度的模数转换器。

2. 转换速度

ADC 的转换速度是指完成一次模数转换所需的时间。如前所述，ADC 的转换速度主要取决于转换电路的类型。类型不同，转换速度相差很大。

并联比较 ADC 的转换速度最快。例如，8 位单片集成并联比较 ADC 的最小转换时间约为 50ns。

逐次比较 ADC 的转换速度次之。多数单片集成产品的转换时间在 10～100μs。个别的产品可达到 1μs。

间接型 ADC 的转换速度较慢。例如，双积分 ADC 的转换时间在几十毫秒到几百毫秒之间。但间接型 ADC 抗干扰能力强。

前述的 ADC 电路仅完成量化和编码，一次完整的模数转换包括取样、保持、量化和编码。所以，实现一次完整的模数转换时间应包括取样和保持电路的取样时间和孔径时间（取样保持电路由取样到保持的转换时间)，以及 ADC 的转换时间。

习　题

11.1　4 位倒 T 形电阻网络 DAC 中，$V_{REF}=5V$，$R_f=30k\Omega$，$R=10k\Omega$，求对应输入二进制数码 $D_3D_2D_1D_0$ 分别为 0101、0110 和 1101 三种情况下的输出电压 V_O。

11.2　一个 4 位 $R-2R$ 倒 T 形电阻 D/A 转换器，当输入数字量为 0001 时，对应的输出模拟电压为 0.02V，试计算当数字量为 1101 时输出电压为多少？

11.3　若 8 位 DAC 单位数字量对应于 0.2V，那么 01001101 和 01100110 各表示多少？

11.4　DAC 输出范围为 0～10V，当有下列数字量输入时，其输出为多少？

(1) 0110（假设 4 位 DAC）；

(2) 10111010（假设 8 位 DAC）。

11.5　分析题图 11.5 所示波形发生器电路的工作原理，画出输出电压 v_O 的波形图。图中 AD7520 是 10 位 D/A 转换芯片，其输出 $v_O=\frac{V_{REF}}{2^{10}}\sum_{i=0}^{9}2^iD_i$，且 $D_5\cdots D_1D_0$ 都接地，V_{REF} 接 10V。

11.6　已知 R-2R 倒 T 形电阻 D/A 转换器，其最小输出电压为 5mV，满刻度输出电压为 10V，计算该 D/A 转换器的分辨率。

11.7　已知 R-2R 倒 T 形 D/A 转换器，其最小输出电压为 5mV，满刻度输出电压为 10V，计算该 D/A 转换器的分辨率。

11.8　一个 R-2R 倒 T 形 D/A 转换器可分辨 0.0025V 电压，其满刻度输出电压为 10V，求该转换器至少是多少位。

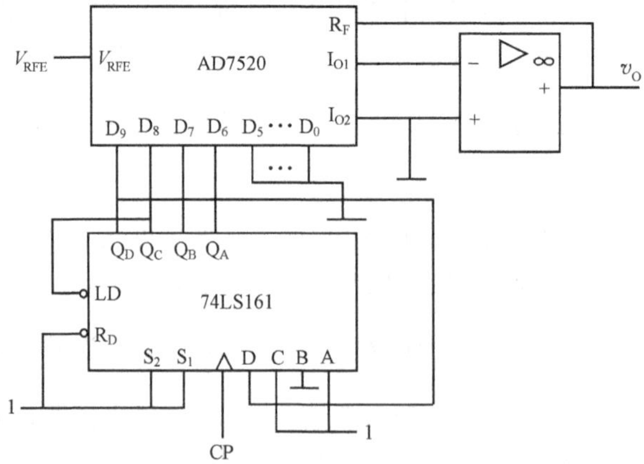

题图 11.5

11.9 试说明影响 D/A 转换器转换精度的主要原因有哪些?

11.10 某数字系统要求 10 位二进制数码代表 0～50V,试问此数码最低位(LSB)代表几伏?

11.11 若全量程为 10V,为了获得分辨率 1mV,数字量应该是几位?

11.12 在选择取样一保持电路的外接电容器电容量时应考虑哪些因素?

11.13 若 A/D 转换器(包括取样-保持电路)输入模拟信号的最高变化频率为 10kHz,试说明取样频率的下限是多少。完成一次 A/D 转换所用时间的上限应为多少?

11.14 对于一个三位的并联比较型 A/D 转换器,参考电压为 10V,试问电路的最小量化单位是多少? 当输入电压为 6.3V 时,输出数字量 $D_2D_1D_0$ =? 此时的转化误差 e 为多少?

11.15 若一理想的 6 位 DAC 具有 10V 的满刻度模拟输出,当输入为自然加权二进制码"010100"时,此 DAC 的模拟输出为多少?

11.16 在 4 位逐次比较 A/D 转换器中,若要求产生 8 位 2 进制数码,试按工作顺序列表说明输入电压为 20.5V 时的转换过程。假设 DAC 输出电压的最小量为 0.1 V(列表项目:时钟顺序、寄存器输出、D/A 转换器输出、比较器输出)。

11.17 在双积分型 A/D 转换器中,输入电压 v_I 和参考电压 V_{REF} 在极性和数值上应满足什么关系? 如果 $|v_I|>|V_{REF}|$,电路能完成模数转换吗?

11.18 在双积分型 A/D 转换器中,若时钟频率为 100kHz,分辨率为 10 位,问:

(1) 当输入模拟电压 u_I = 5V,参考电压 V_{REF} = 10V 时,输出二进制代码是多少?

(2) 第一次积分时间为多少? 第二次积分时间为多少?

(3) 转换所需时间与输入模拟电压的大小是否有关?

11.19 10 位 ADC 的百分分辨率为多少?

11.20 某 8 位 ADC 输入电压范围为 0～10V,当输入下列电压值时,转换成多大的二进制数字量:

(1) 39.3mV; (2) 4.48V; (3) 7.81V。

11.21 试说明在 A/D 转换过程中产生量化误差的原因以及减小量化误差的方法。

11.22 说明引起 A/D 转换器转换误差的主要原因。

11.23 某温度控制电路中,测试的温度信号经取样、放大、整流后,成为低压模拟信号,其最大幅值不超过 5V,为了将此信号转换成计算机能识别的数字信号,并要求模拟信号每变化 20mV(相当于温度 1℃)能使数字信号最低位发生变化,那么应选几位的转换器? 若温度传感器输出的信号为(0～50mV),放大器的放大倍数应为多大? 画出信号取样、放大、转换的原理图。当 ADC 的输入信号为 1.2V 时,问:

(1) 输出端的二进制数是多少?

(2) 转换误差为多少?

(3) 如何提高转换精度?

附录 A　美国标准信息交换码(ASCII)

ASCII 是英文 American Standard Code for Information Interchange 的缩写。ASCII 码是目前计算机最通用的编码标准。因为计算机只能接受数字信息，ASCII 码将字符作为数字来表示，以便计算机能够接受和处理。ASCII 采用 7 位二进制码 $b_7b_6b_5b_4b_3b_2b_1b_0$ 表示 128 个符号，比如大写字母 A 的 ASCII 码是 1000001。

ASCII 码中，第 0～32 号及第 127 号是控制字符，常用的有 LF(换行)、CR(回车)。第 33～126号是可打印字符，其中第 48～57 号为 0～9 十个阿拉伯数字；65～90号为 26 个大写英文字母，97～122 号为 26 个小写英文字母，其余的是一些标点符号、运算符号等。

控制字符见附表 A.1，可打印字符见附表 A.2。

附表 A.1　ASCII 的控制字符表

十进制	十六进制	字　符	十进制	十六进制	字　符
0	00	空	16	10	数据链路转意
1	01	头标开始	17	11	设备控制 1
2	02	正文开始	18	12	设备控制 2
3	03	正文结束	19	13	设备控制 3
4	04	传输结束	20	14	设备控制 4
5	05	查询	21	15	反确认
6	06	确认	22	16	同步空闲
7	07	振铃	23	17	传输块结束
8	08	backspace	24	18	取消
9	09	水平制表符	25	19	媒体结束
10	0A	换行/新行	26	1A	替换
11	0B	竖直制表符	27	1B	转意
12	0C	换页/新页	28	1C	文件分隔符
13	0D	回车	29	1D	组分隔符
14	0E	移出	30	1E	记录分隔符
15	0F	移入	31	1F	单元分隔符

附表 A.2　ASCII 打印字符表

十进制	十六进制	字　符	十进制	十六进制	字　符	十进制	十六进制	字　符
32	20	space	64	40	@	96	60	`
33	21	!	65	41	A	97	61	a
34	22	"	66	42	B	98	62	b
35	23	#	67	43	C	99	63	c

续表

十进制	十六进制	字符	十进制	十六进制	字符	十进制	十六进制	字符
36	24	$	68	44	D	100	64	d
37	25	%	69	45	E	101	65	e
38	26	&	70	46	F	102	66	f
39	27	’	71	47	G	103	67	g
40	28	(	72	48	H	104	68	h
41	29	)	73	49	I	105	69	i
42	2A	*	74	4A	J	106	6A	j
43	2B	+	75	4B	K	107	6B	k
44	2C	,	76	4C	L	108	6C	l
45	2D	-	77	4D	M	109	6D	m
46	2E	.	78	4E	N	110	6E	n
47	2F	/	79	4F	O	111	6F	o
48	30	0	80	50	P	112	70	p
49	31	1	81	51	Q	113	71	q
50	32	2	82	52	R	114	72	r
51	33	3	83	53	S	115	73	s
52	34	4	84	54	T	116	74	t
53	35	5	85	55	U	117	75	u
54	36	6	86	56	V	118	76	v
55	37	7	87	57	w	119	77	w
56	38	8	88	58	X	120	78	x
57	39	9	89	59	Y	121	79	y
58	3A	:	90	5A	Z	122	7A	z
59	3B	;	91	5B	[	123	7B	{
60	3C	<	92	5C	\	124	7C	|
61	3D	=	93	5D	]	125	7D	}
62	3E	>	94	5E	^	126	7E	~
63	3F	?	95	5F	_	127	7F	DEL

附录 B　常用逻辑符号对照表

名　称	国标符号	曾用符号	国外符号
与　门	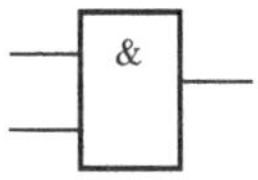	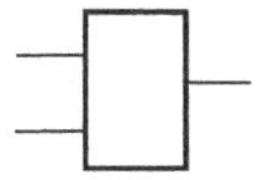	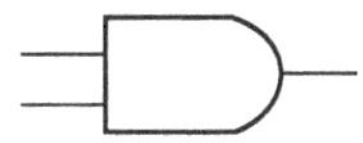
或　门	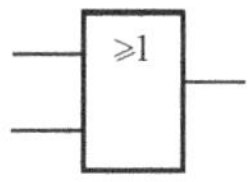	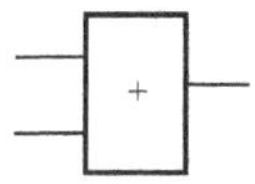	
非　门	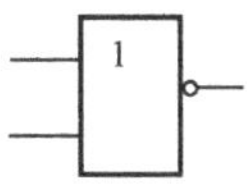	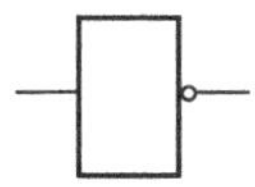	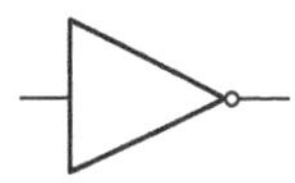
与非门	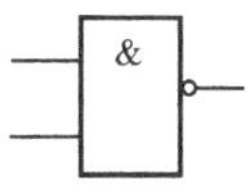	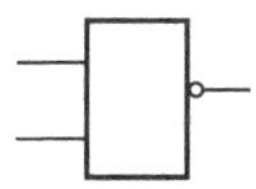	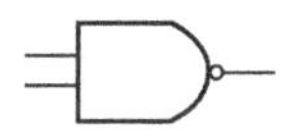
或非门	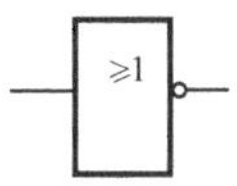	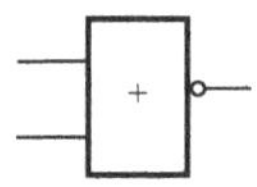	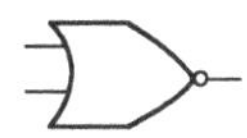
与或非门	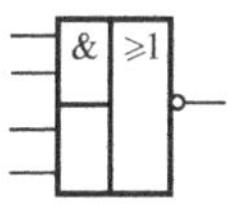	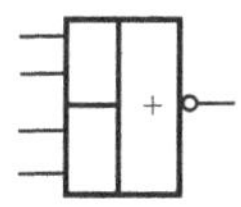	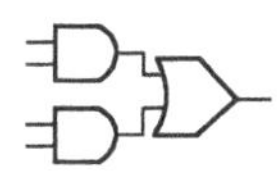
异或门	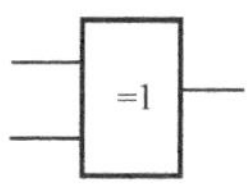	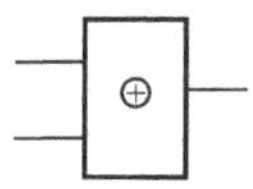	
同或门	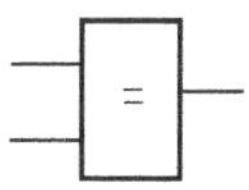	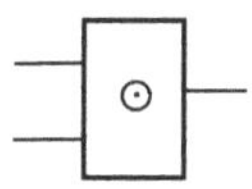	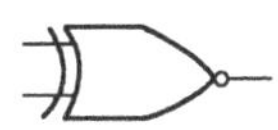
集电极开路 与非门	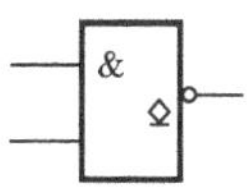	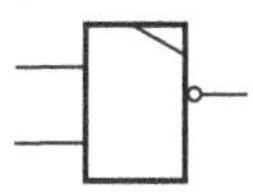	
三态输出 与非门	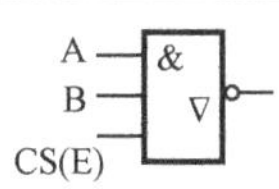	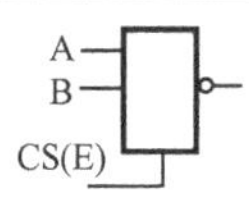	
传输门	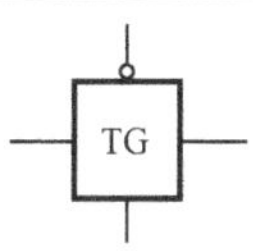	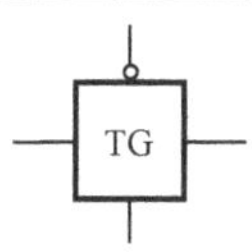	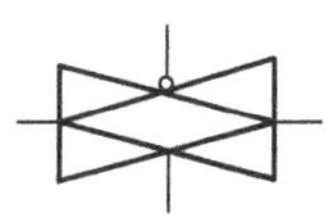
半加器	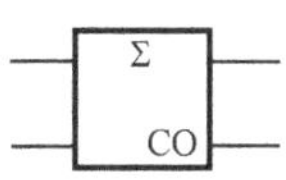	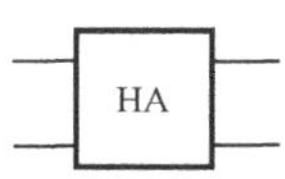	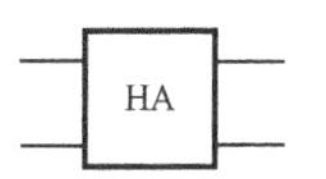

名　　称	国标符号	曾用符号	国外符号
全加器	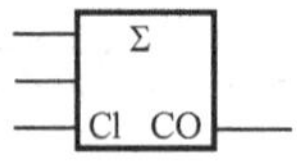	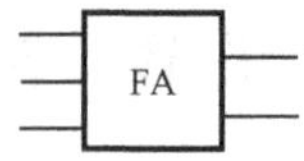	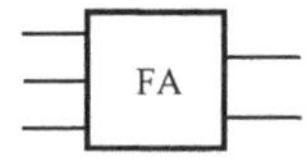
基本 RS 触发器	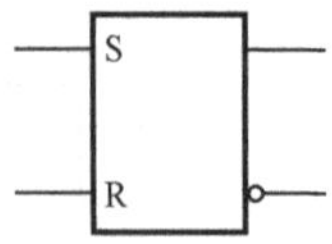	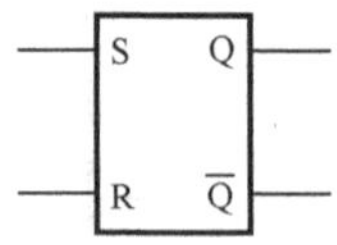	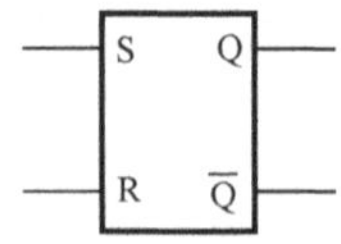
同步 RS 触发器	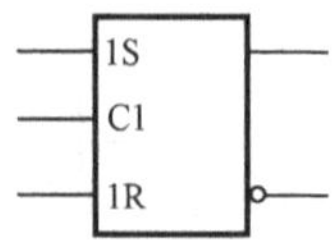	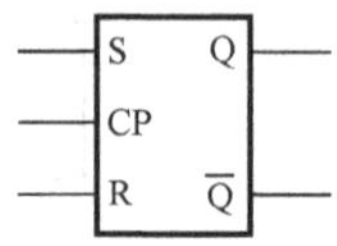	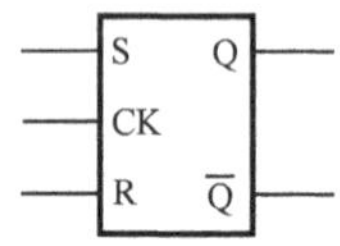
上升沿触发 D 触发器	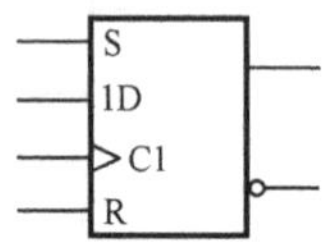	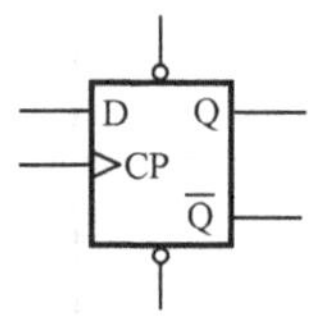	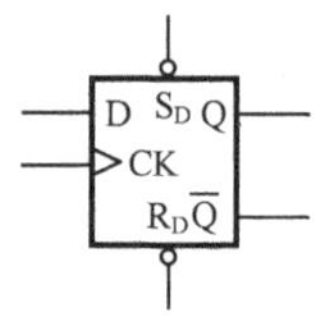
下降沿触发 JK 触发器	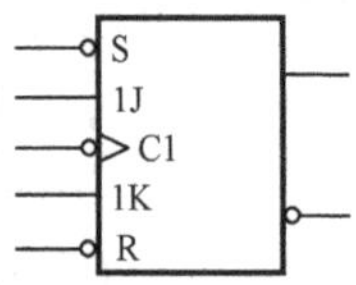	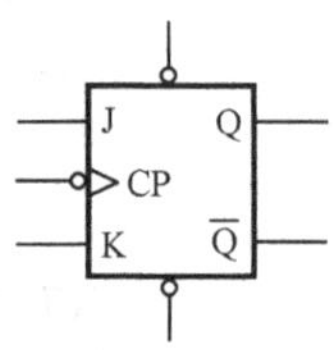	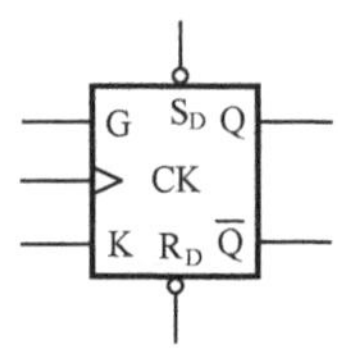
脉冲触发(主从) JK 触发器	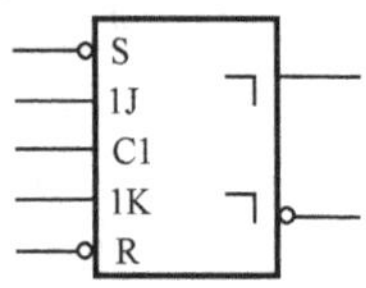	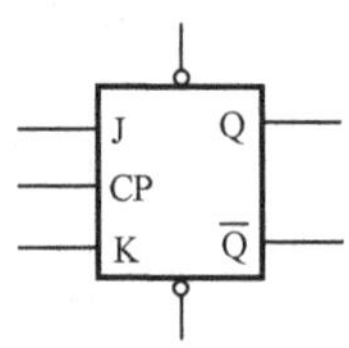	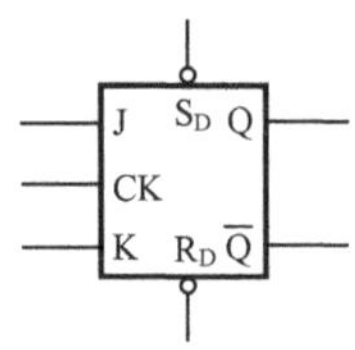
带施密特触发特性的与门	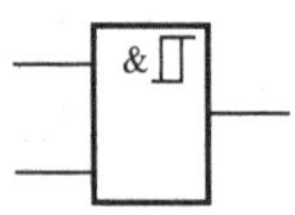	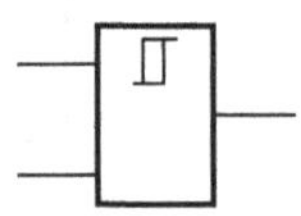	

附录C　中国半导体集成电路型号命名法

（GB 3430—1982）

C.1　型号组成

器件的型号由五部分组成，其五个组成部分的符号及意义如下：

第零部分		第一部分		第二部分	第三部分		第四部分	
用字母表示器件符合国家标准		用字母表示器件类型		用阿拉伯数字表示器件的系列和品种代号	用字母表示器件的工作温度范围		用字母表示器件的封装	
符号	意义	符号	意义		符号	意义	符号	意义
C	中国制造	T	TTL		C	0～70℃	W	陶瓷封装
		H	HTL		E	−40～85℃	B	塑料扁平
		E	ECL		R	−55～85℃	F	全密封扁平
		C	CMOS		M	−55～125℃	D	陶瓷直插
		F	线性放大器				P	塑料直插
		D	音响、电视电路				J	黑陶瓷直插
		W	稳压器				K	金属菱形
		J	接口电路				T	金属圆形
		B	非线性电路					
		M	存储器					
		μ	微型机电路					

C.2　示例

1）肖特基TTL双4输入与非门

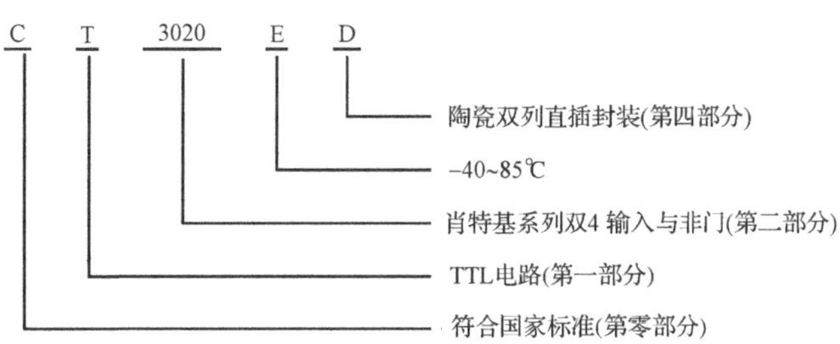

2）CMOS 八选一数据选择器(3S)

C C 14512 M F

- F：全密封扁平封装
- M：–55~125℃
- 14512：8选1数据选择器(3S)
- C：CMOS电路
- C：符合国家标准

C.3　与国外型号对照示例

国标 TTL 集成电路与国外 TTL 集成电路是能完全互换的，两者型号之间有一一对应规律。

国外型号：

SN 74 LS 10 J

- J：封装　W：陶瓷扁平
  - J：陶瓷双列直插
  - N：塑料双列直插
- 10：品种
- LS：系列　(空白)：标准系列
  - H：高速系列
  - S：肖特基系列
  - LS：低功耗肖特基系列
- 74：工作温度范围　54：–55~125℃
  - 74：0~70℃
- SN：美国Texas代号

国标型号：

CT 4 010 C J

- J：封装　F：全密封扁平(同Texas W)
  - J：黑陶瓷直插(同Texas J)
  - D：陶瓷直插(可取代Texas J)
  - P：塑料直插(同Texas N)
- C：工作温度范围　M：–55~125℃(同Texas 54)
  - C：0~70℃(同Texas 74)
- 010：品种(同Texas)
- 4：系列　1：中速系列(同Texas空白)
  - 2：高速系列(同Texas H)
  - 3：肖特基系列(同Texas S)
  - 4：低功耗肖特基系列(同TexasLS)
- CT：中国TTL集成电路

附录 D　TTL 和 CMOS 门的主要技术参数表

		TTL				CMOS	
		74	74H	74LS	74ALS	74HC	74HCT
输入电流	I_{IHmax}/mA	0.04		0.02	0.02	0.001	0.001
	I_{ILmax}/mA	1.6		0.4	0.1	0.001	0.001
输出电流	I_{OHmax}/mA	0.4		0.4	0.4	4	4
	I_{OLmax}/mA	16		8	8	4	4
输入电压	V_{IHmin}/V	2.0	2.0	2.0	2.0	3.5	2.0
	V_{ILmax}/V	0.8	0.8	0.8	0.8	1.0	0.8
输出电压	V_{OHmin}/V	2.4	2.4	2.7	2.7	4.9	4.9
	V_{OLmax}/V	0.4	0.4	0.5	0.4	0.1	0.1
噪声容限	V_{NL}/V	0.4	0.4	0.3	0.4	0.9	0.7
	V_{NH}/V	0.4	0.4	0.7	0.7	1.4	2.9
扇出系数	N_O	10	10	20			
平均传输时间	t_{pd}/ns	10.0	5.0	8.0	2.5	10	13
功耗	P_D/mW	10.0	23.0	4.0	2.0	0.8	0.5
电源电压	V_{CC}或V_{DD}/V	4.75～5.25				2.0～6.0	

参 考 文 献

毕克允.2000.微电子技术——信息装备的精灵.北京:国防工业出版社
郭永贞,龚克西,许其清.2003.数字电子技术.2版.南京:东南大学出版社
毛法尧.1992.数字逻辑.2版.武汉:华中理工大学出版社
康华光.2000.电子技术基础数字部分.4版.北京:高等教育出版社
阎石.1998. 数字电子技术基础.4版.北京:高等教育出版社
中国集成电路大全编委会.1985.中国集成电路大全——TTL集成电路.北京:国防工业出版社
中国集成电路大全编委会.1985.中国集成电路大全——CMOS集成电路.北京:国防工业出版社
Floyd T L.2000.数字电子技术.9版.余璆改编.北京:电子工业出版社